科學技術叢書

分析化學

林洪志　著

國家圖書館出版品預行編目資料

分析化學 / 林洪志著. －－修訂二版三刷. －－臺
北市: 三民, 2012
　　面；　　公分

　ISBN 978–957–14–2232–9　（平裝）

　1.分析化學

341　　　　　　　　　　　　　　　　84008579

© 　分 析 化 學

著 作 人	林洪志
發 行 人	劉振強
著作財產權人	三民書局股份有限公司
發 行 所	三民書局股份有限公司
	地址　臺北市復興北路386號
	電話　(02)25006600
	郵撥帳號　0009998–5
門 市 部	（復北店）臺北市復興北路386號
	（重南店）臺北市重慶南路一段61號
出版日期	初版一刷　1995年9月
	修訂二版一刷　1996年8月
	修訂二版三刷　2012年10月
編　　號	S 340590

行政院新聞局登記證局版臺業字第○二○○號

ISBN　978-957-14-2232-9　（平裝）

http://www.sanmin.com.tw　三民網路書店
※本書如有缺頁、破損或裝訂錯誤，請寄回本公司更換。

自　　序

　　1983 年，我到成大化工所任職就開始教授分析化學的課程，沒想到一教就 12 個年頭。其間除了延襲賴再得教授與陳壽南教授的風格外，更參考歐、美、日等國有關分析化學的書籍，再加上筆者多年從事化學工業原料的分析經驗。此次多虧三民書局的推介，使我有機會將多年的教學心得公諸於世，對吾國工業教育及化學工業之發展略盡綿薄。特此感謝諸位先進提攜。

　　實驗者最常犯的通病就是照著別人設計的實驗方法，依樣畫葫蘆。他說加濃硫酸幾毫升就加幾毫升，稱 NaOH 幾克就幾克，完全不管實驗步驟背後所隱藏的物理化學原理。如此一來做起實驗會非常痛苦，因為您不瞭解實驗的重點，完全是站在被動的立場，人家說一動，我們做一動。也許您所應掌握的是溶液的 pH 值範圍，或溶液的濃度。當我們做實驗時，都有學理依據的話，您會發現每一個實驗步驟都是必要的，不多做一個步驟，也不可少做一個步驟。這時您才會發現實驗真是一種科學化的藝術。這在分析化學尤其重要，因為分析化學是所有化學活動之母。

　　儀器分析也是一種分析化學；合成反應需要分析化學追踪其反應進度；半導體工業、醫藥工業、水處理工業、食品工業等化學相關工業仰賴分析化學以管制其原料，半成品乃至成品的品質；人體的生理狀況需要分析化學，以獲取病理檢驗的資料；完整的分析化學報告可使產品的品質看得見，從而增加其附加價值。分析化學可以說是與我們的生活最息息相關的科學。當然，做實驗難免有誤差。儀器的誤差，藥品成分的誤差，實驗環境條件的誤差，人為操作不純熟的誤差，甚至實驗方法的誤差。但是誤差可經由實驗的設計與實驗結果的統計處理來改善與界定。

　　國內大學生對於實驗課程的重視程度遠不及其他課程。筆者留學美國，與 Dr. Csába Horvath 研究色層分析在生化工程的應用，發現外國學生對實驗極為認真，且花許多時間與指導老師討論實驗細節與結果。因為他們能善用統計學，徹底明瞭物理化學原理，所以做實驗不會馬馬虎虎。他們知道實驗步驟中那些步驟的誤差會累積，影響總實驗結果成為大誤差，所謂失之毫釐，差以千里。分析實驗的結果有些微誤差，其影響是深遠廣闊的。

　　文不如表，表不如圖。筆者儘量以流程圖表示實驗的順序。如此不但可對整個實驗步驟一目了然，而且任何一個步驟與其他步驟的相關性，或那些步驟相對起來比較重要，需要特別注意，都可很清楚地表示出來。筆者願以此書與從事研究發展或品質管制的讀者共勉之。

林洪志　謹識於台南

分 析 化 學

目　次

自　序

第三部　陽離子系統化學分析

第四部　陰離子系統化學分析

貳、定量分析

第五部　定量分析基本原理

第六部　容量分析

第七部　重量分析

附　錄

壹、定性分析

第一部

定性分析基本原理

第一章　前　言

定性分析是化學領域中最重要支柱之一，也是學習化學時最重要基礎之一。即使是物質的合成，若物質的構成元素不明，也是不可能合成的。此時我們大多先進行分析，而定性分析又是最基本的，其位置如下圖所示：

```
┌─────────────────────────────────────────────────┐
│ 分析化學（analytical chemistry）                  │
│ 化學領域中有關化學分析法，及其操作與實際作業的化學。 │
└─────────────────────────────────────────────────┘
                          │
                          ▼
┌─────────────────────────────────────────────────┐
│ 化學分析（chemical analysis）                     │
│ 確定物質的成分與種類、含量或化學組成的技術，且包括要瞭解 │
│ 其構造或狀態所需的操作與技術。                     │
└─────────────────────────────────────────────────┘
             │                        │
             ▼                        ▼
┌──────────────────────┐  ┌──────────────────────┐
│ 定性分析              │  │ 定量分析              │
│ (qualitative analysis)│  │ (quantitative analysis)│
│ 鑑定試料含有何種元素、基、│  │ 測定試料構成之各成分的量 │
│ 化合物之化學分析。     │  │ 化關係之化學分析。     │
└──────────────────────┘  └──────────────────────┘
             │                        │
             ▼                        ▼
┌──────────────────────┐  ┌──────────────────────┐
│ 乾式法（dry process） │  │ 濕式法（wet method） │
│ 無溶媒之反應或分析法   │  │ 有溶媒之反應或分析法   │
└──────────────────────┘  └──────────────────────┘
```

現在實際在使用的分析方法除了傳統濕式法以外，尚有吸光分析（紫外、紅外、可見光、原子吸光、拉曼）、發光・螢光分析、核磁共振、離子交換樹脂法、溶劑萃取法、放射分析、電泳法、層析術、電化學法（極譜術、電導度滴定）等分析方法。傳統濕式定性分析法是古典的分析方法，可說是有化學以來就有的方法。

傳統濕式法主要是利用水爲溶媒，溫度約 $0 \sim 100°C$ 所發生的化學變化，有系統地分離溶液中存在的各個離子的一種鑑定・確認方法，或利用某試劑與某一特定離子進行特殊反應直接鑑定・確認各個離子的方法。

無論如何，濕式法所發生的化學反應大部分是離子間的反應，如：

1. 可溶性鹽或不可溶性鹽之生成反應
2. 錯離子之生成反應
3. 氧化・還原反應
4. 發色反應
5. 利用硫化物溶解度差之反應
6. 利用錯離子安定度差之反應
7. 沈澱的顏色變化（發色、變色、褪色）反應等，都屬於「溶液內反應」。

欲深入理解化學根本的化學反應，必須充分理解溶液內反應。包括古典的「利用硫化氫之離子分屬法」等溶液內反應都是學習化學必須理解的重要基礎理論及基礎實驗。

另外，定性分析中的半微量分析法考慮非常週到，舉凡空間、試劑量、時間等的節約都是不可否認的優點。

乾式法乃是對固體試料直接分析的方法。其優點爲試驗簡單，但是試驗之完整性則較濕式法差。一般採用乾式法做爲濕式法的預備試驗，以利分析溶液的製備，並可縮短分離的方法。

　　分析化學若依操作試料量的大小來分類，可分為常量分析、半微量分析、微量分析、超微量分析，和極超微量分析等五種。其分類之界定方式習慣上如表 1.1 所示。

表 1.1　分析化學操作試料量之分類

分　　　　　　　　　　　　類	操　作　試　料　量
常量分析　macro-analysis	0.1 g 以上
半微量分析　semimicro-analysis	10～100 mg
微量分析　micro-analysis	0.1～10 mg
超微量分析　ultramicro-analysis	0.1～100 μg
極超微量分析　supermicro-analysis	1～100 ng

第二章　化學平衡

2.1　化學平衡

　　物質溶於水時，即使是相同的物質，結晶水越多溶解熱越小。溶解有時是吸熱而非放熱，這是因爲破壞結晶與粒子擴散水中需要能量，所以才造成吸熱現象。擴散的粒子(離子)與數個水分子水合時，因爲水合而放出能量，所以才造成放熱現象。此二種熱現象之熱能的結算差就是溶解熱。

　　溶解既然是一種熱現象，就具有方向性。溶解使系統全體的自由能△G 發生如下的改變：

$$\triangle G = \triangle H - T \triangle S \tag{2.1}$$

其中　△H 爲系統全體的熱含量變化，系統吸熱則△H 爲正值。

　　△S 爲系統全體的亂度變化，系統亂度增加則△S 爲正值。

若△G＜0 則溶解現象可自然(自發的)發生，無須假藉任何外加的功。

若△G＝0, 即：

使系統熵(亂度)增加之能量＝使系統焓(熱含量)增加之能量

則系統處於平衡狀態。

　　也就是說，一定溫度下溶質加入溶媒中溶解，只能溶解可溶解的量。無論再怎麼攪拌還是無法再溶解更多，容器底部總是殘存溶質的不溶份，這表示溶媒與溶質間已達成平衡。這種狀態的溶液叫作飽和溶液。其實溶液中不溶份沈澱的固體分子並非一直維持不變狀態，而是與液中溶解的分子不斷的進行替換，如圖 2.1 所示。在此溫度下：

溶質溶入溶液中的溶解速度＝來自溶液中溶質的沈澱速度

圖2.1　溫度改變時，濃度平衡的變化

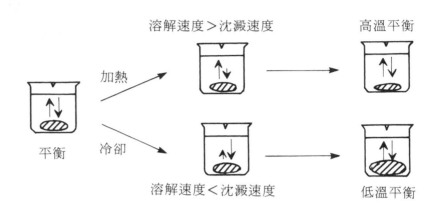

所以溶液系統得以保持平衡。此時的濃度是為溶解度。

　　結晶破壞，構成粒子擴散到水中，顯然亂度（entropy）會增加。

　　溫度增加時，因為是往亂度增加的方向，所以大部分的物質溶解度都會增大。

　　氣體溶於液體時，因為氣體的亂度比液體大，所以溫度增加時氣體的溶解量會減少。一般而言，溫度較高氣體的溶解度較小。

〔**溶解度** solubility〕飽和溶液中的溶質濃度。

溶質是氣體時溶解度遵守亨利定律，溶質是固體或液體時溶解度是溫度的函數。

溶解度有兩種表示方法，一是溶液 100 g 中溶解溶質的重量（g），二是水 100 g 中溶解溶質的重量（g）。

〔**飽和溶液** saturated solution〕與溶質未溶部分共存，達成平衡關係的溶液。

2.2　沈澱物之溶解平衡與溶解度積

表2.1 說明一些離子性物質的溶解性。

表2.1　*離子性物質在水中的溶解性*

陰　離　子　種　類	水　中　的　溶　解　性
硝酸鹽（NO_3^-）	易溶。
鹵化物 （F^-，Cl^-，Br^-，I^-）	Ag^+，Hg_2^{2+}，Pb^{2+} 等鹵化物難溶。 其他鹽易溶。
氫氧化物（OH^-）	鹼金屬或銨（NH_4^+）的鹽易溶。 其他鹽難溶。
硫酸鹽（SO_4^{2-}）	Ba^{2+}，Sr^{2+}，Pb^{2+} 的鹽難溶。 其他鹽易溶。
碳酸鹽（CO_3^{2-}）	鹼金屬或銨（NH_4^+）的鹽易溶。 其他鹽難溶。
磷酸鹽（PO_4^{3-}）	鹼金屬或銨（NH_4^+）的鹽易溶。 其他鹽難溶。
硫化物（S^{2-}）	鹼金屬或銨（NH_4^+），Ca^{2+}，Mg^{2+}，Sr^{2+}，Ba^{2+} 的硫化物易溶。 其他的硫化物難溶。

　　表2.1 中所謂「易溶」或「難溶」的用語在觀念上有點模糊。「易溶」並不表示一定量的溶媒能溶解無限量的溶質；「難溶」也不表示完全沒有溶。

　　依溶質與溶媒的種類及溫度，可以用溶解度界定物質溶解的難易度。以水爲溶媒時，依表2.2 的溶解度範圍界定溶解程度的用語比較方便。

表2.2　溶解程度之表示用語

用　　　　　　　　　語	xg/100 g—H₂O
易　溶　{ 極易溶	100 g 以上
{ 很好溶	10～100 g
可　溶　{ 好溶解	3～10 g
{ 尚可溶	1～3 g
難　溶　{ 不好溶	0.1～1 g
{ 極難溶	0.01～0.1 g
不　溶　幾乎不會溶	0.01 g 以下

　　難溶性鹽 AB 置於水中幾乎只溶解一點點就可達成飽和狀態, 殘餘的鹽維持固狀 AB 的沈澱。溶解 AB 的一部分解離生成 A^+, B^- 離子, 達成以下的平衡：

不均系平衡　　　　　　　　$AB\downarrow \rightleftharpoons AB_{(aq)}$

解離平衡（均勻平衡）　　　$AB_{(aq)} \rightleftharpoons A^+ + B^-$

解離平衡部分有下述平衡關係：

$$\frac{[A^+][B^-]}{[AB]} = K_{AB} \quad (K_{AB}為解離平衡常數) \qquad (2.2)$$

一定溫度下溶解度一定, 濃度 $[AB]$ 也是一定, 所以

$$[A^+][B^-] = K_{AB}[AB] = K_{sp} \qquad (2.3)$$

K_{sp} 在一定溫度下為定值。

> 〔**溶解度積** solubility product〕以 K_{sp} 表示之。

　　這種平衡狀態下離子濃度 $[A^+]$ 與 $[B^-]$ 之乘積 K_{sp} 對任何物質而言皆有定數, 是判斷沈澱是否生成的重要數值。

　　若 $[A^+][B^-] > K_{sp}$ 則生沈澱, 若 $[A^+][B^-] < K_{sp}$ 則無沈澱。

定性分析實驗中，試料的濃度大多約在 $3\sim5\text{mg}/\text{mL}$。若此離子的化學式量爲 50，$5\text{mg}/\text{mL}$ 即爲 $10^{-1}\text{mol}/\text{L}$。加入試劑使沈澱至離子濃度爲 $5\times10^{-4}\text{mg}/\text{mL}$，即 $10^{-5}\text{mol}/\text{L}$ 的話，沈澱分率即爲，

$$\frac{5-5\times10^{-4}}{5}\times100=\frac{10^{-1}-10^{-5}}{10^{-1}}\times100=99.99\ (\%)$$

此時可說是「沈澱完成」。

例如，含 Ag^+ 的試料溶液中加入含 Cl^- 的試劑，因爲 AgCl 之 $K_{sp}=3.2\times10^{-13}$，

$$[Ag^+]=\sqrt{K_{sp}}=\sqrt{3.2\times10^{-13}}=5.6\times10^{-7}\ (\text{mol}/\text{L})$$

所以 Ag^+ 幾乎完全沈澱成 AgCl。

一般而言，對於 A_mB_n 鹽的溶解度積可表示爲，

$$K_{sp}=[A^{n+}]^m\,[B^{m-}]^n \tag{2.4}$$

2.3 共離子效應與沈澱之生成

一般欲生成沈澱時，都加入比化學反應式計算的當量些微過量的沈澱試劑。例如，欲分離 A^{n+} 離子時，可加入含 B^{m-} 離子的沈澱試劑，使生成 A_mB_n 難溶性鹽的沈澱。

溶液與 A_mB_n 之沈澱共存所形成的飽和溶液中有如下的關係：

$$A_mB_{n(s)}\rightleftharpoons mA^{n+}+nB^{m-}$$

$$K_{sp}=[A^{n+}]^m\,[B^{m-}]^n$$

此時，構成 A_mB_n 沈澱物之一成分的離子濃度若有變化，因爲一定物質在一定溫度之下 K_{sp} 爲定值，飽和溶液中另一成分的離子濃度也會引起變化。這就是所謂「共離子效應」。

接下來，我們將 NaCl 與 $AgNO_3$ 溶液以任何比例混合時，難溶性的 AgCl 鹽會沈澱出來，未反應而殘存的 $[Ag^+]$ 與 $[Cl^-]$ 並不相等，AgCl 沈澱繼續生成直到 $[Ag^+]\times[Cl^-]$ 達一定值爲止。換句

話說，溶液中溶解的 Ag^+ 離子與 Cl^- 離子可共存的限度由 $K_{sp-AgCl}=$ 3.2×10^{-13} 決定。

如果，AgCl 溶於純水中，達平衡的飽和溶液中 $[Ag^+]=[Cl^-]$，所以

$$K_{sp-AgCl}=[Ag^+][Cl^-]=[Ag^+]^2$$

$$[Ag^+]=\sqrt{K_{sp-AgCl}}=\sqrt{3.2 \times 10^{-13}}=5.6 \times 10^{-7} \quad (mol/L)$$

於此溶液中加入 HCl 使 $[Cl^-]=10^{-3}mol/L$，則

$$[Ag^+]=\frac{K_{sp-AgCl}}{[Cl^-]}=\frac{3.2 \times 10^{-13}}{10^{-3}}=3.2 \times 10^{-10} \quad (mol/L)$$

因爲加入 $[Cl^-]$，使得 Ag^+ 的濃度由 $5.6 \times 10^{-7}mol/L$ 降至 $3.2 \times 10^{-10}mol/L$，約減少爲 1/1750。這些只是計算結果。其實，Cl^- 加過量的話，易與 AgCl 生成 $AgCl^{2-}$ 之錯離子，所以 AgCl 完全沈澱後，只加些微過量的 Cl^- 離子比較適當。

就一般情況而論，

$$AB_{(s)} \Longleftrightarrow AB_{(\ell)} \Longleftrightarrow A^+ + B^-$$

於上述平衡狀態，若解離常數爲 K_{AB} 的話，則如前所述，

$$\frac{[A^+][B^-]}{[AB]}=K_{AB}$$

$$[A^+][B^-]=K_{AB}[AB]=K_{sp-AB} \tag{2.5}$$

此平衡狀態的 AB 飽和溶液中加入強電解質 HB 的話，HB 解離成 H^+ 與 B^- 使得 B^- 濃度增加。由 HB 生成 B^- 的濃度以 $[b]$ 表示，則

$$\frac{[A^+]([B^-]+[b])}{[AB]} > K_{AB}$$

$$\therefore [A^+]([B^-]+[b]) > [A^+][B^-]$$

因爲 K_{AB} 爲定值，而 $[AB]$ 又不能改變，所以 $[A^+]$ 必須減少，以達平衡。前述使 AgCl 沈澱的例子中加入 HCl 時的 $[Cl^-]=10^{-3}$ mol/L 之濃度相當於此處的 $([B^-]+[b])$，HCl 則相當於這裡的 HB。

　　硫酸鹽沈澱以稀硫酸洗，氯化物以稀鹽酸洗，以及硫化物以硫化氫水溶液洗也是同樣的道理。

習 題

2.1 寫出下列各平衡反應式的平衡常數表示式。

(1) $SO_2 + NO_2 \rightleftharpoons SO_3 + NO$

(2) $N_2 + O_2 \rightleftharpoons 2NO$

(3) $2H_2 + CO \rightleftharpoons CH_3OH_{(g)}$

(4) $CH_4 + Cl_2 \rightleftharpoons CH_3Cl_{(g)} + HCl$

(5) $Fe_3O_{4(s)} + 4H_2 \rightleftharpoons 3Fe_{(s)} + 4H_2O_{(g)}$

(6) $Cu^{2+}_{(aq)} + Zn_{(s)} \rightleftharpoons Zn^{2+}_{(aq)} + Cu_{(s)}$

(7) $3O_2 \rightleftharpoons 2O_3$

(8) $Ag(NH_3)_2^{+}{}_{(aq)} \rightleftharpoons Ag^{+}{}_{(aq)} + 2NH_{3(aq)}$

(9) $2NOCl \rightleftharpoons 2NO + Cl_2$

(10) $BaSO_{3(s)} \rightleftharpoons BaO_{(s)} + SO_{2(g)}$

2.2 指出下列各平衡反應式在各指定條件下，其反應進行的方向。

(1) $2SO_2 + O_2 \rightleftharpoons 2SO_3 + 46kcal$　　　　增加壓力

(2) $2SO_2 + O_2 \rightleftharpoons 2SO_3 + 46kcal$　　　　增加溫度

(3) $2SO_2 + O_2 \rightleftharpoons 2SO_3 + 46kcal$　　　　加入 SO_2

(4) $2SO_2 + O_2 \rightleftharpoons 2SO_3 + 46kcal$　　　　加入 Pt 催化劑

(5) $N_2 + O_2 \rightleftharpoons 2NO - 43kcal$　　　　減少壓力

(6) $N_2 + O_2 \rightleftharpoons 2NO - 43kcal$　　　　降低溫度

(7) $BaSO_{3(s)} \rightleftharpoons BaO_{(s)} + SO_{2(g)}$　　　　加入 BaO

(8) $BaSO_{3(s)} \rightleftharpoons BaO_{(s)} + SO_{2(g)}$　　　　增加 SO_2 的壓力

(9) $NH_3 + H_2O \rightleftharpoons NH_4^{+} + OH^{-}$　　　　加入 NH_4Cl

(10) $NH_3 + H_2O \rightleftharpoons NH_4^{+} + OH^{-}$　　　　加入 NaOH

⑾　$NH_3 + H_2O \rightleftharpoons NH_4^+ + OH^-$　　　　　加入 H_2O

2.3　溶解 19.6g $KC_2H_3O_2$ 於水中，問在 250mL 的此溶液中其莫耳濃度爲多少？

2.4　寫出下列微溶鹽類的 K_{sp} 表示式：

　　⑴　$Cu(IO_3)_2$

　　⑵　$K_3[Co(NO_2)_6]$

　　⑶　Bi_2S_3

　　⑷　AgI

　　⑸　$MgNH_4PO_4$

　　⑹　$PbCO_3$

　　⑺　$Mg(OH)_2$

　　⑻　$Fe(OH)_3$

　　⑼　CaF_2

　　⑽　Ag_3AsO_4

2.5　溫度 22℃ 下，草酸鈣的溶解度爲 0.00057g/100mL，問：

　　⑴此溶解度爲多少 mol/L？

　　⑵其 K_{sp} 爲多少？

2.6　$PbSO_4$ 的 K_{sp} 爲 1.4×10^{-8}，問其溶解度爲多少 mol/L？

2.7　在 0.002M 的 Na_2CrO_4 溶液中，最多只能允許多少濃度的 Ag^+ 存在，而不致造成 Ag_2CrO_4 的沈澱？

2.8　計算 $Mg(OH)_2$ 在水中的溶解度爲多少莫耳濃度？

2.9　計算 $Mg(OH)_2$ 在 OH^- 濃度爲 $10^{-5}M$ 的溶液中的溶解度爲多少？

2.10　計算在含 1M 的 NH_4^+ 與 0.6M 的 NH_3 的溶液中，Mg^{2+} 的最大濃度爲多少？

2.11　在含加 10mg 的 Cl^-，0.1mg 的 Br^- 及 0.0001mg 的 I^- 之 100mL 水液中，一點一點地加入 2M 的 $AgNO_3$，問那個離子首先沈澱

出來?

2.12 20mL 的飽和 $Ca(IO_3)_2$ 溶液加入於 30mL 的飽和 $BaSO_4$ 溶液中,是否有 $Ba(IO_3)_2$ 沈澱發生? 假如有的話, 有多少沈澱發生 (不考慮過飽和的現象)?

2.13 ZnS 在 0.1M 的醋酸中, 其溶解度為多少?

第三章 酸與鹼之解離及其解離常數

3.1 酸與鹼的定義

酸和鹼是分析化學中很重要的溶質之一。自古以來人們就知道許多物質可以用酸性或鹼性表示，隨著化學的進步，對酸與鹼的概念也有顯著的變化。

定　　　　　義	酸(acid)	鹼(base)
阿雷尼雅斯（Arrhenius：1859 ~ 1927，瑞典）	水中可放出氫離子（水和質子，H_3O^+）的物質。	水中可放出氫氧離子（OH^-）的物質。

【例 3.1】　　$HCl + H_2O \longrightarrow H_3O^+ + Cl^-$
　　　　　　　酸

$NaOH + x\ H_2O \longrightarrow Na(H_2O)_x^+ + OH^-$
　　　鹼

$Al(OH)_3 + x\ H_2O \longrightarrow Al(H_2O)_x^{3+} + OH^-$
　　　鹼

定　　　　　義	酸(acid)	鹼(base)
布忍斯特–洛瑞 (Bronsted：1879～1947，丹麥 　Lowry：1874～1936，義大利)	供給質子 (氫離子，H^+) 的物質。	接受質子 (氫離子，H^+) 的物質。

（註）此定義亦適用於水溶液以外的反應。

【例3.2】

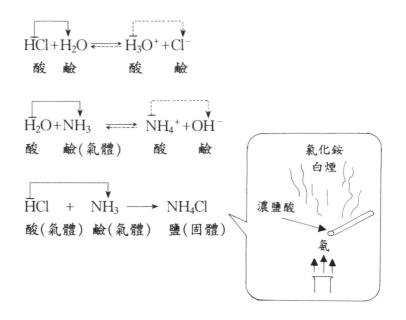

$$HCl + H_2O \rightleftarrows H_3O^+ + Cl^-$$
酸　　鹼　　　　　酸　　　鹼

$$H_2O + NH_3 \rightleftarrows NH_4^+ + OH^-$$
酸　　鹼(氣體)　　　酸　　　鹼

$$HCl \quad + \quad NH_3 \longrightarrow NH_4Cl$$
酸(氣體)　鹼(氣體)　　鹽(固體)

氯化銨
白煙

濃鹽酸

氨

定　　　　　義	酸(acid)	鹼（base)
路以士 （Lewis：1875 ～1946，美國)	易接收未共用電子對並 生成錯離子的物質。	能提供未共用電子對而 與其他離子或分子共用 生成錯離子的物質。

【例 3.3】

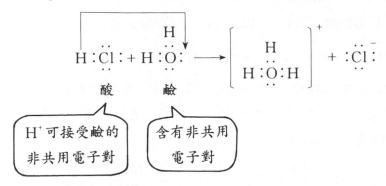

酸　　　　　鹼

H⁺可接受鹼的
非共用電子對

含有非共用
電子對

上述三種定義以路以士的最廣義，其適用範圍的順序如下：

阿雷尼雅斯定義＜布忍斯特–洛瑞定義＜路以士定義

而且，對於下述的反應，

$$HA + B \rightleftharpoons HB + A^-$$

HA 與 A^- 的對，HB^+ 與 B 的對叫作共軛酸鹼對。例如 HCl ＋ $H_2O \rightleftharpoons H_3O^+ + Cl^-$ 中的 $HCl - Cl^-$，$H_2O - H_3O^+$ 等都是。

3.2　硬質酸與軟質酸

錯合物乃是以金屬或類似金屬的元素（主要是離子）為中心，周圍與配位子規則地結合著。其配列有正八面體、正四面體、平面四角形等對稱形，配位子的未共用電子對納入中心離子形成共價配位結合。這種關係可用路以士酸·鹼之結合關係闡明。

錯合物在分析化學的領域裡佔有非常重要的地位。特別是在定性分析中常可利用錯合物安定度的差以選擇性地分離特定的離子。

錯合物之形成如果用路以士酸·鹼結合的廣義概念來考慮的話，水溶液中莫耳比為 1：x 的錯合物生成反應可以考慮如下。路以士的

酸 M^{m+} 在水中並非是游離的酸，而是以水合錯合物 $[M(OH_2)_n]^{m+}$ 的形式存在，它可與鹼 (配位子) $L^{\ell-}$ 依下式行置換反應，

$$[M(OH_2)_n]^{m+} + x\ L^{\ell-} \underset{}{\overset{K}{\rightleftharpoons}} [ML_x(OH_2)_{n-x}]^{(m-x\ell)+} + x\ H_2O$$

習慣上，我們省略水溶液中的水，只以 M^{m+} 與配位子 $L^{\ell-}$ 之平衡常數 K 來表示錯合物的安定度。所以，依照上式，K 實際上是水與配位子 $L^{\ell-}$ 置換的平衡常數。

$$M^{m+} + x\ L^{\ell-} \underset{}{\overset{K}{\rightleftharpoons}} ML_x^{(m-x\ell)+}; \quad K = \frac{[ML_x^{(m-x\ell)+}]}{[M^{m+}]\ [L^{\ell-}]^x} \quad (3.1)$$

經由許多錯合物的安定度測定結果發現，K 值與 L 的鹼性強度，M 的電荷與電子配列，鉗合物是否生成，與中心離子直接配位的原子之組合等因素有關。

對許多具有路以士酸性質的金屬離子與配位原子組成的錯合物之安定度的差與上述諸因素比對，在經驗上可分成 a 群與 b 群兩大類。

a 群: 類似 Fe^{3+}，其與鹵素離子之結合力順序為

$\quad\quad F^- \gg Cl^- > Br^- > I^-$ 的金屬離子 (也有 O≫S, N≫P)

b 群: 類似 Hg^{2+}，其與鹵素離子之結合力順序為

$\quad\quad F^- \ll Cl^- < Br^- < I^-$ 的金屬離子 (也有 O<S, N<P)

根據這樣的考慮方法，於是發展出一套經驗法則，一般而言，路以士酸·鹼可分類為硬質 (hard) 酸及軟質 (soft) 酸，如表 3.1 所示。

表 3.1　硬質酸·軟質酸

路 以 士 酸	硬　　質　　酸	軟　　質　　酸
a, b 群別	a 群	b 群
依經驗值之判定基準	·體積小正電荷數大。 ·分極不易，π 電子供給不易。 ·易與硬質鹼結合成共價結合性大的化合物。	·體積大正電荷數較小。 ·分極容易，π 電子供給容易。 ·易與軟質鹼結合成離子結合性大的化合物。

路 以 士 酸	硬　　　　質　　　　酸	軟　　　　質　　　　酸
週期表的族或金屬離子之種類	1A，　2A，　3A，　4A，　Cr^{3+}，Mn^{2+}，Fe^{3+}，Co^{3+}，Al^{3+}	1B，2B，Pd^{2+}，Pt^{2+}，Tl^+，Tl^{3+}，Pt^{4+}，M^0（0 價金屬原子）
介於兩種性質中間的物質	Fe^{2+}，Co^{2+}，Ni^{2+}，Cu^{2+}，Zn^{2+}，Pb^{2+}，Sn^{2+}，Sb^{3+}，Bi^{3+}，SO_2	

表 3.2　*硬質鹼・軟質鹼*

路 以 士 鹼	硬　　　　質　　　　鹼	軟　　　　質　　　　鹼
a，b 群別	a 　 群	b 　 群
特　　　　性	・分極不易，陰電性較強。 ・易與硬質酸結合。	・分極容易，具有逆配位 π 結合所需的空軌道。
配位子的種類	H_2O，　OH^-，　F^-，　Cl^-，PO_4^{3-}，SO_4^{2-}，CO_3^{2-}，OAc^-，RNH_2，HQ，EDTA	I^-，　SCN^-，　CN^-，　S^{2-}，RS^-，　R_2S^-，　R_3P，　CO，HDz
介於兩種性質中間的物質	Br^-，SO_3^{2-}，$C_6H_5NH_2$，C_5H_5N	

（註）R 爲烷基或芳基，HQ 爲喔星，HDz 爲雙硫腙。

3.3　解離常數

1. 水的解離

　　由水的電導度測定可知水也會解離，但解離度非常小。水的解離特性和極性在水溶液的化學變化中是非常重要的。水在解離過程擔任酸與鹼之雙重角色，如下式，

$$H_2O + H_2O \xrightleftharpoons{K_{eq}} H_3O^+ + OH^-$$

亦可簡寫為，

$$H_2O \xrightleftharpoons{K_{eq}} H^+ + OH^-$$

此系統的平衡常數，即水的解離常數，為

$$K_{eq} = \frac{[H^+][OH^-]}{[H_2O]} \qquad (3.2)$$

在 25°C 的稀薄水溶液中，水的濃度為 55.33M。因為水的濃度非常大，不致受 [H⁺] 或 [OH⁻] 改變而影響，所以可假設其為常數，上式可改寫為，

$$[H^+][OH^-] = K_{eq} \times [H_2O] = K_w \qquad (3.3)$$

K_w 稱為水的離子積常數，或簡稱為水常數。此方程式非常重要，它說明純水或稀溶液在定溫下，H⁺ 離子和 OH⁻ 離子的濃度積為常數。

由於 [H⁺] 或 [OH⁻] 皆不可為零，所以純水或稀溶液中 H⁺ 離子和 OH⁻ 離子是共存的。於酸性溶液，H⁺ 離子的濃度大於 OH⁻ 離子。於鹼性溶液則相反。於中性溶液，二者的濃度約相等。而且，不論系統中是否尚有其他的平衡，上述三種溶液之 [H⁺] × [OH⁻] 乘積皆為 K_w。

$$\boxed{\text{於 25°C, } K_w \text{ 為 } 1.0 \times 10^{-14}}$$

應用 K_w 值可以計算純水中 H⁺ 離子和 OH⁻ 離子的濃度，

$$K_w = [H^+][OH^-] = 1.0 \times 10^{-14} \qquad (3.4)$$

於純水中 [H⁺] = [OH⁻]，所以

$$K_w = [H^+]^2 = 1.0 \times 10^{-14}$$

$$[H^+] = 1.0 \times 10^{-7} \, mol/L = 1.0 \times 10^{-7} M$$

同理，

$$[OH^-] = 1.0 \times 10^{-7} \, mol/L = 1.0 \times 10^{-7} M$$

K_w 正如其他平衡常數一樣視溫度的變化而變化。K_w 與溫度的關係如表 3.3 與圖 3.1 所示。

表 3.3　K_w 與溫度的關係

T，℃	K_w	T，℃	K_w
0	0.114×10^{-14}	30	1.47×10^{-14}
10	0.292×10^{-14}	40	2.92×10^{-14}
20	0.681×10^{-14}	50	5.47×10^{-14}
25	1.01×10^{-14}	60	9.61×10^{-14}

圖 3.1　K_w 與溫度的關係

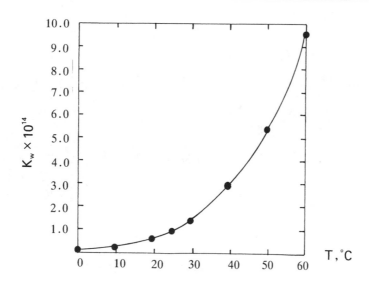

若 OH^- 離子的濃度已知，由 K_w 關係式可求得 H^+ 離子的濃度；反之，亦可由 H^+ 離子的濃度求出 OH^- 離子的濃度。

2.酸的解離

醋酸(弱電解質)於水中的解離如下式：

$$HC_2H_3O_2 + H_2O \underset{}{\overset{K_{eq}}{\rightleftharpoons}} H_3O^+ + C_2H_3O_2^-$$

$$K_{eq} = \frac{[H_3O^+][C_2H_3O_2^-]}{[HC_2H_3O_2][H_2O]} \qquad (3.5)$$

如同前述的道理，$K_{eq} \times [H_2O]$ 可假設爲常數。上式可改寫爲，

$$K_a = \frac{[H_3O^+][C_2H_3O_2^-]}{[HC_2H_3O_2]} \qquad (3.6)$$

K_a 叫做醋酸的酸解離常數，或簡稱酸常數。

3.鹼的解離

氨（弱電解質）於水中的解離如下式：

$$NH_3 + H_2O \underset{}{\overset{K_{eq}}{\rightleftharpoons}} NH_4^+ + OH^-$$

如同前述的道理，$K_{eq} \times [H_2O]$ 可假設爲常數。上式可改寫爲，

$$K_b = \frac{[NH_4^+][OH^-]}{[NH_3]} \qquad (3.7)$$

K_b 叫做氨的鹼解離常數，或簡稱鹼常數。

4.解離常數的重要性

解離常數是弱電解質解離反應中解離度大小的一種指標。每一弱酸或弱鹼，於一定溫度下，皆有一定的解離常數。一般化學技術手冊所摘錄的解離常數多爲 25℃ 下的數值。

仔細觀察將固體 $NaC_2H_3O_2$（強電解質）加入平衡中的醋酸溶液內以增加 $C_2H_3O_2^-$ 濃度的變化。依勒沙特列原理，平衡系統受到壓迫，必向解除此壓迫的方向進行，即 $C_2H_3O_2^-$ 必將和 H_3O^+ 結合形成

$HC_2H_3O_2$ 和 H_2O。

由不同的觀點亦可得到相似的結論。因為添加 $NaC_2H_3O_2$，所以增加了 $[C_2H_3O_2^-]$，瞬時之間，$Q = \dfrac{[H_3O^+][C_2H_3O_2^-]}{[HC_2H_3O_2]} > K_a$。但是，要達成化學平衡 Q 必須等於 K_a，所以，自然地，$C_2H_3O_2^-$ 與 H_3O^+ 結合形成 $HC_2H_3O_2$ 和 H_2O，直到 Q 值完全等於 K_a 值為止。

添加 $NaC_2H_3O_2$ 的淨效果就是使（3.5）式所代表的平衡反應向左移動。

5.解離常數的功用

弱電解質的解離常數可以運用在許多方面：

⑴解離常數是弱酸、弱鹼和其他弱電解質解離反應中解離度大小的一種指標。以弱酸 HA 為例，解離方程式若為：

$$HA + H_2O \rightleftharpoons H_3O^+ + A^-$$

酸常數 K_a 可表示如下：

$$K_a = \frac{[H_3O^+][A^-]}{[HA]} \tag{3.8}$$

酸 HA 釋放質子的趨向越大，HA 的酸度越大。由上式可知，釋放質子的趨向越大，$[H_3O^+]$ 和 $[A^-]$ 的數值越大，而 $[HA]$ 的數值越小，所以 K_a 的值越大。因此，酸的強度越大，其 K_a 值越大。表 3.4 為一些酸和鹼的解離常數。

表 3.4　常見酸或鹼之解離平衡和解離常數

酸　或　鹼	解　　　　離　　　　平　　　　衡	K_a 或 K_b
醋酸	$HC_2H_3O_2 + H_2O \rightleftharpoons H_3O^+ + C_2H_3O_2^-$	1.8×10^{-5}
硼酸	$H_3BO_3 + H_2O \rightleftharpoons H_3O^+ + H_2BO_3^-$	6.4×10^{-10}

酸 或 鹼	解　　　離　　　平　　　衡						K_a 或 K_b
氰酸	HCN	+ H_2O	$\rightleftharpoons$	H_3O^+	+	CN^-	2.1×10^{-9}
氫氟酸	HF	+ H_2O	$\rightleftharpoons$	H_3O^+	+	F^-	6.9×10^{-4}
氫硫酸	H_2S	+ H_2O	$\rightleftharpoons$	H_3O^+	+	HS^-	1.0×10^{-7}
氫硫離子	HS^-	+ H_2O	$\rightleftharpoons$	H_3O^+	+	S^{2-}	1.3×10^{-13}
亞硝酸	HNO_2	+ H_2O	$\rightleftharpoons$	H_3O^+	+	NO_2^-	4.6×10^{-4}
亞硫酸	H_2SO_3	+ H_2O	$\rightleftharpoons$	H_3O^+	+	HSO_3^-	1.7×10^{-2}
亞硫酸氫離子	HSO_3^-	+ H_2O	$\rightleftharpoons$	H_3O^+	+	SO_3^{2-}	5.0×10^{-6}
硫酸氫離子	HSO_4^-	+ H_2O	$\rightleftharpoons$	H_3O^+	+	SO_4^{2-}	1.0×10^{-2}
碳酸	H_2CO_3	+ H_2O	$\rightleftharpoons$	H_3O^+	+	HCO_3^-	4.4×10^{-7}
碳酸氫離子	HCO_3^-	+ H_2O	$\rightleftharpoons$	H_3O^+	+	CO_3^{2-}	4.7×10^{-11}
氨	NH_3	+ H_2O	$\rightleftharpoons$	NH_4^+	+	OH^-	1.8×10^{-5}
甲基銨	CH_3NH_2	+ H_2O	$\rightleftharpoons$	$CH_3NH_3^+$	+	OH^-	5.0×10^{-4}
聯氨	N_2H_4	+ H_2O	$\rightleftharpoons$	$N_2H_5^+$	+	OH^-	3.0×10^{-6}

(2)由酸 HA 的 K_a 與濃度可計算 H_3O^+ 和 A^- 的濃度。

(3)解離常數是解釋共離子效應的一個非常有價值的工具。

(4)弱酸的解離常數，可用於計算其共軛鹼的解離常數；相對地，弱鹼的解離常數也可用於計算其共軛酸的解離常數。

$$習　題$$

3.1　25℃ 溫度下，0.1M 的 HCN 溶液有 0.0064% 被解離，求此溫度下 HCN 的 K_a 值爲多少？

3.2　氫氟酸的 K_a 值爲 7.0×10^{-4}，問在 0.200M HF 溶液中，氫離子濃度爲多少？

3.3　完成下列各反應方程式。

　　　酸 1　　　　　鹼 2　　　　　　　　酸 2　　　　鹼 1

　(1) HNO_3　　+ NH_3　　$\rightleftharpoons$　_____　　+ _____

　(2) HCO_3^-　　+ OH^-　　$\rightleftharpoons$　_____　　+ _____

　(3) NH_4^+　　+ OH^-　　$\rightleftharpoons$　_____　　+ _____

　(4) HSO_4^-　　+ _____　　$\rightleftharpoons$　$H_2PO_4^-$　　+ _____

　(5) _____　　+ _____　　$\rightleftharpoons$　H_3O^+　　+ $Cu(H_2O)_3OH^+$

　(6) _____　　+ CH_3NH_2　　$\rightleftharpoons$　_____　　+ H_2O

3.4　某單質子酸在 0.16 M 溶液中，有 0.8% 游離，求其 K_a 爲多少？

3.5　0.025 M 的 HBrO 溶液中，H_3O^+ 的濃度爲多少？又 HBrO 的游離百分率爲多少？

3.6　利用點電子分子式法，依路以士酸鹼定義，指出下列反應中，那些是路以士酸鹼反應？並指出其路以士酸及鹼：

　(1) $Ag^+ + 2NH_3 \rightleftharpoons Ag(NH_3)_2^+$

　(2) $SnCl_4 + 2Cl^- \rightleftharpoons SnCl_6^{2-}$

　(3) $SnCl_2 + Cl_2 \rightleftharpoons SnCl_4$

　(4) $Sn + 2HCl \rightleftharpoons SnCl_2 + H_2$

(5) $H_2O + SO_2 \rightleftharpoons H_2SO_3$

(6) $AlCl_3 + Cl^- \rightleftharpoons AlCl_4^-$

(7) $NH_3 + H_2O \rightleftharpoons NH_4^+ + OH^-$

3.7 要加入多少克的 0.24M KCNO 溶液於 100mL 0.15M HCNO，才能使混合後的溶液中，含 2.5×10^{-4} M 的 H_3O^+？

3.8 要加入多少克的 $KC_2H_3O_2$ 於 200mL 0.1M 的 $HC_2H_3O_2$ 溶液，才能使 H_3O^+ 的濃度比原來溶液的 H_3O^+ 濃度減少 2%？

3.9 0.02M H_2CO_3 溶液中，H_3O^+ 濃度爲多少？

3.10 含 0.02M H_2CO_3 與 0.001M $NaHCO_3$ 的溶液中，H_3O^+ 濃度爲多少？

第四章　水溶液之酸鹼性、pH 值與緩衝溶液

習慣上，H^+ 離子濃度是以 pH 表示，而非 mol/L。pH 的定義如下：

$$pH = -\log [H^+] \tag{4.1}$$

在中性溶液裡，$[H^+] = 10^{-7}M$，所以 $pH = -\log 10^{-7} = 7$；換句話說，在 25°C 的中性溶液 pH 為 7。鹼性溶液的 pH 大於 7，酸性溶液的 pH 則小於 7。

保持水溶液 pH 值於某一定值附近是定性反應中營造特異的或選擇性的狀況的一個重要條件。水溶液不論稀釋或濃縮，或者添加些許酸或鹼，水溶液之 pH 值能儘量減少變化之弱酸與弱酸之鹽，或弱鹼與弱鹼之鹽的混合溶液叫做緩衝溶液。

例如某一弱酸 HB 與其鹽 AB 共存的水溶液中有如下的平衡，

$HB \rightleftharpoons H^+ + B^-$ （解離度 K_{HB}很小）

$AB \rightleftharpoons A^+ + B^-$ （幾乎完全解離，A^+ 為與液性無關的離子）

$$K_{HB} = \frac{[H^+][B^-]}{[HB]} \tag{4.2}$$

因為 AB 可以假設為完全解離，$C_{AB} \doteqdot [B^-]$，所以

$$[H^+] = K_{HB}\frac{[HB]}{[B^-]} = K_{HB}\frac{[HB]}{C_{AB}}$$

由上式可知，只要弱酸 HB 及其鹽 AB 的濃度比一定的話，不管稀釋或濃縮，$[H^+]$ 都不會改變。

更且，即使此溶液中加入少量的酸而使得 H^+ 的濃度增加的話，H^+ 也會與溶液中的 B^- 結合成爲解離度小的 HB，B^- 所減少的量由 AB 補充；若加有少量鹼以致於 OH^- 增加時，OH^- 會與溶液中的 H^+ 結合成爲 H_2O，H^+ 所減少的量由 HB 的解離補充。以上不論那一種情形，HB 及 AB 的濃度比都不會變化太多，抵消了酸或鹼的添加效果，$[H^+]$ 亦即 pH 就幾乎都不會改變了。

以下是緩衝溶液的 pH 的計算實例。6N HCH_3COO 2mL，6N NH_4CH_3COO 10mL，水 10mL 配製成的緩衝溶液中，因爲是一價的酸，所以 $1N = 1mol/L$。

$$[HCH_3COO] = 6N \times \frac{2}{2 + 10 + 10}$$
$$= 0.5455N = 0.5455 \ (mol/L)$$

$$[NH_4CH_3COO] = 6N \times \frac{10}{2 + 10 + 10} = 1.3636N$$
$$= 1.3636 \ (mol/L)$$

醋酸的解離常數　$K_{CH_3COOH} = 1.75 \times 10^{-5}$

上述各數代入下式，

$$[H^+] = K_{HB}\frac{[HB]}{[AB]}$$

$$[H^+] = K_{CH_3COOH}\frac{[HCH3COO]}{[NH_4CH_3COO]}$$

$$= 1.75 \times 10^{-5} \times \frac{0.5455}{1.3636}$$

$$= 7.00 \times 10^{-6} \ (mol/L)$$

$$pH = \log \frac{1}{[H^+]} = 6 - \log 7.00 = 5.15$$

此緩衝溶液的 pH = 5.15。

$$\boxed{習\quad題}$$

4.1　寫出下列各溶液的 pH 值。

(1) 純水

(2) 0.1M NaCl

(3) 0.001M HNO_3

(4) 0.002M NaOH

(5) 0.02N H_2SO_4

(6) 10^{-7}M HCl

(7) 0.1M $HC_2H_3O_2$

(8) 0.04M NH_3

(9) 溶液中其〔H_3O^+〕為 10^{-3}M

(10) 溶液中其 pOH 為 7

4.2　需加入多少克的 $KC_2H_3O_2$ 於 100mL 0.12M 的 $HC_2H_3O_2$ 溶液中，使此緩衝溶液的 pH 值為 5？

4.3　1 L 溶液中含 13g 的 NaH_2PO_4 與 20g 的 K_2HPO_4，求此緩衝溶液的 pH 值為多少？

4.4　依勒沙特列原理，試解釋下面的現象：當溶液愈稀時，$NaC_2H_3O_2$ 的水解程度愈大。

4.5　在一 $BaSO_4$ 的飽和水溶液中，〔Ba^{2+}〕與〔SO_4^{2-}〕濃度相等，試問同樣地在 $BaCO_3$ 的飽和水溶液中，〔Ba^{2+}〕與〔CO_3^{2-}〕的濃度，是否相等？試解釋之。

4.6　0.1M 的 $Na_2C_2O_4$ 溶液，其水解百分率為多少？

4.7　AgBr 的 K_{sp} 為 5.0×10^{-13}，AgCN 的 K_{sp} 為 2.2×10^{-16}。

(1)若 CN^- 的水解不考慮的話，問 AgCN，及 AgBr 的溶解度爲多少？

(2)當我們考慮及 CN^- 水解的影響時，發現二者之溶解度大約相等，試證明之。

4.8 試求 $SrCO_3$ 飽和溶液中之 pH 値爲多少？

4.9 試求 SnS 的溶解度爲多少？其中只考慮 S^{2-} 的水解，而不考慮 Sn^{2+} 的水解。

4.10 用 20mL 0.090M HCl 來滴定 20mL 0.110M 的 NH_3 溶液，問滴定後溶液中，NH_4^+ 的莫耳濃度爲多少？

4.11 滴定後的 NH_4Cl 溶液之 pH 値爲多少？

4.12 在此滴定中，以何指示劑來辨別最適當？

第五章　錯離子與金屬鉗合物

　　如前述數章的酸鹼中和反應，採用布忍斯特–洛瑞的酸鹼定義非常方便，且非常合理。依此定義，酸即為質子授與者。然而，有很多反應並不包含質子轉移，但其特徵和布忍斯特–洛瑞的酸鹼反應類似。例如，布忍斯特–洛瑞鹼能被許多不含質子的物質中和；鹼性的含氧離子能被像 CO_2 和 SO_3 的中性分子中和。因此，路以士提出了一套更廣泛的酸鹼定義。

　　依路以士的定義，能接受一對未共用電子對並生成錯離子的物質為酸；能提供最外層電子殼的未共用電子對而與其他離子或分子共用生成錯離子的物質為鹼。所以路以士酸即為電子對接受者，而路以士鹼即為電子對授與者。在路以士的酸鹼中和反應，酸和鹼形成配位共價鍵（coordinate covalent bond），因此中和反應的產物可稱為配位生成物（coordination products），或加成生成物（addition products），簡稱加成物（adducts）。路以士酸鹼反應最簡單的型式為酸和鹼直接結合生成中和或配位生成物，例如：

$$H_3N: \quad + \quad BF_3 \quad \Longleftrightarrow \quad H_3N:BF_3 \qquad (5.1)$$
鹼　　　　　　　酸　　　　　　　　配位生成物

$$2:\overset{..}{\underset{..}{F}}:^- \quad + \quad SiF_4 \quad \Longleftrightarrow \quad SiF_6^{2-} \qquad (5.2)$$
鹼　　　　　　　酸　　　　　　　　配位生成物

　　於第一個反應中，酸 BF_3 接受了氨 NH_3 中氮原子所提供的電子對。BF_3 所以具有此種酸性，乃是因為 B 原子的最外層電子殼有一空軌道之故。於第二個反應中，酸 SiF_4 接受兩個 F^- 離子所提供的電子對。這是因為 Si 原子的最外層電子殼有空的 d 軌道，能擴大其電子八隅體之故。除了直接結合的酸鹼反應（simple adduct）以外，路以士酸鹼反應尚有其他的型式，例如酸取代（acid displacement）、鹼取代（base displacement）、重組（rearrangement）、重組縮合（rearrangement-elimination），以及無機錯合化（inorganic complexation）等。其中尤以無機錯合化在定性分析中佔很重要的位子。

所謂無機錯合化（簡稱錯合化）即路以士酸鹼反應後能產生無機錯合物（簡稱錯合物）的反應。錯合物是一種複雜的離子（或分子），由一中心原子（或離子）周圍有數個分子（或陰離子），即配位子（ligands），環繞所組成。錯合物除了電荷數等於其組成物電荷數之和以外，其物理化學性質與其組成物差異極大。中心原子的鍵數或結合數稱為配位數（coordination number）。配位數與中心原(離)子的電子結構，中心原(離)子的大小、配位子的大小、配位子的電子結構等都有關係，最常見的有 2、3、4、6，但也有 5、7、8、10 的例子。表5.1 列出中心原子之配位數為 2、3、4、6 的錯合物結構。

表 5.1　錯合物的配位數與結構

配位數	結	構
2	直線	L—A—L
2	角形	L⌓A⌓L
3	平面三角形	
4	四面體	

配 位 數	結　　　　　　　　　　　　　　　　　　　　　構
4	平面四方形
6	八面體

5.1　中心原子的性質

　　無機錯合物，簡稱錯合物，一般是指中心原子爲金屬原子或金屬離子者。然而亦有一些常見的分子或離子，其結構與上述錯合物的定義相同，只是組成原子中並無金屬原子或離子。表 5.2 列出各種無機錯合物的配位子，中心原子的配位數，以及錯合物的幾何結構（配位子圍繞中心原子的配置型態）。

表 5.2　無機錯合物的配位子，中心原子的配位數，以及錯合物的幾何結構

錯　　合　　物	配　　位　　子	中心原子配位數	結　　構
$[Ag(NH_3)_2]^+$	NH_3　，　氨	2	線形
$[Ag(CN)_2]^-$	CN^-　，　氰離子	2	線形
NO_2^-	O^{2-}　，　氧離子	2	角形
$[HgCl_3]^-$	Cl^-　，　氯離子	3	平面三角形
CO_3^{2-}	O^{2-}　，　氧離子	3	平面三角形
$[Be(H_2O)_4]^{2+}$	H_2O　，　水分子	4	四面體

錯　合　物	配　位　子	中心原子配位數	結　構
$Ni(CO)_4$	CO　，　一氧化碳	4	四面體
$[CoCl_4]^{2-}$	Cl^-　，　氯離子	4	四面體
AsS_4^{3-}	S^{2-}　，　硫離子	4	四面體
AsO_4^{3-}	O^{2-}　，　氧離子	4	四面體
MnO_4^-	O^{2-}　，　氧離子	4	四面體
ClO_4^-	O^{2-}　，　氧離子	4	四面體
$[PtCl_4]^{2-}$	Cl^-　，　氯離子	4	平面四角形
$[Ni(C_4H_7N_2O_2)_2]$	$C_4H_7N_2O_2^{2-}$	4 *	平面四角形
$[Al(H_2O)_6]^{3+}$	H_2O　，　水分子	6	八面體
$[Cu(NH_3)_6]^{2+}$	NH_3　，　氨	6	八面體
$[SnCl_6]^{4-}$	Cl^-　，　氯離子	6	八面體
$[Fe(CN)_6]^{3-}$	CN^-　，　氰離子	6	八面體
$[Al(C_2O_4)_3]^{3-}$	$C_2O_4^{2-}$，草酸根離子	6※	八面體
SiF_6^{2-}	F^-　，　氟離子	6	八面體
SF_6	F^-　，　氟離子	6	八面體

* 每一個二甲基二乙醛肟離子，$C_4H_7N_2O_2^{2-}$，可提供兩個配位鍵與 Ni^{2+} 離子結合（經由氮原子）。

※每一個草酸根離子，$C_2O_4^{2-}$，可提供兩個配位鍵與 Al^{3+} 離子結合（經由氧原子）。

　　由表 5.2 所列配位子的電子結構可知，每一配位子至少有一未共用電子對，因此錯合物是路以士酸鹼反應之產物。中心原子或離子（路以士酸）與配位子（路以士鹼）共用一電子對。只提供中心原子或離子一對電子的配位子稱為單芽配位子（monodentate），例如 NH_3、Cl^-、H_2O 等。

　　然而，有許多配位子本身含有二個以上的原子可提供中心原子或離子未共用電子對。這些配位子可和中心原子形成 2、3、4、5、6 個配位鍵，分別稱爲二芽、三芽、四芽、五芽、六芽配位子。表 5.3 列出一些常見的多官能基配位子（polyfunctional ligand）簡稱多芽配位子。，含多芽配位子的錯合物稱爲鉗合物（chelate complexes）。

表 5.3　多官能基配位子

配　　　位　　　子	構　　　造　　　式	能與中心原子形成的鍵數
乙二胺	$H_2NCH_2CH_2NH_2$	2
草酸根離子	$^-OOCCOO^-$	2
二甲基二乙醛肟離子	$HONC(CH_2)C(CH_2)NOH$	2
二乙基三胺	$H_2NCH_2CH_2NHCH_2CH_2NH_2$	3
四乙酸乙二胺離子	$(^-OOCCH_2)_2NCH_2CH_2N(CH_2COO^-)_2$	6

5.2　水合金屬離子

最常見的金屬離子錯合物爲水合金屬離子，或含水錯合物。金屬鹽類水溶液之顏色特性主要是來自水合金屬離子。表 5.4 舉出一些例子：

表 5.4　水合金屬離子錯合物

錯　　　離　　　子	顏　　　　　　　　色
$[Al(H_2O)_6]^{3+}$	無　色
$[Cr(H_2O)_6]^{3+}$	紫　色
$[Fe(H_2O)_6]^{3+}$	紫　色

錯　　離　　子	顏　　　　　　　色
$[Mg(H_2O)_6]^{2+}$	無　色
$[Mn(H_2O)_6]^{2+}$	粉　紅　色
$[Fe(H_2O)_6]^{2+}$	淡　綠　色
$[Co(H_2O)_6]^{2+}$	紅　紫　色
$[Ni(H_2O)_6]^{2+}$	綠　色
$[Cu(H_2O)_6]^{2+}$	藍　色

用其他種類的配位子取代水分子，有時會使溶液顏色發生變化。例如，$[Co(H_2O)_6]^{2+}$ 的水分子在高 Cl^- 離子濃度溶液中會被 Cl^- 取代並形成藍色的 $CoCl_4^{2-}$。加入過量氨水會使綠色的 $[Ni(H_2O)_6]^{2+}$ 變成藍色的 $[Ni(NH_3)_4]^{2+}$。

5.3　含水錯合物之酸性

很多金屬鹽類的水溶液為酸性，亦即 pH 小於 7，此可由下述反應式說明之，

$$[M(H_2O)_n]^{m+} + H_2O$$
$$\rightleftharpoons [M(OH)(H_2O)_{n-1}]^{(m-1)+} + H_3O^+ \qquad (5.3)$$

或

$$[M(H_2O)_n]^{m+1} \rightleftharpoons [M(OH)(H_2O)_{n-1}]^{(m-1)+} + H^+ \qquad (5.4)$$

一般而言，失去第一個質子的反應進行並不完全，當然，失去第二個質子的反應將更難。此原因已於第三章討論過。但是，在適當的條件下有時卻可使金屬的含水錯合物一步一步地失去質子，且至相當大的程度。金屬的含水錯合物好似一多質子酸，若加入鹼性比水強的

鹼，可推動解離程序，使解離更為完全。雖然Al(H$_2$O)$_6$$^{3+}$離子的解離度只與醋酸約略相等，但是當加入過量的 NH$_3$ 時，每一個六水合離子平均可移去三個質子。下述反應式說明取代程序的每一步驟，

$$Al(H_2O)_6^{3+} + NH_3 \rightleftharpoons Al(OH)(H_2O)_5^{2+} + NH_4^+ \qquad (5.5)$$

$$Al(OH)(H_2O)_5^{2+} + NH_3$$

$$\rightleftharpoons Al(OH)_2(H_2O)_4^+ + NH_4^+ \qquad (5.6)$$

$$Al(OH)_2(H_2O)_4^+ + NH_3$$

$$\rightleftharpoons Al(OH)_3(H_2O)_3 \downarrow + NH_4^+ \qquad (5.7)$$

上述反應混合物沈澱出的中和生成物屬半透明膠狀物質，它不易再與氨進行酸鹼反應。但是，如果加入更強的鹼（例如 NaOH），OH$^-$離子則可自中性錯合物多移去一個質子，並生成帶陰電的鋁 (III) 氫氧錯合物，而使微溶的中性錯合物溶解。

$$Al(OH)_3(H_2O)_3 \downarrow + OH^-$$

$$\rightleftharpoons Al(OH)_4(H_2O)_2^- + H_2O \qquad (5.8)$$

此一反應可被弱酸，例如 NH$_4$$^+$ 離子，推向左，如下述反應式：

$$Al(OH)_4(H_2O)_2^- + NH_4^+$$

$$\rightleftharpoons Al(OH)_3(H_2O)_3 \downarrow + NH_3 \qquad (5.9)$$

若加入比 NH$_4$$^+$ 更強的酸，則可轉化 Al(OH)$_3$(H$_2$O)$_3$ 成六水錯合物。

$$Al(OH)_3(H_2O)_3 \downarrow + H_3O^+$$

$$\rightleftharpoons Al(OH)_2(H_2O)_4^+ + H_2O \qquad (5.10)$$

$$Al(OH)_2(H_2O)_4^+ + H_3O^+$$

$$\rightleftharpoons Al(OH)(H_2O)_5^{2+} + H_2O \qquad (5.11)$$

$$Al(OH)(H_2O)_5^{2+} + H_3O^+$$

$$\rightleftharpoons Al(H_2O)_6^{3+} + H_2O \qquad (5.12)$$

如前述之Al(OH)$_3$(H$_2$O)$_3$、Al(OH)$_2$(H$_2$O)$_4$$^+$離子、Al(OH)(H$_2$O)$_5$$^{2+}$離子等與 Mg(OH)(H$_2$O)$_5$$^+$ 離子、Zn(OH)$_2$(H$_2$O)$_4$ 等，在不同環境

下，有時當做質子授與者，有時則當做質子接受者，這種物質稱爲**兩質子性物質**（amphiprotic）。表 5.5 依酸度遞增的順序列出一些錯合酸之中心金屬離子的晶體半徑及電荷—半徑比。

表5.5　含水錯離子酸

錯　　　離　　　子	金屬離子之晶體半徑，Å	電荷—半徑比	K_a 大約值※
$Ba(H_2O)_6^{2+}$	1.35	1.54	4×10^{-14}
$Li(H_2O)_6^+$	0.6	1.7	10^{-14}
$Hg(H_2O)_2^{2+}$	1.10	1.8	—
$Ca(H_2O)_6^{2+}$	0.99	2.0	3×10^{-13}
$Cd(H_2O)_6^{2+}$	0.97	2.1	—
$Zn(H_2O)_6^{2+}$	0.74	2.7	—
$Mg(H_2O)_6^{2+}$	0.65	3.1	4×10^{-12}
$Co(NH_3)_5(H_2O)^{3+}$	0.70	4.3	10^{-6}
$Cr(H_2O)_6^{3+}$	0.55	5.5	1×10^{-4}
$Fe(H_2O)_6^{3+}$	0.57	5.7	6×10^{-3}
$Al(H_2O)_6^{3+}$	0.50	6.0	1×10^{-5}
$Be(H_2O)_4^{2+}$	0.31	6.5	10^{-5}
$Pt(NH_3)_4(H_2O)_2^{4+}$	—	—	10^{-2}

※$[M(H_2O)_n]^{m+} + H_2O \rightleftharpoons [M(OH)(H_2O)_{n-1}]^{(m-1)+} + H_3O^+$

　　做爲質子授與者的含水錯合物有許多通性。由表 5.5 可知電荷—半徑之比值越大，配位水分子失去質子的傾向越大。例如：$Ba(H_2O)_6^{2+}$ 離子的配位水分子失去質子的傾向和純水中的水分子差不多；可是 $Al(H_2O)_6^{3+}$ 離子的配位水分子失去質子的傾向遠比水中游離水分子大。利用含水錯離子的離子模型，且假設中心金屬離子爲一帶正電的球狀粒子，就可清楚瞭解爲何偶極水分子與大電荷小半徑的金屬離子的結合力較小電荷大半徑的金屬離子大。

　　金屬離子吸引水分子偶極的負電端（氧），改變了水分子內部的電子分佈，氫與氧的鍵結電子對移近氧原子，使氫原子更具正電性，此效應如圖 5.1 所示。

圖 5.1　(a)未配位水分子的電子分佈
　　　　　(b)與金屬正離子接合的水分子之電子分佈

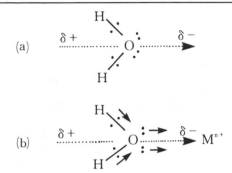

　　至於鹼金屬和鹼土金屬離子的水合物的電子分佈扭曲程度倘不足以使接於金屬離子的水分子失去質子的傾向比不接於金屬離子的水分子大，所以，由含水錯合物轉移一個質子至游離水分子並無任何鍵的改進。換句話說，$[M(OH)(H_2O)_{n-1}]^{(m-1)+}$ 這種型式的錯合物的鹼性比非配位的水大。

　　但是，當中心金屬離子漸小而電荷漸增時，配位水分子內電子分佈的扭曲也較嚴重，故氫原子較具正電性（O−H 鍵更具極性）。當 O−H 鍵極性較大時，由配位水分子移去一個質子至未配位水分子生成水合氫離子的可行性增加。換句話說，當金屬電荷增加而離子半徑減小時，因為金屬離子把氧原子附近的電子吸引過來，使得含水錯合物 $[M(OH)(H_2O)_{n-1}]^{(m-1)+}$ 的共軛鹼較未配位水分子弱。表 5.5 列出一些由配位水分子移去一個質子的酸解離常數。

　　一般而言，具有相同電荷—半徑比值的錯合物中，過渡金屬離子的酸性較鈍氣型離子的強。

　　兩性物質（amphoteric）在強鹼中扮演酸的角色，在強酸中則扮演鹼的角色。這種觀念可用路以士酸鹼定義來驗證，其適用範圍則僅限於水溶液系統和質子酸的例子。兩性物質常見用於微溶於某一溶劑但溶於酸性和鹼性溶液的物質。表 5.6 列出定性分析上常見的兩性化合物。注意，有些兩性化合物為兩質子性，但並非所有兩性化合物皆為兩質子性。

表 5.6　兩性物質

化　合　物	溶於下述溶液中		
	過量 NH_3	過量 OH^-	過量 S_x^{2-} ※
$Zn(OH)_2(H_2O)_4$	是	是	否
$Cd(OH)_2(H_2O)_4$	是	否	否
$Al(OH)_3(H_2O)_3$	否	是	否
$Cr(OH)_3(H_2O)_3$	否	是	否
$Cu(OH)_2(H_2O)_4$	是	有限	否
$Sn(OH)_2(H_2O)_2$	否	是	是
As_2O_3	－	是	是
As_2O_5	－	是	－
As_2S_3	－	是	是
As_2S_5	－	是	是
Sb_2S_3	－	是	是
Sb_2S_5	－	是	是
SnS_2	－	是	是
SnS	－	是	是

※ S_x^{2-} 乃是指一系列的含硫離子，其 x 在 2 與 6 之間。這些聚硫化物的混合物可由硫離子，S^{2-}，與硫在鹼性溶液中反應得到。這些離子乃由一連串的硫原子所構成。

5.4　錯合物的平衡

　　形成錯合物與多質子酸之解離釋出二個或多個質子的程序相似，皆屬逐一步驟反應，所以處理含有錯合物的平衡系統與處理多質子酸，如磷酸的方法非常相似。

　　氯化銀可溶於氨水，主要是因為二氨銀(I)錯離子的生成。這可由氯化銀的 K_{sp} 與 $Ag(NH_3)_2^+$ 的形成平衡常數進一步說明如下：

形成 $Ag(NH_3)_2^+$ 的逐一步驟反應可表示如下，

$$Ag(H_2O)_2^+ + NH_3 \rightleftharpoons Ag(H_2O)(NH_3)^+ + H_2O \qquad (5.13)$$

$$Ag(H_2O)(NH_3)^+ + NH_3 \rightleftharpoons Ag(NH_3)_2^+ + H_2O \qquad (5.14)$$

每一步驟的平衡常數可表示如下式：

$$K_1 = \frac{[Ag(H_2O)(NH_3)^+]}{[Ag(H_2O)_2^+][NH_3]} = 2.1 \times 10^3 \qquad (5.15)$$

$$K_2 = \frac{[Ag(NH_3)_2^+]}{[Ag(H_2O)(NH_3)^+][NH_3]} = 7.7 \times 10^3 \qquad (5.16)$$

K_1 和 K_2 稱為生成常數（formation constants），下標 1 與 2 分別代表第一個配位子和第二個配位子。雖然上述二個化學反應式可合併為，

$$Ag(H_2O)_2^+ + 2NH_3 \rightleftharpoons Ag(NH_3)_2^+ + 2H_2O \qquad (5.17)$$

而且兩個生成常數相乘可得下式，

$$K_1 \times K_2 = K_f = \frac{[Ag(NH_3)_2^+]}{[Ag(H_2O)_2^+][NH_3]^2} = 1.6 \times 10^7 \qquad (5.18)$$

但這並不表示在 $[Ag(NH_3)_2]NO_3$ 溶液中，$[NH_3] = 2[Ag(NH_3)_2^+]$。然而，如果合併的生成常數表示式中的三成分有兩個的平衡濃度為已知，則可求出第三個成分的濃度。

　　含有 AgCl 和 氨的系統，有如下的平衡反應：

$$AgCl \downarrow \rightleftharpoons Ag^+ + Cl^- \tag{5.19}$$

$$Ag^+ + 2NH_3 \rightleftharpoons Ag(NH_3)_2^+ \tag{5.20}$$

當 Q 值小於 AgCl 的 K_{sp}時，氯化銀會溶解。加入 NH_3 則錯離子 Ag$(NH_3)_2^+$和 $Ag(H_2O)(NH_3)^+$ 開始生成。當 $Ag(H_2O)_2^+$ 被 NH_3 捉住時，更多的 AgCl 固體必須溶解，以便再建立平衡。如果 NH_3 的量足夠的話將可使溶解程序繼續進行直至 AgCl 完全溶解爲止。因爲 K_2 大於 K_1，所以如果 NH_3 過量的話，所有的 Ag^+ 會幾乎完全以二氨銀(I)錯離子存在。

【例5.1】於 25°C 時，將 0.01 莫耳的氯化銀置於 1 L 水内，須加入多少氨氣體才可使 AgCl 剛好完全溶解？假設最後的溶液體積爲 1 L，AgCl 的 K_{sp}爲 1.6×10^{-10}。

【解】 $\quad AgCl \downarrow \rightleftharpoons Ag^{+*} + Cl^-$ （＊此處省略水合分子） $\tag{5.21}$

如果 AgCl 完全溶解，Cl^-離子的平衡濃度則爲 0.01mol/L。我們可用 AgCl 的 K_{sp}計算 Ag^+離子可存在的最大濃度。

$$K_{sp} = [Ag^+][Cl^-] \tag{5.22}$$

代入 Cl^-離子的平衡濃度，

$$1.6 \times 10^{-10} = [Ag^+] \times 0.01$$

解得，

$$[Ag^+] = 1.6 \times 10^{-8} mol/L$$

由含氨錯合物之生成常數 K_1 和 K_2 的相對大小可知大部分的二水銀(I)離子和 Ag^+離子，將以 $Ag(NH_3)_2^+$ 離子的型式存在。

按： $\quad 0.01 = [Ag^+] + [Ag(NH_3)_2^+] \tag{5.23}$

$$[Ag(NH_3)_2^+] = 0.01 - 1.6 \times 10^{-8} mol/L$$

$$= 0.01$$

既然已知 $K_1 \times K_2$、$[Ag^+]$ 和$[Ag(NH_3)_2^+]$之值，系統中氨的平

衡濃度可計算如下：

$$K_1 \times K_2 = \frac{[Ag(NH_3)_2^+]}{[Ag(H_2O)_2^+][NH_3]^2} \qquad (5.24)$$

代入，

$$1.6 \times 10^7 = \frac{1 \times 10^{-2}}{1.6 \times 10^{-7}[NH_3]^2} \qquad (5.25)$$

對調，

$$[NH_3] = \frac{1 \times 10^{-2}}{(1.6 \times 10^{-8})(1.6 \times 10^7)}$$

解得，

$$[NH_3] = 1.95 \times 10^{-2} mol/L$$
$$= 2 \times 10^{-2} mol/L$$

　　除了此平衡濃度外，氨尚有 0.02mol/L 消耗在 $Ag(NH_3)_2^+$ 離子的形成。故必須加入系統的總氨氣量為 0.02＋0.02，或 0.04mol/L。

　　於實驗室內，亦可定性決定各種錯合物之間生成常數的關係和含有相同金屬離子的各種微溶化合物之間溶度積的關係。以下是一些例子。

　　燒杯內放入一些硝酸銀溶液；再加入一些氯化鈉，使生成AgCl沈澱。再加入一些氨水，AgCl 將溶解形成 $Ag(NH_3)_2^+$ 錯離子。再加入一些氨水，AgCl 沈澱。再加入 $Na_2S_2O_3$ 溶液，則沈澱物溶解生成 $Ag(S_2O_3)_2^{3-}$ 錯離子。再加入碘化鈉溶液，則生成 AgI 沈澱。現在加入氰化鉀，KCN 溶液則沈澱物又溶解並生成$Ag(CN)_2^-$ 錯離子。再加入硫化鈉溶液，則生成Ag_2S沈澱。由這樣一系列的實驗可得知的結論是，銀在此實驗的錯離子中，$Ag(CN)_2^-$ 之解離度最低，且 Ag_2S 的溶解度最低（見圖 5.2）。

圖5.2　相對溶度積與生成常數之定性關係

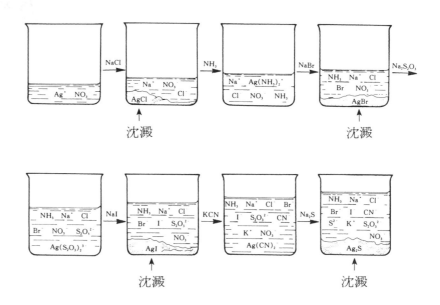

表5.7為一些錯離子的總生成常數。

表5.7　錯離子的總生成常數

平		衡	總 生 成 常 數
Ag^+	$+$　$2NH_3$	$\rightleftharpoons$　$Ag(NH_3)_2{}^+$	1.6×10^7
Co^{2+}	$+$　$6NH_3$	$\rightleftharpoons$　$Co(NH_3)_6{}^{2+}$	5.6×10^4
Ni^{2+}	$+$　$6NH_3$	$\rightleftharpoons$　$Ni(NH_3)_6{}^{2+}$	1.8×10^8
Cd^{2+}	$+$　$4CN^-$	$\rightleftharpoons$　$Cd(CN)_4{}^{2-}$	1.3×10^{17}
Ag^+	$+$　$2CN^-$	$\rightleftharpoons$　$Ag(CN)_2{}^-$	1.0×10^{20}

$$\boxed{\text{習 題}}$$

5.1　寫出下列各基的點電子分子式：$C_2O_4^{2-}$，$CH_3CO_2^{-}$，$HN(CH_2CO_2^{-})_2$，H_2O，H_3O^+，OH^-，NH_3，NH_4^+。並指出那些是錯離子中的配位基？而那些是螯形配位基？

5.2　計算在 $Ag(NH_3)_2^{+}$ 的式量濃度為 0.001M 的溶液中，Ag^+ 的濃度為多少？

5.3　計算在加入有 1×10^{-5} 莫耳的 $Ag(NH_3)_2^{+}$ 及 2 莫耳 NH_3 的 1 L 溶液中，Ag^+ 的濃度為多少？

5.4　計算在混以 0.2 莫耳的 $Zn(NH_3)_4^{2+}$ 及 3 莫耳 NH_3 的 1 L 溶液中，Zn^{2+} 的濃度為多少？

5.5　在第 5.4 題的情況下，需要多少濃度的 S^{2-}，才能使其剛好有沈澱產生？

5.6　$Ag(NH_3)_2^{+}$ 的解離方程式及各步驟的解離常數為：

$$Ag(NH_3)_2^{+} \Longleftrightarrow AgNH_3^{+} + NH_3 \quad ; K_2 = 1.58 \times 10^{-4}$$

$$AgNH_3^{+} \Longleftrightarrow Ag^{+} + NH_3 \quad\quad ; K_1 = 5.01 \times 10^{-4}$$

問在 $Ag(NH_3)_2^{+}$ 的式量濃度為 0.001M 的溶液中，所含 $Ag(NH_3)_2^{+}$、$AgNH_3^{+}$ 和 Ag^{+} 的平衡濃度各為多少？

5.7　在 $Ag(S_2O_3)_2^{3-}$ 的式量濃度為 0.2M 的溶液中，含 Ag^+ 濃度為 10^{-14}M，問 $S_2O_3^{2-}$ 的平衡濃度為多少？

5.8　欲溶解 10 g 的 $ZnCO_3$，需要多少莫耳濃度的 NH_3 1 L 溶液？在此忽略所有離子的水解。

5.9　有多少克的 CuS 將溶解於 1 L 0.2M 的 NH_3 溶液中？

5.10 計算在 0.8M 的 NH_3 溶液中，ZnS 的溶解度。溶解度以每升多少克表示之。

第二部

定性分析概論

第六章　試料之預備試驗

　　在進行一試料的系統分析之前，必須先取小量先做一些預備試驗，以便獲知大略組成的徵兆。通常只要用一些簡單的試驗就可馬上顯示某一陽離子或陰離子之存在與否。雖然這種試驗並不完整，須再施以更精確的系統分析，然而卻極具價值。預備試驗所獲資訊不只可協助製備分析溶液，而且，若試驗相當完整，則可縮短分離的方法。無論那一種情況下，其鑑定試驗都是有價值的。這種試驗只用固體試料，所以又稱「乾式法」。最重要的乾式法試驗列於下面，括號內的物質表示試驗所暗示的物質。

1. 加熱一小部分微細粉末物質於一端封口的小玻璃管。

　　⑴物質碳化，放出特殊臭味（有機物）。

　　⑵放出水（水合水，晶體內包水，潮解水，某些氫氧化物加熱分解，例如氫氧化鐵）。

　　⑶物質變色。

　　　　①加熱變黃，冷卻變白（氧化鋅，p.137）。

　　　　②加熱變黃，冷卻時變成另一種黃色的色調（氧化錫，p.100；氧化鉛，p.100；三氧化二鉍，p.100）。

　　⑷物質昇華。

　　　　①白色（三氧化二砷，p.100；氯化亞汞，p.91；氯化汞，p.100；銨鹽，p.171）。

　　　　②黑色（砷，p.100）。

　　　　③黑色，摩擦變紅色（硫化汞，p.100）。

　　　　④黑色，有紫色蒸氣（碘，p.220）。

⑤黃色，摩擦變成紅色（碘化汞，p.100）。

⑥形成鏡膜或小球粒（汞，p.100）。

(5)物質放出氣體。

①氧。以燃燒薄木片檢驗（硝酸鹽，p.230；過氧化物，p.131）。

②二氧化氮。由顏色和氣味檢驗（硝酸鹽，p.230）。

③二氧化硫。由氣味檢驗（亞硫酸鹽，p.203；硫酸鹽，p.199）。

④二氧化碳。用氫氧化鈣檢驗。（碳酸鹽，p.211）。

⑤氯，溴，碘。由氣味和顏色檢驗（氯化物，溴化物，和碘化物，p.220）。

⑥硫化氫。由氣味和對醋酸鉛試紙作用檢驗（用水潤濕的硫化物，p.220）。

⑦氨。由氣味檢驗（銨鹽，p.171）。

(6)物質單純熔解（鹼金屬化合物）。

2.置一些粉末物質於小試管，並加幾滴硫酸。如無反應發生可溫和加熱。

(1)反應發生，並放出氣體。

①二氧化碳。用氫氧化鈣檢驗（碳酸鹽，p.211）。

②一氧化碳。用燃燒檢驗（亞鐵氰化物，p.220）。

③二氧化硫。由氣味檢驗（亞硫酸鹽，p.203）。

④氯化氫。由沾於攪拌棒的硝酸銀或氫氧化銨檢驗（氯化物，p.220）。

⑤溴。由顏色和氣味檢驗（溴化物，p.220）。

⑥碘。由顏色和氣味檢驗（碘化物，p.220）。

⑦硫化氫。由氣味和對醋酸鉛試紙作用檢驗（用水潤濕的硫化物，p.220）。

⑧二氧化氮。由顏色和氣味檢驗（硝酸鹽，p.230）。

⑨二氧化氯。由顏色和氣味檢驗（氯化物，p.220）。

⑩醋酸。由醋味檢驗（醋酸鹽，p.230）。

⑵無明顯反應發生（硫酸鹽，p.199；磷酸鹽，p.211，可能存在）。

3. 取少量的物質置於一小粒煤炭的孔隙內，並於風管的氧化焰中加熱。

⑴物質爆燃（硝酸鹽，p.230）。

⑵物質熔化，並被煤炭吸收（鹼金屬化合物）。

⑶物質不熔，且成為白熱狀。

　　①灼燒殘留物為鹼性，加幾滴硝酸鈷且加熱也不變色（鋇，鍶，鈣，p.157）。

　　②物質用幾滴 $Co(NO_3)_2$ 可於石棉熔化。藍色，$Co(AlO_2)_2$（鋁，p.120）；綠色，$CoZnO_2$（鋅，p.137）；粉紅色，$MgCoO_2$（鎂，p.171）。

⑷物質於煤炭結殼。

　　①白色，形成位置與孔隙有一些距離。蒜味（砷，p.100）。〔劇毒〕

　　②白色，形成於孔隙附近（銻，p.100）。

　　③加熱變黃，冷卻變白（鋅，p.137；錫，p.100）。

　　④冷卻或加熱皆為黃色（鉛，p.93；鉍，p.100）。

　　⑤紅棕色（鎘，p.100）。

　　⑥暗紅色（銀，p.93）。

4. 於還原焰中，將一部分物質和碳酸鈉緊密混合，於煤炭上加熱，可還原金屬的化合物並生成，

⑴金屬球粒和結殼。

　　①具展延性（銀，p.93；鉛，p.93；錫，p.93）。

　　②性脆（銻，p.93；鉍，p.93）。

⑵有金屬球粒但無結殼（金，黃色；銅，p.93）。

⑶磁性顆粒（鐵，p.120；鎳，p.137；鈷，p.137）。

5.將一些硼砂於白金絲小圈端加熱，以製備澄淸的硼砂珠。將硼砂珠和一點試料接觸，於本生燈火焰的外圍或尖端加熱，某些金屬於硼砂珠上顯示特性顏色。

(1)冷卻或加熱皆為藍色（鈷，p.153）。

(2)冷卻時為紅棕色至灰色（鎳，p.153）。

(3)冷卻或加熱皆為綠色（鉻，p.153）。

(4)冷卻時為紫水晶色（錳，p.153）。

(5)冷卻或加熱時皆為藍綠色，於還原焰上變成紅色（銅，p.153）。

6.用鹽酸潤濕少量物質，置於乾淨白金絲小圈端上，於本生燈的外圍加熱。某些金屬化合物使火焰呈現特性顏色。

⑴黃色（鈉，p.171）。

⑵紫色（鉀，p.171）。

⑶紅色（鈣，p.164；鍶，p.163；鋰，深紅色）。

⑷綠色（鋇，p.163；銅，p.109）。

（註）只有揮發性化合物才會使火焰呈現特性顏色。已知氯化物具揮發性；所以火焰試驗前要加入鹽酸。

第七章　試液與試劑的調配法

7.1　常用酸，鹼試劑之製法

　　溶質與溶劑的質量和等於溶液的質量，但是溶質與溶劑的體積和並不一定等於溶液的體積，一般而言溶液的體積會較小。

　　雖然體積可由質量與密度計算，定性分析較常用的水溶液若濃度小的話，其體積可直接由溶質與溶劑的體積和計算。

1. 濃鹽酸，濃硝酸，濃硫酸，濃氨水之使用方法

　　濃的酸，鹼溶液之比重通常大於 1，如表 7.1 所示。

表 7.1　濃酸與濃氨水之濃度與比重

名　　　　　稱	濃　　　　　　　度	直　接　使　用　試　劑
濃　鹽　酸	12N（35％）	市售品（比重 1.19）
濃　硝　酸	15N（68％）	市售品（比重 1.42）
濃　硫　酸	36N（95％）	市售品（比重 1.84）
濃　氨　水	15N（28％）	市售品（比重 0.90）

⑴濃鹽酸使用注意事項：

　　濃鹽酸屬揮發性的強酸溶液，其氯化氫蒸氣為有害氣體，取用時應在換氣良好的處所，最好是在排煙櫃中進行。

沾到身體或衣服時，應馬上以大量的水淋洗。事後，如果必要的話，以約 3% 的碳酸氫鈉（$NaHCO_3$）或碳酸鈉（Na_2CO_3）水溶液中和之，並充分水洗。

⑵**濃硝酸使用注意事項：**

濃硝酸易受光分解，須保存於棕色試劑瓶。皮膚或指甲沾到會變黃，這是因為硝酸與蛋白質反應，要特別注意。

沾到身體或衣服時，應馬上以大量的水淋洗。事後，衣服最好以約 3% 的碳酸氫鈉（$NaHCO_3$）或碳酸鈉（Na_2CO_3）水溶液中和之，並充分水洗。

⑶**濃硫酸使用注意事項：**

濃硫酸的比重大（約 1.84），重的溶液瓶應注意不要掉落。水稀釋時會急速發熱，加量與方法不當的話有沸騰的危險。必須將酸加入水中。絕對不可將水加入濃硫酸。

濃硫酸脫水作用很強，沾到身體會「燒焦」，沾到衣服或桌子則會破壞衣物。沾到的話，應馬上以大量的水淋洗，以約 5～10% 的碳酸氫鈉（$NaHCO_3$）或碳酸鈉（Na_2CO_3）水溶液中和後，再充分水洗。沾到稀硫酸的話最好依相同方法處理。

⑷**濃氨水使用注意事項：**

濃氨水（15N NH_3 水）若開放於大氣中，會快速釋出溶解的氨（NH_3：刺激性臭味很強的氣體），濃度因而減少。試劑瓶蓋應確實鎖緊。

⑸**氫氧化鈉水溶液之配製方法與使用注意事項：**

氫氧化鈉為粒狀吸濕性強的試劑，1 莫耳質量為 40g。因為吸濕性強，稱重時動作要快，稱重後瓶蓋要鎖緊。以水溶解時會發熱，要十分注意。試劑瓶最好不用玻璃瓶而採用塑膠瓶，因為玻璃會少量溶解於氫氧化鈉水溶液。氫氧化鈉水溶液會吸收空氣中的 CO_2 變成 Na_2CO_3，所以瓶蓋要鎖緊。

　　氫氧化鈉水溶液易溶解有機物，皮膚沾到會溶解其表面成白滑狀。又因具有浸透性，應速水洗。眼睛絕對不可沾到，否則易致失明，應特別注意。

2. 稀鹽酸，稀硝酸，稀硫酸，稀氨水之調製方法

　　以 100mL 量筒量取必要量的純水，移入燒杯。另外在耐酸鹼塑膠板上以 100mL 量筒量取必要量的濃試劑，緩慢移入攪拌的純水燒杯中。調製完成的試劑移入試劑瓶中，並貼上標籤。標籤應註明濃度，物質名稱，調製年月日，調製者姓名。

7.2　純　水

　　定性分析實驗所用的水不論是調製試劑溶液用，或實驗中間必要用，或沈澱洗淨用，都必須使用純水。另外，器具之洗淨先用自來水洗過，最後一定要用純水洗。若須乾燥，也要先用純水洗過才乾燥。

　　因為水容易溶解其他物質，所以純水須特殊方法製備，例如，用蒸餾水製造機精製的蒸餾水或用離子交換設備精製的離子交換純水或逆滲透 RO 設備精製的純水等皆是。

　　使用離子交換水當作純水時，因為理論純水之比阻抗值為 $2.6 \times 10^7 \Omega.cm$ 程度，所以至少也要用 $10^6 \Omega.cm$（ $= 100$ 萬 $\Omega.cm$）以上比阻抗值的純水，最好是 $5 \times 10^6 \Omega.cm$ 以上。日本 JIS 國家標準 K0022 之水質則只定義為 25℃ 比阻抗值 $5 \times 10^5 \Omega.cm$ 以上。

　　自來水中殺菌劑用氯濃度太高的話，因其強氧化劑作用會使設備中的離子交換樹脂或逆滲透膜提早劣化。

　　水之精製法的異同點如表 7.2 所示：

表7.2　不同製法所得純水之特性

精　　製　　法	比阻抗值(Ω.cm)	含　有　之　不　純　物
玻璃蒸餾器 ·連續蒸餾 ·很小心地蒸餾	$10^4 \sim 10^6$ 10^6	二氧化碳，其他氣體，或器壁溶出的鹼金屬成分。
金屬蒸餾器	$2 \times 10^3 \sim 5 \times 10^4$	二氧化碳，其他氣體，或器壁溶出的微量金屬離子。
離子交換法 ·二床式 ·混床式 ·三床式	10^5 10^6 5×10^6	膠體物質，不易解離成離子之有機物，或高分子物質（離子交換樹脂之微粉等）。
先製得蒸餾水再用離子交換法精製	1.8×10^7	高分子物質（離子交換樹脂之微粉等）。
先用離子交換製得軟水再用逆滲透精製	3×10^7	

7.3　定性分析用試劑

1. 一般試劑的調製方法

　　無機定性分析用一般試劑的調製方法如表7.3所示：

表7.3　一般試劑的調製方法

試　劑　名	濃　度	表　　　　示	調　製　法（總量100mL）
酸　溶　液			
鹽酸（濃）	12N	conc.HCl	試劑鹽酸（比重1.19）直接使用。
鹽酸	6N	HCl	鹽酸（濃）50mL＋水至總量。
鹽酸（稀）	2N	dil.HCl	鹽酸(6N)：水＝1：2（體積比）。
硫酸（濃）	36N (18M)	conc.H_2SO_4	試劑硫酸（比重1.84）直接使用。
硫酸	6N	H_2SO_4	水 50mL＋硫酸(濃)17mL 慢慢添加＋水至總量。
硫酸（稀）	2N	dil.H_2SO_4	硫酸(6N)：水＝1：2（體積比）。
硝酸（濃）	14.5N	conc.HNO_3	試劑硝酸（比重1.42）直接使用。
硝酸	6N	HNO_3	硝酸(濃)38mL＋水至總量。
硝酸（稀）	2N	dil.HNO_3	硝酸(6N)：水＝1：2（體積比）。
過氯酸（濃）	9N	conc.$HClO_4$	試劑過氯酸（60％ $HClO_4$）直接使用。
過氯酸（稀）	6N	dil.$HClO_4$	試劑過氯酸（濃）65mL＋水至總量。
氫氟酸	27N	HF	試劑氫氟酸（比重1.14）直接使用。
有　機　酸			
醋酸（冰）	17N	conc.CH_3COOH	試劑冰醋酸（99.5％）直接使用。
醋酸	6N	CH_3COOH	試劑冰醋酸 65mL＋水至總量。

試 劑 名	濃 度	表 示	調 製 法（總量100mL）
草酸	1N	$H_2C_2O_4$	試劑草酸二水合物6.3g＋水至總量。
鹼　溶　液			
氨水（濃）	15N	conc.NH_3 aq	試劑氨水（比重0.90）直接使用。
氨水（稀）	6N	dil.NH_3 aq	試劑氨水 40mL＋水至總量。
氫氧化鈉	6N	NaOH	試劑氫氧化鈉 25g＋水至總量。
氫氧化鉀	6N	KOH	試劑氫氧化鉀 35g＋水至總量。
氫氧化鋇	飽和 (0.4N)	satd. $Ba(OH)_2$	試劑氫氧化鋇八水合物 6g＋水至總量，過濾後靜置濾液，取其上澄液使用。保存中不可接觸空氣。
銨　鹽			
氯化銨	3M	NH_4Cl	試劑氯化銨 16g＋水至總量。
碳酸銨	3M(6N)	$(NH_4)_2CO_3$	試劑碳酸銨 29g＋6N 氨水至總量。
硫化銨（無色）	3M(6N)	$(NH_4)_2S$	市售硫化銨（無色）直接使用。或濃氨水 20mL＋硫化氫(外側冷卻中飽和)＋濃氨水 20mL(追加份)＋水至總量，保存於橡皮塞褐色瓶中。
多硫化銨	3M(6N)	$(NH_4)_2S_{1+x}$	市售硫化銨（黃色）直接使用。或 3M（NH_4）$_2$S 溶液 100mL＋硫黃 15g 混合數小時，過濾，取其濾液，保存於橡皮塞褐色瓶中。
四硫氰化汞(II)酸銨	0.1N	$(NH_4)_2[Hg(SCN)_4]$	試劑氯化汞(II)8g＋6N 硫氰酸銨 9g＋水至總量。

試　劑　名	濃　度	表　　　示	調　製　法（總量100mL）
碘化銨	3M	NH₄I	試劑碘化銨 14.5g＋水至總量，保存於褐色瓶中。
醋酸銨	3M	NH₄CH₃COO	試劑醋酸銨 25g＋水至總量。
鉬酸銨	0.5M	(NH₄)₂MoO₄	試劑鉬酸銨 10g（磨碎）＋6N NH₃ 10mL（溶解）＋硝酸銨 24g＋水至總量。
草酸銨	0.25M	(NH₄)₂C₂O₄	試劑草酸銨水合物 3.5g＋水至總量。
硫酸銨	0.5M	(NH₄)₂SO₄	試劑硫酸銨 6.5g＋水至總量。
硫酸銨	飽和	satd.(NH₄)₂SO₄	試劑硫酸銨加入 100mL 水，溶解至飽和。
硝酸銨	1M	NH₄NO₃	試劑硝酸銨 8g＋水至總量。
鈉　　　鹽			
亞砷酸鈉	1M	NaAsO₂	試劑亞砷酸鈉 13g＋水至總量。
溴化鈉	0.5M	NaBr	試劑溴化鈉二水合物 6.9g＋水至總量。
次亞氯酸鈉	5%	NaClO	試劑次亞氯酸鈉（5%）直接使用。
次亞溴酸鈉	5%	NaBrO	飽和溴水加入 6N NaOH 至無色。
碳酸鈉	1.5M	Na₂CO₃	試劑碳酸鈉（無水）15.9g＋水至總量。
醋酸鈉	1M	NaCH₃COO	試劑醋酸鈉三水合物 13.6g＋水至總量。
六硝鈷酸鈉	1M	Na₃[Co(NO₂)₆]	試劑六硝鈷酸鈉 25g＋水 50mL（溶解）＋6N CH₃COOH 15mL＋Co(NO₃)₂·6H₂O 3g（放置隔夜，過濾）取濾液＋水至總量，保存於褐色瓶中。

試　劑　名	濃　度	表　　　　示	調製法（總量100mL）
亞硝酸鈉	3M	NaNO$_2$	試劑亞硝酸鈉21g＋水至總量。
磷酸氫鈉	1N	Na$_2$HPO$_4$	試劑磷酸氫鈉十二水合物12g＋水至總量。
硫化鈉	2M(4N)	Na$_2$S	試劑硫化鈉九水合物48.0g＋水至總量。或6N NaOH溶液40mL＋硫化氫（外側冷卻中飽和）＋6N NaOH溶液30mL（追加份）＋水至總量，保存於橡皮塞褐色瓶中。
多硫化鈉	2M(4N)	Na$_2$S$_{1+x}$	試劑硫化鈉九水合物48.0g＋氫氧化鈉4.0g＋硫黃10g＋水至總量。或2M Na$_2$S溶液100mL＋硫黃10g。不論那一種方法都要混合數小時，過濾，取其濾液，保存於橡皮塞褐色瓶中。
硫酸鈉	0.5M (1N)	Na$_2$SO$_4$	試劑硫酸鈉（無水）7.1g＋水至總量。
硫代硫酸鈉	0.5M (1N)	Na$_2$S$_2$O$_3$	試劑硫代硫酸鈉五水合物12.4g＋水至總量。
亞錫酸鈉		Na$_2$SnO$_2$	0.5M SnCl$_2$氯化錫（II）溶液5mL置於試管，一邊流水冷卻一邊滴加6N NaOH溶液，直到最初形成Sn(OH)$_2$之白色沈澱變成幾乎全溶的透明或混濁溶液。使用前才製作。
硝基普魯酸鈉	1%	Na$_2$[Fe(CN)$_5$NO]	試劑硝基普魯酸鈉二水合物1g＋水至總量。
鉀　　　　鹽			

試　　劑　　名	濃　度	表　　　　　示	調　製　法（總量100mL）
鉻酸鉀	1.5M	K_2CrO_4	試劑鉻酸鉀 29g＋水至總量。
重鉻酸鉀	1/6M	$K_2Cr_2O_7$	試劑重鉻酸鉀 4.9g＋水至總量。
硫氰酸鉀	1M	KCNS	試劑硫氰酸鉀 9.7g＋水至總量。
焦銻酸二氫二鉀	0.1N	$K_2H_2Sb_2O_7$	試劑焦銻酸二氫二鉀 2.6g＋熱水至總量，溶解後急冷＋10％ KOH 3mL，放置隔夜，過濾取其濾液。
六氰鐵(II)酸鉀	1/4M	$K_4Fe(CN)_6$	試劑六氰鐵(II)酸鉀三水合物 10.5g＋水至總量。
六氰鐵（III）酸鉀	1/3M	$K_3Fe(CN)_6$	試劑六氰鐵(III)酸鉀 11g＋水至總量，使用前才製作。
碘化鉀	1M	KI	試劑碘化鉀 16.6g＋水至總量，使用前才製作。
碘酸鉀	0.35M	KIO_3	試劑碘酸鉀 7.5g＋水至總量。
氯化鉀	1M	KCl	試劑氯化鉀 7.5g＋水至總量。
過錳酸鉀	0.1M	$KMnO_4$	試劑過錳酸鉀 1.6g＋水至總量，保存於玻璃蓋褐色瓶中。
亞硝酸鉀	1M	KNO_2	試劑亞硝酸鉀 8.5g＋水至總量。
主　要　鹽　類			
硝酸銀	1M	$AgNO_3$	試劑硝酸銀 17.0g＋水至總量。
氯化鋇	1N	$BaCl_2$	試劑氯化鋇二水合物 12g＋水至總量。
氯化鈣	1N	$CaCl_2$	試劑氯化鈣六水合物 11g＋水至總量。
硝酸鎘	1N	$Cd(NO_3)_2$	試劑硝酸鎘四水合物 15.4g＋水至總量。

試　劑　名	濃　度	表　　　　示	調　製　法（總量100mL）
硝酸鈷(II)	0.3N	$Co(NO_3)_2$	試劑硝酸鈷六水合物 4.4g＋水至總量。
硝酸鍶	1N	$Sr(NO_3)_2$	試劑硝酸鍶四水合物 14.2g＋水至總量。
硫酸銅(II)	0.5M	$CuSO_4$	試劑硫酸銅(II)五水合物 12.5g＋水至總量。
氯化鐵(III)	0.3M	$FeCl_3$	試劑氯化鐵(III)六水合物 9g＋水至總量。
硫酸鐵(II)	飽和	satd. $FeSO_4$	試劑硫酸鐵(II)七水合物加入水中溶解至飽和。
硫酸鐵(II)	1M	$FeSO_4$	試劑硫酸鐵(II)七水合物 28g＋6N H_2SO_4 至總量，保存於褐色瓶中。
氯化汞(II)	0.1M	$HgCl_2$	試劑氯化汞(II) 2.7g＋水至總量。注意有毒。
醋酸鉛	0.5M	$Pb(CH_3COO)_2$	試劑醋酸鉛三水合物 19g＋水至總量。
氯化錫(II)	0.5M	$SnCl_2$	試劑氯化錫(II)二水合物 11.5g＋conc.HCl 17mL，溶解後＋水至總量＋金屬錫 2～3 粒，保存於褐色瓶中。
氯化鋅	飽和	satd.$ZnCl_2$	試劑氯化鋅 43g＋水至總量。
硫酸鈣	飽和 (0.03N)	satd.$CaSO_4$	試劑硫酸鈣七水合物約 7g 加入 100mL 水中溶解至飽和，取其上澄液。

2. 特殊試劑的調製方法

無機定性分析用特殊試劑的調製方法如表 7.4 所示：

表 7.4　特殊試劑之調製方法

試　劑　名	濃　度	表　　　　示	調　製　法（總量 100mL）
氯水	飽和 (0.8%)	Cl_2	市售試劑氯水直接使用。或通氯氣於水至飽和，保存於褐色瓶中。
溴水	飽和 (4.0%)	Br_2	試劑溴水 2～3mL + 冷水至總量，密封充分搖盪，保存於褐色瓶中。
碘	0.1N (1.3%)	I_2	試劑碘化鉀 4.0g + 水 10mL，溶解後 + I_3 1.3g + 水至總量，保存於褐色瓶中。
鹽酸氫氧化胺	3M	$NH_2OH \cdot HCl$	試劑鹽酸氫氧化胺 2.1g + 水至總量，使用前才製作，保存於褐色瓶中。
雙氧水	3%	H_2O_2	試劑 30% H_2O_2 10mL + 水至總量，保存於褐色瓶中，置於陰暗處。
六氯鉑(IV)酸	0.5M	H_2PtCl_6	試劑六氯鉑(IV)酸六水合物 2.7g + 水至總量。
Nessler 試劑	－	－	試劑碘化汞(II)11.5g + 碘化鉀 8g + 水 50mL，溶解 + 6N NaOH 50mL 取其上澄液，保存於褐色瓶中。
鎂銨混合液	－	－	試劑氯化鎂六水合物 10g + 氯化銨 10g + conc. NH_3 水 5mL + 水至總量，放置二天，過濾保存。
試鋁靈 Aluminon	0.1%	$C_{22}H_{23}N_3O_9$	試劑試鋁靈 0.1g + 水至總量，保存於褐色瓶中。
二甲基二乙醛肟	1%	$C_4H_8N_2O_2$	試劑二甲基二乙醛肟 1g + 酒精至總量。

試　劑　名	濃　度	表　　　　　示	調　製　法（總量100mL）
1－亞硝基 2－萘酚	1%	$C_{10}H_7NO_2$	試劑 1－亞硝基 2－萘酚 1g＋酒精至總量。或試劑 1－亞硝基 2－萘酚 1g＋醋酸 30mL＋水至總量。保存於褐色瓶中。
硫代乙醯胺	10%	$CS(NH_2)_2$	試劑硫代乙醯胺 10g＋水 90g，溶解。

3. 指示劑與試驗紙

表 7.5　指示劑與試驗紙之配製法

名　　　　稱	變　色（範　圍）	配　　　　製　　　　法
酚酞	無色 pH 8.3～10.0 紅	0.1g 酒精 60mL＋水（──►100mL）。
中性紅	紅 pH 6.8～8.0 黃	0.1g＋酒精 60mL＋水（──►100mL）。
石蕊試紙（藍）	藍鹼─酸紅	使用市售品。
石蕊試紙（紅）	紅酸─鹼藍	使用市售品。
醋酸鉛試驗紙	檢定得硫離子變黑。	濾紙沾 0.5N $Pb(CH_3COO)_2$ 並乾燥之。
碘化鉀澱粉試驗紙	與臭氧、氯氣、過氧化氫等氧化劑之反應靈敏，可游離出碘分子，使試驗紙變藍。	澱粉 1g 加入 100mL 水中，煮沸溶解後，加入預先溶於少量水的 1g KI，濾紙沾此溶液後於乾燥器中乾燥之，置褐色瓶中並存放於冷暗處。
碘酸鉀澱粉試驗紙	與 NO、NO_2、SO_2 等氣體接觸變藍，檢定用。	碘酸鉀 KIO_3 1.1g 溶於 100mL 0.05N H_2SO_4，另於 100mL 水中加入 1g 澱粉，加熱溶解後與前液混合後，濾紙沾此溶液後可馬上使用。

名　　　　稱	變　色　(範　圍)	配　　　　製　　　　法
薑黃溶液 (turmeric 黃)	硼酸, 有機酸定性用, 黃 pH 7.4 ～ 8.6 紅褐色。	薑黃素 $C_{21}H_{10}O_6$ (植物性)2g 酒精 (——→100mL), 靜置一夜, 取其上澄液使用。
薑黃試驗紙	硼酸定性用, 硼酸＋酸——→乾燥 (紅褐色), 再入鹼液——→藍色～藍黑。	濾紙沾薑黃溶液並乾燥後, 置褐色瓶中並存放於冷暗處。

4. 陽離子分析練習用試液

　　陽離子之定性分析練習用試料溶液, 首先由各離子之硝酸鹽製備各離子濃度為 100 mg/mL 之溶液。使用時再稀釋至 3～50 mg/mL, 取 2～3 mL 練習即可。欲單單練習各離子之反應時, 則稀釋至 3～5 mg/mL, 取 1～2mL 練習即可。

⑴**陽離子試液 (原液) 之調製法:**

表 7.6　陽離子試液之調製法

屬	離　子		鹽		調　製　法 (總量100 mL)	離子濃度 mg/mL
	記號	原子量	式	式量		
1	Ag^+	108	$AgNO_3$	170	15.7g＋水至總量。	100
1	Hg_2^{2+}	201×2	$Hg_2(NO_3)_2 \cdot 2H_2O$	561	14.0g＋0.6N HNO_3 至總量＋1～2 滴汞金屬, 保存於褐色瓶中。	100
	Pb^{2+}	207	$Pb(NO_3)_2$	331	16.0g＋0.1N HNO_3 至總量。	100

屬	離　子		鹽		調　製　法（總量 100 mL）	離子濃度 mg/mL
	記號	原子量	式	式量		
2A	Bi^{3+}	209	$Bi(NO_3)_3 \cdot 5H_2O$	485	23.2g + 3N HNO_3 至總量。	100
	Cu^{2+}	64	$Cu(NO_3)_2 \cdot 3H_2O$	242	27.5g + 0.1N HNO_3 至總量。	100
	Cd^{2+}	112	$Cd(NO_3)_2 \cdot 4H_2O$	308	37.8g + 0.1N HNO_3 至總量。	100
2B	Hg^{2+}	201	$Hg(NO_3)_2 \cdot \frac{1}{2}H_2O$	334	16.6g + 0.6N HNO_3 至總量，保存於褐色瓶中。	100
	As^{3+}	75	As_2O_3	101	13.5g + 6N HCl 至總量。	100
	As^{5+}	75	As_2O_3	230	30.7g + 水至總量。	100
2B	Sb^{3+}	122	$SbCl_3$	228	18.7g + 6N HCl 至總量。	100
	Sn^{2+}	119	$SnCl_2 \cdot 2H_2O$	226	19.0g + 6N HCl 至總量 + 金屬錫 2～3 粒，保存於褐色瓶中。	100
	Sn^{4+}	119	$SnCl_4 \cdot 3H_2O$	315	26.5g + 6N HCl 至總量。	100
3	Fe^{3+}	56	$Fe(NO_3)_3 \cdot 9H_2O$	404	7.2g + 0.1N HNO_3 至總量。	10
3	Fe^{2+}	56	$FeCl_2 \cdot 4H_2O$	199	3.6g + 1N HCl 至總量 + 鐵釘等，保存於褐色瓶中。	10
	Al^{3+}	27	$Al(NO_3)_3 \cdot 9H_2O$	375	69.4g + 0.1N HNO_3 至總量。	50
	Cr^{3+}	52	$Cr(NO_3)_3 \cdot 9H_2O$	400	76.9g + 0.1N HNO_3 至總量。	100

屬	離　子		鹽		調　製　法 （總量 100 mL）	離子 濃度 mg/mL
	記號	原子量	式	式量		
4	Co^{2+}	59	$Co(NO_3)_2 \cdot 6H_2O$	291	49.3g + 0.1N HNO_3 至總量。	100
	Ni^{2+}	59	$Ni(NO_3)_2 \cdot 6H_2O$	291	49.3g + 0.1N HNO_3 至總量。	100
	Mn^{2+}	55	$Mn(NO_3)_2 \cdot 6H_2O$	287	52.2g + 0.1N HNO_3 至總量。	100
4	Zn^{2+}	65	$Zn(NO_3)_2 \cdot 6H_2O$	297	45.7g + 0.1N HNO_3 至總量。	100
5	Ba^{2+}	137	$Ba(NO_3)_2$	261	5.7g + 水至總量。	30
	Sr^{2+}	88	$Sr(NO_3)_2$	212	24.1g + 水至總量。	100
	Ca^{2+}	40	$Ca(NO_3)_2 \cdot 4H_2O$	236	59.0g + 水至總量。	100
6	Mg^{2+}	24	$Mg(NO_3)_2 \cdot 6H_2O$	256	53.3g + 水至總量。	50
	Na^+	23	$NaNO_3$	85	37.0g + 水至總量。	100
	K^+	39	KNO_3	101	25.9g + 水至總量。	100
	NH^{4+}	(18)	NH_4NO_3	80	44.4g + 水至總量。	100

⑵陽離子之混合試液：

　　陽離子之混合試料溶液乃由試料原液適當混合，稀釋而成。有時為了練習分析某一離子較濃的目的，可改變其混合比，但是要特別注意離子的檢出界限。混合的最後濃度在 0.1M 的程度較爲適當。

　　另外，應避免因混合會產生離子相互氧化還原，變更價數，或致沈澱的組合。例如，第 1 屬離子與由氯化物製備而成的離子溶液混合時，會產生 Hg_2Cl_2，$AgCl$，$PbCl_2$ 等沈澱。Sn^{2+} 如果與 Hg_2^{2+}，Hg^{2+}，As^{3+}，As^{5+} 等離子混合時，Sn^{2+} 會氧化成 Sn^{4+}，且析出 Hg，

As。所以與 Hg_2^{2+}，Hg^{2+}，As^{3+}，As^{5+} 等離子混合時，應使用 Sn^{4+} 以取代 Sn^{2+}。

5. 陰離子分析練習用試液

陰離子之定性分析練習用試料溶液中各陰離子濃度為 0.1M。依練習之目的，可單獨使用或混合使用。

⑴陰離子試液之調製法（0.1M 溶液）：

表 7.7　陰離子試液之調製法

屬	離　子		鹽		調　製　法（總量100 mL）	離子濃度 mg/mL
	記　　號	原子量	式	式量		
1	SO_4^{2-}	96	$Na_2SO_4 \cdot 10H_2O$	332	3.2g＋水至總量。	9.6
	SiF_6^{2-}	142	Na_2SiF_6	188	1.9g＋水至總量。	14.2
2	$C_2O_4^{2-}$	88	$Na_2C_2O_4$	134	1.3g＋水至總量。	8.8
	F^-	19	NaF	42	0.4g＋水至總量。	1.9
	CrO_4^{2-}	116	K_2CrO_4	194	1.9g＋水至總量。	11.6
	$Cr_2O_7^{2-}$	216	$K_2Cr_2O_7$	294	2.9g＋水至總量。	21.6
	SO_3^{2-}	80	$Na_2SO_3 \cdot 7H_2O$	252	2.9g＋水至總量。使用前才製備。	8.0
	$S_2O_3^{2-}$	80	$Na_2S_2O_3 \cdot 5H_2O$	248	2.4g＋水至總量。	11.2

屬	離　子		鹽		調　製　法 （總量 100 mL）	離　子 濃　度 mg/mL
	記　　號	原子量	式	式量		
3	PO_4^{3-}	95	$Na_2HPO_4 \cdot 12H_2O$	358	3.6g＋水 至總量。	9.5
	AsO_4^{3-}	139	$Na_2HAsO_4 \cdot 12H_2O$	402	4.0g＋水 至總量。	13.9
	AsO_3^{-}	123	Na_2HAsO_3	170	1.7g＋水 至總量。	12.3
	BO_2^{-}	43	$Na_2B_4O_7 \cdot 10H_2O$	381	3.8g＋水 至總量。	8.6
	SiO_3^{2-}	76	Na_2SiO_3	122	1.2g＋水 至總量。或水 玻璃稀釋使 用。	7.6
	CO_3^{2-}	60	Na_2CO_3	106	1.0g＋水 至總量。	6.0
	$C_4H_4O_6^{2-}$	148	$Na_2C_4H_4O_6 \cdot 2H_2O$	230	2.3g＋水 至總量。	14.8
4	Cl^{-}	35	$NaCl$	58	0.6g＋水 至總量。	3.5
	Br^{-}	80	KBr	119	1.2g＋水 至總量。	8.0
	I^{-}	127	KI	166	1.7g＋水 至總量，保存 於褐色瓶中。	12.7
	CN^{-}	26	KCN	65	0.7g＋水 至總量。	2.6
	$[Fe(CN)_6]^{4-}$	212	$K_4[Fe(CN)_6] \cdot$ $3H_2O$	422	4.2g＋水 至總量，保存 於褐色瓶中。	21.2

屬	離　子		鹽		調　製　法 (總量 100 mL)	離　子 濃　度 mg／mL
	記　號	原子量	式	式量		
4	$[Fe(CN)_6]^{3-}$	212	$K_3[Fe(CN)_6]$	329	3.3g＋水至總量，保存於褐色瓶中。	21.2
	ClO^-	51	$NaClO$	74	5% $NaClO$ 15 mL ＋水至總量。	5.1
	CNS^-	58	$KCNS$	97	1.0g＋水至總量。	5.8
	S^{2-}	32	$Na_2S \cdot 9H_2O$	240	2.4g＋水至總量，保存於褐色瓶中。	3.2
5	NO_3^-	62	$NaNO_3$	85	0.9g＋水至總量。	6.2
	NO_2^-	46	$NaNO_2$	69	0.7g＋水至總量。使用前才製備。	4.6
	ClO_3^-	83	$NaClO_3$	106	1.1g＋水至總量。	8.3
	CH_3COO^-	59	$NaCH_3COO \cdot 3H_2O$	136	1.4g＋水至總量。	5.9

⑵陰離子之混合試液：

原則上，氧化性陰離子（ClO^-，ClO_3^-，CrO_4^{2-}，$[Fe(CN)_6]^{3-}$，AsO_4^{3-}，NO_3^- 等）與還原性陰離子（S^{2-}，SO_3^{2-}，$S_2O_3^{2-}$，$[Fe(CN)_6]^{4-}$，I^-，AsO_3^{3-}，NO_2^-，CNS^-，CN^-，$C_2O_4^{2-}$，$C_4H_4O_6^{2-}$等）最好不要相混合，但視組成，有時也可混合。

另外，$S_2O_3^{2-}$ 與 CN^- 生成 CNS^- 與 SO_3^{2-}；AsO_3^{3-} 與 S^{2-} 生成 AsS_3^{3-}；AsO_3^{3-} 與 $S_2O_3^{2-}$ 也生成 AsS_3^{3-}。所以，有時同是還原性陰離子也不可相混。

第八章　半微量分析及其基本操作

　　定性分析實驗的目的一則在分析物質所含的成分元素，二則是訓練學者熟練各項基本操作。分析實驗最基本的操作方法是先將欲分析物質溶解於某溶劑或溶液中，再對此溶液進行分析，因為大多數元素或化合物在溶液中均呈離子狀態，所以定性分析以離子作為分析之對象，研究溶液中離子之類別。在進行分析實驗之前，對實驗所需的儀器與操作技巧均需有所認識。

8.1　儀　器

　　實驗所需一般用具列表於表 8.1，當進入實驗室後，第一件工作先檢查自己的儀器是否齊全，並且以清潔劑洗滌乾淨；除了一般用具外，學者必須自己另行裝置幾種玻璃用具。

表 8.1　定性分析用具

燒杯	50mL	1 個	磁製蒸發皿	15mL	2 個
	100mL	1 個	三角形銼刀		1 支
	200mL	1 個	一號濾紙	4.25cm	一盒
試劑滴瓶	12～15mL	60 個	一號濾紙	4.25cm	一盒
細口試劑瓶	250mL	5 個	錐形瓶	50mL	1 個
				125mL	1 個
細吸管		6 支	漏斗，短腳	65mm 直徑	1 個
本生燈		1 套	漏斗臺		1 臺

攪拌玻棒	3mm 直徑	2 支	試管夾		1 支
玻璃管	4mm 直徑	1 支	試管刷		1 支
	7mm 直徑	1 支	洗瓶		1 個
火柴		1 盒	坩堝夾		1 支
玻璃板	5×5cm	1 片	鐵架		1 式
白金線	0.3°×70	1 支	鐵環	80°	1 個
錶玻璃	120°	1 個		50°	1 個
銅製溫水鍋	120°	1 個	鋁箔		1 盒
石棉金屬網	100×100	1 片	離心機		1 式
溫度計	0～110°C	1 支	小刮杓	不銹鋼	1 支
試管	10×75mm	24 支	橡皮管	$\frac{3''}{16}\times\frac{3''}{64}$	1 公尺
	15×125mm	6 支			
試管架	19～20° 掛數 12	1 個	磁磚	100×100	1 塊

1. 攪拌棒（如圖 8.1）

　　取 15cm 長，3mm 直徑的玻璃棒一根，切斷成一根長 11cm，一根長 4cm，將各端點燒至圓滑，待冷卻後即可使用。

圖 8.1　攪拌棒

　　為了使沈澱易於從離心管取出，可自己拉一玻璃細棒使其尖端直徑為 2mm。當燒玻璃棒時，兩手持續旋轉玻璃棒，待玻璃棒紅熱時

均衡地向兩側拉，冷卻後再切斷。

2. **細吸管** (如圖 8.2)

圖 8.2　細吸管

除了試劑滴瓶上之滴管外 (如圖 8.3)，每人必須自備 3 到 5 支吸管，目的是為了要從試管或離心管中吸取澄清液之用。

圖 8.3　試劑滴瓶

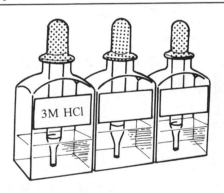

取 20cm 長，7mm 直徑玻璃管一根，在紅色火焰中間加熱，兩手持續旋轉玻璃管至紅熱且微軟化為止，移離火焰，立即向兩側拉，使中間部位成為直徑 1mm 到 2mm 的細管，冷卻後中間點切斷成兩隻大約 7cm 或 8cm 的細吸管。吸管的另一端為了便於套緊橡皮套頭，必須在此端加熱至紅熱，迅即在磁磚面上輕壓，使此端口成為鼓起邊緣。

　　試劑滴瓶的滴管每一滴大約爲 0.05mL，20 滴恰爲 1mL；在此所作的吸管最好也能合乎 20 滴爲 1mL 之標準，學者可藉刻度量筒校驗。

3. 水洗瓶（如圖 8.4）

　　水洗瓶可用以洗滌沈澱或沖洗玻璃儀器，在半微量定性分析洗滌沈澱仍以採用細吸管較爲方便。此處當把玻璃管插入橡皮塞孔時，應以右手握住玻璃管左右轉動，慢慢往下壓，才不致折斷玻璃而傷手。

圖 8.4　水洗瓶

8.2　實驗之基本操作

1. 溶液之傳遞

　　溶液之吸取應使用吸管或滴管等工具。每次吸取溶液後必須以蒸餾水（水洗瓶）沖洗吸管以免液體殘留管壁影響後續分析。

2. 溶液之加熱

　　溶液最好在熱水浴中加熱（如圖 8.5），在 150mL 燒杯中，杯面覆蓋以有孔之鋁箔，再將試管或離心管插入其中，緩緩加熱。若欲直接加熱試管或離心管，應先以鉗子夾住管壁，在火焰外圍旋轉（如圖8.6），**切勿局部加熱以免液體因突沸沖出管外。**

圖 8.5　熱水浴

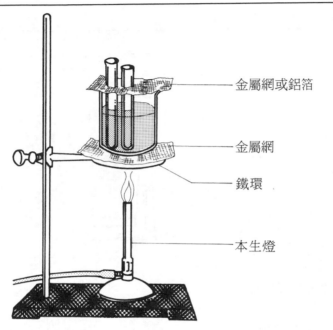

金屬網或鋁箔

金屬網

鐵環

本生燈

圖 8.6　火焰外圍旋轉

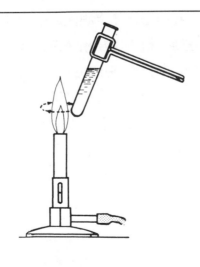

在分析過程中若欲蒸發溶液時，須先將溶液倒入坩堝，以坩堝鉗夾緊，在火焰周圍移動加熱，坩堝鉗雙鉗必須夾著坩堝外壁，不可一在壁內一在壁外，否則會溶解鉗子表面而污染分析溶液（如圖 8.7）。

圖 8.7　蒸發溶液

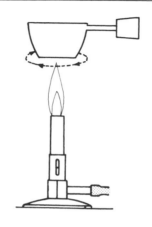

3. 沈澱之操作

⑴沈澱之分離：

藉用離心機（如圖 8.8）可分離沈澱物與溶液，使沈澱物之上層為透明之澄清液。在離心操作上應注意下列數項：

①離心管在離心機內應互相保持對稱。

②使離心機自動緩慢停止轉動，切勿藉用外力使其急驟停止。

③在離心操作過程，學者不可遠離離心機。

當沈澱分離後，用吸管小心地吸取澄清液，尤其對微細的沈澱操作更須注意，以免使溶液再度混濁，通常先壓住吸管的橡皮套頭，排除吸管內部分空氣，在吸管口可塞一小撮棉花，慢慢鬆開橡皮套頭使澄清液吸入吸管（如圖 8.9）。若澄清液混濁應再次離心。

圖8.8　*離心機*

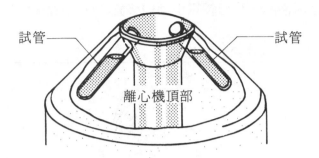

試管　試管

離心機頂部

圖8.9　*澄清液之移除*

⑵**沈澱之洗滌：**

　　沈澱物若沾有少許澄清液，須用洗滌液（通常以蒸餾水，稀鹽酸或電解質）洗滌。加入洗滌液於沈澱中，用攪拌棒攪拌後再離心，除去澄清液，重複洗滌數次。每次洗滌時，寧可用少量洗滌液多次洗滌而不以多量洗滌液一次洗滌。

⑶**沈澱之移置：**

　　在實驗過程中盡可能避免多次移置沈澱。然而，若必要時可依圖8.10所示移置，以水洗瓶沖洗沈澱至古區坩堝（gooch crucible）或濾

紙上，再將濾紙上的沈澱用小刮杓移置（如圖 8.11）；若在試管中沈
澱時，在澄清液除去後直接以小刮杓移置沈澱（如圖 8.12）。

圖 8.10   流洗移置沈澱物至濾紙

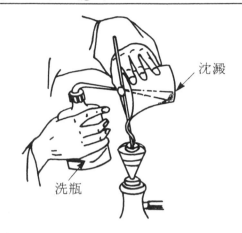

圖 8.11   以小刮杓移置濾紙上的沈澱物

圖 8.12   以小刮杓移置試管中的沈澱物

4. 溶液之混合

在燒杯中兩種不同溶液可藉攪拌棒攪拌使之均勻，若在小試管中不便使用攪拌棒時，以右手大拇指與食指夾住試管口，以無名指與尾指輕彈試管末端，再將試管旋轉數次，便可使溶液混合均勻。

5. 溶液之過濾

過濾溶液之操作如圖 8.13 所示。濾紙摺疊法如圖 8.14 所示。

濾紙摺疊後擺入漏斗時，須以蒸餾水數滴沾濕濾紙邊緣，使其能緊附於漏斗壁。為了檢查裝置是否正確，可將蒸餾水倒入漏斗，觀察漏斗頸部是否充滿蒸餾水且無氣泡存在。過濾有時可利用抽氣法。這在定性分析實驗中使用的機會較少。

圖 8.13　過濾溶液

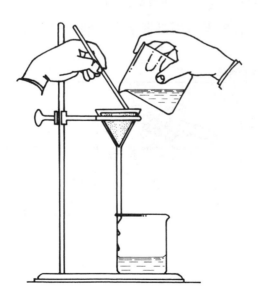

圖 8.14　濾紙摺疊法

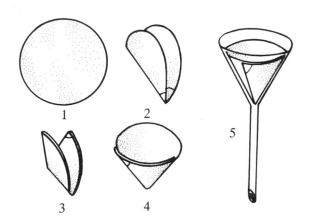

6. 溶液之傾倒

　　溶液從試劑瓶倒入試管之正確操作方法如圖 8.15 所示，右手拿住試劑瓶，左手拿試管，把瓶蓋夾於指間以免調換而失誤，傾倒時勿使溶液濺到手上，學者可用自來水模擬操作數次以求熟練。

圖 8.15　溶液傾倒法

7. 硫化氫產生器

H₂S 氣體為劇毒，取用時應在排煙櫃中進行。硫化氫可由下列的任一方法得到：

⑴硫和白蠟或聚蠟等石蠟物質或與松香加熱，即可產生 H₂S。上述混合物可置於硬玻璃中加熱。火焰移去後反應立刻停止，所以通往溶液一端的管子應事先移開，以免溶液倒吸入 H₂S 產生器。

⑵一個產生 H₂S 最好的方法，即 TAA（Thioacetamide，硫代醯胺）之水解。於沸水溫度，TAA 在酸性溶液或鹼性溶液中和水反應，迅速生成 H₂S。

$$CH_3CSNH_2 + H_2O \longrightarrow CH_3CONH_2 + H_2S$$

圖 8.16　H₂S 產生裝置，硫蠟法

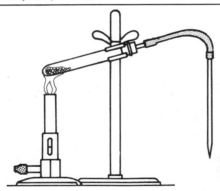

於室溫，或中性溶液中，水解反應非常緩慢，所以很穩定。沈澱金屬硫化物時，試管中含金屬離子之試料溶液，加 5% CH₃CSNH₃ 溶液 5 滴，在沸水浴（90～100℃）加熱 5 分鐘即可。

⑶H₂S 亦可由 FeS 和 HCl 反應發生。

$$FeS + 2H^+ \rightleftharpoons Fe^{2+} + H_2S$$

此 H₂S 產生器如圖 8.17 所示。

圖 8.17　H₂S 產生裝置，硫化鐵法

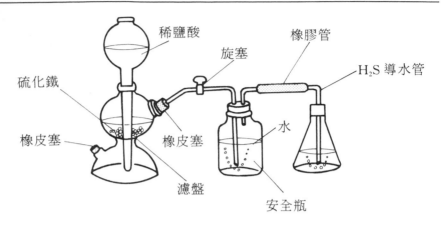

在旋塞打開狀態，由上球部加入 6N 程度稀鹽酸至硫化鐵全部浸滿為止。H₂S 不用時，只要關閉旋塞即可。

8. 度　量

在半微量分析中，一般液體量度以毫升（mL）表示。使用刻度量筒時為避免視覺誤差，兩眼應平視水面所形成半圓其下緣所示之刻度。固體的量度以克（g）或毫克（mg）表示。

8.3　分析程序

1. 預習工作

學者在每次實驗前應先閱讀認識所分析各離子的性質與相關，才能收到事半功倍之效。

2. 已知溶液之分析

所謂已知溶液是指溶液中所含各種離子之成分均為已知。分析過

程中先作已知溶液分析的目的，一方面在於比較實驗結果與理論是否相符，另一方面在於熟悉操作手續與確認各離子特性及中等含量作爲未知溶液分析之依據。通常吸取 10 滴分析溶液，再以等量蒸餾水稀釋，並按照分析步驟進行各項操作。

3. 未知溶液之分析

此時對分析溶液所含的成分離子均爲未知。先取未知溶液 5 滴，再以等量蒸餾水稀釋，並按照已知溶液的分析經驗逐步分析，最後將結果交給助教或任課老師核對。

4. 記錄與整理

一般記錄報告應包括：(1)實驗名稱；(2)實驗目的；(3)實驗過程；(4)觀察結果；(5)討論；等五項。學者必須準備一本筆記本記錄實驗結果，不可以任何小紙條記錄。

第三部

陽離子系統化學分析

試料溶液

←—— 第 1 屬分屬試劑〔HCl〕

實驗 1　第 1 屬離子的分析　操作 1～操作 6

←—— 第 2 屬分屬試劑〔H_2S〕

實驗 2　第 2 屬離子的分析　操作 7～操作 22

←—— 第 3 屬分屬試劑〔NH_3 水〕

實驗 3　第 3 屬離子的分析　操作 23～操作 32, 32'

←—— 第 4 屬分屬試劑〔$H_2S + NH_3$ 水〕

實驗 4　第 4 屬離子的分析　操作 33～操作 40, 40' 　　　　　　　　　　　　溶球反應（硼砂球反應）

←—— 第 5 屬分屬試劑〔$(NH_4)_2CO_3$〕

實驗 5　第 5 屬離子的分析　操作 41～操作 45 　　　　　　　　　　　　焰色反應

←—— 第 6 屬分屬試劑〔無共通分屬試劑〕

實驗 6　第 6 屬離子的分析　操作 46～操作 51

第九章　陽離子分屬概論

　　水溶液中離子的定性分析時，陽離子與陰離子可由各別的鑑定操作分析其存在與否。但是在行個別的鑑定操作前，性質類似的離子以適當的分屬試劑分屬。這種將離子分組的操作叫做分屬。本書中分析的屬與週期表的族以文字區別之。

　　陽離子的分屬法有許多種，一般最常用的方法是以硫化氫為主要分屬試劑的分屬法。通常定性分析主要分析對象為 26 種陽離子。

表 9.1　以硫化氫為主要分屬試劑的分屬法

屬	分 屬 試 劑	所 屬 離 子		共 通 性 質
1	HCl	Ag^+ , Hg_2^{2+} , Pb^{2+}		與 Cl^- 形成氯化物
2	H_2S (0.3 N HCl)	A	Pb^{2+} , Bi^{3+} , Cu^{2+} , Cd^{2+}	與 S^{2-} 形成硫化物, 硫化物可溶於 Na_2S_x 者為 A 類, 否則為 B 類
		B	Hg^{2+} , As^{3+} , As^{5+} , Sb^{3+} , Sb^{5+} , Sn^{2+} , Sn^{4+}	
3	(先趕出 H_2S) NH_3 水	Fe^{3+} , Fe^{2+} , Al^{3+} , Cr^{3+} , (Mn^{3+})		與 OH^- 形成氫氧化物
4	$H_2S + NH_3$ 水 (NH_4Cl 之存在下)	Ni^{2+} , Co^{2+} , Mn^{2+} , Zn^{2+}		弱鹼性下能與 S^{2-} 形成硫化物
5	$(NH_4)_2CO_3$	Ba^{2+} , Sr^{2+} , Ca^{2+}		與 CO_3^{2-} 形成碳酸鹽
6	無特定試劑	Mg^{2+} , Na^+ , K^+ , 〔NH_4^+〕		安定水合離子

（註）第 2 屬 A 類與 B 類之分離試劑若以 $(NH_4)_2S_x$ 取代 Na_2S_x , 因 HgS 不溶
　　　於 $(NH_4)_2S_x$, 所以 Hg^{2+} 應屬於 A 類。A 類亦可稱為銅副屬，B 類亦可
　　　稱為錫副屬。

　　第 1，2，4 屬離子易與硫離子結合，第 3，5，6 屬離子則不易與硫離子結合。

　　分析之屬與週期表之族的關係，雖無直接性或規則性，但是確很重要。

表 9.2　分析之屬與週期表之族關係　（　）內表示分析屬

	1A	2A	3A	4A	5A	6A	7A	8			1B	2B	3B	4B	5B	6B	7B	0
1		2A											3B	4B	5B	6B	7B	He
2																		Ne
3	Na^+ (6)	Mg^{2+} (6)											Al^{3+} (3)					Ar
4	K^+ (6)	Ca^{2+} (5)				Cr^{3+} (3)	Mn^{2+} (4)	Fe^{2+} (3) Fe^{3+} (3)	Co^{2+} (4)	Ni^{2+} (4)	Cu^{2+} (2)	Zn^{2+} (4)			As^{3+} (2) As^{5+} (2)			Kr
5		Sr^{2+} (5)								Ag^+ (1)	Cd^{2+} (2)			Sn^{2+} (2) Sn^{4+} (2)	Sb^{3+} (2)			Xe
6		Ba^{2+} (5)								Hg_2^{2+} (1) Hg^{2+} (2)				Pb^{2+} (2)	Bi^{3+} (2)			Rn
7																		

(註)典型元素離子分佈在分析屬 2，5，6，其屬分類與族分類有規則性關係。
　　過渡元素離子分佈在分析屬 1，2，3，4，其屬分類與族分類無規則性關係，主要是以離子價分類。分析第 4 屬與週期表第 4 週期有(橫的)關係。

第十章　陽離子的分離及鑑定

實驗 1　第 1 屬離子的分析

　　加入分屬試劑鹽酸，則 Ag^+，Hg_2^{2+}，Pb^{2+} 等離子與 Cl^- 形成極不易溶於水的氯化物而生沈澱，所以將這些離子分類為第 1 屬。

E1.1　第 1 屬離子與分屬試劑之反應

離　　子		分屬試劑		沈　　澱		
Ag^+	+	HCl	$\longrightarrow$	AgCl	+	H^+
銀離子		鹽酸		氯化銀		氫離子
(無色)				(白色)		
Pb^{2+}	+	2HCl	$\longrightarrow$	$PbCl_2$	+	$2H^+$
鉛離子				氯化鉛		
(無色)				(白色)		
Hg_2^{2+}	+	2HCl	$\longrightarrow$	Hg_2Cl_2	+	$2H^+$
亞汞離子				氯化亞汞		
(無色)				(白色)		

E1.2　第1屬離子氯化物之溶解度積與溶解度

氯化物	溶解度積	溶　解　度 (g/100g H₂O)				
		0°C	10°C	20°C	50°C	100°C
AgCl	3.2×10^{-3}	0.7×10^{-3}	1.05×10^{-3}	1.55×10^{-3}	5.4×10^{-3}	21.0×10^{-3}
PbCl₂		0.67	0.80	0.97	1.64	3.23
Hg₂Cl₂	1.3×10^{-3}	1.4×10^{-3}	1.65×10^{-3}	2.35×10^{-3}		

（註）$PbCl_2$ 常溫不易溶，故一部分在第 2 屬鑑定出來。熱水中稍微可溶，可利
　　　用於分離操作。

E1.3　第1屬離子之鑑定反應

試　　　料	鑑定試劑	確　　　　　　　　　　　　認
$Ag(NH_3)_2Cl$　+ 氯化銀氨	$2HNO_3$ 硝酸	$\longrightarrow$　$AgCl\downarrow$　+ $2NH_4NO_3$ （白色）
Hg_2Cl_2	+ $2NH_3 + 2H_2O$ 氨水	$\longrightarrow$　$HgNH_2Cl\downarrow$　+ $Hg\downarrow$ + NH_4Cl + $2H_2O$ 氯化汞氨　　（黑色） （白色）
$PbCl_2$	+ K_2CrO_4 鉻酸鉀	$\longrightarrow$　$PbCrO_4\downarrow$　+ $2KCl$ （黃色）

E1.4　試　劑

0.1N HCl　　2N HCl　　　　6N HCl

6N NH₃ 水　　3N K₂CrO₄　　酚酞（phenolphthalein）

2N H₂SO₄　　6N CH₃COOH

圖 10.1　第 1 屬離子之分離

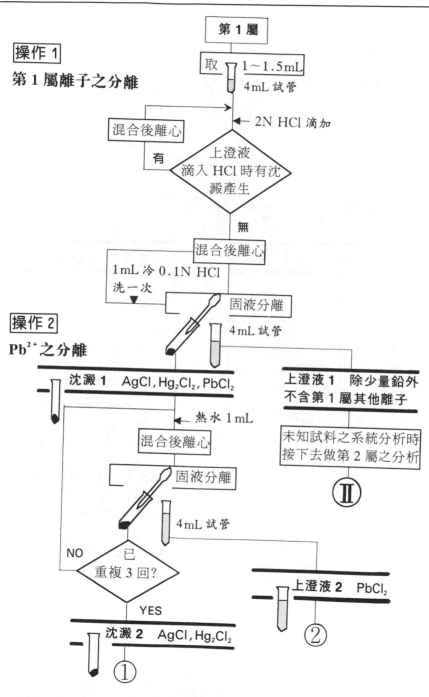

圖 10.1 （續）

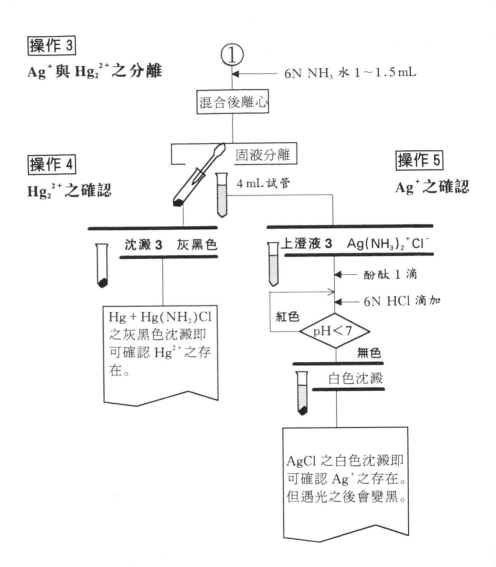

操作 3

Ag⁺ 與 Hg₂²⁺ 之分離

① ← 6N NH₃ 水 1～1.5 mL

混合後離心

固液分離

4 mL 試管

操作 4

Hg₂²⁺ 之確認

沈澱 3　灰黑色

Hg + Hg(NH₂)Cl
之灰黑色沈澱即
可確認 Hg²⁺ 之存
在。

操作 5

Ag⁺ 之確認

上澄液 3　Ag(NH₃)₂⁺Cl⁻

← 酚酞 1 滴

← 6N HCl 滴加

紅色　　pH ＜ 7

無色

白色沈澱

AgCl 之白色沈澱即
可確認 Ag⁺ 之存在。
但遇光之後會變黑。

圖 10.1 （續）

操作 6

Pb²⁺ 之確認

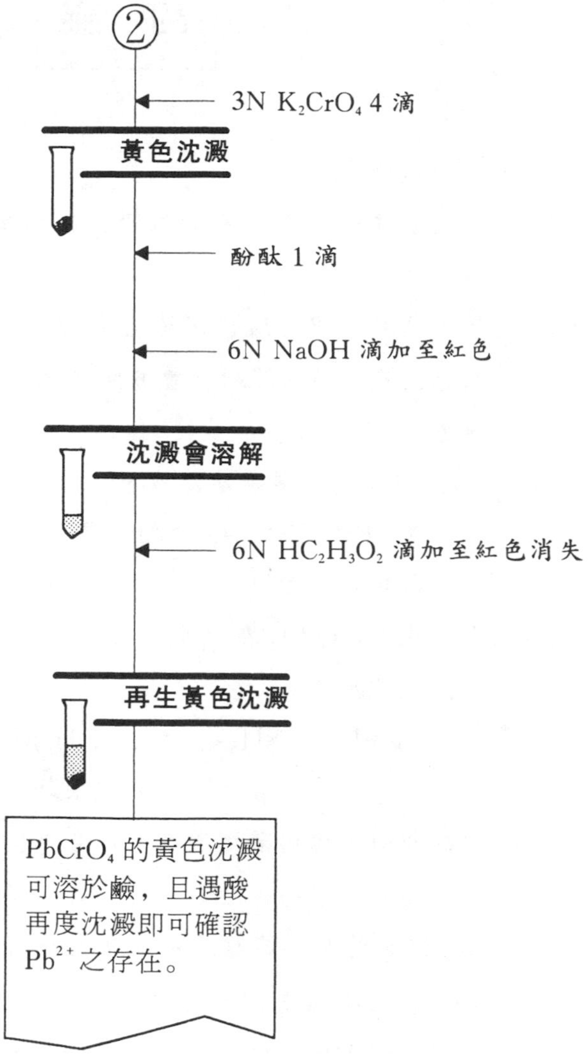

②

← 3N K₂CrO₄ 4 滴

黃色沈澱

← 酚酞 1 滴

← 6N NaOH 滴加至紅色

沈澱會溶解

← 6N HC₂H₃O₂ 滴加至紅色消失

再生黃色沈澱

PbCrO₄ 的黃色沈澱
可溶於鹼，且遇酸
再度沈澱即可確認
Pb²⁺ 之存在。

討　論

E1.1　混合試料溶液：

若混合試料溶液是未知試料，應取出一部分留待第 6 屬 NH_3 分析之用。

E1.2　第 1 屬離子與鹽酸作用皆生成白色的氯化物沈澱，但是 AgCl 白色沈澱在光的照射下會分解成黑色的金屬銀，使沈澱變成灰黑色。

E1.3　AgCl 可溶於過量氨水溶液中：

$$AgCl\ +\ 2NH_3 \rightleftharpoons Ag(NH_3)_2{}^+ +\ Cl^-$$

　　　　氯化銀　　氨　　　　二氨銀離子　　氯離子

E1.4　氯化汞(I)Hg_2Cl_2 在氨水溶液中不溶解，但白色沈澱會轉變成灰黑色沈澱：

$$Hg_2Cl_2 +\ 2NH_3 \rightleftharpoons Hg(NH_2)Cl\ +\ Hg\ +\ NH_4{}^+ +\ Cl^-$$

　　　　　　　　　　　　　氯化汞氨

E1.5　二氨銀離子與鹽酸之酸性作用會再生成 AgCl 沈澱：

$$Ag(NH_3)_2{}^+ +\ 2H^+ +\ Cl^- \rightleftharpoons AgCl\ +\ 2NH_4{}^+$$

E1.6　因 $PbCl_2$ 沈澱之溶解度隨溫度之升高而增大，所以只須加熱沈澱混合物便可使 Pb^{2+} 分離。

E1.7　Pb^{2+} 與鉻酸離子作用生成黃色的鉻酸鉛沈澱，可用以鑑定鉛離子之存在。

E1.8　因鉻酸溶液本來就具黃色，所以很難分辨黃色的鉻酸鉛。另一補助鑑定辦法為 Pb^{2+} 與硫酸根離子作用可生成白色的硫酸鉛沈澱，亦可用以鑑定鉛離子之存在。

習　題

E1.1　寫出第 1 屬陽離子之名稱及此屬之沈澱劑。試述歸於第 1 屬之理由。

E1.2　在何種狀況下，即使無第 1 屬陽離子，加 HCl 亦有沈澱物產生？

E1.3　本屬有何鑑定反應是氧化還原反應？寫出該反應方程式。

E1.4　本屬氧化物中，何者最難溶？何者最易溶？氧化物爲何溶於過量 HCl？

E1.5　寫出本屬分析的概要和所有反應式。

E1.6　一未知溶液，加過量濃 HCl 可得白色沈澱，於沸水浴加熱可溶解，此溶解液滴加 $K_2Cr_2O_7$ 溶液可得另一易溶於 NaOH 的沈澱物。此未知溶液含有下列何者化合物？$Pb(NO_3)_2$，$BaCl_2$，$AgNO_3$，$Hg_2(NO_3)_2$。

實驗 2 第 2 屬離子的分析

Pb^{2+}，Bi^{3+}，Cu^{2+}，Cd^{2+}，Hg^{2+}，As^{3+}，As^{5+}，Sb^{3+}，Sb^{5+}，Sn^{2+} 或 Sn^{4+} 等離子在 0.3N HCl 酸性水溶液中若含有飽和的 H_2S 則生成硫化物沈澱，如此即可將這些離子分類為第 2 屬離子。故稱 H_2S 為第 2 屬的分屬試劑。

事實上，有許多離子都可與 H_2S 生成硫化物沈澱，但是每一種硫化物的溶解度積都不一樣。為了要分離第 2 屬離子的硫化物，特別利用酸度的改變，調節 H^+ 離子濃度以降低 S^{2-} 離子的濃度。金屬硫化物之無法在 0.3N HCl 酸性水溶液中沈澱者即分類為第 4 屬。

E2.1 第 2 屬離子與分屬試劑之反應

離　子	分屬試劑	沈　　澱	
Pb^{2+} 鉛離子 (無色)	$+$　H_2S 硫化氫	$\longrightarrow$　$PbS\downarrow$ 硫化鉛 (黑色)	$+$　$2H^+$
$2Bi^{3+}$ 鉍離子 (無色)	$+$　$3H_2S$	$\longrightarrow$　$Bi_2S_3\downarrow$ 硫化鉍 (褐色)	$+$　$6H^+$
Cu^{2+} 銅(II)離子 (藍～綠色)	$+$　H_2S	$\longrightarrow$　$CuS\downarrow$ 硫化銅(II) (黑色)	$+$　$2H^+$

離　　子	分屬試劑	沈　　澱	
Cd^{2+} 鎘離子 (無色)	$+ \quad H_2S$ $\longrightarrow$	$CdS \downarrow$ 硫化鎘 (黃色或橙色)	$+ \quad 2H^+$
Hg^{2+} 汞(II)離子 (無色)	$+ \quad H_2S$ $\longrightarrow$	$HgS \downarrow$ 硫化汞(II) (黑色)	$+ \quad 2H^+$
$2As^{3+}$ 砷(III)離子 (無色)	$+ \quad 3H_2S$ $\longrightarrow$	$As_2S_3 \downarrow$ 硫化砷(III) (黃色)	$+ \quad 6H^+$
$2As^{5+}$ 砷(V)離子 (無色)	$+ \quad 5H_2S$ $\longrightarrow$	$As_2S_5 \downarrow$ 硫化砷(V) (黃色)	$+ \quad 10H^+$
$2Sb^{3+}$ 銻(III)離子 (無色)	$+ \quad 3H_2S$ $\longrightarrow$	$Sb_2S_3 \downarrow$ 硫化銻(III) (橙紅色)	$+ \quad 6H^+$
$2Sb^{5+}$ 銻(V)離子 (無色)	$+ \quad 5H_2S$ $\longrightarrow$	$Sb_2S_5 \downarrow$ 硫化銻(V) (橙紅色)	$+ \quad 10H^+$
Sn^{2+} 錫(II)離子 (無色)	$+ \quad H_2S$ $\longrightarrow$	$SnS \downarrow$ 硫化錫(II) (褐色)	$+ \quad 2H^+$
Sn^{4+} 錫(IV)離子 (無色)	$+ \quad 2H_2S$ $\longrightarrow$	$SnS_2 \downarrow$ 硫化錫(IV) (黃色)	$+ \quad 4H^+$

E2.2 第 2 屬離子之鑑定反應

試	料	鑑 定 試 劑	確	認
$Pb(CH_3COO)_2$ 醋酸鉛		$+ K_2CrO_4$ 鉻酸鉀	$\longrightarrow PbCrO_4 \downarrow$ 鉻酸鉛（黃色）	
$2Bi(OH)_3$		$+ 3Na_2SnO_2$ 亞錫酸鈉	$\longrightarrow 2Bi \downarrow + 3NaSnO_3 + 3H_2O$ （黑色）	
$[Cu(NH_3)_4](NO_3)_2$		$+ K_4Fe(CN)_6$ 六氰鐵(II)酸鉀	$\longrightarrow Cu_2[Fe(CN)_6] + KNO_3 + 8NH_3 \uparrow$ （紅褐色）	
Cd^{2+}		$+ H_2S$ 硫化氫	$\longrightarrow CdS \downarrow$ （黃色或橙色）	
$2HgCl_2$		$+ SnCl_2$ 氯化錫(II)	$\longrightarrow Hg_2Cl_2 \downarrow + SnCl_4$ （白色）	
Hg_2Cl_2		$+ SnCl_2$ 氯化錫(II)	$\longrightarrow 2Hg \downarrow + SnCl_4$ （黑色）	
AsO_4^{3-}		$+ Mg^{2+} + NH_4^+$ 鎂銨混合液	$\longrightarrow MgNH_4AsO_4 \downarrow$ 砷酸銨鎂（白色）	
$2Sb^{3+}$		$+ 3Sn$ 金屬錫	$\longrightarrow 2Sb \downarrow + 3Sn^{2+}$ （黑色）	
$SnCl_2$		$+ 2HgCl_2$ 氯化汞(II)	$\longrightarrow SnCl_4 + Hg_2Cl_2 \downarrow$ （白色）	

E2.3　試　劑

H₂S (氣體，飽和水溶液)　　conc. HCl　　　　　6N HCl

0.3N HCl　　　　　　　6N H₂SO₄　　　　　0.6N H₂SO₄

2N HNO₃　　　　　　　6N CH₃COOH　　　15N NH₃ 水

6 N NH₃ 水　　　　　　1N NH₄NO₃　　　　1N NH₄I

6M NH₄CH₃COO　　　　1N NH₄Cl　　　　　1N SnCl₂

0.2N HgCl₂　　　　　　1N Na₂SnO₂　　　　6N Na₂Sₓ

0.3N K₂CrO₄　　　　　(0.025M)1N K₄Fe(CN)₆

5% NaClO　　　　　　3% H₂O₂　　　　　　鎂銨混合液

酚酞　　　　　　　　　鐵粉　　　　　　　　鋁粉

金屬錫　　　　　　　　5% CH₃CSNH₂

圖 10.2　第 2 屬離子之分離

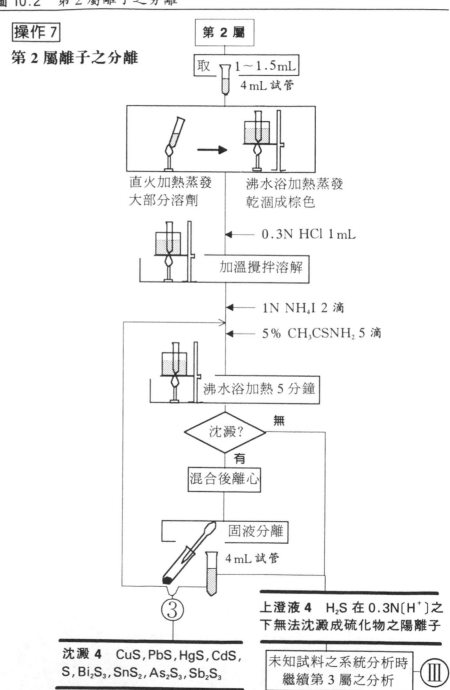

操作 7

第 2 屬離子之分離

第 2 屬

取 1～1.5mL
4 mL 試管

直火加熱蒸發
大部分溶劑

沸水浴加熱蒸發
乾涸成棕色

0.3N HCl 1 mL

加溫攪拌溶解

1N NH₄I 2 滴

5% CH₃CSNH₂ 5 滴

沸水浴加熱 5 分鐘

沈澱? → 無

有

混合後離心

固液分離
4 mL 試管

③

沈澱 4 CuS，PbS，HgS，CdS，
S，Bi₂S₃，SnS₂，As₂S₃，Sb₂S₃

上澄液 4 H₂S 在 0.3N〔H⁺〕之
下無法沈澱成硫化物之陽離子

未知試料之系統分析時
繼續第 3 屬之分析　Ⅲ

圖 10.2　（續）

操作 8

A 類與 B 類之分離

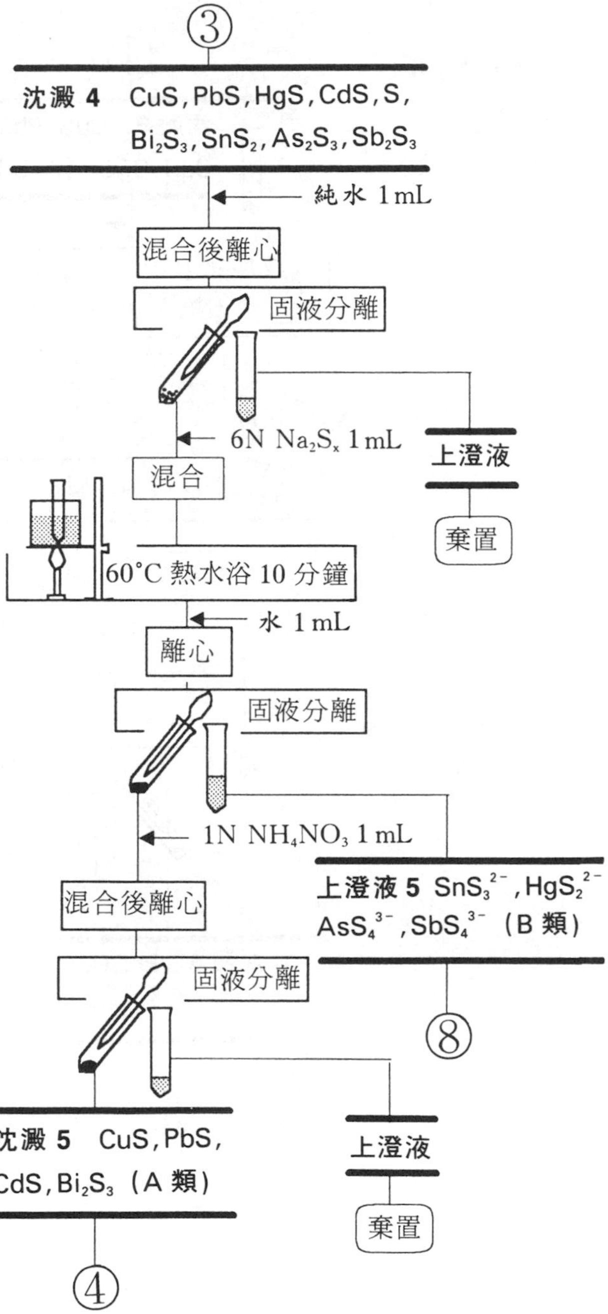

③

沈澱 4　$CuS, PbS, HgS, CdS, S,$
　　　　$Bi_2S_3, SnS_2, As_2S_3, Sb_2S_3$

← 純水 1 mL

混合後離心

固液分離

← 6N Na_2S_x 1 mL

上澄液

混合

60°C 熱水浴 10 分鐘

棄置

← 水 1 mL

離心

固液分離

← 1N NH_4NO_3 1 mL

上澄液 5　SnS_3^{2-}, HgS_2^{2-}
AsS_4^{3-}, SbS_4^{3-}（B 類）

混合後離心

固液分離

⑧

沈澱 5　$CuS, PbS,$
CdS, Bi_2S_3（A 類）

上澄液

棄置

④

圖 10.2 （續）

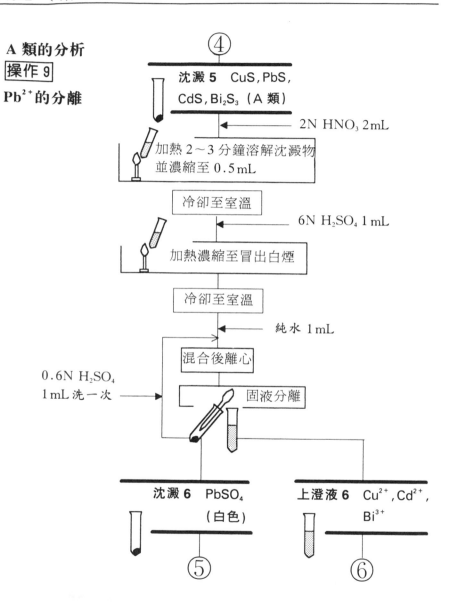

A 類的分析

操作 9

Pb²⁺的分離

圖 10.2 （續）

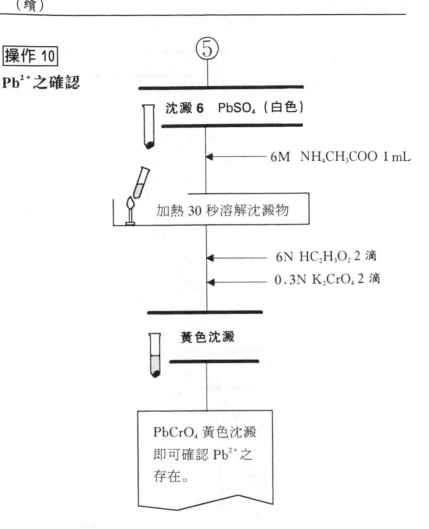

操作 10

Pb²⁺之確認

⑤

沈澱 **6**　PbSO₄（白色）

← 6M　NH₄CH₃COO 1 mL

加熱 30 秒溶解沈澱物

← 6N HC₂H₃O₂ 2 滴
← 0.3N K₂CrO₄ 2 滴

黃色沈澱

PbCrO₄ 黃色沈澱
即可確認 Pb²⁺之
存在。

圖 10.2　(續)

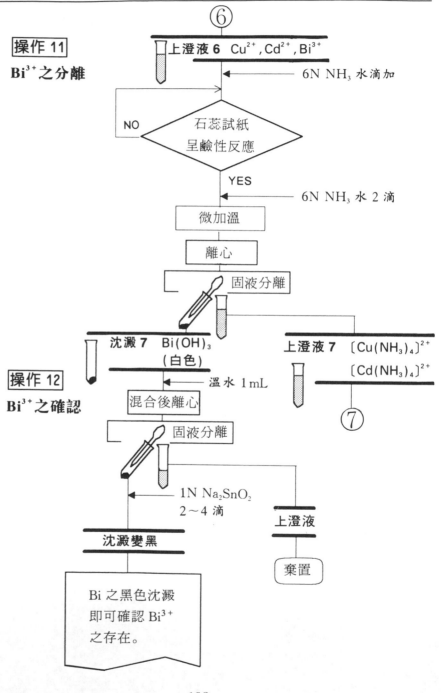

⑥

操作 11

Bi³⁺之分離

上澄液 6　$Cu^{2+}, Cd^{2+}, Bi^{3+}$

6N NH_3 水滴加

NO

石蕊試紙
呈鹼性反應

YES

6N NH_3 水 2 滴

微加溫

離心

固液分離

沈澱 7　$Bi(OH)_3$
(白色)

上澄液 7　$[Cu(NH_3)_4]^{2+}$
$[Cd(NH_3)_4]^{2+}$

⑦

操作 12

Bi³⁺之確認

溫水 1 mL

混合後離心

固液分離

1N Na_2SnO_2
2~4 滴

上澄液

沈澱變黑

棄置

Bi 之黑色沈澱
即可確認 Bi³⁺
之存在。

圖 10.2　（續）

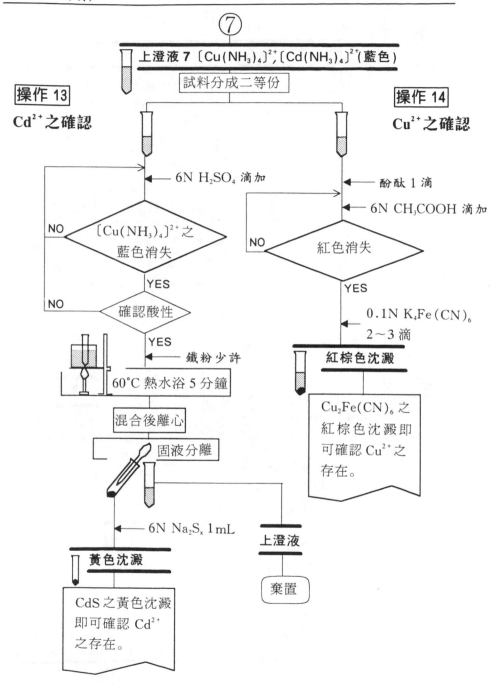

圖 10.2 （續）

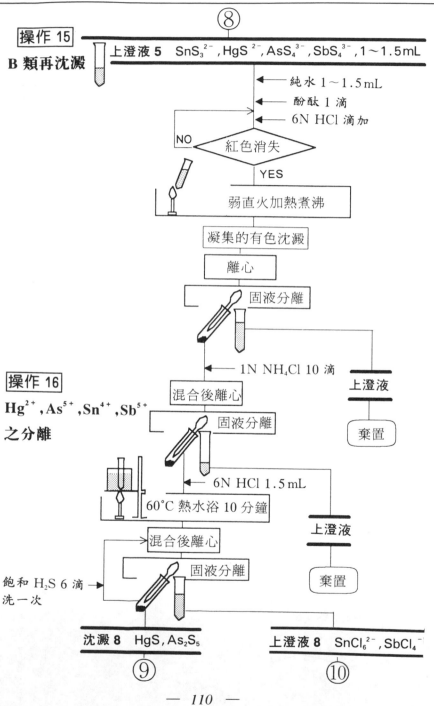

⑧

操作 15

B 類再沈澱

上澄液 5　SnS_3^{2-}, HgS^{2-}, AsS_4^{3-}, SbS_4^{3-}, 1～1.5 mL

← 純水 1～1.5 mL
← 酚酞 1 滴
← 6N HCl 滴加

紅色消失　NO

YES

弱直火加熱煮沸

凝集的有色沈澱

離心

固液分離

← 1N NH_4Cl 10 滴

操作 16

Hg^{2+}, As^{5+}, Sn^{4+}, Sb^{5+}
之分離

混合後離心

固液分離

上澄液

棄置

← 6N HCl 1.5 mL

60°C 熱水浴 10 分鐘

上澄液

棄置

混合後離心

固液分離

飽和 H_2S 6 滴
洗一次 →

沈澱 8　HgS, As_2S_5

⑨

上澄液 8　$SnCl_6^{2-}$, $SbCl_4^-$

⑩

圖 10.2　（續）

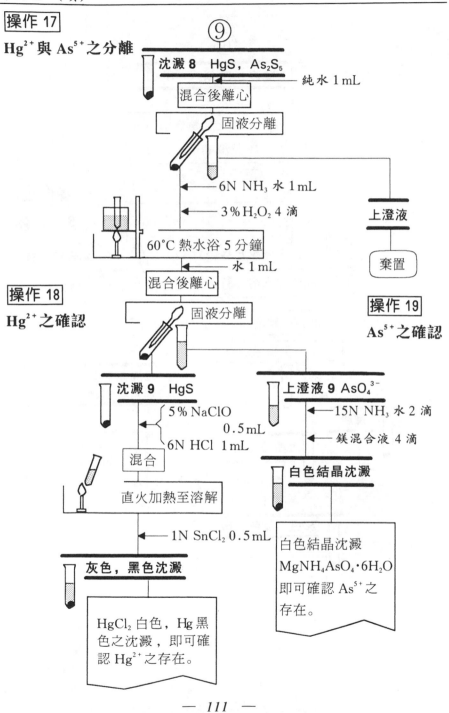

操作 17

Hg²⁺ 與 As⁵⁺ 之分離

⑨

沈澱 8　HgS，As₂S₅

←　純水 1 mL

混合後離心

固液分離

←　6N NH₃ 水 1 mL

←　3% H₂O₂ 4 滴

上澄液

60°C 熱水浴 5 分鐘

←　水 1 mL

混合後離心

操作 18

Hg²⁺ 之確認

固液分離

棄置

操作 19

As⁵⁺ 之確認

沈澱 9　HgS

上澄液 9　AsO₄³⁻

5% NaClO
0.5 mL

←　15N NH₃ 水 2 滴

←　鎂混合液 4 滴

6N HCl 1 mL

混合

白色結晶沈澱

直火加熱至溶解

←　1N SnCl₂ 0.5 mL

灰色，黑色沈澱

白色結晶沈澱
MgNH₄AsO₄·6H₂O
即可確認 As⁵⁺ 之
存在。

HgCl₂ 白色，Hg 黑
色之沈澱，即可確
認 Hg²⁺ 之存在。

圖 10.2 （續）

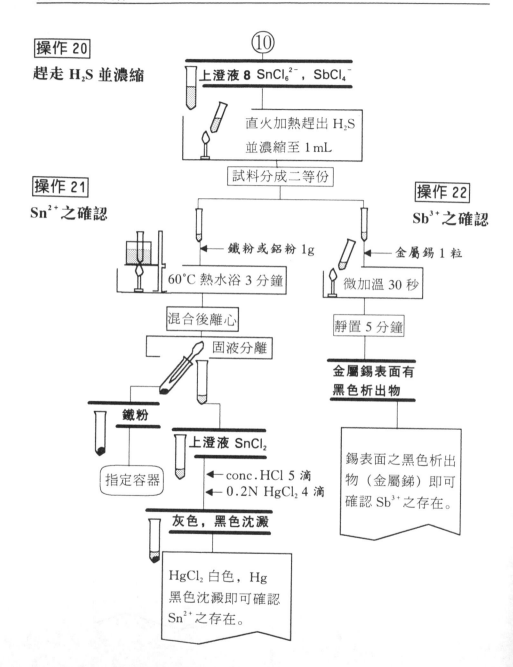

討　論

E2.1　第 2 屬離子中 Bi^{3+}，Sb^{3+}，Sn^{2+} 加水分解並與鹽酸作用後易形成氯氧化鉍 BiOCl，氯氧化銻 SbOCl，氯氫氧化錫 Sn(OH)Cl 之白濁物或沈澱物，繼續操作即可溶解，但須注意不可加熱過度乃至沸騰，加熱過程中最好以玻棒攪拌。

E2.2　操作 7 中，導入 H_2S 之前加入 NH_4I 可還原 As^{5+} 爲 As^{3+}，以便利硫化砷之沈澱。否則，因爲 As^{5+} 未還原爲 As^{3+} 使酸性增強，必須加熱近沸騰，且要再導入 H_2S 使飽和。

$$As^{5+} + 2I^- \longrightarrow As^{3+} + I_2$$

I_2 由 H_2S 還原成 I^-，而 H_2S 則析出白色的 S。

E2.3　操作 8 中採用多硫化鈉 Na_2S_x 作爲 A 類與 B 類之分屬試劑。此處也可用多硫化銨 $(NH_4)_2S_x$ 作爲分屬試劑，此二種試劑之異同點如下所示：

	Na_2S_x	$(NH_4)_2S_x$	比　　　較
CuS 的溶解度	Cu^{2+} 約 0.01	Cu^{2+} 約 0.05～0.1	不溶的話較好。
Bi_2S_3 的溶解度	Bi^{3+} 約 0.01	不溶。	

	Na_2S_x	$(NH_4)_2S_x$	比　　　較
HgS	溶解。(B 類)	不溶。所以歸 A 類，則易吸附在 CdS，妨害 Cd^{2+} 之鑑定。	溶解的話較好。
SnS SnS_2	完全溶解。	與多量 A 類元素共存時，有部分 SnS，SnS_2 會沈澱而殘存下來。	
少量 Hg^{2+} 之存在	因有多量 CuS，CdS 所以不易分離。		容易分離者較佳。

而且 Na_2S_x 比較容易調製，也比較安定，又由上表之比較可知 Na_2S_x 較$(NH_4)_2S_x$ 有利。

Na_2S_x 可溶的第 2 屬硫化物稱為 B 類(不溶的則為 A 類)，所以 HgS 等其他 B 類硫化物亦可溶於$(NH_4)_2S_x$(生成硫錯離子)。

$$HgS + S_x^{2-} \longrightarrow HgS_2^{2-} + (x-1)\,S$$
硫汞(II)酸離子

$$SnS + S_x^{2-} \longrightarrow SnS_3^{2-} + (x-2)\,S$$
三硫錫(II)酸離子

$$SnS_2 + S_x^{2-} \longrightarrow SnS_3^{2-} + (x-1)\,S$$
三硫錫(IV)酸離子

$$As_2S_3 + 3S_x^{2-} \longrightarrow 2AsS_4^{3-} + (3x-5)\,S$$
四硫砷(V)酸離子

$$Sb_2S_3 + 3S_x^{2-} \longrightarrow 2SbS_4^{3-} + (3x-5)\,S$$
四硫銻(V)酸離子

E2.4　操作 9 中 Na_2S_x 不溶的第 2 屬 A 類的硫化物雖可溶於 HNO_3，但都因生成的硫黃而白濁。

$$3CuS + 8HNO_3 \longrightarrow 3Cu^{2+} + 6NO_3^- + 2NO\uparrow + 3S\downarrow + 4H_2O$$

$$3CdS + 8HNO_3 \longrightarrow 3Cd^{2+} + 6NO_3^- + 2NO\uparrow + 3S\downarrow + 4H_2O$$

$$3PbS + 8HNO_3 \longrightarrow 3Pb^{2+} + 6NO_3^- + 2NO\uparrow + 3S\downarrow + 4H_2O$$

$$Bi_2S_3 + 8HNO_3 \longrightarrow 2Bi^{3+} + 6NO_3^- + 2NO\uparrow + 3S\downarrow + 4H_2O$$

E2.5　操作 9 之 Pb^{2+} 中欲加入 H_2SO_4 使生成 $PbSO_4$ 而分離時，若溶液中有 HCl，HNO_3 殘留則無法完全沈澱，所以要利用沸點差，一直加熱至 SO_3 白煙冒出爲止，目的是要完全趕出 HCl，HNO_3。

沸點：$HCl(-85°C) \ll HNO_3(124°C) < SO_3(200°C)$

$$Pb^{2+} + SO_4^{2-} \longrightarrow PbSO_4（白色沈澱）$$

$$2Cl^- + H_2SO_4 \longrightarrow 2HCl\uparrow + SO_4^{2-}$$

$$2NO_3^- + H_2SO_4 \longrightarrow 2HNO_3\uparrow + SO_4^{2-}$$

$$H_2SO_4 \longrightarrow SO_3\uparrow + H_2O\uparrow$$

E2.6　操作 10 中硫酸鉛可溶於醋酸銨溶液。

$$PbSO_4 + 2CH_3COO^- \longrightarrow Pb(CH_3COO)_2 + SO_4^{2-}$$

醋酸鉛之電離度小

E2.7　Pb^{2+} 之鑑定反應爲：

$$Pb^{2-} + CrO_4^{2-} \longrightarrow PbCrO_4\downarrow$$

鉻酸鉛

$PbCrO_4$ 不易溶於醋酸。

亦可加入 10% KI 溶液所產生的黃色沈澱以鑑定 Pb^{2+}。

E2.8　操作 11 中濾液 6 加入過量氨水可生成氨錯離子。

$$Cu^{2+} + 4NH_3 \longrightarrow [Cu(NH_3)_4]^{2+}$$

四氨銅(II)離子（藍色）

$$Cd^{2+} + 4NH_3 \longrightarrow [Cd(NH_3)_4]^{2+}$$

四氨鎘離子

E2.9 操作 11 中鉍離子在氨水溶液如果有白色膠狀沈澱物是因其加水分解成 $(BiO)_2SO_4$ 的緣故。$Bi(OH)_3$ 沈澱物也是白色，所以不易據以鑑定 Bi^{3+} 離子之存在。

$$Bi^{3+} + 3NH_3 + 3H_2O \longrightarrow Bi(OH)_3\downarrow + 3NH_4^+$$

此時若溶液爲藍色，可據以鑑定 $[Cu(NH_3)_4]^{2+}$ 離子之存在。

E2.10 操作 12 所需之亞錫酸鈉試劑溶液頗不安定，使用前依下述方法製備即可。1N $SnCl_2$ 1mL 置 20mL 試管中，其次加入純水 5mL，再添加 3N NaOH 至白色沈澱消失爲止。如此製得試劑其實是 $Na_2[Sn(OH)_4]$ 而非 Na_2SnO_2。

E2.11 操作 12 Bi^{3+} 之鑑定反應爲：

$$2Bi(OH)_3 + 3Na_2SnO_2 \longrightarrow 2Bi\downarrow + 3NaSnO_3 + 3H_2O$$

或

$$2Bi(OH)_3 + 3[Sn(OH)_4]^{2-}$$
$$\longrightarrow 2Bi\downarrow + 3[Sn(OH)_6]^{2-} + 3H_2O$$

E2.12 操作 13 中使 Cd^{2+} 沈澱爲 CdS

$$Cd^{2+} + S^{2-} \longrightarrow CdS$$

之沈澱劑除了多硫酸鈉以外，也可採用多硫酸銨或飽和 H_2S。

E2.13 操作 14 中加入 0.1N $K_4Fe(CN)_6$ 2～3 滴後之反應如下：

$$Cu^{2+} + Fe(CN)_6^{4-} \longrightarrow Cu_2[Fe(CN)_6]$$

（鐵氰化銅）

六氰鐵(II)酸銅(II)

E2.14 操作 15 中滴加 6N HCl 可中和試料溶液中的 Na_2S_x，以分解硫錯離子。

$$[SnS_3]^{2-} + 2H^+ \longrightarrow SnS_2\downarrow + H_2S\uparrow$$

$$[HgS_2]^{2-} + 2H^+ \longrightarrow HgS\downarrow + H_2S\uparrow$$

$$2[AsS_4]^{3-} + 6H^+ \longrightarrow As_2S_5\downarrow + 3H_2S\uparrow$$

$$2[SbS_4]^{3-} + 6H^+ \longrightarrow Sb_2S_5\downarrow + 3H_2S\uparrow$$

但酸不可加太多，須攪拌均勻。

E2.15 操作 15 之沈澱若只爲白色～淡黃色的混濁物，則只有硫黃而無 B 類離子，所以不須後續的操作。

E2.16 操作 16 中 SnS_2，Sb_2S_5 可溶於 6N HCl。此操作的適當 HCl 濃度爲 6～8N。加熱時間也要注意，太長的話 As_2S_5 也會少量溶出。

$$SnS_2 + 4H^+ \longrightarrow Sn^{4+} + 2H_2S\uparrow$$

$$Sb_2S_5 + 6H^+ \longrightarrow 2Sb^{3+} + 3H_2S\uparrow + 2S\downarrow$$

E2.17 操作 16 中之所以要用飽和 H_2S 水洗，主要是怕如果使用自來水洗的話，含有殘留物的上澄液會因稀釋作用，使 Sb_2S_5，SnS_2 再沈澱出來。

E2.18 操作 17 中因爲 As_2S_3，As_2S_5 不易溶於 6N 以下的鹽酸，所以加入氨水使成鹼性溶液，並以 H_2O_2 氧化成易溶的砷酸離子。

$$As_2S_3 + 12OH^- + 14O \longrightarrow 2AsO_4^{2-} + 3SO_4^{2-} + 6H_2O$$

$$As_2S_3 + 16OH^- + 20O \longrightarrow 2AsO_4^{2-} + 5SO_4^{2-} + 8H_2O$$

E2.19 操作 18 的 HgS 在酸中很穩定，即使煮沸也不易溶。但於王水或氧化性酸（鹽酸＋次亞氯酸鈉等）中加熱可溶。

$$HgS + 2H^+ + 2Cl^- + O \longrightarrow HgCl_2 + S\downarrow + H_2O$$

次亞氯酸鈉溶液須於使用前製備。

E2.20 操作 18 加入 $SnCl_2$ 的鑑定反應如下：

$$2HgCl_2 + Sn^{2+} \longrightarrow Hg_2Cl_2\downarrow + Sn^{4+} + 2Cl^-$$

$$Hg_2Cl_2 + Sn^{2+} \longrightarrow 2Hg\downarrow + Sn^{4+} + 2Cl^-$$

E2.21 操作 19 加入氨水與鎂混合物之沈澱反應如下：

$$AsO_4{}^{3-} + Mg^{2+} + NH_4{}^+ \longrightarrow MgNH_4AsO_4$$

砷酸銨鎂

E2.22 操作 20 除了濃縮還須趕出 H_2S。如果 H_2S 還存在的話，Sn，Sb 會沈澱爲硫化物，而且 H_2S 的還原作用會干擾離子的鑑定。

E2.23 操作 21 加入鐵粉可還原 Sn^{4+} 爲 Sn^{2+}。

$$SnCl_6{}^{2-} + Fe \longrightarrow Fe^{2+} + Sn^{2+} + 6Cl^-$$

E2.24 操作 21 Sn 之鑑定反應如下：

$$SnCl_2 + 2HgCl_2 \longrightarrow SnCl_4 + Hg_2Cl_2 \downarrow \ （白）$$
$$SnCl_2 + 2Hg_2Cl_2 \longrightarrow SnCl_4 + 2Hg \downarrow \ （黑）$$

E2.25 操作 22 Sb 之鑑定反應中，Sb^{3+}，Sb^{5+} 在酸性溶液中以較 Sb 更具離子化傾向的 Zn，Sn，Fe 等將之還原成金屬 Sb。另外，若混離有 As 離子，則金屬錫表面會有灰色 As 析出。此時可用新鮮配製的 NaBrO 或 NaClO 等漂白粉溶液溶解之，Sb 則不溶。

$$\boxed{習\quad 題}$$

E2.1　(1)寫出第 2 屬陽離子之名稱。

　　　(2)何者形成有色溶液?

　　　(3)可形成那些硫化物?

E2.2　(1)第 2 屬陽離子如何分成二類?

　　　(2)當砷，銻，錫，汞的硫化物溶於 Na_2S_x 時可產生何種新離

　　　　子? 寫出反應方程式。

E2.3　HgS 爲何溶於王水而不溶於 HNO_3 溶液?

E2.4　寫出用過量 NH_3 溶解 $BiCl_3$, $CuCl_2$, $CdCl_2$ 的化學反應方程式

　　　及顏色變化。

E2.5　若有一無色溶液，加 HCl 不生沈澱，當配成 $0.3M\ HNO_3$ 溶液

　　　時，與 H_2S 作用後生成黃色沈澱且不溶於 Na_2S_x，溶液中原含

　　　何種陽離子?

實驗 3　第 3 屬離子的分析

Fe^{3+}，〔Fe^{2+}〕，Al^{3+}，Cr^{3+}，（Mn^{3+}）離子的試料溶液中加入 NH_4Cl 溶液與 NH_3 水（試料溶液中含有 H_2S 時，要煮沸將溶解的 H_2S 趕出），則上述各離子以氫氧化物沈澱分離，所以分類為第 3 屬離子，而 NH_4Cl 溶液＋NH_3 水即為第 3 屬之分屬試劑。

這是因為第 3 屬離子會與 OH^- 反應成穩定的氫氧化物之故。NH_4Cl 存在下第 4 屬以下離子的氫氧化物不但溶解度大，且易形成氨錯離子，所以不會生成氫氧化物沈澱。

E3.1　第 3 屬離子之分屬試劑及其反應

離　　子	分屬試劑	沈　　　　　　　　澱
Fe^{2+} ⟶ （氧化） 鐵(II)離子（淡綠色）		⟶ Fe^{3+} 鐵(III)離子(無～淡黃褐色)
Fe^{3+} ＋　$3NH_3$＋$3H_2O$ 鐵(III)離子（無～淡黃褐色）		⟶ $Fe(OH)_3\downarrow$ ＋ $3NH_4^+$ （紅褐色）
Al^{3+} ＋　$3NH_3$＋$3H_2O$ 鋁離子（無色）		⟶ $Al(OH)_3\downarrow$ ＋ $2NH_4^+$ （白色膠狀）
Cr^{3+} ＋　$3NH_3$＋$3H_2O$ 鉻(III)離子（綠～紫色）		⟶ $Cr(OH)_3\downarrow$ ＋ $2NH_4^+$ （灰綠色膠狀）
Mn^{3+} ＋　$3NH_3$＋$3H_2O$ 錳(III)離子（淡紅色）		⟶ $Mn(OH)_3\downarrow$ ＋ $3NH_4^+$ （褐色）

E3.2 第 3 屬離子之鑑定反應

試 料	鑑 定 試 劑	確 認
Fe^{3+} + 3CNS$^-$ 硫氰酸離子	$\longrightarrow$	$Fe(CNS)_3$ 硫氰酸鐵(III)(深紅色)
$4Fe^{3+}$ + $3[Fe(CN)_6]^{4-}$ 六氰鐵(II)酸離子	$\longrightarrow$	$Fe_4[Fe(CN)_6]_3\downarrow$ 六氰鐵(II)酸鐵(III)(深藍色)
Al^{3+} + Aluminon	$\longrightarrow$	深紅色顏料沈澱
CrO_4^{2-}+ Pb^{2+} 由$[Pb(CH_3COO)]_2$	$\longrightarrow$	$PbCrO_4\downarrow$ 鉻酸鉛（黃色）
$2Mn^{2+}$ + $5BiO_3^-$ + $14H^+$ （NaBiO$_3$ 鉍酸鈉）	$\longrightarrow$	$2MnO_4^-$ + $5Bi^{3+}$ + $7H_2O$ 過錳酸離子（紅紫色）

E3.3 試 劑

6N HCl	conc. HNO$_3$	6N HNO$_3$
3N HNO$_3$	6N CH$_3$COOH	6N NaOH
2N NaOH	3N NH$_3$ 水	3N NH$_4$Cl
1M (NH$_4$)$_2$CO$_3$	0.1N KCNS	1N K$_4$[Fe(CN)$_6$]
0.1N K$_4$[Fe(CN)$_6$]	1N K$_3$[Fe(CN)$_6$]	1N Pb(CH$_3$COO)$_2$
3% H$_2$O$_2$	0.1% Aluminon 溶液	酚酞
NaBiO$_3$	conc. H$_2$SO$_4$	0.1N Co(NO$_3$)$_2$
1N (NH$_4$)$_2$MoO$_4$	6N CH$_3$COONH$_4$	0.3M FeCl$_3$

操作 23

磷酸離子之鑑定與除去

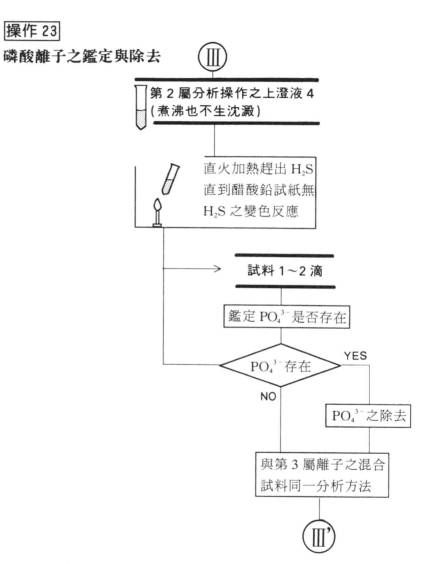

Ⅲ

第 2 屬分析操作之上澄液 4
（煮沸也不生沈澱）

直火加熱趕出 H_2S
直到醋酸鉛試紙無
H_2S 之變色反應

試料 1～2 滴

鑑定 PO_4^{3-} 是否存在

PO_4^{3-} 存在 ── YES

NO

PO_4^{3-} 之除去

與第 3 屬離子之混合
試料同一分析方法

Ⅲ'

圖 10.3　第 3 屬離子之分離

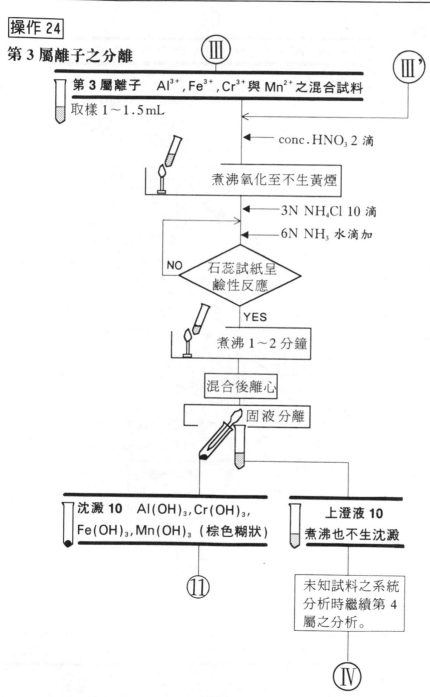

操作 24

第 3 屬離子之分離

Ⅲ　　　　　　　　　　　Ⅲ'

第 3 屬離子　Al^{3+}, Fe^{3+}, Cr^{3+} 與 Mn^{2+} 之混合試料

取樣 $1\sim1.5\,mL$

conc. HNO_3 2 滴

煮沸氧化至不生黃煙

3N NH_4Cl 10 滴

6N NH_3 水滴加

NO　石蕊試紙呈鹼性反應　YES

煮沸 $1\sim2$ 分鐘

混合後離心

固液分離

沈澱 10　$Al(OH)_3$, $Cr(OH)_3$, $Fe(OH)_3$, $Mn(OH)_3$（棕色糊狀）

上澄液 10　煮沸也不生沈澱

⑪

未知試料之系統分析時繼續第 4 屬之分析。

Ⅳ

圖 10.3 （續）

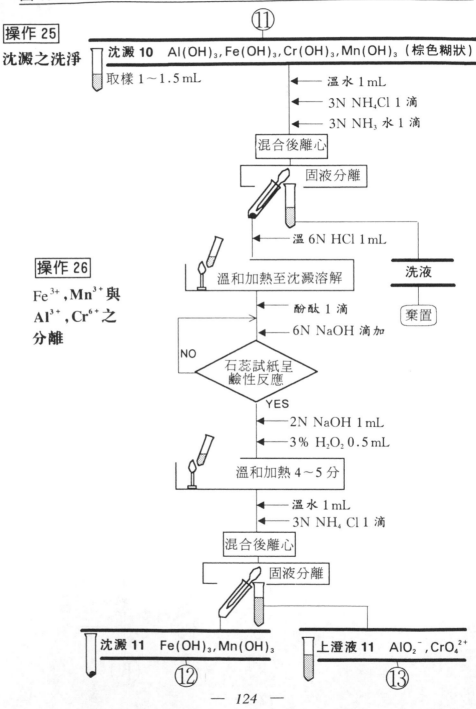

圖 10.3　(續)

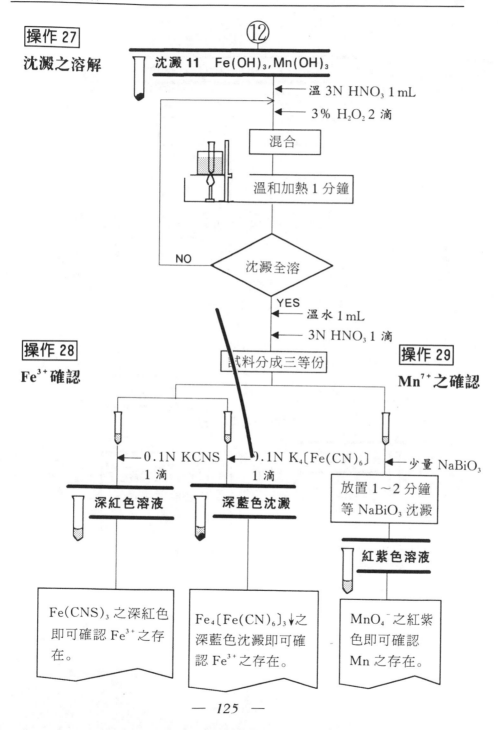

⑫

操作 27

沈澱之溶解

沈澱 11　Fe(OH)₃, Mn(OH)₃

← 溫 3N HNO₃ 1 mL

← 3% H₂O₂ 2 滴

混合

溫和加熱 1 分鐘

NO ← 沈澱全溶

YES

← 溫水 1 mL

← 3N HNO₃ 1 滴

操作 28

Fe³⁺ 確認

試料分成三等份

操作 29

Mn⁷⁺之確認

← 0.1N KCNS 1 滴

← 0.1N K₄〔Fe(CN)₆〕 1 滴

← 少量 NaBiO₃

深紅色溶液

深藍色沈澱

放置 1~2 分鐘 等 NaBiO₃ 沈澱

紅紫色溶液

Fe(CNS)₃ 之深紅色即可確認 Fe³⁺ 之存在。

Fe₄〔Fe(CN)₆〕₃↓之深藍色沈澱即可確認 Fe³⁺ 之存在。

MnO₄⁻ 之紅紫色即可確認 Mn 之存在。

圖 10.3 （續）

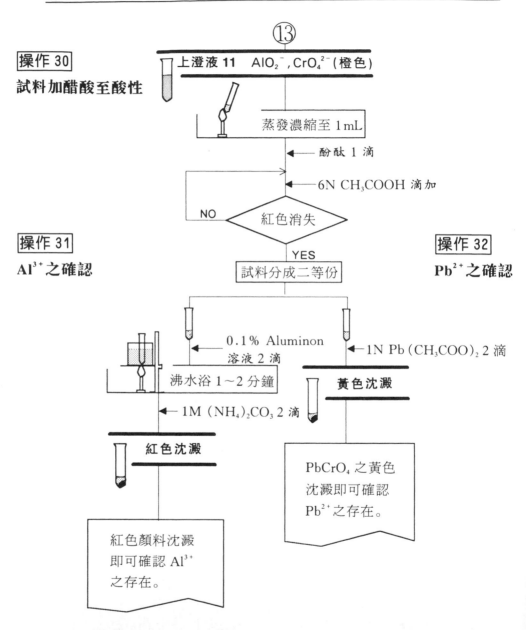

⑬

操作 30
試料加醋酸至酸性

上澄液 11　AlO₂⁻, CrO₄²⁻（橙色）

蒸發濃縮至 1 mL

← 酚酞 1 滴

← 6N CH₃COOH 滴加

NO　　紅色消失

操作 31
Al³⁺之確認

YES
試料分成二等份

操作 32
Pb²⁺之確認

← 0.1% Aluminon 溶液 2 滴

沸水浴 1～2 分鐘

← 1N Pb（CH₃COO）₂ 2 滴

黃色沈澱

← 1M （NH₄）₂CO₃ 2 滴

紅色沈澱

PbCrO₄ 之黃色
沈澱即可確認
Pb²⁺之存在。

紅色顏料沈澱
即可確認 Al³⁺
之存在。

圖 10.3　（續）

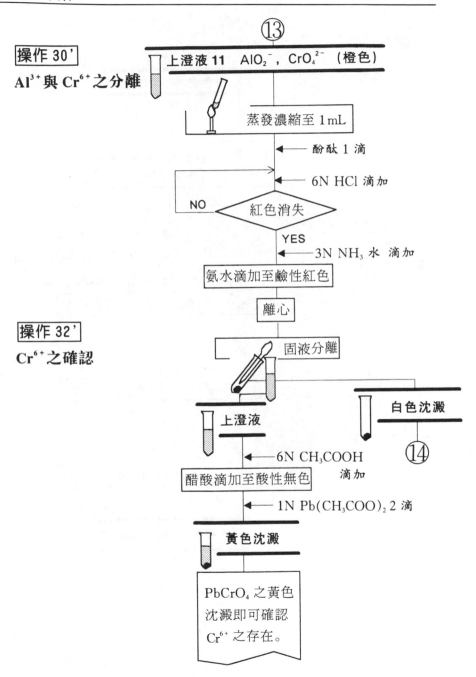

⑬

操作 30'

Al³⁺ 與 Cr⁶⁺ 之分離

上澄液 11　AlO_2^-，CrO_4^{2-}　（橙色）

蒸發濃縮至 1 mL

酚酞 1 滴

6N HCl 滴加

NO　紅色消失　YES

3N NH₃ 水　滴加

氨水滴加至鹼性紅色

離心

操作 32'

Cr⁶⁺ 之確認

固液分離

上澄液　　　　　　　　　白色沈澱

⑭

6N CH₃COOH　滴加

醋酸滴加至酸性無色

1N $Pb(CH_3COO)_2$ 2 滴

黃色沈澱

$PbCrO_4$ 之黃色
沈澱即可確認
Cr⁶⁺ 之存在。

圖 10.3　（續）

操作 31'

Al³⁺ 之確認

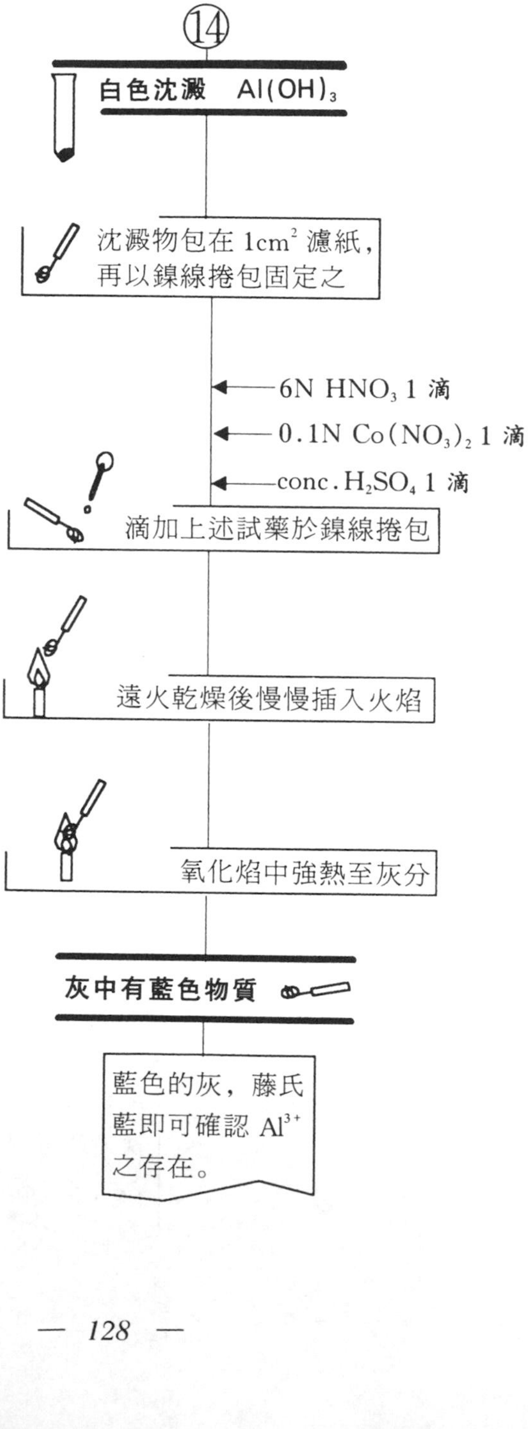

⑭

白色沈澱　Al(OH)₃

沈澱物包在 1cm² 濾紙，
再以鎳線捲包固定之

6N HNO₃ 1 滴

0.1N Co(NO₃)₂ 1 滴

conc. H₂SO₄ 1 滴

滴加上述試藥於鎳線捲包

遠火乾燥後慢慢插入火焰

氧化焰中強熱至灰分

灰中有藍色物質

藍色的灰，藤氏
藍即可確認 Al³⁺
之存在。

圖 10.3　（續）

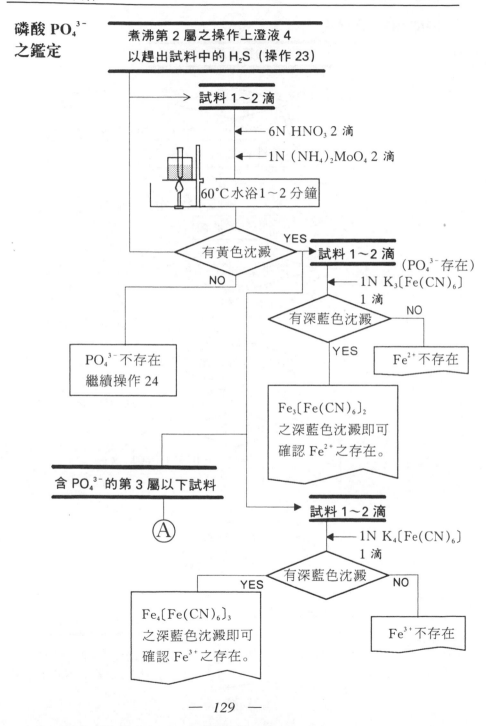

磷酸 PO_4^{3-} 之鑑定

煮沸第 2 屬之操作上澄液 4 以趕出試料中的 H_2S（操作 23）

試料 1～2 滴

6N HNO_3 2 滴

1N $(NH_4)_2MoO_4$ 2 滴

60°C 水浴 1～2 分鐘

有黃色沈澱

NO → PO_4^{3-} 不存在 繼續操作 24

YES → 試料 1～2 滴　（PO_4^{3-} 存在）

1N $K_3[Fe(CN)_6]$ 1 滴

有深藍色沈澱

NO → Fe^{2+} 不存在

YES → $Fe_3[Fe(CN)_6]_2$ 之深藍色沈澱即可確認 Fe^{2+} 之存在。

含 PO_4^{3-} 的第 3 屬以下試料

Ⓐ

試料 1～2 滴

1N $K_4[Fe(CN)_6]$ 1 滴

有深藍色沈澱

YES → $Fe_4[Fe(CN)_6]_3$ 之深藍色沈澱即可確認 Fe^{3+} 之存在。

NO → Fe^{3+} 不存在

圖 10.3 （續）

磷酸 PO_4^{3-} 之除去

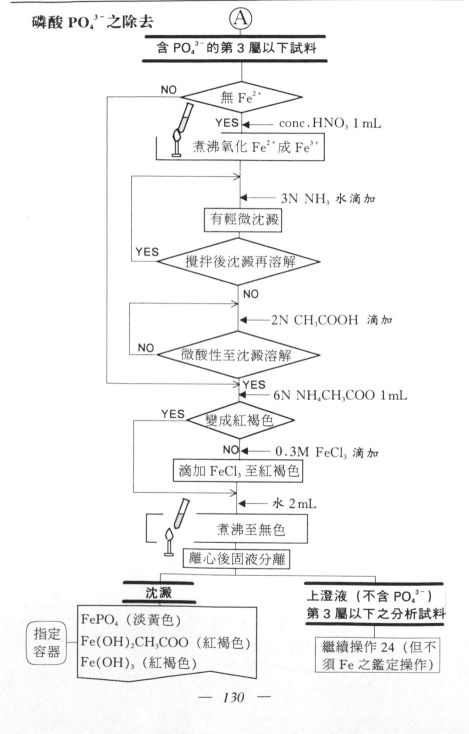

沈澱
- $FePO_4$ （淡黃色）
- $Fe(OH)_2CH_3COO$ （紅褐色）
- $Fe(OH)_3$ （紅褐色）

指定容器

上澄液（不含 PO_4^{3-}）
第 3 屬以下之分析試料

繼續操作 24（但不須 Fe 之鑑定操作）

$$\boxed{\text{討　論}}$$

E3.1　操作 24 加入 HNO_3 後煮沸，主要是氧化 Fe^{2+} 成 Fe^{3+}。若 Fe^{2+} 不存在的話，此部分的操作可免（亦即不須加 HNO_3）。加入 HNO_3 也會氧化 Mn^{2+} 成 Mn^{3+} 然後生成 $Mn(OH)_3$ 沈澱。如果使用溴水或氯水等氧化劑，則 Mn^{2+} 可氧化至 Mn^{4+}，並生成 $MnO(OH)_2$，完全沈澱。

E3.2　操作 24 加入 NH_3 水時，在氯化銨共存之下會生成氫氧化物沈澱。共離子效應不僅使 OH^- 濃度減少，過剩的氨量也不足以形成錯離子。連幾乎可生成錯離子的 $Cr(OH)_3$ 也可由煮沸使完全沈澱。

E3.3　操作 25 用稀酸溶解氫氧化鋁，氫氧化鐵(III)，氫氧化鉻：

$$Al(OH)_3 + 3H^+ \longrightarrow Al^{3+} + 3H_2O$$
$$Fe(OH)_3 + 3H^+ \longrightarrow Fe^{3+} + 3H_2O$$
$$Cr(OH)_3 + 3H^+ \longrightarrow Cr^{3+} + 3H_2O$$

氫氧化錳(III)也可溶於鹽酸中：

$$2Mn(OH)_3 + 6H^+ + 2Cl^-$$
$$\longrightarrow 2Mn^{2+} + Cl_2\uparrow + 6H_2O$$

E3.4　操作 26 中 $Al(OH)_3$ 與 $Cr(OH)_3$ 可溶於過量 NaOH 中，生成 AlO_2^- 與 CrO_2^-，CrO_2^- 再與 H_2O_2 作用生成 CrO_4^{2-}。

$$Al(OH)_3 + OH^- \longrightarrow AlO_2^- + 2H_2O$$

　　　　　　偏鋁酸離子

$$Cr(OH)_3 + OH^- \longrightarrow CrO_2^- + 2H_2O$$
$$偏鉻(III)酸離子$$

$$2CrO^- + 3H_2O_2 + 2OH^- \longrightarrow 2CrO_4^{2-} + 4H_2O$$

上述反應所採用之 H_2O_2 亦可代以其他過氧化物。故本方法可用以鑑定過氧化物。

E3.5 操作 26 中溫水洗之所以要加氯化銨，是因為第 3 屬之氫氧化物易成為膠狀沈澱，如果加入電解質則沈澱物凝集而增大，可防止膠體之生成，有利固液分離。

E3.6 操作 27 中 $Fe(OH)_2$，$Fe(OH)_3$ 可溶於稀酸，而 $Mn(OH)_3$ 可溶於鹽酸（操作 25）。雖然 $Mn(OH)_3$ 不溶於硝酸，但是卻可溶於含有 H_2O_2 的硝酸，

$$2Mn(OH)_3 + 4H^+ + H_2O_2 \longrightarrow 2Mn^{2+} + O_2 + 6H_2O$$

此處因為操作 29 之關係，所以使用硝酸與 H_2O_2。

E3.7 操作28 中兩種鑑定 Fe^{3+} 的反應方程式如下：

$$4Fe^{3+} + 3[Fe(CN)_6]^{4-} \longrightarrow Fe_4[Fe(CN)_6]_3 \downarrow$$
$$六氰鐵(II)酸離子 \qquad 六氰鐵(II)酸鐵(III)$$

$$Fe^{3+} + 3CNS^- \longrightarrow Fe(CNS)_3$$
$$硫氰酸離子 \qquad 硫氰酸鐵（III）$$

E3.8 操作 29 中 Mn^{2+} 在冷稀硝酸溶液中與鉍酸鈉 $NaBiO_3$ 反應產生過錳酸離子 MnO_4^-，所以溶液變為紅紫色。不用鉍酸鈉改用 PbO_2 也可以。

$$2Mn^{2+} + 5BiO_3^- + 14H^+ \longrightarrow 2MnO_4^- + 5Bi^{3+} + 7H_2O$$

E3.9 操作 30 溶液濃縮後，如果無紅色才須追加酚酞 1 滴。

E3.10 操作 30 加醋酸至紅色消失後尚須多加一點使呈弱酸性。

E3.11 操作 31 中的 Aluminon 是 aurin tricarboxylic acid ammonium 之簡稱。它與鋁反應生成紅色顏料，可作為鋁之定性與定量。

E3.12 鹼土金屬等也會與 Aluminon 反應生成紅色顏料，所以須加入
　　　 過量碳酸銨使其溶解或變成無色。

E3.13 操作 32 中鉻酸鉛 $PbCrO_4$ 不易溶於醋酸 CH_3COOH，

$$CrO_4^{2-} + Pb^{2+} \longrightarrow PbCrO_4 \downarrow$$

E3.14 操作 31' 中的藍色物質爲藤氏藍（Thenard's blue）：即偏鋁酸
　　　 鈷（II）$Co(AlO_2)_2$ 是深藍色塊狀，亦名氧化鋁鈷(II)。

$$2Al(OH)_3 \longrightarrow Al_2O_3 + 3H_2O \uparrow$$

$$2Co(NO_3)_2 \longrightarrow 2CoO + 4NO_2 \uparrow + O_2 \uparrow$$

$$Al_2O_3 + CoO \longrightarrow Co(AlO_2)_2$$

　　　 灰化過程也可以在瓷製蒸發皿中進行。

　　　 反應途中切勿將鈷的藍綠色誤判爲 Al 之存在。且若 $Co(NO_3)_2$
　　　 太多，因爲氧化鈷是黑色，所以鋁之藍色不易看清楚。

　　　 加入濃 H_2SO_4 有助於碳化。

E3.15 試料溶液中如果有 PO_4^{3-} 的話，在第 3 屬離子的分析操作中使
　　　 含氨之鹼性時，第 5 屬離子鹼土金屬（週期表 2A 族金屬）之
　　　 離子 Ca^{2+}，Sr^{2+}，Ba^{2+}，與 Mg^{2+} 會與第 3 屬離子 Fe^{3+}，
　　　 Al^{3+}，Cr^{3+} 一起生成磷酸鹽而沈澱，所以必須除去 PO_4^{3-}。

E3.16 磷酸離子 PO_4^{3-} 在硝酸酸性溶液中會與鉬酸銨 $(NH_4)_2MoO_4$
　　　 反應。如果冷時慢慢加溫就可加速反應。

$$PO_4^{3-} + 3NH_4^+ + 12MoO_4^{2-} + 24H^+$$

$$\longrightarrow (NH_4)_3PO_4 \cdot 12MoO_3 \cdot 6H_2O \downarrow + 6H_2O$$

　　　　　　　 磷鉬酸銨（黃色結晶）

E3.17 PO_4^{3-} 與 Fe^{3+} 反應會生成淡黃色磷酸鐵(III)沈澱。$FePO_4$ 極不
　　　 溶於醋酸中。試料中含有的 Fe^{3+} 不易以 PO_4^{3-} 除去時，可添加
　　　 $FeCl_3$。過剩的 Fe^{3+} 則煮沸生成 $Fe(OH)_3$ 除去之。

E3.18 除去磷酸離子 PO_4^{3-} 之操作中添加醋酸銨 NH_4CH_3COO 主要是

利用其緩衝作用使 $FePO_4$ 完全沈澱，以防第 4 屬以下陽離子產生磷酸鹽而沈澱。

E3.19 除去磷酸離子 PO_4^{3-} 之加水煮沸至無色的操作中如果溶液無法無色，可再加水 2mL 煮沸數回，並滴加適量的 2N 氨水。

E3.20 除去磷酸離子 PO_4^{3-} 之加水煮沸後之離心與固液分離操作若沈澱物冷卻則易再溶解。

E3.21 第 3 屬離子與第 5 屬離子和 PO_4^{3-} 的反應式如下：

$$3Fe^{2+} + 2PO_4^{3-} \longrightarrow Fe_3(PO_4)_2 \downarrow$$
磷酸鐵(II)（白色）

$$Fe^{3+} + PO_4^{3-} \longrightarrow FePO_4 \downarrow$$
磷酸鐵(III)（淡黃色）

$$Al^{3+} + PO_4^{3-} \longrightarrow AlPO_4 \downarrow$$
磷酸鋁（白色膠狀）

$$Cr^{3+} + PO_4^{3-} \longrightarrow CrPO_4 \downarrow$$
磷酸鉻(III)（綠色無定形）

$$3Ca^{2+} + 2PO_4^{3-} \longrightarrow Ca_3(PO_4)_2 \downarrow$$
磷酸鈣（白色）

$$3Sr^{2+} + 2PO_4^{3-} \longrightarrow Sr_3(PO_4)_2 \downarrow$$
磷酸鍶（白色）

$$3Ba^{2+} + 2PO_4^{3-} \longrightarrow Ba_3(PO_4)_2 \downarrow$$
磷酸鋇（白色）

$$Mg^{2+} + NH_4^+ + PO_4^{3-} + 6H_2O$$
$$\longrightarrow MgNH_4FePO_4 \cdot 6H_2O \downarrow$$
磷酸銨鎂（白色結晶）

E3.22 利用 Fe^{3+} 除去 PO_4^{3-} 的有關反應式如下：

$$3Fe^{2+} + NO_3^- + 4H^+ \longrightarrow 3Fe^{3+} + NO \uparrow + 2H_2O$$
$$Fe^{3+} + PO_4^{3-} \longrightarrow FePO_4 \downarrow$$

$$Fe^{3+} + 3CH_3COO^- \longrightarrow Fe(CH_3COO)_3$$

$$Fe(CH_3COO)_3 \longrightarrow Fe(OH)_2CH_3COO \downarrow + 2CH_3COOH$$

$$Fe^{3+} + 3CH_3COO^- + 3H_2O$$

$$\longrightarrow Fe(OH)_3 \downarrow + 3CH_3COOH$$

習 題

E3.1 (1)寫出第 3 屬陽離子。

(2)何者形成有色溶液?

(3)何者形成兩性的氫氧化物?

E3.2 第 3 屬為何須使用 NH_4Cl 作做為其中一個試劑? 利用溶解度和共離子效應說明 NH_4Cl 可避免 $Mg(OH)_2$ 沈澱。

E3.3 利用 Al^{3+}, Cr^{3+} 的何種性質可和 Fe^{3+}, Mn^{3+} 分離?

E3.4 寫出鐵的鑑定試驗反應方程式。

E3.5 說明分離第 3 屬離子時如果含有磷酸鹽就會失敗的理由。

E3.6 寫出 $Fe(OH)_2$ 曝露於空氣中所發生的化學反應式。

實驗 4　第 4 屬離子的分析

含 Co^{2+}，Ni^{2+}，Mn^{2+}，Zn^{2+} 離子的酸性或鹼性溶液以 H_2S 飽和的話會生成硫化物沈澱。與第 2 屬離子依酸度差以分離者即為第 4 屬之分類。第 4 屬之分屬試劑為 $H_2S + NH_3$ 水。

NH_4Cl 存在下 S^{2-} 的飽和濃度增高，硫化物可完全沈澱。

E4.1　第 4 屬離子之分屬試劑及其反應

離　　　　子	分屬試劑	沈　　　　澱		
Co^{2+} 鈷離子（淡紅色）	$+$　H_2S	$\longrightarrow$　$CoS\downarrow$ 硫化鈷（黑色）	$+$	$2H^+$
Ni^{2+} 鎳離子（綠色）	$+$　H_2S	$\longrightarrow$　$NiS\downarrow$ 硫化鎳（黑色）	$+$	$2H^+$
Mn^{2+} 錳(II)離子（淡紅色）	$+$　H_2S	$\longrightarrow$　$MnS\downarrow$ 硫化錳(II)（紅褐色）	$+$	$2H^+$
Zn^{2+} 鋅離子（無色）	$+$　H_2S	$\longrightarrow$　$ZnS\downarrow$ 硫化鋅（白色）	$+$	$2H^+$

E4.2 第 4 屬離子之鑑定反應

試 料 鑑 定 試 劑		確	認

$2CoCl_2 + 4C_{10}H_6OH(NO)$ $\longrightarrow$ $2[C_{10}H_6O(NO)]_2Co \downarrow + 4HCl$

1 - 亞硝基 2 - 萘酚 　　　　　　　　　　（紅褐色）

$NiCl_2 + 2CH_3-C=N-OH$

$CH_3-C=N-OH$ $\longrightarrow$

二甲基乙二醛二肟　　　　　　二甲基乙二醛二肟鎳 （紅色或紫色）

$(2MnNO_3)_2 + 5NaBiO_3 + 16HNO_3$ $\longrightarrow$ $2HMnO_4 + 5NaNO_3 + 5Bi(NO_3)_3 + 7H_2O$

　　　　　鉍酸鈉　　　　　　　　　　過錳酸 （紅紫色）

Zn^{2+} 　　+　　 H_2S $\longrightarrow$ $ZnS \downarrow$ 　　+　　 $2H^+$

　　　　　　　　　　　　　　　　　硫化鋅 （白色）

E4.3 試 劑

H_2S(氣體, 飽和水溶液)	6N HCl	1N HCl
14.5N NHO_3 （conc.）	6N CH_3COOH	6N HN_3 水
6N NaOH	1N NH_4CH_3COO	6N NH_4Cl
2N $(NH_4)_2CO_3$	6N $(NH_4)_2S$	飽和 Br_2 水
5% NaClO	3% H_2O_2	1 - 亞硝基 2 - 萘酚
1% 二甲基乙二醛二肟	$NaBiO_3$	酚酞
6N HNO_3	3N Na_2CO_3	0.1N $Co(NO_3)_2$

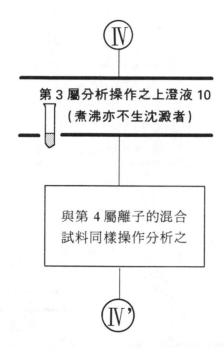

圖 10.4　第 4 屬離子之分離

操作 33

第 4 屬離子之分離

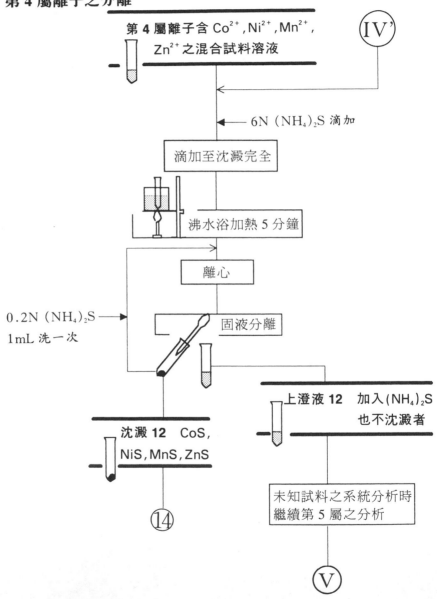

第 4 屬離子含 Co^{2+}, Ni^{2+}, Mn^{2+}, Zn^{2+} 之混合試料溶液

(IV')

6N $(NH_4)_2S$ 滴加

滴加至沈澱完全

沸水浴加熱 5 分鐘

離心

0.2N $(NH_4)_2S$
1mL 洗一次

固液分離

沈澱 12　CoS,
NiS, MnS, ZnS

⑭

上澄液 12　加入 $(NH_4)_2S$
也不沈澱者

未知試料之系統分析時
繼續第 5 屬之分析

Ⓥ

圖 10.4 （續）

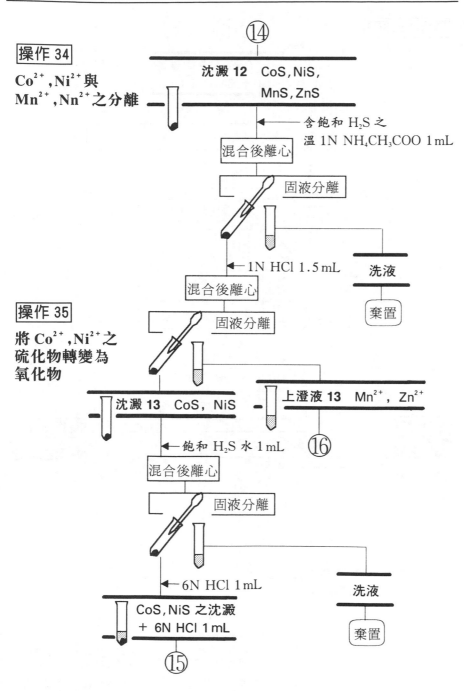

圖 10.4 （續）

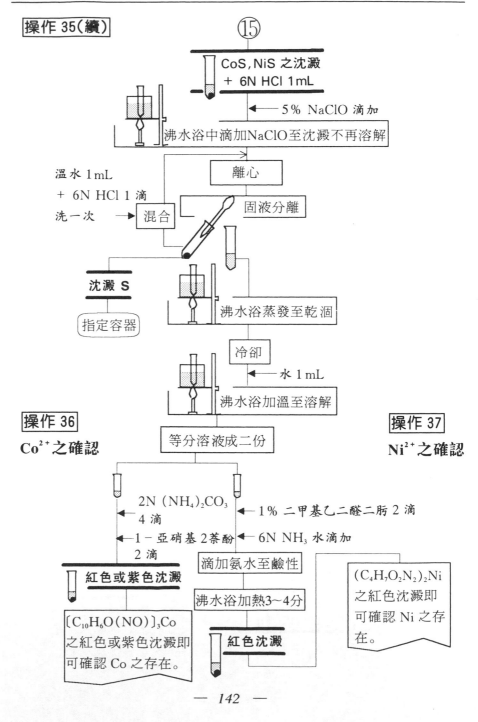

操作 35(續)

⑮

CoS, NiS 之沈澱
+ 6N HCl 1mL

← 5% NaClO 滴加

沸水浴中滴加NaClO至沈澱不再溶解

離心

固液分離

溫水 1 mL
+ 6N HCl 1 滴
洗一次 → 混合

沈澱 S

指定容器

沸水浴蒸發至乾涸

冷卻

← 水 1 mL

沸水浴加溫至溶解

操作 36
Co²⁺之確認

等分溶液成二份

操作 37
Ni²⁺之確認

2N (NH₄)₂CO₃ ← ← 1% 二甲基乙二醛二肟 2 滴
4 滴

1－亞硝基 2 萘酚 ← ← 6N NH₃ 水滴加
2 滴

紅色或紫色沈澱

滴加氨水至鹼性

沸水浴加熱3~4分

$(C_4H_7O_2N_2)_2Ni$
之紅色沈澱即
可確認 Ni 之存
在。

$[C_{10}H_6O(NO)]_3Co$
之紅色或紫色沈澱即
可確認 Co 之存在。

紅色沈澱

圖 10.4　（續）

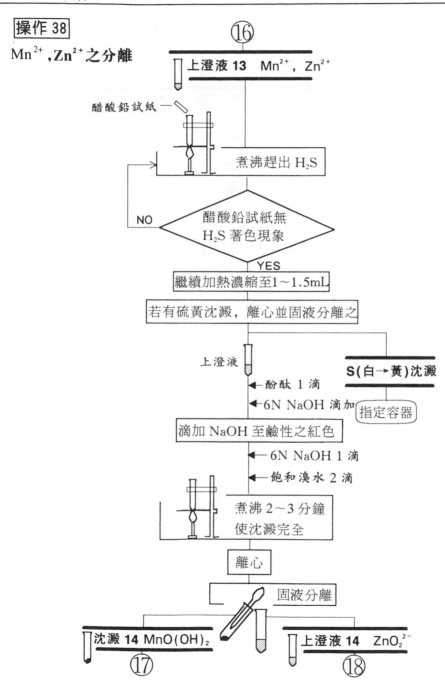

操作 38

Mn^{2+}, Zn^{2+} 之分離

上澄液 13　Mn^{2+}, Zn^{2+}

醋酸鉛試紙

煮沸趕出 H_2S

醋酸鉛試紙無 H_2S 著色現象　NO / YES

繼續加熱濃縮至1～1.5mL

若有硫黃沈澱，離心並固液分離之

上澄液

S(白→黃)沈澱

酚酞 1 滴

6N NaOH 滴加

指定容器

滴加 NaOH 至鹼性之紅色

6N NaOH 1 滴

飽和溴水 2 滴

煮沸 2～3 分鐘 使沈澱完全

離心

固液分離

沈澱 14 $MnO(OH)_2$　⑰

上澄液 14　ZnO_2^{2-}　⑱

圖 10.4 （續）

操作 39

Mn²⁺之確認

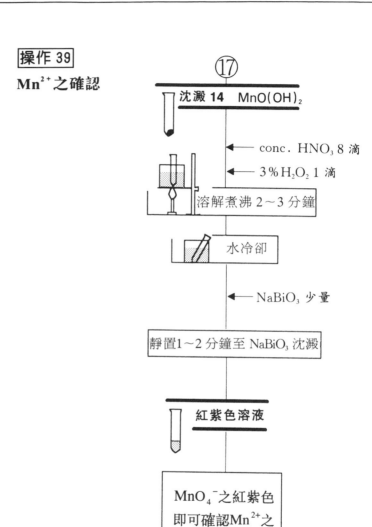

⑰

沈澱 **14**   MnO(OH)₂

← conc. HNO₃ 8 滴

← 3% H₂O₂ 1 滴

溶解煮沸 2～3 分鐘

水冷卻

← NaBiO₃ 少量

靜置 1～2 分鐘至 NaBiO₃ 沈澱

紅紫色溶液

MnO₄⁻之紅紫色
即可確認 Mn²⁺之
存在。

圖 10.4 （續）

操作 40

Zn²⁺ 之確認

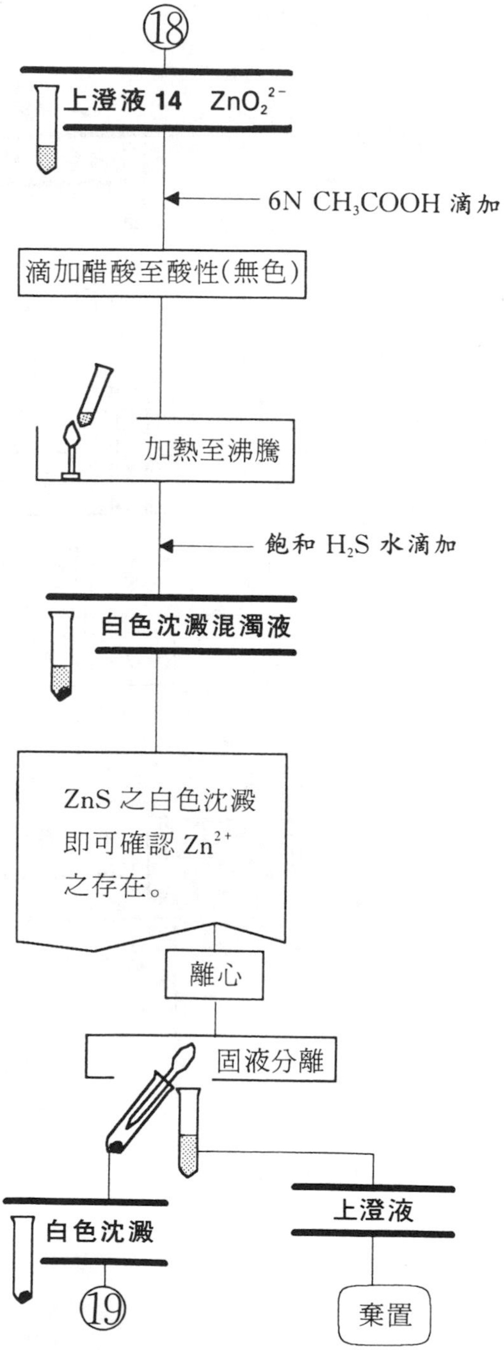

⑱

上澄液 **14**　ZnO_2^{2-}

←── 6N CH_3COOH 滴加

滴加醋酸至酸性(無色)

加熱至沸騰

←── 飽和 H_2S 水滴加

白色沈澱混濁液

ZnS 之白色沈澱
即可確認 Zn²⁺
之存在。

離心

固液分離

白色沈澱

⑲

上澄液

棄置

圖 10.4 （續）

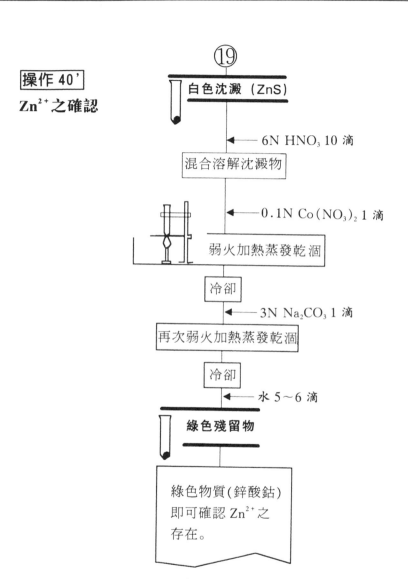

操作 40'

Zn²⁺之確認

19

白色沈澱 （ZnS）

6N HNO₃ 10 滴

混合溶解沈澱物

0.1N Co(NO₃)₂ 1 滴

弱火加熱蒸發乾涸

冷卻

3N Na₂CO₃ 1 滴

再次弱火加熱蒸發乾涸

冷卻

水 5～6 滴

綠色殘留物

綠色物質(鋅酸鈷)
即可確認 Zn²⁺之
存在。

$$\boxed{討\quad論}$$

E4.1 操作 33 滴加 6N $(NH_4)_2S$ 就相當於先將試料溶液滴加 6N NH_3 水至鹼性並通入 H_2S 至飽和。但通入 H_2S 時必須在排煙櫃中操作，以免中毒。

E4.2 操作 33 以 0.2N $(NH_4)_2S$ 洗第一次分離出的沈澱物，主要是酸性的 H_2S 飽和溶液無法與第 4 屬離子生成硫化物沈澱，鹼性 (Zn^{2+} 的話只要弱酸性) 則可生成硫化物沈澱。本屬硫化物與第 2 屬的硫化物一樣遇空氣會生成硫酸鹽而易溶解，而且硫化物沈澱易變成膠羽狀，NH_4^+ 之導入可增大沈澱物，便於離心與固液分離。

E4.3 操作 34 加入 1N HCl 時最好是冷的，不要加溫。

E4.4 操作 34 加入 1N HCl 後，雖然 CoS 與 NiS 在強酸性溶液中不生沈澱，但是已經沈澱者在酸中幾乎不溶。(Mn^{2+}，Zn^{2+} 則與 Co^{2+}，Ni^{2+} 不同)，MnS 與 ZnS 在稀酸就可溶解。

$$MnS + 2H^+ \longrightarrow Mn^{2+} + H_2S\uparrow$$
$$ZnS + 2H^+ \longrightarrow Zn^{2+} + H_2S\uparrow$$

E4.5 操作 35 滴加 NaClO 可溶解 CoS 或 NiS。它們亦可溶於王水或氧化性酸 (HCl + NaClO，HCl + $KClO_3$)。

$$CoS + HClO + H^+ \longrightarrow Co^{2+} + Cl^- + S + H_2O$$
$$NiS + HClO + H^+ \longrightarrow Ni^{2+} + Cl^- + S + H_2O$$

若使用 $KClO_3$ 則 S 有部分會氧化成 SO_2。

E4.6 操作 35 滴加 NaClO 後若無硫黃之沈澱物則不須離心與固液分離等操作。

E4.7　操作 36 添加 1－亞硝基 2－萘酚生成紅色或紫色沈澱之反應如
下：

$$2CoCl_2 + 4C_{10}OH(NO)$$
$$\longrightarrow 2[C_{10}H_6O(NO)]_2Co\downarrow + 4HCl$$

E4.8　操作 38 滴加 NaOH 至鹼性後會生成白色沈澱。

$$Mn^{2+} + 2OH^- \longrightarrow Mn(OH)_2\downarrow$$
$$氫氧化錳(II)(白色)$$

$$Zn^{2+} + 2OH^- \longrightarrow Zn(OH)_2\downarrow$$
$$氫氧化鋅（白色膠狀）$$

E4.9　操作 38 滴加過量 NaOH 則可溶解氫氧化鋅。

$$Zn(OH)_2 + 2OH^- \longrightarrow ZnO_2^{2-} + 2H_2O$$
$$鋅酸離子$$

E4.10　操作 38 添加溴水可氧化 $Mn^{2+} \longrightarrow Mn^{4+}$。

$$Mn(OH)_2 + Br_2 + H_2O \longrightarrow MnO(OH)_2\downarrow + 2HBr$$
$$氫氧化氧化錳（紅褐色）$$

E4.11　操作 38 添加溴水後之煮沸操作可使沈澱更爲完全。

E4.12　操作 39 添加溴酸鈉之目的與操作 29 是一樣的。

E4.13　操作 40 添加 6N 醋酸可使 ZnS 沈澱。ZnS 在 pH 1.7 開始沈澱，
弱醋酸之酸性至中性可沈澱，鹼性則不沈澱。

E4.14　操作 40 之白色沈澱若被其他硫化物著色的話，必須接著做操
作 40’，利用鋅酸鈷反應以確認 Zn^{2+} 之存在。

E4.15　操作 40’ 因 ZnS 可溶於酸，所以加入 HNO₃ 以溶解沈澱物。

$$ZnS + 2HNO_3 \longrightarrow Zn(NO_3)_2 + H_2S\uparrow$$

E4.16　操作 40’ 之 $Co(NO_3)_2$ 加熱變成黑藍色。

$$Co(NO_3)_2 \xrightarrow{\text{加熱}} CoO（黑藍色）$$
$$氧化鈷$$

　　0.1N $Co(NO_3)_2$ 加太多的話，CoO 之顏色太深，不易鑑定。

E4.17 操作 40' 中，鋅與 Na_2CO_3 反應如下：

$$Zn(NO_3)_2 + Na_2CO_3 \longrightarrow ZnCO_3 + 2Na^+ + CO_3{}^{2-}$$

E4.18 操作 40' 中，加入 Na_2CO_3 並蒸發乾涸後之反應如下：

$$ZnCO_3 \xrightarrow{\text{加熱}} ZnO（白色）$$

　　　　　　氧化鋅

$$CoO + ZnO \xrightarrow{\text{加熱}} CoZnO_2$$

　　　　　　　氧化鋅鈷(II)(綠色)

　　以上即所謂林曼綠（Rinmann's green）反應。

E4.19 操作 40' 最後之綠色殘留物即為 $CoZnO_2$（林曼綠）之氧化鋅
　　　鈷（II）。

熔 球 反 應

　　白金線圈端沾以硼砂或磷酸鹽粉末，加熱融解可得玻璃狀**熔球**，這樣的白金線圈端若附著以金屬鹽或氧化物，並再次加熱融解，可呈現該金屬特有的顏色，此其所謂**熔球反應**。有使用硼砂的硼砂球反應及使用磷酸的磷酸鹽球反應。亦有使用碳酸鈉的方法。

　　硼砂球法與白金線圈之附著較容易，著色與其他方法無甚差異，完全是相同的**熔球反應**，硼砂球法較廣為使用，矽酸鹽的場合則採用磷酸鹽球反應較佳。

　　硼　　砂：$Na_2B_4O_7 \cdot H_2O$

　　　　　　　　四硼酸二鈉

　　磷酸鹽：$NaNH_4HPO \cdot 4H_2O$

　　　　　　　　磷酸氫銨鈉

熔球反應第 4 步驟之反應如下：

$$Na_2B_4O_7 \cdot 10H_2O \xrightarrow{\text{強熱}} Na_2B_4O_7 + 10H_2O \uparrow$$

　　　　　　　　　　　　　　放出結晶水

$$n\ Na_2B_4O_7 \xrightarrow{\text{強熱}} 2(NaBO_2)_n + n\ B_2O_3$$

　　　　　　　　亞硼酸鈉　　　三氧化二硼

　　　　　　　　　（硼砂球）

$$NaNH_4HPO \cdot 4H_2O \xrightarrow{\text{強熱}} NaNH_4HPO + 4H_2O \uparrow$$

$$n\ NaNH_4HPO \xrightarrow{\text{強熱}} (NaPO_3)_n + n\ NH_3 \uparrow + n\ H_2O \uparrow$$

　　　　　　　　亞磷酸鈉

　　　　　　　　（磷鹽球）

硼砂或磷酸鹽沾太多的話，融解時易掉落，須注意粉末不可沾太多。

　　熔球反應第 5 步驟所用之試料是指金屬鹽或金屬氧化物等。加熱
觀察時，若發色太微弱，可再度沾以試料。

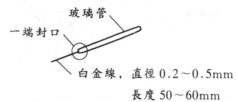

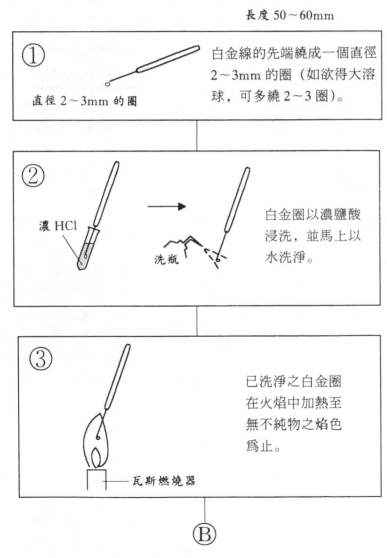

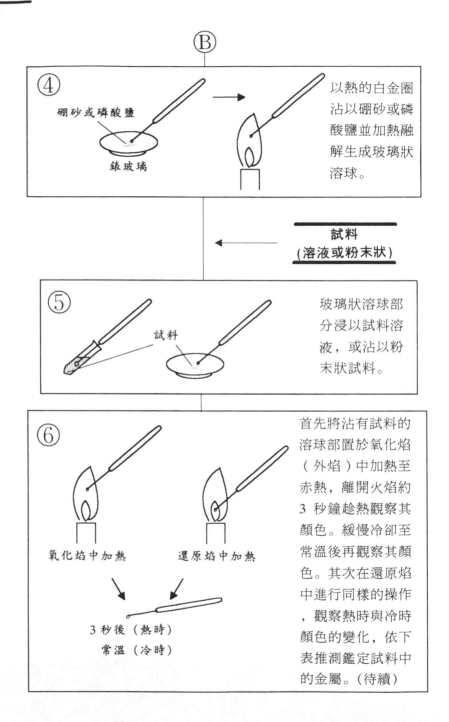

Ⓑ

④

硼砂或磷酸鹽

錶玻璃

以熱的白金圈沾以硼砂或磷酸鹽並加熱融解生成玻璃狀溶球。

試料
(溶液或粉末狀)

⑤

試料

玻璃狀溶球部分浸以試料溶液，或沾以粉末狀試料。

⑥

氧化焰中加熱　　　還原焰中加熱

3 秒後（熱時）
常溫（冷時）

首先將沾有試料的溶球部置於氧化焰（外焰）中加熱至赤熱，離開火焰約 3 秒鐘趁熱觀察其顏色。緩慢冷卻至常溫後再觀察其顏色。其次在還原焰中進行同樣的操作，觀察熱時與冷時顏色的變化，依下表推測鑑定試料中的金屬。(待續)

⑥　　　　　（續） 依硼砂球顏色推測金屬之方法				
熔球之呈色	氧化焰（外焰）		還原焰（內焰）	
	熱時	冷時	熱時	冷時
黃紅色	Fe，Cr			
黃色→無色		Fe		
黃綠色		Cr		
綠色	Cu		Fe，Cr	Fe，Cr
藍色	Co	Co，Cu	Co	Co
紫色	Mn	Mn		
紅紫色～紅褐色	Ni	Ni（變淡）		
紅色				Cu
灰色				Ni
			Ag,Pb,Bi,Sb,Cd,Zn	
無色	Ag,Pb,Bi,Sb,Cd,Zn, Sn,Mg,Ca,Sr,Ba		Ni，Cu	
			Mn,Sn,Mg,Ca,Sr,Ba	

Ⓒ

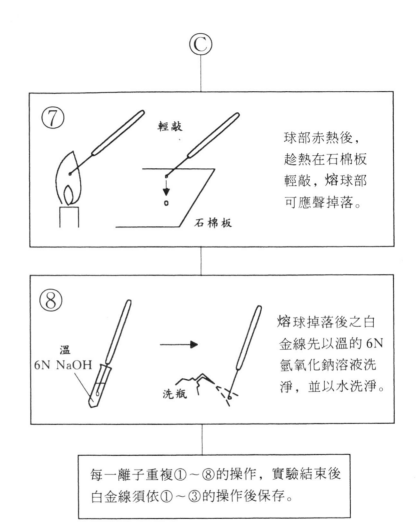

硼砂球（$2(NaBO_2)_n + n\,B_2O_3$）附著以少量的金屬鹽或金屬氧化物在氧化焰中加熱融解可生成該金屬之硼酸鹽，並呈現特性顏色。茲以 M(II)為例說明如下。

$$MO + B_2O_3 \longrightarrow M(BO_2)_2$$

其次在還原焰中加熱則還原成氧化價位較低的鹽類，甚至還原成金屬，此時除了呈現特性顏色外亦可能有不透明的物質產生。

$$2M(BO_2)_2 + C \longrightarrow B_2O_3 + CO + 2M(I)BO_2$$

$$2M(I)BO_2 + C \longrightarrow B_2O_3 + CO + 2M$$

磷酸鹽球也是一樣，在氧化焰中，

$$MO + NaPO_3 \longrightarrow MNaPO_4$$

在還原焰中，

$$MNaPO_4 + C \longrightarrow CO + NaPO_3 + M$$

另外，磷酸鹽球無法融解矽酸或矽酸鹽，會浮游在球面，即所謂矽酸骨格，是不溶性的 SiO_2 白色塊。

習 題

E4.1　(1)寫出第 4 屬陽離子之名稱。

　　　(2)何者形成有色溶液？

　　　(3)硫化物顏色如何？

　　　(4)何者形成兩性的氫氧化物？

E4.2　爲何要用 $(NH_4)_2S$ 溶液清洗含第 4 屬離子的硫化物沈澱？

E4.3　CoS 和 NiS 爲何於 0.3N HCl 不沈澱於第 2 屬？爲何不溶於 1N HCl？

E4.4　H_2S 通入用 HCl 微酸化的未知溶液，即使連續通入 H_2S 亦不生沈澱，隨後加入 NH_4Cl 和 NH_3 使溶液呈鹼性，立刻生成白色沈澱，離心清洗後，沈澱物滴加 HCl 可放出 H_2S，問原溶液中有何離子？

實驗 5　第 5 屬離子的分析

Ba^{2+}，Sr^{2+}，Ca^{2+} 以 $(NH_4)_2CO_3$ 為分屬試劑可生成碳酸鹽沈澱而分離出這些自成一類的第 5 屬離子。

Ba^{2+}，Sr^{2+}，Ca^{2+} 與 S^{2-} 不會形成硫化物，與 OH^- 雖可形成氫氧化物，然其溶解度比較大，也有生成錯離子的性質。共通的特性則為碳酸鹽的溶解度積很小，至第 4 屬為止都無分類作用，因可生成碳酸鹽沈澱而分離成為第 5 屬離子。

同樣是鹼土金屬(2A 族)的 Mg^{2+} 雖然會與 $(NH_4)_2CO_3$ 生成 $Mg_4(OH)_2(CO_3)_3$ 沈澱，但因反應為可逆，$(NH_4)_2CO_3$ 加量不夠的話，沈澱不會完全，且如果有 $(NH_4)_2CO_3$ 或 NH_4Cl 等銨鹽共存則無法沈澱，所以分類於第 6 屬。

E5.1　第 5 屬離子之分屬試劑及其反應

離　　　子	分屬試劑	沈　　　澱
Ba^{2+}　　　　　+ 鋇離子（無色）	$(NH_4)_2CO_3$ 碳酸銨	$\longrightarrow BaCO_3\downarrow$　　+　$2NH_4^+$ 碳酸鋇（白色）
Sr^{2+}　　　　　+ 鍶離子（無色）	$(NH_4)_2CO_3$ 碳酸銨	$\longrightarrow SrCO_3\downarrow$　　+　$2NH_4^+$ 碳酸鍶（白色）
Ca^{2+}　　　　　+ 鈣離子（無色）	$(NH_4)_2CO_3$ 碳酸銨	$\longrightarrow CaCO_3\downarrow$　　+　$2NH_4^+$ 碳酸鈣（白色）

E5.2 第 5 屬離子之鑑定反應

試　料	鑑　定　試　劑	確	認
Ba^{2+}　+　K_2CrO_4 鉻酸鉀	$\longrightarrow$　$BaCrO_4\downarrow$ 鉻酸鋇（黃色）	+　$2K^+$	
Sr^{2+}　+　K_2CrO_4 鉻酸鉀	$\longrightarrow$　$SrCrO_4\downarrow$ 鉻酸鍶（黃色）	+　$2K^+$	
Ca^{2+}　+　$(NH_4)_2C_2O_4$ 草酸銨	$\longrightarrow$　$CaC_2O_4\downarrow$ 草酸鈣（白色）	+　$2NH_4^+$	

E5.3 各離子之溶解度積（20℃）

	Ba^{2+}	Sr^{2+}	Ca^{2+}	(Mg^{2+})
CO_3^{2-}	5.1×10^{-9}	1.1×10^{-10}	4.8×10^{-9}	1.0×10^{-5}
CrO_4^{2-}	1.2×10^{-10}	3.6×10^{-5}	2.3×10^{-2}	35.2
$C_2O_4^{2-}$	2.3×10^{-8}	1.6×10^{-7}	4.0×10^{-9}	1.0×10^{-8}
SO_4^{2-}	2.0×10^{-11}	3.2×10^{-7}	1.2×10^{-6}	25.2
OH^-	3.74	9.0×10^{-4}	5.5×10^{-6}	1.8×10^{-11}

E5.4　試　劑

6N NH$_3$ 水	3M (NH$_4$)$_2$CO$_3$	6N CH$_3$COOH
3N CH$_3$COONH$_4$	3N K$_2$CrO$_4$	C$_2$H$_5$OH
0.25M (NH$_4$)$_2$C$_2$O$_4$	酚紅	6N NH$_4$Cl

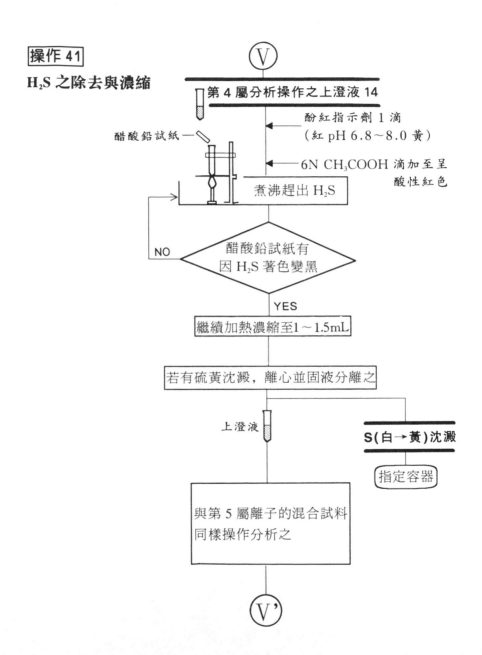

操作 41

H₂S 之除去與濃縮

Ⓥ

第 4 屬分析操作之上澄液 14

酚紅指示劑 1 滴
（紅 pH 6.8～8.0 黃）

醋酸鉛試紙—

6N CH₃COOH 滴加至呈
酸性紅色

煮沸趕出 H₂S

醋酸鉛試紙有
因 H₂S 著色變黑　　NO

YES

繼續加熱濃縮至1～1.5mL

若有硫黃沈澱，離心並固液分離之

上澄液　　　　　　　　　S(白→黃)沈澱

指定容器

與第 5 屬離子的混合試料
同樣操作分析之

Ⓥ'

圖 10.5　第5屬離子之分離

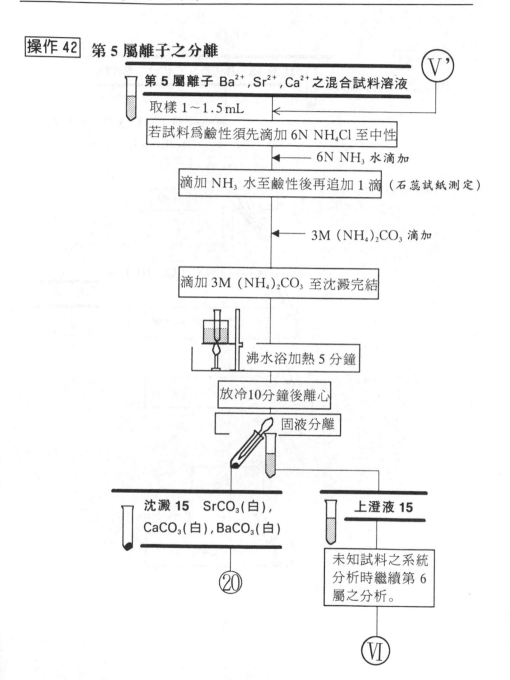

操作 42　第5屬離子之分離

第5屬離子 Ba^{2+}, Sr^{2+}, Ca^{2+} 之混合試料溶液

取樣 1～1.5 mL

若試料爲鹼性須先滴加 6N NH_4Cl 至中性

6N NH_3 水滴加

滴加 NH_3 水至鹼性後再追加 1 滴（石蕊試紙測定）

3M $(NH_4)_2CO_3$ 滴加

滴加 3M $(NH_4)_2CO_3$ 至沈澱完結

沸水浴加熱 5 分鐘

放冷10分鐘後離心

固液分離

沈澱 15　$SrCO_3$(白)，$CaCO_3$(白)，$BaCO_3$(白)

⑳

上澄液 15

未知試料之系統分析時繼續第 6 屬之分析。

Ⅵ

圖 10.5 （續）

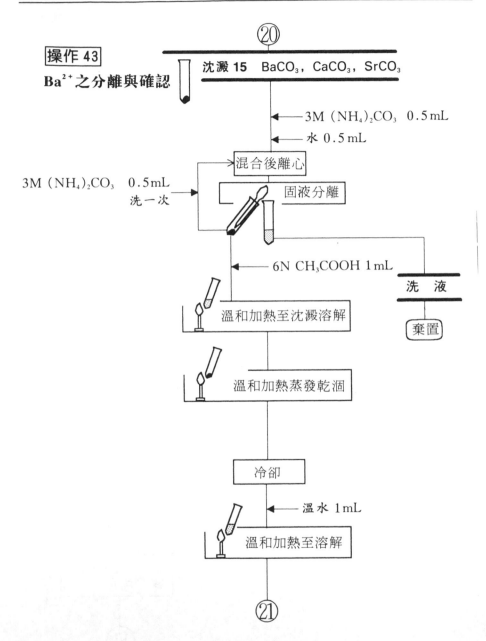

圖 10.5　(續)

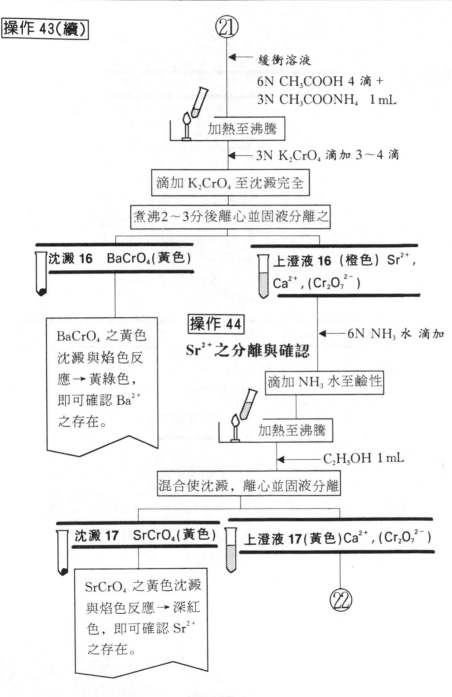

操作 43(續)

㉑

　　←緩衝溶液

　　6N CH₃COOH 4 滴 +

　　3N CH₃COONH₄　1 mL

加熱至沸騰

　　←3N K₂CrO₄ 滴加 3～4 滴

滴加 K₂CrO₄ 至沈澱完全

煮沸2～3分後離心並固液分離之

沈澱 16　BaCrO₄(黃色)

上澄液 16 (橙色) Sr²⁺,　Ca²⁺, (Cr₂O₇²⁻)

BaCrO₄ 之黃色沈澱與焰色反應→黃綠色，即可確認 Ba²⁺ 之存在。

操作 44

Sr²⁺ 之分離與確認

　　←6N NH₃ 水 滴加

滴加 NH₃ 水至鹼性

加熱至沸騰

　　←C₂H₅OH 1 mL

混合使沈澱，離心並固液分離

沈澱 17　SrCrO₄(黃色)

上澄液 17 (黃色)Ca²⁺, (Cr₂O₇²⁻)

SrCrO₄ 之黃色沈澱與焰色反應→深紅色，即可確認 Sr²⁺ 之存在。

㉒

圖 10.5 （續）

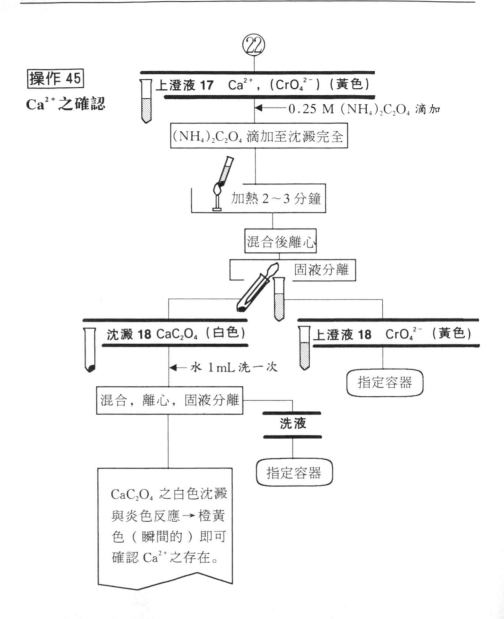

操作 45
Ca²⁺之確認

㉒

上澄液 17　Ca^{2+}，（CrO_4^{2-}）（黃色）

◀── 0.25 M （NH_4）$_2C_2O_4$ 滴加

（NH_4）$_2C_2O_4$ 滴加至沈澱完全

加熱 2～3 分鐘

混合後離心

固液分離

沈澱 18 CaC_2O_4（白色）

上澄液 18　CrO_4^{2-}（黃色）

指定容器

◀── 水 1 mL 洗一次

混合，離心，固液分離

洗液

指定容器

CaC_2O_4 之白色沈澱
與炎色反應→橙黃
色（瞬間的）即可
確認 Ca^{2+} 之存在。

$$\boxed{\text{討 論}}$$

E5.1　操作 42 第 5 屬離子混合試料溶液中，加入鹼性的碳酸銨或碳酸鈉則生成難溶性的碳酸鹽沈澱。

$$Ba^{2+} + CO_3^{2-} \longrightarrow BaCO_3 \downarrow \text{（白色）}$$

$$Sr^{2+} + CO_3^{2-} \longrightarrow SrCO_3 \downarrow \text{（白色）}$$

$$Ca^{2+} + CO_3^{2-} \longrightarrow CaCO_3 \downarrow \text{（白色）}$$

E5.2　$BaCO_3$，$SrCO_3$，$CaCO_3$ 可溶於稀酸中，例如操作 43 所採用的 6N CH_3COOH。

$$BaCO_3 + 2H^+ \longrightarrow Ba^{2+} + CO_2 \uparrow + H_2O$$

$$CaCO_3 + 2H^+ \longrightarrow Ca^{2+} + CO_2 \uparrow + H_2O$$

$$SrCO_3 + 2H^+ \longrightarrow Sr^{2+} + CO_2 \uparrow + H_2O$$

E5.3　操作 43 溶解液乾涸後加緩衝溶液以調整 pH 值，pH≒5.15。

E5.4　在 pH 5 的程度，若滴加 K_2CrO_4，則 CrO_4^{2-} 會變成：

$$2CrO_4^{2-} + 2H^+ \longrightarrow Cr_2O_7^{2-} + H_2O$$

　　（橙色）　　　　　　（黃色）

溶液中之 CrO_4^{2-} 濃度降低，雖然溶解度小的鉻酸鋇 $BaCrO_4$ 仍然沈澱，但是溶解度大的鉻酸鍶 $SrCrO_4$ 或鉻酸鈣 $CaCrO_4$ 則不沈澱，所以可以分離出來。

E5.5　因為 $BaCrO_4$ 的粒子很小，所以煮沸可使增大，以利於離心沈澱及固液分離之操作。

E5.6　因為 $SrCrO_4$ 可溶於水，而在 C_2H_5OH 中難溶，可完全沈澱。故操作 44 中添加 C_2H_5OH 使 $SrCrO_4$ 沈澱，但亦無法使

CaCrO$_4$ 沈澱。

E5.7　操作 45 滴加草酸銨 (NH$_4$)$_2$C$_2$O$_4$ 的話，在中性或鹼性溶液中 Ba^{2+} 離子會生成草酸鋇 BaC$_2$O$_4$（白）之沈澱，弱酸性（例如錯酸之酸性）之稀薄溶液中則不生沈澱。Sr^{2+} 在中性或醋酸之酸性溶液中生成草酸鍶 SrC$_2$O$_4$（白）之沈澱。

Ca^{2+} 在醋酸之酸性，中性或銨之鹼性溶液中生成草酸鈣 CaC$_2$O$_4$（白）之沈澱。

$$Ca^{2+} + C_2O_4^{2-} \longrightarrow CaC_2O_4 \downarrow$$

焰 色 反 應

鹼金屬或鹼土金屬等鹽在瓦斯火焰中加熱可觀察到激發的金屬高溫蒸氣所放射的特有光譜線，即所謂焰色反應。此種反應極為敏銳。

金　屬	焰　色	金　屬	焰　色	金　屬	焰　色
Na	黃色	Ba	黃綠色	Ca	橙黃色
K	紅紫色	Sr	濃紅色	Cu	青綠色

Na^+ 與 K^+ 共存時，透過鈷玻璃觀察，則 Na^+ 之黃光被吸收，可清楚看到 K^+ 之焰色。

（註）白金線必須在氧化焰（外焰）中加熱。若在還原焰（內焰）中易與碳化合而脆化，應特別注意。

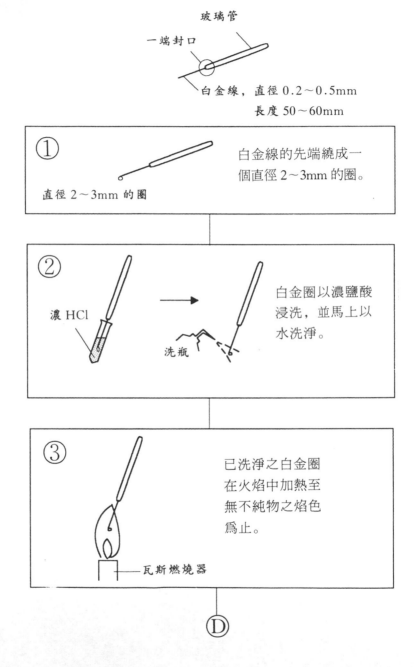

玻璃管

一端封口

白金線，直徑 0.2～0.5mm

長度 50～60mm

① 白金線的先端繞成一個直徑 2～3mm 的圈。

直徑 2～3mm 的圈

② 白金圈以濃鹽酸浸洗，並馬上以水洗淨。

濃 HCl

洗瓶

③ 已洗淨之白金圈在火焰中加熱至無不純物之焰色為止。

瓦斯燃燒器

Ⓓ

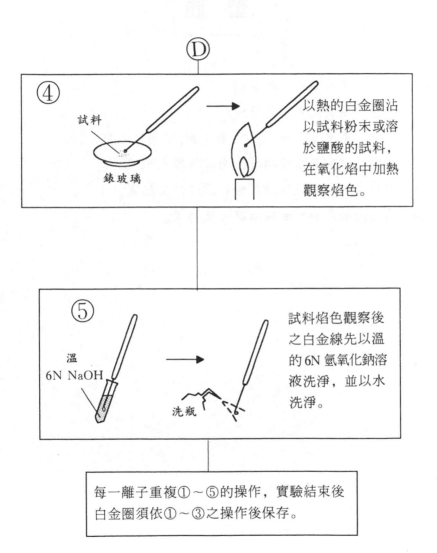

④ 試料
錶玻璃

以熱的白金圈沾以試料粉末或溶於鹽酸的試料，在氧化焰中加熱觀察焰色。

⑤ 溫
6N NaOH
洗瓶

試料焰色觀察後之白金線先以溫的 6N 氫氧化鈉溶液洗淨，並以水洗淨。

每一離子重複①～⑤的操作，實驗結束後白金圈須依①～③之操作後保存。

習 題

E5.1　(1)寫出第 5 屬離子的名稱。

　　　　(2)第 5 屬的沈澱劑是什麼？

　　　　(3)第 5 屬之分析中 NH_4Cl 和 NH_3 的用途如何？

E5.2　爲何將碳酸鹽溶於醋酸，而非鹽酸或硝酸？

E5.3　寫出氯化鍶溶液和重鉻酸鉀溶液的反應式。

E5.4　寫出醋酸鈣和草酸銨溶液的反應式。

實驗 6　第 6 屬離子的分析

Mg^{2+}，K^+，Na^+，NH_4^+ 等離子並無共通反應，也因爲它們無特別的分屬試劑，所以分類爲第 6 屬離子。

Mg^{2+}，K^+，Na^+ 爲依序自第 1 屬至第 5 屬系統分析操作後，最後殘存的離子。至於 NH_4^+ 則因爲各屬分離過程添加有添加銨鹽的試劑，所以最初試料原液就必須先分出一部分作個別分析。

E6.1　第 6 屬離子之鑑定反應

試　料	鑑　定　試　劑	確　　　　　　　　　認
Mg^{2+} 鎂離子	$+\ Na_2HPO_4 + NH_4^+ + OH^- + 5H_2O$ 磷酸氫二鈉　　　氨水	$\longrightarrow MgNH_4PO_4 \cdot 6H_2O \downarrow + 2Na^+$ 磷酸銨鎂(白色)
$2K^+$ 鉀離子	$+\ Na_3[Co(NO_2)_6]$ 六亞硝鈷(III)酸鈉	$\longrightarrow K_2Na[Co(NO_2)_6] \downarrow + 2Na^+$ 六亞硝鈷(III)酸鈉鉀(黃色)
Na^+ 鈉離子	$+\ K[Sb(OH)_6]$ 六氫氧銻(V)酸鉀	$\longrightarrow Na[Sb(OH)_6] \downarrow + 2K^+$ 六氫氧銻(V)酸鈉(白色)
NH_4^+ 銨離子	$+\ NaOH$	$\longrightarrow NH_3 \uparrow + H_2O + Na^+$ 氨 （無色氣體）
鑑定發生的氣體以確認之		
Na^+ K^+	$\xrightarrow{\text{焰色反應}}$ $\xrightarrow{\text{焰色反應}}$	黃色焰 紅紫色焰

E6.2 試 劑

12N HCl	6N CH$_3$COOH	15N NH$_3$ 水(conc.)
6N NaOH	dil. KOH	1N CuSO$_4$
10% Hg(NO$_3$)$_2$	1N Na$_2$HPO$_4$	1M Na$_3$[Co(NO$_2$)$_6$]
0.1N K[Sb(OH)$_6$]	紅色石蕊試紙	聶斯樂試劑
0.5M(NH$_4$)$_2$SO$_4$	0.25M(NH$_4$)$_2$C$_2$O$_4$	

操作 46

認料之濃縮

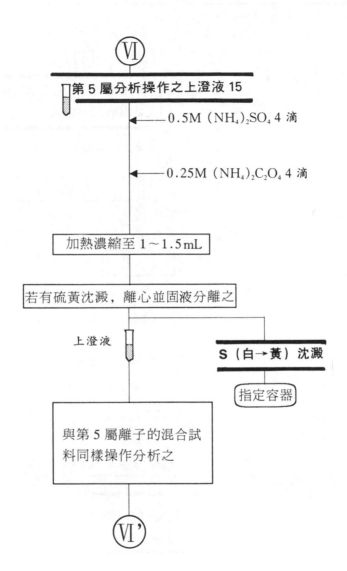

ⅤⅠ

第 5 屬分析操作之上澄液 15

← 0.5M（NH₄）₂SO₄ 4 滴

← 0.25M（NH₄）₂C₂O₄ 4 滴

加熱濃縮至 1～1.5 mL

若有硫黃沈澱，離心並固液分離之

上澄液

S（白→黃）沈澱

指定容器

與第 5 屬離子的混合試料同樣操作分析之

ⅤⅠ'

圖 10.6 第 6 屬離子之分析

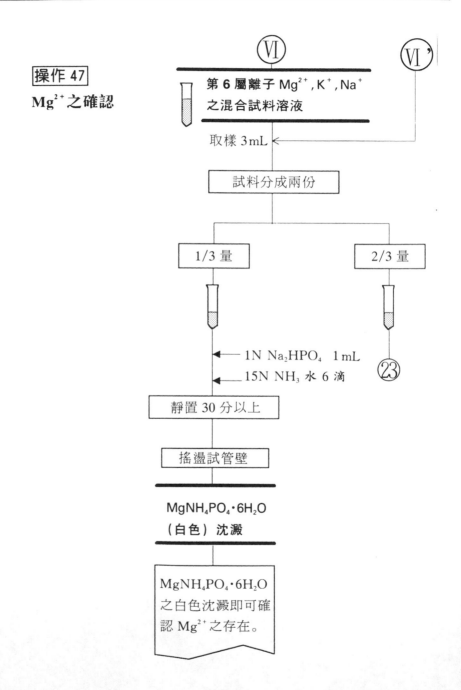

操作 47

Mg^{2+} 之確認

Ⅵ

Ⅵ'

第 6 屬離子 Mg^{2+}, K^+, Na^+
之混合試料溶液

取樣 3 mL

試料分成兩份

1/3 量

2/3 量

← 1N Na_2HPO_4 1 mL
← 15N NH_3 水 6 滴

㉓

靜置 30 分以上

搖盪試管壁

$MgNH_4PO_4 \cdot 6H_2O$
（白色）沈澱

$MgNH_4PO_4 \cdot 6H_2O$
之白色沈澱即可確
認 Mg^{2+} 之存在。

圖 10.6　（續）

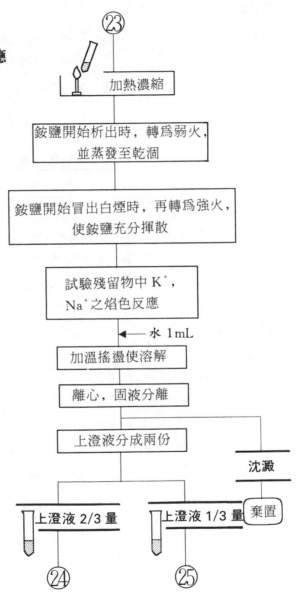

操作 48

K⁺, Na⁺之炎色反應

（流程圖）
⑳
加熱濃縮

銨鹽開始析出時，轉為弱火，
並蒸發至乾涸

銨鹽開始冒出白煙時，再轉為強火，
使銨鹽充分揮散

試驗殘留物中 K⁺，
Na⁺之焰色反應

水　1 mL

加溫搖盪使溶解

離心，固液分離

上澄液分成兩份

沈澱

上澄液 2/3 量　上澄液 1/3 量　棄置

⑳　⑳

圖 10.6 （續）

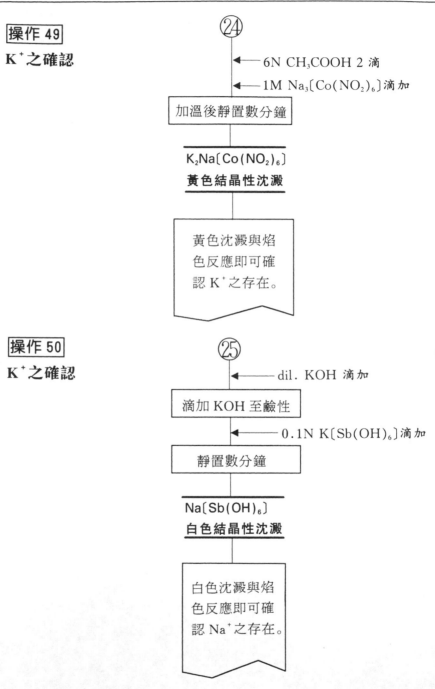

操作 49

K⁺ 之確認

㉔

←—— 6N CH₃COOH 2 滴

←—— 1M Na₃〔Co(NO₂)₆〕滴加

加溫後靜置數分鐘

K₂Na〔Co(NO₂)₆〕
黃色結晶性沈澱

黃色沈澱與焰
色反應即可確
認 K⁺ 之存在。

操作 50

K⁺ 之確認

㉕

←—— dil. KOH 滴加

滴加 KOH 至鹼性

←—— 0.1N K〔Sb(OH)₆〕滴加

靜置數分鐘

Na〔Sb(OH)₆〕
白色結晶性沈澱

白色沈澱與焰
色反應即可確
認 Na⁺ 之存在。

圖 10.6 （續）

操作51
NH_4^+ 之確認

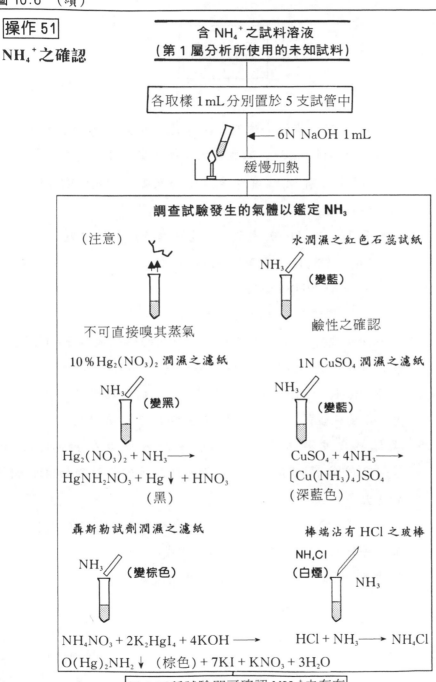

含 NH_4^+ 之試料溶液
（第 1 屬分析所使用的未知試料）

各取樣 1 mL 分別置於 5 支試管中

← 6N NaOH 1 mL

緩慢加熱

調查試驗發生的氣體以鑑定 NH_3

（注意）

不可直接嗅其蒸氣

水潤濕之紅色石蕊試紙

NH_3 （變藍）

鹼性之確認

10% $Hg_2(NO_3)_2$ 潤濕之濾紙

NH_3 （變黑）

$Hg_2(NO_3)_2 + NH_3 \longrightarrow$
$HgNH_2NO_3 + Hg\downarrow + HNO_3$
（黑）

1N $CuSO_4$ 潤濕之濾紙

NH_3 （變藍）

$CuSO_4 + 4NH_3 \longrightarrow$
$[Cu(NH_3)_4]SO_4$
（深藍色）

轟斯勒試劑潤濕之濾紙

NH_3 （變棕色）

$NH_4NO_3 + 2K_2HgI_4 + 4KOH \longrightarrow$
$O(Hg)_2NH_2\downarrow$ （棕色）$+ 7KI + KNO_3 + 3H_2O$

棒端沾有 HCl 之玻棒

NH_4Cl
（白煙）NH_3

$HCl + NH_3 \longrightarrow NH_4Cl$

以上五種試驗即可確認 NH_4^+ 之存在

$$\boxed{\text{討 論}}$$

E6.1　操作 46 之所以要濾去沈澱，主要是因爲第 5 屬離子之碳酸鹽易溶於含 NH_4^+ 溶液，雖然量很少也一定會混入到第 6 屬。

E6.2　操作 47 中所謂 Mg^{2+} 實際是六水合鎂離子 $[Mg(OH)_6]^{2+}$，此處簡略爲 Mg^{2+}。

E6.3　磷酸氫化鈉 Na_2HPO_4 與氨水可生成白色結晶性沈澱。

$$Mg^{2+} + NH_4^+ + PO_4^{3-} + 6H_2O$$
$$\longrightarrow MgNH_4PO_4 \cdot 6H_2O \downarrow$$

　　　　磷酸銨鎂（白色沈澱）

在不含銨鹽之中性溶液中則生成白色的磷酸氫鎂 $MgHPO_4$ 沈澱，加以煮沸則成爲白色的磷酸鎂 $Mg_3(PO_4)_2$ 沈澱。

E6.4　操作 48，K^+ 之焰色爲紅紫色，Na^+ 之焰色爲黃色，共存則因 Na^+ 之黃色較強，所以必須透過鈷玻璃才可確認 K^+。

E6.5　操作 49 之中性或弱酸性溶液中加入六亞硝鈷(III)酸鈉 $Na_3[Co(NO_2)_6]$ 可使 K^+ 生成黃色結晶性的六亞硝鈷(III)酸鈉鉀沈澱。

$$2K^+ + Na^+ + [Co(NO_2)_6]^{3-} \longrightarrow K_2Na[Co(NO_2)_6]$$

加入等體積的酒精可助長結晶之生成。

E6.6　操作 51 中加入 NaOH 可使銨鹽釋出氨氣。

$$NH_4^+ + NaOH \longrightarrow NH_3 \uparrow + H_2O + Na^+$$

$$\boxed{\text{習　題}}$$

E6.1　(1)寫出第 6 屬離子的名稱。

　　　(2)Mg^{2+}爲何不於第 3 屬和第 5 屬沈澱?

E6.2　NH_4^+存在時, 爲何會干擾K^+之鑑定試驗?

E6.3　寫出此屬之分析大綱。

E6.4　鈉及鉀在焰色反應中, 各呈現何種顏色?

第四部

陰離子系統化學分析

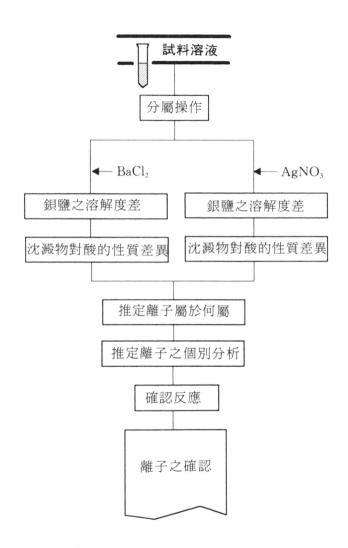

陰離子的名稱與水溶液之顏色

屬	陰　　　離　　　子	名　　　　　　　稱	水溶液之顏色
1	SO_4^{2-}	硫酸離子	無色
	SiF_6^{2-}	六氟矽酸離子	無色
2	$C_2O_4^{2-}$	草酸離子	無色
	F^-	氟離子	無色
	CrO_4^{2-}	鉻酸離子	無色
	$Cr_2O_7^{2-}$	重鉻酸離子	橙色
	SO_3^{2-}	亞硫酸離子	無色
	$S_2O_3^{2-}$	硫代硫酸離子	無色
3	PO_4^{3-}	磷酸離子	無色
	AsO_4^{3-}	砷酸離子	無色
	AsO_3^{3-}	亞砷酸離子	無色
	BO_2^-	亞硼酸離子	無色
	BO_3^{3-}	硼酸離子	無色
	SiO_3^{2-}	偏矽酸離子	無色
	CO_3^{2-}	碳酸離子	無色
	$C_4H_4O_6^{2-}$	酒石酸離子	無色

屬	陰　　離　　子	名　　　　　　稱	水溶液之顏色
4	Cl^-	氯離子	無色
	Br^-	溴離子	無色
	I^-	碘離子	無色
	CN^-	氰酸離子	無色
	$[Fe(CN)_6]^{4-}$	六氰鐵(II)酸離子	無色～淡黃色
	$[Fe(CN)_6]^{3-}$	六氰(III)酸離子	淡黃色
	ClO^-	次亞氯酸離子	無色
	CNS^-	硫氰酸離子	無色
	S^{2-}	硫離子	無色
5	NO_3^-	硝酸離子	無色
	NO_2^-	亞硝酸離子	無色
	CH_3COO^-	醋酸離子	無色
	ClO_3^-	氯酸離子	無色

第十一章 陰離子分屬概論

11.1 陰離子的分屬

陰離子之各離子間共同的性質很少，因此很難建立像陽離子分析一樣有系統的分析操作。鑑定各離子時，必須依各離子的特性反應行確認反應。如果不是分離成單一離子的確認操作，常會受到共存離子反應的干擾與妨害。所以即使除去該妨害離子，也必須觀察該離子存在或不存在時之異同。

所以利用鋇鹽與銀鹽之溶解度的差，在中性試料溶液中加入 0.5M $BaCl_2$ 或 1M $AgNO_3$ 是否有沈澱發生，如果有沈澱發生，該沈澱是否溶於 2N HCl，2N HNO_3，2N CH_3COOH，對照下表即可分成第 1 屬～第 5 屬。這就是陰離子的分屬概念。

確認各個離子時，先依此分屬操作以推定該離子屬於那一屬，再由試料溶液針對每一離子分別取少量的樣品分析之。

表 11.1　陰離子的分屬特性

屬	所　屬　離　子	中性試料溶液加 0.5M BaCl$_2$				中性試料溶液加 1M AgNO$_3$			
		沈澱之生成	沈澱對酸之性質			沈澱之生成	沈澱對酸之性質		
			2N HCl	2N HNO$_3$	2N 醋酸		2N HCl	2N HNO$_3$	2N 醋酸
1	SO_4^{2-}，SiF_6^{2-}	有	不溶		不溶	無			
2	$C_2O_4^{2-}$，F^-，CrO_4^{2-}，$Cr_2O_7^{2-}$，SO_3^{2-}，$S_2O_3^{2-}$	有	可溶	可溶	難溶	有（F^-除外）	可溶	可溶	難溶
3	PO_4^{3-}，AsO_4^{3-}，AsO_3^{3-}，BO_2^-，BO_3^{3-}，SiO_3^{2-}，CO_3^{2-}，$C_4H_4O_6^{2-}$	有	可溶	可溶	可溶	有	可溶	可溶	可溶
4	Cl^-，Br^-，I^-，CN^-，$[Fe(CN)_6]^{4-}$，$[Fe(CN)_6]^{3-}$，ClO^-，CNS^-，S^{2-}	無				有	不溶	不溶	不溶
5	NO_3^-，NO_2^-，ClO_3^-，CH_3COO^-	無				無			

第十二章　陰離子的分離及鑑定

陰離子試料溶液添加 $BaCl_2$ 可分離第 1，2，3 屬(沈澱)與第 4，5 屬(上澄液)，如實驗 7。第 1，2，3 屬之鋇鹽沈澱物以 HCl 溶解可分解第 1 屬(沈澱)與第 2，3 屬(上澄液)。

第 2，3 屬之鋇鹽以 CH_3COOH 溶解可分離第 2 屬(沈澱)與第 3 屬(上澄液)。

陰離子試料溶液若添加 $AgNO_3$ 可分離第 2，3，4 屬(沈澱)與第 1，5 屬(上澄液)，如實驗 8。第 2，3，4 屬之銀鹽沈澱物以 HNO_3 溶解可分離第 4 屬(沈澱)與第 2，3 屬(上澄液)。

依上述方法分離成單獨的各屬，即可進行各陰離子之鑑定。

特別要注意的是，第 5 屬陰離子之分析程序一般先以 $BaCl_2$ 除去第 1，2，3 屬，再以 $AgNO_3$ 除去第 4 屬之後才可以進行鑑定分析。

實驗 7　以氯化鋇溶液分屬

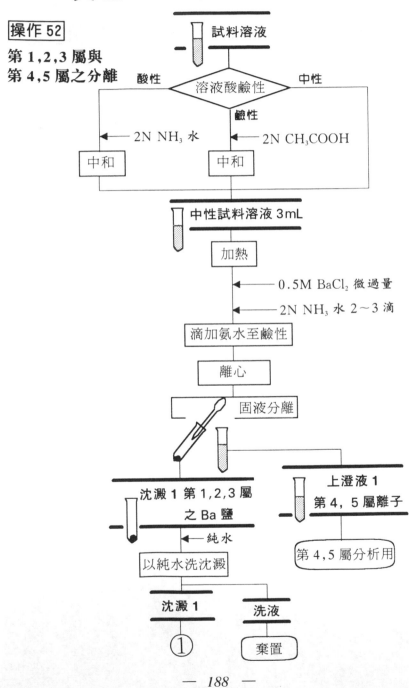

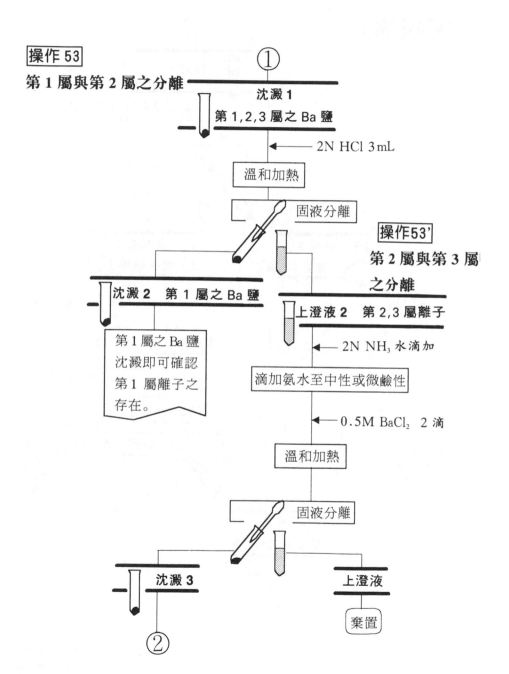

操作 53

第 1 屬與第 2 屬之分離

① 沈澱 1

第 1,2,3 屬之 Ba 鹽

← 2N HCl 3 mL

溫和加熱

固液分離

操作53'

第 2 屬與第 3 屬 之分離

沈澱 2　第 1 屬之 Ba 鹽

上澄液 2　第 2,3 屬離子

第 1 屬之 Ba 鹽 沈澱即可確認 第 1 屬離子之 存在。

← 2N NH₃ 水滴加

滴加氨水至中性或微鹼性

← 0.5M BaCl₂　2 滴

溫和加熱

固液分離

沈澱 3

上澄液

棄置

②

操作53'（續）

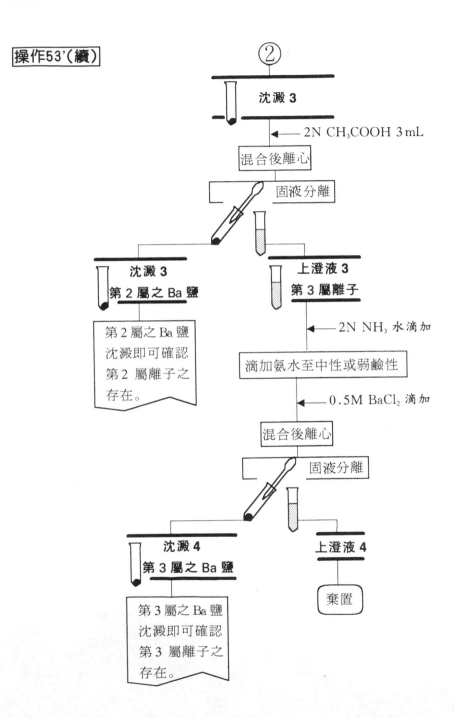

② 沈澱 3

2N CH₃COOH 3 mL

混合後離心

固液分離

沈澱 3
第 2 屬之 Ba 鹽

第 2 屬之 Ba 鹽
沈澱即可確認
第 2 屬離子之
存在。

上澄液 3
第 3 屬離子

2N NH₃ 水滴加

滴加氨水至中性或弱鹼性

0.5M BaCl₂ 滴加

混合後離心

固液分離

沈澱 4
第 3 屬之 Ba 鹽

上澄液 4

第 3 屬之 Ba 鹽
沈澱即可確認
第 3 屬離子之
存在。

棄置

討　論

E7.1　操作 52 之試料溶液若為中性或微鹼性則不須再調整酸鹼性，直接可使用。

E7.2　操作 52 添加微過量之 $BaCl_2$ 是指滴加於上澄液至確認不再有新的沈澱產生後，趁溫熱時搖盪混合均勻並添加些微過量之 $BaCl_2$。

E7.3　操作 52 添加 $BaCl_2$ 後滴加 NH_3 水可使 CO_3^{2-} 之沈澱完全。

E7.4　操作 52 中可與 $BaCl_2$ 產生之沈澱有如下之鋇鹽：

第 1 屬：$BaSO_4$ （白色）

$BaSiF_6$ （白色）

第 2 屬：BaF_2 （白色）

$BaCrO_4$ （黃色）　來自 CrO_4^{2-}，$Cr_2O_7^{2-}$

$BaSO_3$ （白色）

BaS_2O_3 （白色）

BaC_2O_4 （白色）

第 3 屬：$Ba_3(PO_4)_2$ （白色）

$Ba_3(AsO_4)_2$ （白色）

$Ba_3(AsO_3)_2$ （白色）

$Ba(BO_2)_2$ （白色）

$BaCO_3$ （白色）

$BaSiO_3$ （白色）

$BaC_4H_4O_6$ （白色）

E7.5 操作 53 滴加 HCl 於第 1，2，3 屬的 Ba 鹽後會分解 SO_3^{2-}，$S_2O_3^{2-}$，與 CO_3^{2-} 等陰離子，發生 $CO_2\uparrow$，$SO_2\uparrow$。所以以下的分析不含有這些離子及其鋇鹽沈澱。這些離子分別在操作步驟 62 或 63 與 68 中鑑定。

$$習　題$$

E7.1 寫出氯化鋇加入含有下列陰離子溶液所發生的化學反應式。

E7.2 溶液含 SO_3^{2-} 和 PO_4^{3-}，鹼化後靜置於空氣中，經過一段時間後再分析發現亦含有 SO_4^{2-} 和 CO_3^{2-}，以離子方程式說明爲何 SO_4^{2-} 和 CO_3^{2-} 存在。

E7.3 第 1, 2, 3 屬陰離子之鋇鹽：

(1)有那些不溶於溫熱的 2N HCl？

(2)有那些可溶於溫熱 2N HCl 且隨後蒸發消失？

E7.4 利用第 2, 3 屬陰離子的什麼性質可分離此二屬？

實驗8　以硝酸銀溶液分屬

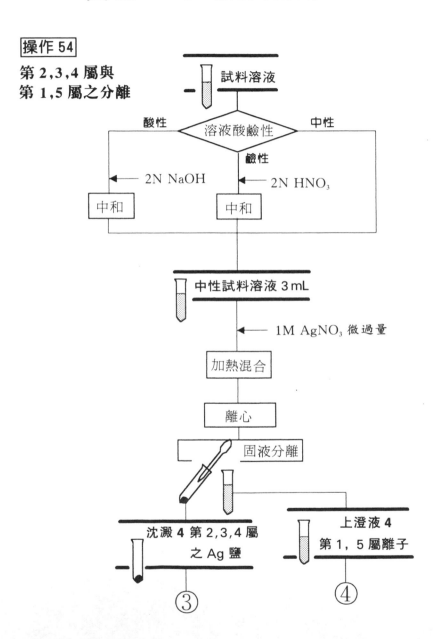

操作54
第 2,3,4 屬與
第 1,5 屬之分離

試料溶液

溶液酸鹼性

酸性　　　中性

鹼性

2N NaOH　　　2N HNO₃

中和　　　中和

中性試料溶液 3 mL

1M AgNO₃ 微過量

加熱混合

離心

固液分離

沈澱 4 第 2,3,4 屬
之 Ag 鹽

上澄液 4
第 1, 5 屬離子

③　　　④

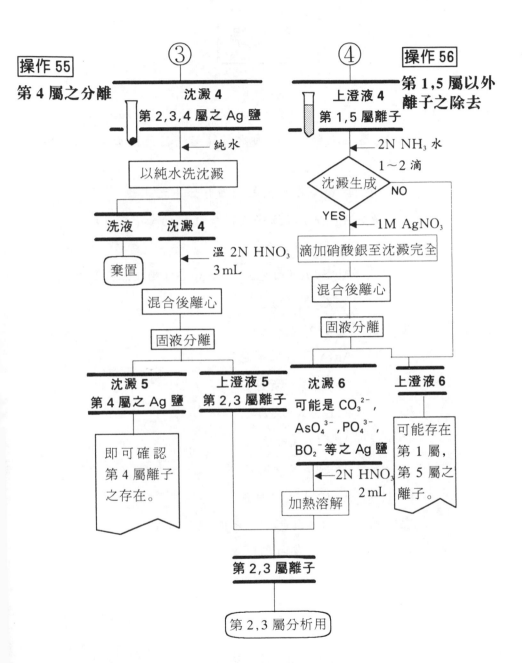

操作 55
第 4 屬之分離

③ 沈澱 4
第 2,3,4 屬之 Ag 鹽

④ 上澄液 4
第 1,5 屬離子

操作 56
**第 1,5 屬以外
離子之除去**

純水

以純水洗沈澱

洗液　　沈澱 4

棄置

溫 2N HNO₃
3 mL

混合後離心

固液分離

沈澱 5
第 4 屬之 Ag 鹽

上澄液 5
第 2,3 屬離子

2N NH₃ 水
1～2 滴

沈澱生成　　NO

YES　　1M AgNO₃

滴加硝酸銀至沈澱完全

混合後離心

固液分離

沈澱 6
可能是 CO₃²⁻,
AsO₄³⁻, PO₄³⁻,
BO₂⁻ 等之 Ag 鹽

上澄液 6

即可確認
第 4 屬離子
之存在。

可能存在
第 1 屬,
第 5 屬之
離子。

2N HNO₃
2 mL

加熱溶解

第 2,3 屬離子

第 2,3 屬分析用

$$\boxed{\text{討 論}}$$

E8.1 SO_4^{2-}，NO_2^-，CH_3COO^- 之離子濃度較濃時，加入 $AgNO_3$ 溶液雖有 Ag 鹽之沈澱，但易因水稀釋溶解，此時加溫有助於沈澱之發生。

E8.2 操作 54 中可與 $AgNO_3$ 產生之沈澱有如下之銀鹽：

第 2 屬：Ag_2CrO_4（紅褐色）來自 CrO_4^{2-}，$Cr_2O_7^{2-}$

Ag_2SO_3（白色）

$Ag_2S_2O_3$（白色）$\longrightarrow Ag_2S$（變成黑色）

$Ag_2C_2O_4$（白色）

第 3 屬：Ag_3PO_4（黃色）

Ag_3AsO_4（紅褐色）

Ag_3AsO_3（黃色）

$AgBO_2$（白色）

Ag_2CO_3（白色）

Ag_2SiO_3（黃色）

$Ag_2C_4H_4O_6$（白色）

第 4 屬：$AgCl$（白色）　來自 Cl^-，ClO^-

$AgBr$（黃白色）

AgI（黃色）

$AgCN$（白色）

$Ag_4[Fe(CN)_6]$（白色）

$Ag_3[Fe(CN)_6]$（紅褐色）

AgCNS（白色）

Ag_2S（黑色）

E8.3　操作 56 第 1, 5 屬離子滴加 NH_3 水可使 CO_3^{2-}，AsO_4^{3-}，PO_4^{3-}，BO_2^{-} 之沈澱完全。

$$\boxed{\text{習 題}}$$

E8.1　寫出硝酸銀加入含有下列陰離子溶液所發生的化學反應式。
SO_3^{2-}，$Fe(CN)_6^{4-}$，$Fe(CN)_6^{3-}$，I^-，$C_2H_3O_2^-$，S^{2-}，SO_4^{2-}，SiO_3^{2-}。

E8.2　第 2，3，4 屬陰離子之銀鹽有那些不溶於 HCl，HNO_3 或醋酸？各具有什麼顏色？

E8.3　操作 56 中要完全除去第 3 屬離子，爲何需加 NH_3 水？

實驗9　第 1 屬陰離子的分析

操作 58(續)

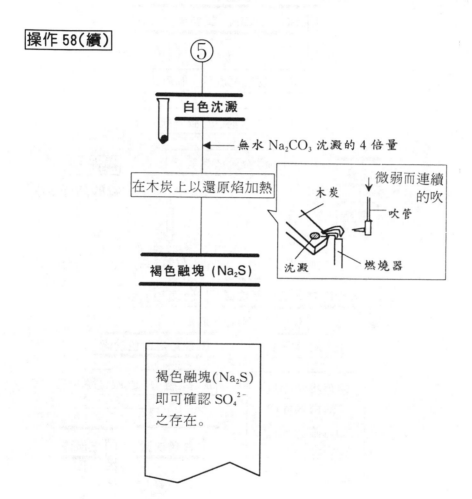

⑤

白色沈澱

—— 無水 Na_2CO_3 沈澱的 4 倍量

在木炭上以還原焰加熱

木炭

微弱而連續的吹

吹管

沈澱　燃燒器

褐色融塊（Na_2S）

褐色融塊（Na_2S）即可確認 SO_4^{2-} 之存在。

操作 57 六氟矽酸離子 SiF_6^{2-} 之鑑定

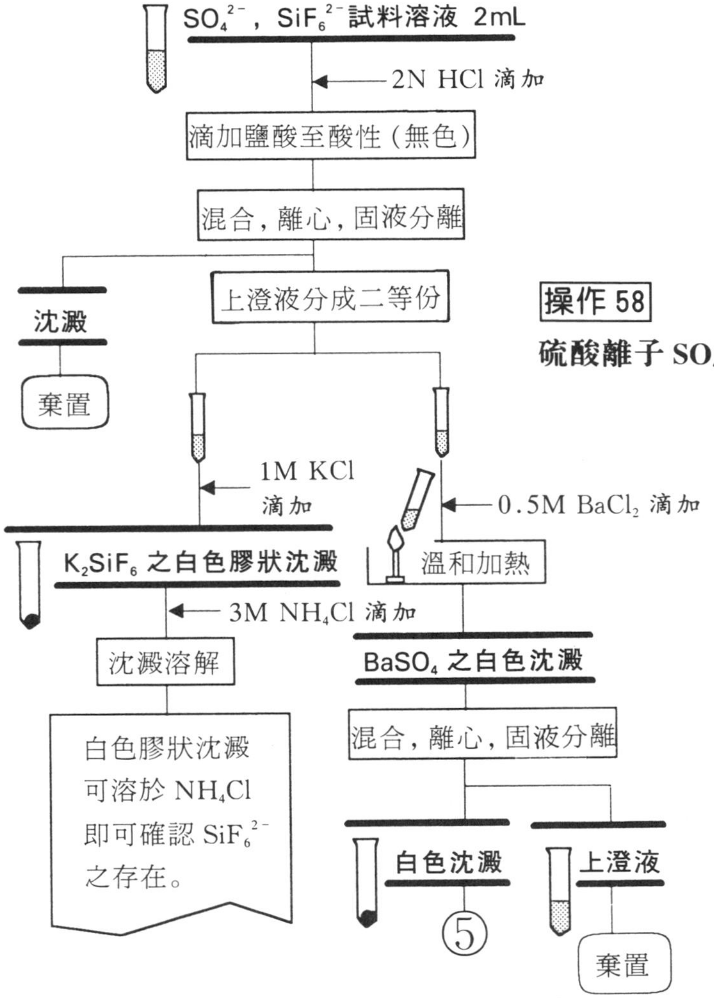

SO_4^{2-}，SiF_6^{2-} 試料溶液 2mL

— 2N HCl 滴加

滴加鹽酸至酸性（無色）

混合，離心，固液分離

上澄液分成二等份

操作 58

硫酸離子 SO_4^{2-} 之鑑定

沈澱

棄置

— 1M KCl 滴加

— 0.5M $BaCl_2$ 滴加

K_2SiF_6 之白色膠狀沈澱

溫和加熱

— 3M NH_4Cl 滴加

沈澱溶解

$BaSO_4$ 之白色沈澱

白色膠狀沈澱可溶於 NH_4Cl 即可確認 SiF_6^{2-} 之存在。

混合，離心，固液分離

白色沈澱

上澄液

⑤

棄置

$$\boxed{\text{討　論}}$$

E9.1　實驗 7 以氯化鋇 $BaCl_2$ 分屬之操作 53 中產生的沈澱 2 與少量濃鹽酸 12N HCl 煮沸，若全部溶解表示有 SiF_6^{2-} 存在，若有不溶部分可推定爲 SO_4^{2-} 存在。

E9.2　操作 57 與濃鹽酸煮沸後之上澄液中滴加 KCl 若不生沈澱，表示無 SiF_6^{2-} 存在。

E9.3　操作 58 與濃鹽酸煮沸後之上澄液中滴加 $BaCl_2$ 若不生沈澱，表示無 SO_4^{2-} 存在。

E9.4　操作 58 中木炭上以還原焰加熱時，先在木炭上挖一 3～5mm 深的小坑以便放置沈澱物，燃燒器之空氣孔縮小以產生有光火焰，吹管噴嘴在燃燒器口上方 1～2cm 處輕吹火焰外側，使火焰橫向加熱木炭上的沈澱混合物。

$$\boxed{\text{習　題}}$$

E9.1　寫出 $SiF_6{}^{2-}$ 之鑑定反應式。

E9.2　寫出 $SO_4{}^{2-}$ 之鑑定反應式。

實驗 10　第 2 屬陰離子的分析

($C_2O_4^{2-}$, F^-, CrO_4^{2-}, $Cr_2O_7^{2-}$, SO_3^{2-}, $S_2O_3^{2-}$ 之鑑定)

操作 59　**草酸離子 $C_2O_4^{2-}$ 之鑑定**

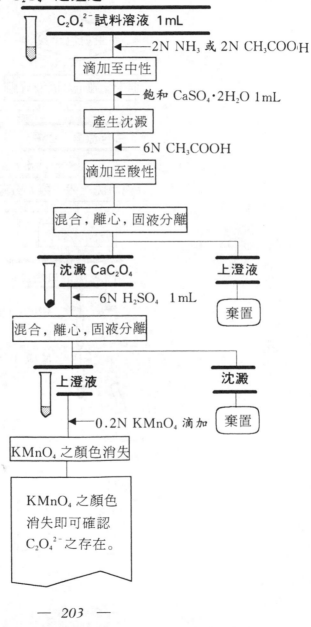

操作 60

氟離子 F⁻ 之鑑定

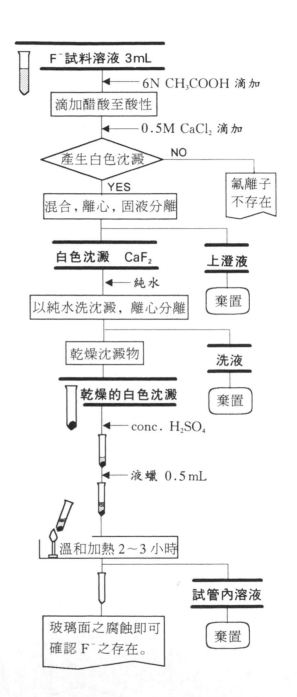

F⁻試料溶液 3mL

← 6N CH₃COOH 滴加

滴加醋酸至酸性

← 0.5M CaCl₂ 滴加

產生白色沈澱　　　NO

YES

氟離子不存在

混合，離心，固液分離

白色沈澱　CaF₂　　　上澄液

← 純水　　　棄置

以純水洗沈澱，離心分離

乾燥沈澱物　　　洗液

乾燥的白色沈澱　　　棄置

← conc. H₂SO₄

← 液蠟 0.5mL

溫和加熱 2～3 小時　　　試管內溶液

玻璃面之腐蝕即可確認 F⁻ 之存在。　　　棄置

操作 61

鉻酸離子 CrO_4^{2-} , 二鉻酸離子 $Cr_2O_7^{2-}$ 之鑑定

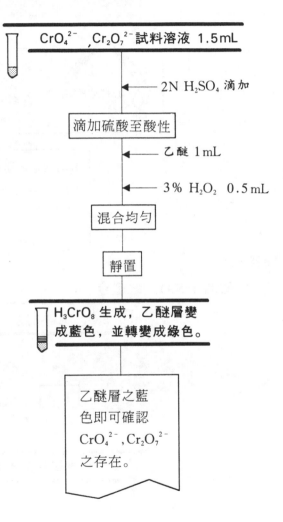

CrO_4^{2-} , $Cr_2O_7^{2-}$ 試料溶液 1.5 mL

— 2N H_2SO_4 滴加

滴加硫酸至酸性

— 乙醚 1 mL

— 3% H_2O_2 0.5 mL

混合均勻

靜置

H_3CrO_8 生成，乙醚層變成藍色，並轉變成綠色。

乙醚層之藍色即可確認 CrO_4^{2-} , $Cr_2O_7^{2-}$ 之存在。

操作 62　亞硫酸離子 SO_3^{2-} 之鑑定

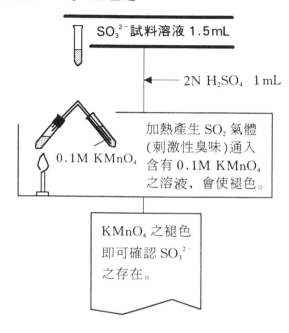

SO_3^{2-} 試料溶液 1.5mL

← 2N H_2SO_4　1 mL

0.1M $KMnO_4$

加熱產生 SO_2 氣體
(刺激性臭味)通入
含有 0.1M $KMnO_4$
之溶液，會使褪色。

$KMnO_4$ 之褪色
即可確認 SO_3^{2-}
之存在。

操作 63

硫代硫酸離子 $S_2O_3^{2-}$ 之鑑定

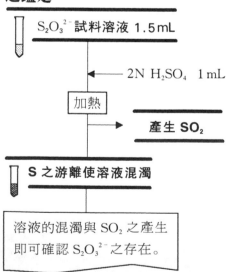

$S_2O_3^{2-}$ 試料溶液 1.5mL

← 2N H_2SO_4　1 mL

加熱 → 產生 SO_2

S 之游離使溶液混濁

溶液的混濁與 SO_2 之產生
即可確認 $S_2O_3^{2-}$ 之存在。

操作 64

$S^{2-}, SO_3^{2-}, S_2O_3^{2-}$ 共存時各離子之鑑定

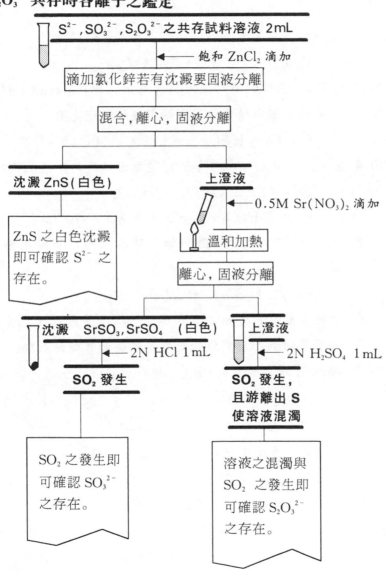

$$\boxed{討 \quad 論}$$

E10.1　中性溶液中草酸離子與鈣離子生成草酸鈣沈澱。

$$C_2O_4{}^{2-} + Ca^{2+} \longrightarrow CaC_2O_4$$

E10.2　CaC_2O_4 在稀 HNO_3 或稀 HCl 易溶，但在 CH_3COOH 中難溶。

E10.3　草酸鈣沈澱與硫酸作用可轉變成硫酸鈣沈澱。

$$CaC_2O_4 + H_2SO_4 \longrightarrow CaSO_4 + H_2C_2O_4$$

E10.4　在硫酸之酸性溶液中草酸可還原過錳酸鉀，使之褪色。

$$5H_2C_2O_4 + 2KMnO_4 + 3H_2SO_4$$
$$\longrightarrow 2MnSO_4 + K_2SO_4 + 8H_2O + 10CO_2\uparrow$$

E10.5　操作 60 添加液蠟後溫和加熱時氟化鈣與硫酸反應釋出氫氟酸。

$$CaF_2 + H_2SO_4 \longrightarrow CaSO_4 + H_2F_2$$

E10.6　上述氫氟酸會腐蝕玻璃容器，所以試管內以水充分洗淨乾燥後可見到 H_2SO_4 與液蠟交界之玻璃面有腐蝕痕跡。

E10.7　操作 61 加硫酸可使 $CrO_4{}^{2-}$ 變成 $Cr_2O_7{}^{2-}$，

$$2CrO_4{}^{2-} + 2H^+ \longrightarrow Cr_2O_7{}^{2-} + H_2O$$
（黃色）　　　　　　　（橙紅色）

相反的，在鹼性中 $Cr_2O_7{}^{2-}$ 則變成 $CrO_4{}^{2-}$。

$$Cr_2O_7{}^{2-} + 2OH^- \longrightarrow 2CrO_4{}^{2-} + H_2O$$

E10.8　乙醚為強引火性，使用時實驗室須嚴禁煙火。

E10.9　雙氧水 H_2O_2 可氧化酸性溶液中之 $Cr_2O_7{}^{2-}$ 成為過鉻酸 H_3CrO_8（藍色）。乙醚 $(C_2H_5)_2O$ 則可萃取水相之過鉻酸，使藍色移向乙醚層。

E10.10　操作 62 添加硫酸可分解 SO_3^{2-} 成 SO_2 氣體。

$$SO_3^{2-} + H_2SO_4 \longrightarrow SO_2 \uparrow + H_2O + SO_4^{2-}$$

E10.11　上述產生的 SO_2 氣體可還原過錳酸鉀，使之褪色。

$$2MnO_4^{2-} + 5SO_2 + 2H_2O$$
$$\longrightarrow 5SO_4^{2-} + 4H^+ + 2Mn^{2+}$$

E10.12　操作 63 添加硫酸可分解 $S_2O_3^{2-}$ 成 SO_2 氣體以及 S 沈澱。

$$S_2O_3^{2-} + H_2SO_4 \longrightarrow SO_2 \uparrow + H_2O + SO_4^{2-} + S \downarrow$$

E10.13　上述產生的 SO_2 氣體可用操作 62 相同的確認方法還原過錳酸鉀，使之褪色。

E10.14　操作 64 添加氯化鋅若生 ZnS 白色沈澱表示 S^{2-} 存在。

$$S^{2-} + Zn^{2+} \longrightarrow ZnS$$

E10.15　操作 64 添加氯化鋅後之上澄液若與 Sr^{2+} 產生白色沈澱表示 SO_3^{2-} 存在。

$$SO_3^{2-} + Sr^{2+} \longrightarrow SrSO_3$$
$$部分氧化成 SrSO_4$$

習 題

E10.1 第 2 屬陰離子，那些可與 H_2O_2 氧化成可溶於乙醚的藍色物質？

E10.2 第 2 屬陰離子，那些具有還原性，可使 $KMnO_4$ 褪色？

E10.3 第 2 屬陰離子，那些對玻璃具有腐蝕性？

E10.4 寫出硫酸與 SO_3^{2-} 生成 SO_2 的反應式。

E10.5 S^{2-}，SO_3^{2-} 與 $S_2O_3^{2-}$ 共存時，什麼是分離 S^{2-} 之沈澱劑？

實驗 11　第 3 屬陰離子的分析

(PO_4^{3-}，AsO_4^{3-}，AsO_3^{3-}，BO_2^-，CO_3^{2-}，SiO_3^{2-}，$C_4H_4O_6^{2-}$ 之鑑定）

操作 65

磷酸離子 PO_4^{3-} 之鑑定

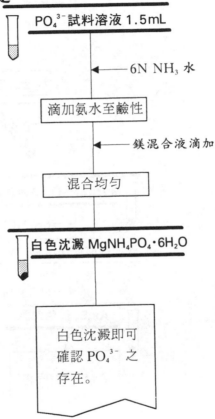

PO$_4^{3-}$ 試料溶液 1.5mL

6N NH$_3$ 水

滴加氨水至鹼性

鎂混合液滴加

混合均勻

白色沈澱 $MgNH_4PO_4 \cdot 6H_2O$

白色沈澱即可
確認 PO_4^{3-} 之
存在。

操作 66

砷酸離子 AsO_4^{3-} ，亞砷酸離子 AsO_3^{3-} 之鑑定

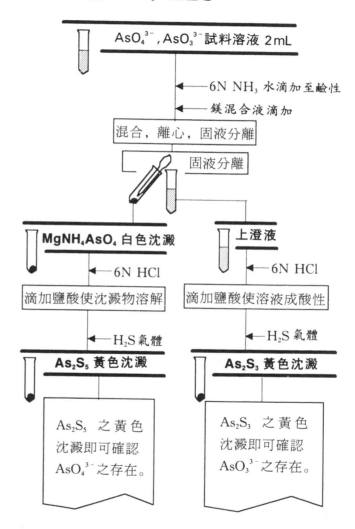

操作 67 偏硼酸離子 BO_2^- ,硼酸離子 BO_3^{3-} 之鑑定

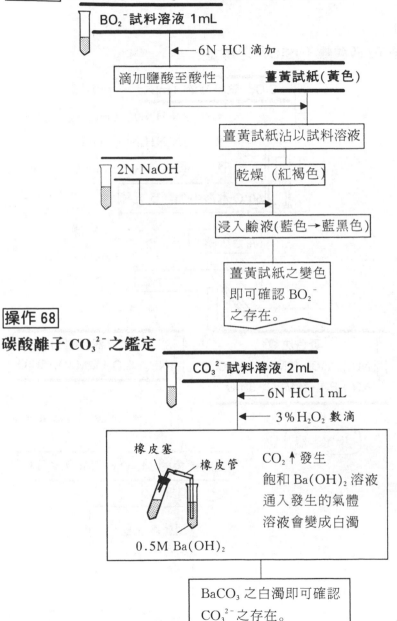

BO_2^- 試料溶液 1mL

← 6N HCl 滴加

滴加鹽酸至酸性 ── **薑黃試紙(黃色)**

薑黃試紙沾以試料溶液

2N NaOH

乾燥（紅褐色）

浸入鹼液(藍色→藍黑色)

薑黃試紙之變色
即可確認 BO_2^-
之存在。

操作 68

碳酸離子 CO_3^{2-} 之鑑定

CO_3^{2-} 試料溶液 2mL

← 6N HCl 1 mL

← 3％ H_2O_2 數滴

橡皮塞
橡皮管

CO_2 ↑ 發生
飽和 $Ba(OH)_2$ 溶液
通入發生的氣體
溶液會變成白濁

0.5M $Ba(OH)_2$

$BaCO_3$ 之白濁即可確認
CO_3^{2-} 之存在。

操作 69

偏矽酸離子(矽酸離子)SiO₃²⁻之鑑定

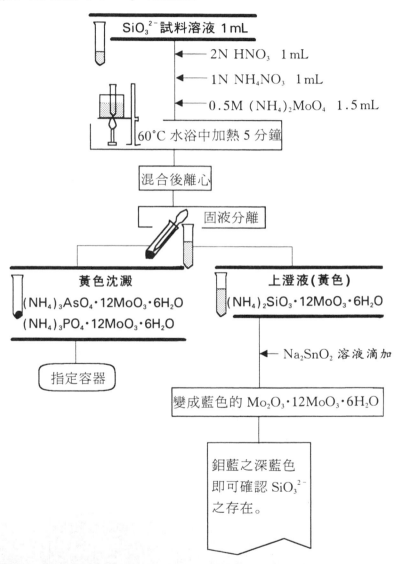

SiO₃²⁻試料溶液 1 mL

← 2N HNO₃　1 mL

← 1N NH₄NO₃　1 mL

← 0.5M (NH₄)₂MoO₄　1.5 mL

60℃ 水浴中加熱 5 分鐘

混合後離心

固液分離

黃色沈澱

(NH₄)₃AsO₄・12MoO₃・6H₂O

(NH₄)₃PO₄・12MoO₃・6H₂O

指定容器

上澄液(黃色)

(NH₄)₂SiO₃・12MoO₃・6H₂O

← Na₂SnO₂ 溶液滴加

變成藍色的 Mo₂O₃・12MoO₃・6H₂O

鉬藍之深藍色即可確認 SiO₃²⁻之存在。

操作70

酒石酸離子 $C_4H_4O_6{}^{2-}$ 之鑑定

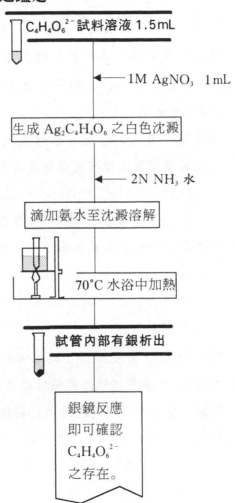

$C_4H_4O_6{}^{2-}$ 試料溶液 1.5 mL

← 1M AgNO₃　1 mL

生成 Ag₂C₄H₄O₆ 之白色沈澱

← 2N NH₃ 水

滴加氨水至沈澱溶解

70℃ 水浴中加熱

試管內部有銀析出

銀鏡反應
即可確認
$C_4H_4O_6{}^{2-}$
之存在。

$$\boxed{\text{討 論}}$$

E11.1 操作 65 中因爲 AsO_4^{3-} 亦有相同的白色沈澱反應，所以必須先在酸性狀態下通入 H_2S 使生 As_2S_5，As_2S_3（黃色）沈澱以除去。$[Fe(CN)_6]^{4-}$ 共存時也會因生成紅褐色沈澱而妨害 PO_4^{3-} 之鑑定。

E11.2 磷酸離子與鎂試液在氨水溶液中會生成磷酸銨鎂白色沈澱，以玻棒磨擦管內壁可促進結晶析出。

$$PO_4^{3-} + Mg^{2+} + NH_4^+ + 6H_2O$$
$$\longrightarrow MgNH_4PO_4 \cdot 6H_2O \downarrow 磷酸銨鎂$$

E11.3 砷酸離子與鎂試液在氨水溶液中會生成砷酸銨鎂白色沈澱，

$$AsO_4^{3-} + Mg^{2+} + NH_4^+ + 6H_2O$$
$$\longrightarrow MgNH_4 AsO_4 \cdot 6H_2O \downarrow 砷酸銨鎂$$

AsO_3^{3-} 則無上述沈澱。

E11.4 操作 66 之上澄液加 HCl 後必須加熱至沸騰才通入 H_2S 氣體。

E11.5 操作 67 之薑黃試紙乃是指吸收薑黃素之黃色試紙。薑黃素乃是鬱金香根部所含黃色結晶，弱鹼性中可與 Be, Mg 反應，HCl 酸性下則與硼反應。

薑黃素

E11.6 操作 68 添加 HCl 可使 CO_3^{2-} 離子釋出 CO_2 氣體。

$$CO_3^{2-} + 2H^+ \longrightarrow CO_2\uparrow + H_2O$$

E11.7 操作 68 鑑定 CO_3^{2-} 時，因為 SO_3^{2-}，$S_2O_3^{2-}$ 等離子會生 SO_2 妨害白濁之鑑定，故先以 H_2O_2 將這些離子氧化成 SO_4^{2-}。

E11.8 CO_2 與鋇離子在鹼中生成白色沈澱之反應如下：

$$CO_2 + Ba^{2+} + 2OH^- \longrightarrow BaCO_3\downarrow + H_2O$$

E11.9 操作 69 之 SiO_3^{2-} 溶液若有 AsO_4^{3-} 或 PO_4^{3-} 共存時也會有與 SiO_3^{2-} 相似之反應，所以須中途分離除去。干擾物質含量太多會妨害 SiO_3^{2-} 之鑑定。

E11.10 操作 69 之黃色上澄液乃是下述反應之產物。

$$SiO_3^{2-} + 2NH_4^+ + 12MoO_4^{2-} + 24H^+$$
$$\longrightarrow (NH_4)_2\,SiO_3\cdot12MoO_3\cdot6H_2O + 6H_2O$$

矽鉬酸銨（黃色）

E11.11 操作 70 所使用之試管須以洗液充分洗淨，完全除去油脂等異物。

E11.12 AsO_3^{3-} 共存時，須以 6N HNO_3（因有 Ag^+ 所以不可用 HCl）滴加至弱酸性，再通 H_2S 使生成 As_2O_3 黃色沈澱，其次煮沸溶液除去 H_2S 後，滴加 0.1N NaOH 至中和（B.T.B. 變藍）。

E11.13 SO_3^{2-} 或 $S_2O_3^{2-}$ 共存時，須滴加以 6N HNO_3 至弱酸性，再加熱趕出 SO_2。若有 S 游離，須分離除去之。再滴加 0.1N NaOH 至中和（B.T.B. 變藍）。

E11.14 酒石酸離子與銀離子有如下之反應：

$$C_4H_4O_6^{2-} + 2Ag^+ \longrightarrow Ag_2C_4H_4O_6\downarrow$$

酒石酸銀

E11.15 酒石酸銀溶解在過量 NH_3 水中可生成錯離子。

$$Ag_2C_4H_4O_6 + 2NH_4^+$$
$$\longrightarrow 2H^+ + C_4H_4O_6^{2-} + 2[Ag(NH_3)_2]^+$$

E11.16 銀之氨錯離子溶液，放久後才加熱恐會發生爆炸，所以銀鏡反應所使用的溶液應及早處理。

E11.17 利用 $C_4H_4O_6^{2-}$ 之還原性加熱錯離子可析出金屬 Ag。具還原性的 SO_3^{2-}，$S_2O_3^{2-}$ 或 AsO_3^{3-} 離子亦有類似之反應。

$$\boxed{習\quad 題}$$

E11.1　第 3 屬陰離子中, 有那些可與 NH_3 和鎂混合液形成銨鎂鹽沈澱?

E11.2　第 3 屬陰離子中, 有那些可與 NH_3 和 MoO_4^{2-} 形成鉬酸銨鹽沈澱?

E11.3　鑑定 CO_3^{2-} 時爲何需加 H_2O_2?

E11.4　第 3 屬陰離子, 那些具有還原性, 可還原 Ag^+ 成爲金屬銀?

實驗 12 第 4 屬陰離子的分析

$(Cl^-, Br^-, I^-, CN^-, [Fe(CN)_6]^{4-}, [Fe(CN)_6]^{3-}, ClO^-, CNS^-, S^{2-}$ 之鑑定$)$

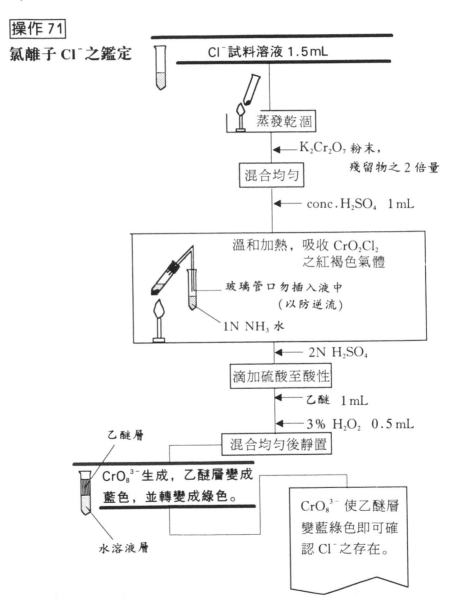

操作 71

氯離子 Cl^- 之鑑定

Cl^- 試料溶液 1.5mL

蒸發乾涸

$\leftarrow K_2Cr_2O_7$ 粉末，

殘留物之 2 倍量

混合均勻

$\leftarrow$ conc. H_2SO_4 1 mL

溫和加熱，吸收 CrO_2Cl_2 之紅褐色氣體

玻璃管口勿插入液中
(以防逆流)

1N NH_3 水

$\leftarrow$ 2N H_2SO_4

滴加硫酸至酸性

$\leftarrow$ 乙醚 1 mL

$\leftarrow$ 3% H_2O_2 0.5 mL

混合均勻後靜置

乙醚層

CrO_8^{3-} 生成，乙醚層變成藍色，並轉變成綠色。

水溶液層

CrO_8^{3-} 使乙醚層變藍綠色即可確認 Cl^- 之存在。

操作72 **溴離子 Br⁻,碘離子 I⁻之鑑定**

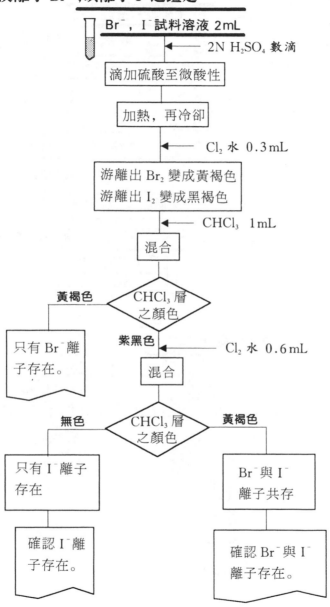

操作 73

氰離子 CN⁻ 之鑑定

（此實驗必須在排煙櫃中
進行，以策安全。）

CN⁻ 試料溶液 3mL

←── 2N NaOH 滴加

滴加 NaOH 至微鹼性

←── 1M FeSO₄ 2～3 滴

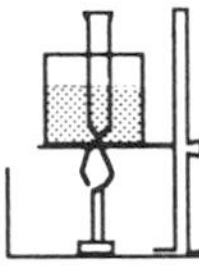

70°C 水浴加熱 5 分鐘

←── 6N HCl 滴加

滴加 HCl 至酸性

←── 0.3M FeCl₃ 數滴

產生普魯士藍

藍色即可確認
CN⁻ 之存在。

操作 74 **次亞氯酸離子 ClO⁻ 之鑑定**

ClO⁻ 試料溶液 3mL

←── 6N CH₃COOH 滴加

滴加醋酸至酸性

←── 0.5M Pb(CH₃COO)₂ 滴加

產生 Pb(ClO)₂ 白色沈澱

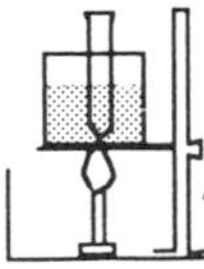

70°C 水浴加熱 5 分鐘

沈澱變色
Pb(ClO)₂ ──→ PbO₂
　　　　　（棕色）

PbO₂ 之棕色即
可確認 ClO⁻ 之
存在。

操作 75

六氰鐵(II)酸離子〔Fe(CN)₆〕⁴⁻之鑑定

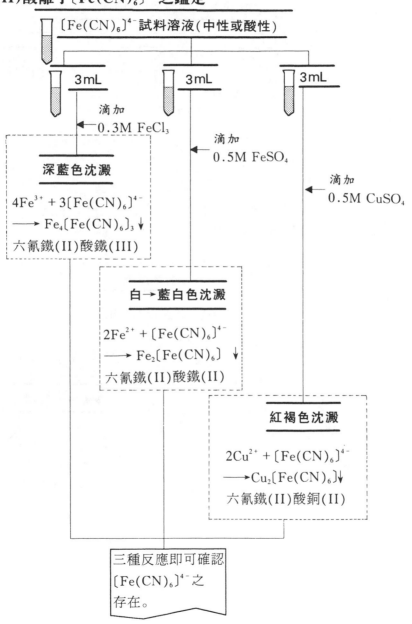

〔Fe(CN)₆〕⁴⁻試料溶液(中性或酸性)

3mL　　　3mL　　　3mL

滴加
0.3M FeCl₃

滴加
0.5M FeSO₄

滴加
0.5M CuSO₄

深藍色沈澱

$4Fe^{3+} + 3[Fe(CN)_6]^{4-}$
$\longrightarrow Fe_4[Fe(CN)_6]_3 \downarrow$
六氰鐵(II)酸鐵(III)

白→藍白色沈澱

$2Fe^{2+} + [Fe(CN)_6]^{4-}$
$\longrightarrow Fe_2[Fe(CN)_6] \downarrow$
六氰鐵(II)酸鐵(II)

紅褐色沈澱

$2Cu^{2+} + [Fe(CN)_6]^{4-}$
$\longrightarrow Cu_2[Fe(CN)_6] \downarrow$
六氰鐵(II)酸銅(II)

三種反應即可確認
〔Fe(CN)₆〕⁴⁻之
存在。

操作 76

六氰鐵(III)酸離子〔Fe(CN)₆〕³⁻之鑑定

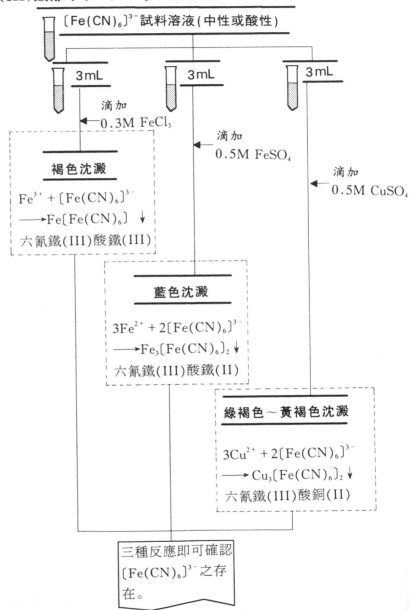

〔Fe(CN)₆〕³⁻試料溶液(中性或酸性)

3mL   3mL   3mL

滴加
0.3M FeCl₃

滴加
0.5M FeSO₄

滴加
0.5M CuSO₄

褐色沈澱

$Fe^{3+} + 〔Fe(CN)_6〕^{3-}$
$\longrightarrow Fe〔Fe(CN)_6〕\downarrow$
六氰鐵(III)酸鐵(III)

藍色沈澱

$3Fe^{2+} + 2〔Fe(CN)_6〕^{3-}$
$\longrightarrow Fe_3〔Fe(CN)_6〕_2\downarrow$
六氰鐵(III)酸鐵(II)

綠褐色～黃褐色沈澱

$3Cu^{2+} + 2〔Fe(CN)_6〕^{3-}$
$\longrightarrow Cu_3〔Fe(CN)_6〕_2\downarrow$
六氰鐵(III)酸銅(II)

三種反應即可確認
〔Fe(CN)₆〕³⁻之存
在。

操作 77 〔**Fe(CN)₆**〕**⁴⁻ 與〔Fe(CN)₆**〕**³⁻ 之分離與鑑定**

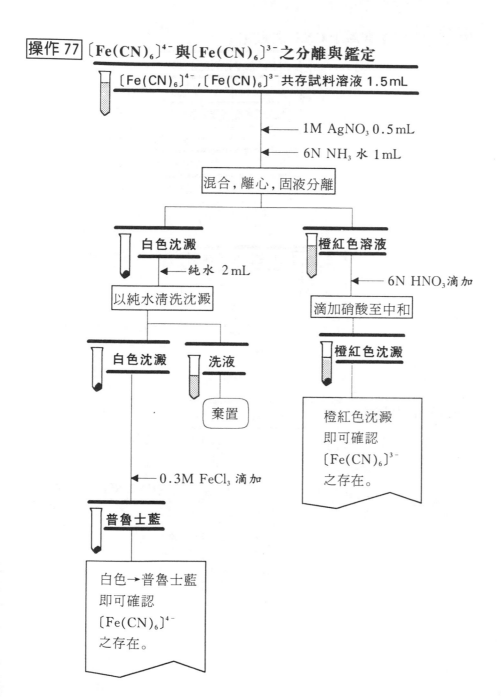

〔Fe(CN)₆〕⁴⁻,〔Fe(CN)₆〕³⁻共存試料溶液 1.5 mL

1M AgNO₃ 0.5 mL

6N NH₃ 水 1 mL

混合,離心,固液分離

白色沈澱

純水 2 mL

以純水清洗沈澱

白色沈澱

洗液

棄置

橙紅色溶液

6N HNO₃滴加

滴加硝酸至中和

橙紅色沈澱

橙紅色沈澱
即可確認
〔Fe(CN)₆〕³⁻
之存在。

0.3M FeCl₃ 滴加

普魯士藍

白色→普魯士藍
即可確認
〔Fe(CN)₆〕⁴⁻
之存在。

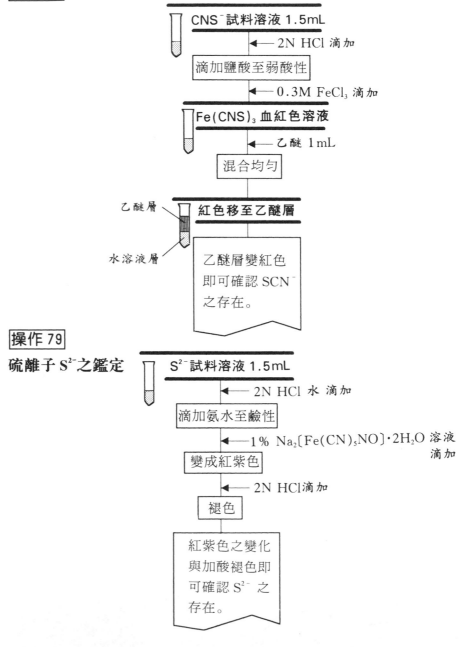

操作 78 硫氰酸離子 CNS⁻ 之鑑定

CNS⁻試料溶液 1.5mL

◄── 2N HCl 滴加

滴加鹽酸至弱酸性

◄── 0.3M FeCl₃ 滴加

Fe(CNS)₃ 血紅色溶液

◄── 乙醚 1 mL

混合均勻

乙醚層　紅色移至乙醚層

水溶液層

乙醚層變紅色即可確認 SCN⁻之存在。

操作 79

硫離子 S²⁻ 之鑑定

S²⁻ 試料溶液 1.5mL

◄── 2N HCl 水 滴加

滴加氨水至鹼性

◄── 1% Na₂[Fe(CN)₅NO]·2H₂O 溶液 滴加

變成紅紫色

◄── 2N HCl 滴加

褪色

紅紫色之變化與加酸褪色即可確認 S²⁻ 之存在。

$$\boxed{\text{討　論}}$$

E12.1　鉻醯氯反應：固體氯化物與重鉻酸鉀粉末加入濃硫酸的熱混合液會產生紅褐色的鉻醯氯蒸氣。

$$4Cl^- + K_2Cr_2O_7 + 3H_2SO_4$$

$$\longrightarrow 2SO_4{}^{2-} + K_2SO_4 + 3H_2O + 2CrO_2Cl_2\uparrow$$

鉻醯氯

E12.2　$2CrO_2Cl_2 + 7H_2O_2 \longrightarrow H_3CrO_8 + 2Cl^- + 2H^+ + H_2O$

E12.3　操作 72 之溴，碘離子溶液中若有 $SO_3{}^{2-}$，$S_2O_3{}^{2-}$ 共存時，可先調整爲微酸性再加熱分解趕出。

E12.4　操作 72 之溴，碘離子溶液中加入 Cl_2 水可還原成溴，碘。

$$2Br^- + Cl_2 \longrightarrow Br_2 + 2Cl^-$$

$$2I^- + Cl_2 \longrightarrow I_2 + 2Cl^-$$

E12.5　Br_2 與 I_2 易溶於四氯化碳，氯仿或二硫化碳溶劑中。

E12.6　操作 72 中紫黑色的 $CHCl_3$ 層若加入過量 Cl_2 水可氧化 I_2 成碘酸離子，使有機溶媒層變爲無色。

$$I_2 + 5Cl_2 + 6H_2O \longrightarrow 2IO_3{}^- + 12H^+ + 10Cl^-$$

E12.7　操作 73 之 CN^- 試料溶液加入 $FeSO_4$ 溶液有如下反應：

$$Fe^{2+} + 2CN^- \longrightarrow Fe(CN)_2$$

$$Fe(CN)_2 + 4CN^- \longrightarrow [Fe(CN)_6]^{4-}$$

E12.8　含 CN^- 之試料溶液若滴加 HCl 易產生有毒的氰酸 HCN，操作 73 必須在排煙櫃中進行。

E12.9　操作 73 滴加 $FeCl_3$ 後有如下反應：

$$3[Fe(CN)_6]^{4-} + 4Fe^{3+} \longrightarrow Fe_4[Fe(CN)_6]_3$$

E12.10 操作 73 之 CN^- 試料溶液中若含 $[Fe(CN)_6]^{3-}$ 或 $[Fe(CN)_6]^{4-}$ 會妨害 CN^- 之鑑定，所以要加 $Cd(NO_3)_2$ 使變成鎘鹽，過剩的 Cd 則可與 H_2S 生成 CdS 除去之。

E12.11 操作 74 次氯酸鉛 $Pb(ClO)_2$ 之加熱分解反應如下：

$$ClO^- + Pb^{2+} + H_2O \longrightarrow PbO_2 + 2H^+ + Cl^-$$

E12.12 操作 77 鐵(或亞鐵)氰酸離子共存溶液與 Ag^+ 的反應如下：

$$4Ag^+ + [Fe(CN)_6]^{4-} \longrightarrow Ag_4[Fe(CN)_6] \downarrow$$

亞鐵氰酸銀（白色）

$$3Ag^+ + [Fe(CN)_6]^{3-} \longrightarrow Ag_3[Fe(CN)_6] \downarrow$$

鐵氰酸銀（橙紅色）

E12.13 $Ag_4[Fe(CN)_6]$ 之沈澱不溶於 NH_3 水，$Ag_3[Fe(CN)_6]$ 之橙紅色沈澱則可溶於 NH_3 水成橙紅色溶液。但溶液一旦成為酸性則又沈澱。

E12.14 普魯士藍又稱柏林藍，是亞鐵氰酸鐵之藍色顏料，也稱為紺青。

E12.15 操作 78 之 CNS^- 試料溶液與 $FeCl_3$ 產生赤血鹽。

$$CNS^- + FeCl_3 \longrightarrow Fe(CNS)_3 + 3Cl^-$$

硫氰酸鐵

(因具可溶性,所以不解離,血紅色)

E12.16 因為 I^-，NO_2^-，SO_3^{2-}，$S_2O_3^{2-}$，CH_3COO^- 等離子也會與 Fe^{3+} 生成紅褐色物質，但並不移往乙醚層。乙醚具強引火性，實驗室應嚴禁煙火。

E12.17 操作 79 之紅紫色物乃是生成 $Na_4[Fe(CN)_5NOS]$ 硫化物之故。

$$\boxed{習\ 題}$$

E12.1　寫出鑑定 Cl^- 之反應式。

E12.2　寫出反應式說明只含 I^- 的溶液滴加適量 Cl_2 可使氯仿層變成紫黑色，加入過量 Cl_2 則又使氯仿層轉變成無色。

E12.3　鑑定 CN^- 之試料溶液若含有 $[Fe(CN)_6]^{3-}$ 或 $[Fe(CN)_6]^{4-}$ 會妨害鑑定？如何防止？

E12.4　寫出 ClO^- 之鑑定反應式。

E12.5　鑑定 CNS^- 時，使乙醚層變紅的產物是什麼？

E12.6　寫出鑑定 S^{2-} 產生的紅紫色物質之化學式。

實驗 13 第 5 屬陰離子的分析

(NO$_3$$^-$, NO$_2$$^-$, CH$_3COO^-$, ClO$_3$$^-$之鑑定)

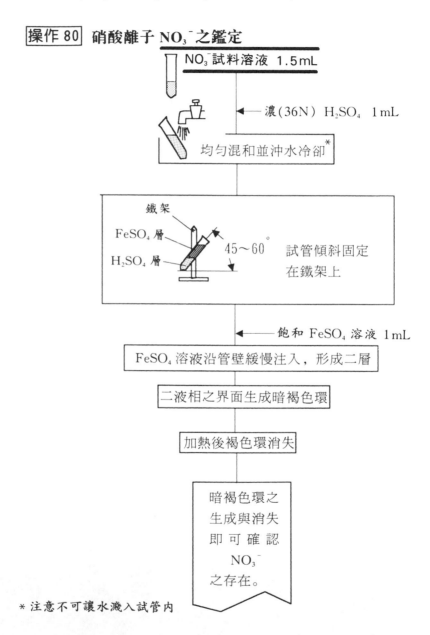

操作 80 硝酸離子 **NO$_3$$^-$之鑑定**

NO$_3$$^-$試料溶液 1.5mL

← 濃(36N) H$_2$SO$_4$ 1mL

均勻混和並沖水冷卻*

鐵架
FeSO$_4$ 層
H$_2$SO$_4$ 層
45～60°
試管傾斜固定
在鐵架上

← 飽和 FeSO$_4$ 溶液 1mL

FeSO$_4$溶液沿管壁緩慢注入,形成二層

二液相之界面生成暗褐色環

加熱後褐色環消失

暗褐色環之生成與消失即可確認 NO$_3$$^-$之存在。

* 注意不可讓水濺入試管內

操作81　硝酸離子 NO_2^- 之鑑定

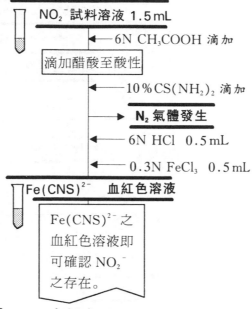

操作82　氯酸離子 ClO_3^- 之鑑定

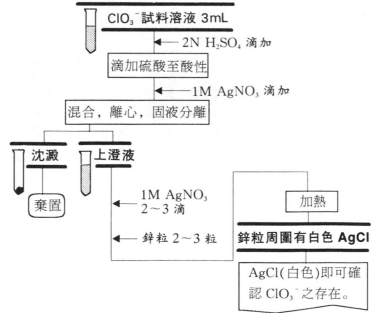

操作 83　醋酸離子 CH₃COO⁻ 之鑑定

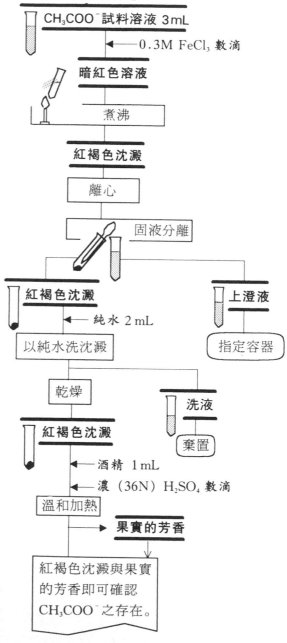

CH₃COO⁻ 試料溶液 3mL

← 0.3M FeCl₃ 數滴

暗紅色溶液

煮沸

紅褐色沈澱

離心

固液分離

紅褐色沈澱

← 純水 2 mL

以純水洗沈澱

上澄液

指定容器

乾燥

洗液

棄置

紅褐色沈澱

← 酒精 1 mL

← 濃（36N）H₂SO₄ 數滴

溫和加熱

→ 果實的芳香

紅褐色沈澱與果實的芳香即可確認 CH₃COO⁻ 之存在。

$$\boxed{\text{討　論}}$$

E13.1　以操作 80 分析未知試料溶液中的 NO_3^- 時，須先依操作 52 以氯化鋇溶液分屬，其所得上澄液 1 以 0.01N NH_3 或 0.01N H_2SO_4 中和（B.T.B. 指示劑），然後加入 Ag_2SO_4（飽和）離心除去沈澱物，再加 1N KCl 沈澱出 AgCl 以除去 Ag，殘留上澄液即可作為操作 80 之試料溶液。

E13.2　操作 80 之 NO_3^- 試料溶液中若有 NO_2^- 共存時，須先添加 $(NH_4)_2SO_4$ 飽和溶液以分解除去 NO_2^-。

E13.3　操作 80 二液相界面之所以會生暗褐色環主要是因為 $FeSO_4$ 的還原作用將 NO_3^- 變成 NO，再與 $FeSO_4$ 結合在二液相界面生成 $(FeSO_4)_x(NO)_y$（黑褐色）之故。

E13.4　操作 81 之 NO_2^- 試料溶液中若有 CNS^-，I^- 等易與 Fe^{3+} 著色的離子共存時會妨害 NO_2^- 之鑑定，須先添加 Ag_2CO_3 粉末生成銀鹽沈澱除去之。

E13.5　操作 81 滴加 $CS(NH_2)_2$ 後產生 N_2 氣體之反應如下：

$$NO_2^- + CS(NH_2)_2 \longrightarrow CNS^- + 2H_2O + N_2 \uparrow$$

　　　　　　　　硫代尿素

E13.6　赤血鹽之生成反應如下：

$$Fe^{3+} + 3CNS^- \longrightarrow Fe(CNS)_3$$

如果加入乙醚，赤血色會移往乙醚層。

E13.7　操作 81 滴加 $AgNO_3$ 主要是與共存的其他離子形成銀鹽以利除去，若無其他離子共存，可省略此一步驟。

E13.8　操作 81 添加鋅粒可還原 ClO_3^- 爲 Cl^- 並與 Ag^+ 在鋅粒外表生成白色 AgCl 沈澱，其反應如下：

$$ClO_3^- + 3Zn + 6H^+ \longrightarrow Cl^- + 3Zn^{2+} + 3H_2O$$

$$Cl^- + Ag^+ \longrightarrow AgCl（白色）$$

E13.9　以操作 83 分析未知試料溶液中的 CH_3COO^- 時也與 E13.1 針對 NO_3^- 試料溶液一樣，須先依操作 52 以氯化鋇溶液分屬，其所得上澄液 1 以 0.01N NH_3 或 0.01N H_2SO_4 中和（B.T.B. 指示劑），然後加入 Ag_2SO_4（飽和），離心除去沈澱物，再加 1N KCl 沈澱出 AgCl 以除去 Ag，殘留上澄液即可作爲操作 83 之試料溶液。

E13.10　操作 83 滴加 $FeCl_3$ 產生暗紅色溶液之反應如下：

$$3CH_3COO^- + Fe^{3+} \longrightarrow Fe(CH_3COO)_3$$

$$\text{醋酸鐵(III)（暗紅色溶液）}$$

E13.11　上述之暗紅色溶液煮沸可得紅褐色沈澱，其反應如下：

$$3Fe(CH_3COO)_3 + 2\,H_2O$$

$$\longrightarrow Fe(OH)_2CH_3COO \downarrow + 2CH_3COOH$$

$$\text{二氫氧化醋酸鐵(III)（紅褐色沈澱）}$$

煮沸後宜再追加少量 $FeCl_3$。

E13.12　醋酸與乙醇加熱可生成具果實芳香的乙酸乙酯。

$$CH_3COO^- + C_2H_5OH \longrightarrow CH_3COOC_2H_5 + OH^-$$

$$\text{乙酸乙酯}$$

習　題

E13.1　第 5 屬陰離子中何者爲强氧化劑且可利用於鑑定？寫出其鑑
　　　　定反應式。

貳、定量分析

第五部

定量分析基本原理

第一章 前 言

　　定量分析是化學領域中的重要支柱，也是學習化學時的重要基礎。即使是物質的合成，若物質的構成元素及其組成不明，合成也是不可能的。此時我們大多先作定性與定量分析，其相互關係如下圖所示：

分析化學〔analytical chemistry〕
化學領域中有關化學分析和分離法，及其操作與實際作業的化學。

↓

化學分析〔chemical analysis〕
確定物質的成分與種類、含量或化學組成的技術，且包括要瞭解其構造或狀態所需的操作與技術。

↓

定性分析
鑑定試料含有何種元素、原子團、化合物之化學分析。

定量分析
測定試料構成之各成分的量化關係之化學分析。

↓

容量分析
酸鹼滴定法
氧化還原滴定法
沈澱滴定法
鉗合滴定法

重量分析
氣體發生法
沈澱法
電解重量法

儀器分析
比色法
電位滴定法
分光光度法
層析法

　　容量分析法係使用一已知濃度的溶液來測定未知試料溶液的濃度，以滴定所耗用的容量求出試料中含有某成分的份量。重量分析法係將試料轉變爲一已知組成的固體，稱其重量變化之後，可計算此試料中含有某成分的份量。儀器分析法係利用物質的光學、電學等物理性質對物質組成作定量的分析方法。

　　定量分析化學隨著新式儀器的導入而日臻完善。早期由於精密天秤的發明使重量分析得以實用化。隨後由於發現了精確校正玻璃容器的方法，才產生了大幅節省分析時間的容量分析法，而以容量儀器來測定氣體成分的氣體分析法也接著出現。直到 19 世紀末葉，以上各種方法都還是定量分析中的主流；雖然光譜儀在這時已發明，但只限於定性分析方面的應用。近年來由於光敏電晶體的發明，光譜分析（紫外、紅外、可視、原子、拉曼）在定量方面的應用已有迅速的進展。同時利用電學的測定法如電位差法、導電度法、電量法等分析方法（電位差滴定、極譜術、導電度滴定），不用指示劑即可判斷滴定終點，因此深色或混濁溶液亦可採用容量分析法來分析，其應用範圍更加擴大。其他如發光‧螢光分析、核磁共振、離子交換樹脂法、溶劑萃取法、X 光放射分析、電泳法、層析術、電化學法、質譜儀分析法等應用物理化學原理的分析方法也相繼發明。

　　儀器分析法需要利用特定的儀器作特定的分析。雖然此分析法迅速而精確，但儀器價格不便宜，且需要有空氣調節及除濕設備，以維護儀器之性能及使用壽命，此爲其缺點。本書主要討論容量分析法及重量分析法，儀器分析法可參考有關儀器分析的書籍。

第二章　實驗誤差概論

2.1　有效位數與計算規則

　　一測定值僅末位是估計值時，此測定值的位數即爲**有效位數**（significant figures）。例如一分析天平測得一試料的重量爲 10.7462mg，其中 10.746 皆是正確的，只有末位 2 是估計的，故此測定值有 6 位有效位數。用有效位數來表示分析所得的數據是很重要的，因爲使用的位數太多或太少將誤導別人對該實驗結果精密度的判斷。表 2.1 列示幾個測定值的有效位數：

表 2.1　有效的位數

測　　　定　　　值	有效位數	測　　　定　　　值	有　效　位　數
10.06 mL	4	24.0×10^3mg	3
0.01006 L	4	3×10^{-5}g	1
53.20℃	4	3.0000 g	5

　　上表中表示 3 位有效位數的測定值 24.0×10^3mg 不宜寫爲 24000mg，以免被誤認爲有 5 位有效位數（如是 5 位有效位數應寫成 2.4000×10^4mg）。

　　當實驗數據用來計算某些結果時，如試料的純度、溶液的濃度等，其答案的位數只須含 1 位估計數值，因此計算時要遵守下列規則：

1.加減的計算

先做加減運算，再將結果四捨五入至小數點以下的位數與各數值中小數位數最少者相同。例如：

$$2.632 \times 10^5 \qquad\qquad 2.632 \quad\ \times 10^5$$
$$+\ 3.107 \times 10^3 \longrightarrow \quad +\ 0.03107 \times 10^5$$
$$+\ 0.984 \times 10^6 \qquad\qquad +\ 9.84 \quad\ \times 10^5$$
$$\overline{\qquad\qquad\qquad\qquad\qquad 12.50\underline{307} \times 10^5 \longrightarrow 12.50 \times 10^5}$$

2.乘除的計算

積或商的相對精密度須儘可能與數據中最不精密者接近。即答案的**有效位數應根據數據的精密度而非有效位數來決定**。例如：

$$40.64 \times 0.1027 \times 23.55 = 98.291\cdots$$

這乘積的有效位數應是多少呢？若各數值的末位數之不確定誤差皆爲1，則其相對精密度如下：

$$\frac{0.01}{40.64} \times 1000 = 0.2\text{ppt}$$

$$\frac{0.0001}{0.1027} \times 1000 = 1\text{ppt}$$

$$\frac{0.01}{23.55} \times 1000 = 0.4\text{ppt}$$

上述分析結果顯示相對精密度最大者爲 1ppt，所以乘積應取 3 位有效位數，即 98.3。這是因爲假設 98.3 之末位數的不確定誤差也是 1，則其相對精密度約爲 1ppt，此與各數值中之最不精密者相近。乘積如取 98.29，因其相對精密度爲 0.1ppt，超過各數值可能的精密度，故乘積不宜設定爲 4 位有效位數。

對於一般性的分析數據可先將各數值四捨五入至與有效位數最少的數值的位數相同，再行乘除，並以有效位數最少的數值的位數爲積或商的有效位數。例如 456.2 除以 2.56 的商爲 178。但要注意這種簡略法所得有效位數，有時會比依精密度的方法多 1 位或少 1 位。

2.2 實驗的誤差

在定量測定過程中，常因人爲、環境、儀器等條件的影響，所獲得的同一系列測定值往往不盡相同，也就是常有誤差發生。這種誤差可以分爲固定誤差（determinate errors）與不定誤差（indeterminate errors）兩種。

1.固定誤差

此種誤差通常係由於下面幾種原因所引起：
(1)天平、砝碼及容器之校正不正確。
(2)試劑含有雜質。
(3)分析方法不夠精確。
(4)實驗者操作習慣不良。

固定誤差的特徵是對一系列的測定值的正確性有一固定程度的影響。例如一實驗者對一已確知爲 10g 的物體做多次測定的結果均爲 9g。經仔細檢查，發現誤差係由於天平秤臂左右長度不等所致，此種誤差即屬固定誤差。一般固定誤差皆可被發現而做正確的校正，如上例只要調整天平的臂長，誤差即可避免。

2.不定誤差

此種誤差係由於許多不可控制的因素引起，例如溫度的變化，儀器性能的些微差異，實驗者眼睛的疲勞等。不定誤差對一系列測定值的正確性的影響程度往往不盡相同，所以此種誤差在測定過程中是無法避免的。因此每一位實驗者對誤差的本性應充分瞭解才能提出正確的實驗結果報告。

例如有一位實驗者對一鐵礦試料重複分析 50 次，結果得到表 2.2 中的數據。從這些數據可以看出這些測定值不完全一致。

表 2.2 鐵礦試料分析結果

實驗號	%Fe	實驗號	%Fe	實驗號	%Fe	實驗號	%Fe
1	19.88	14	19.71	27	19.82	40	19.78
2	19.73	15	19.82	28	19.91	41	19.86
3	19.86	16	19.83	29	19.81	42	19.82
4	19.80	17	19.88	30	19.69 ♯	43	19.77
5	19.75	18	19.75	31	19.85	44	19.77
6	19.82	19	19.80	32	19.77	45	19.86
7	19.86	20	19.94 *	33	19.76	46	19.78
8	19.82	21	19.92	34	19.83	47	19.83
9	19.81	22	19.84	35	19.76	48	19.80
10	19.90	23	19.81	36	19.90	49	19.83
11	19.80	24	19.87	37	19.88	50	19.79
12	19.89	25	19.78	38	19.71		
13	19.78	26	19.83	39	19.86		

平均值 = 19.82%Fe；中間值 = 19.82%Fe
平均差 = 0.041%Fe；估計標準差 = 0.056%Fe
* 最大值；♯ 最小值

如將這些數據分成等間隔的九組，則測定值在各組出現的次數如表 2.3 所示。可見大部分的測定值密集於平均值附近。

表 2.3　測定值出現的次數（表 2.2 數據）

組	組距, %Fe	組內次數	次數分率%
1	19.69～19.71	3	6
2	19.72～19.74	1	2
3	19.75～19.77	7	14
4	19.78～19.80	9	18
5	19.81～19.83	13	26
6	19.84～19.86	7	14
7	19.87～19.89	5	10
8	19.90～19.92	4	8
9	19.93～19.95	1	2

這種情形從次數分率分配曲線圖（圖 2.1）看來更爲明瞭。

圖 2.1　次數分率分配曲線

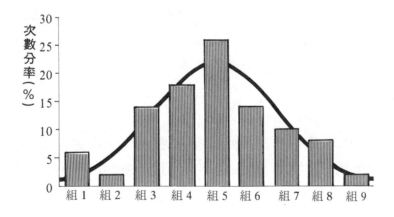

由次數分率分配曲線可得下述結論：

(1)大部分測定值密集於平均值附近。

(2)如無固定誤差存在，正差值與負差值發生的機會相同。

(3)由一系列的測定值求出的平均值比任何一個測定值可靠。

2.3 平均值, 中間值與眞值

1.平均值 $\bar{x}$

設一系列測定值爲 x_1, x_2, $x_3 \cdots x_n$, 則其平均值爲各測定值的和除以測定的次數 N

$$\bar{x} = \frac{\sum x_i}{N} \tag{2.1}$$

以表 2.2 爲例, 諸測定值的平均值爲

$$\bar{x} = \frac{19.88 + 19.73 + \cdots + 19.79}{50} = 19.82$$

2.中間值 m

一組測定值按大小順序排列時, 位於中間的測定值稱爲中間值 (median value)。假如有偶數個測定值, 即取中間二測定值的平均值爲中間值。以表 2.2 爲例, 其中間值爲 19.82。中間值常用來代替平均值以表示一系列測定中最可能出現的數值。

3.眞 值 μ

理論上由無窮多次測定的結果求得的平均值即爲眞值 (true value)。但實際上測定次數 (樣品數) 是有限的, 因此一般求得的平均值只是近似眞值。

2.4 精密度 (precision)

精密度是表示一數據中各測定值互相接近的程度。一實驗數據精密度的高低取決於不定誤差的大小。不定誤差大時, 測定的結果就很

不一致，也就是說其精密度不高；相反的，若不定誤差小時，各測定值將集中於一小範圍內，其精密度就很高。

1.測定值的精密度

分析結果的測定值之精密度可由它的標準差（standard deviation）的大小看出。由有限次（N 次）測定值所求得的標準差稱爲估計標準差 s，其公式爲：

$$s = \sqrt{\frac{\sum_{i=1}^{N}(x_i - \bar{x})^2}{N-1}} \tag{2.2}$$

理論上由無窮多次測定的結果求得的 s 即爲群體標準差（population standard deviation），以 σ 表示。σ^2 稱爲變異數（variance），而 s^2 稱爲不偏變異數。

依統計學的論述，在很多次的測定中約有三分之二的測定值被包括於（$\bar{x} \pm s$）中。因此測定值的標準差愈小，即表示測定結果的精密度愈高。上例鐵礦分析的結果：s＝0.056。

測定值的精密度也可用平均差（average deviation）來表示，其公式爲：

$$d = \frac{\sum|x_i - \bar{x}|}{N} \tag{2.3}$$

即將各測定值與平均值的偏差（deviation）之絕對值的和，除以測定次數。測定值的平均差比較常用，尤其是測定次數少的時候。上例鐵礦分析的結果：d＝0.041。

這些結果通常用相對精密度（relative precision）來表示，即平均差或標準差與平均值的比值，而以千分之幾（parts per thousand, ppt）爲表示單位。例如，

$$\frac{0.041}{19.82} \times 1000 = 2.1\text{ppt}$$

　　容量分析的相對精密度，又稱容許誤差，一般要求 1ppt 以內。因此如秤量 0.2g 的物重，需讀至 0.1mg；如秤量 2g，則僅讀至 1mg 即可。50mL 的滴定管可讀至 0.01 mL，因此溶液的用量應多於 20 mL 才可使相對精密度近於 1ppt。重量分析的容許誤差則視成分的含量而異，如下表所示：

表 2.4　重量分析之容許誤差

含　　量　　%	容　許　誤　差　ppt
～100	1～3
～50	3
～10	10
～1	20～50
～0.1	50～100
0.01～0.001	～100

　　重量分析常以成分總和是否接近 100％ 做為分析結果準確性的判斷基準。例如，總和 99.89％ 較總和 98.76％ 準確。其實，某成分的正誤差可能與另一成分的負誤差相抵以致總和為 100％ 也說不定。所以對任一成分的分析都需小心檢討。

2.平均值的精密度

　　知道平均值的精密度要比知道測定值的精密度來得重要。平均值的精密度亦可由它的估計標準差 (S) 或平均差 (D) 來判斷，其公式為：

$$S = \frac{s}{\sqrt{N}}; \quad D = \frac{d}{\sqrt{N}} \tag{2.4}$$

例如，分析鐵礦的例子（表 2.2），

$$S = \frac{0.056}{\sqrt{50}} = 0.0079$$

此數值僅表示平均值的可靠性（即差值愈大，平均值的可靠性愈小），並不表示眞值必在 19.82 ± 0.0079 之內。但假如沒有固定誤差發生，且測定次數大於 40 時，則眞值存在於（$\bar{x} \pm 2.0S$）內的可能性是很大的，信賴度約爲 95%（表 2.7）。因此上例鐵礦的分析結果，其眞值有 95% 信賴度可期望位於 19.80% 與 19.84% 之間。

2.5　分析結果的準確度（accuracy）

準確度是表示一數據與眞值接近的程度。實驗數據的準確度會受到固定誤差的影響，即固定誤差愈大，測定的結果愈遠離眞值，準確度也就愈低。因此只要曉得眞值，即可獲悉分析結果的準確度。一測定值對眞值的偏差稱爲絕對誤差（absolute error）；絕對誤差除以眞值即得相對誤差（relative error）。

【例 2.1】有 A 與 B 兩種鐵礦試料，已知其含鐵量各爲 30.24% 與 10.24%，但有一實驗者分析這兩種試料含鐵量的報告爲 A 試料 30.15%，B 試料 10.15%。試計算其絕對誤差與相對誤差。

【解】(1)絕對誤差

A 試料：　　　$30.24\% - 30.15\% = 0.09\%$

B 試料：　　　$10.24\% - 10.15\% = 0.09\%$

(2)相對誤差

A 試料：　　$\dfrac{0.09}{30.24} = 0.003 = 3\text{ppt}$

B 試料：　　$\dfrac{0.09}{10.24} = 0.009 = 9\text{ppt}$

欲獲得高度趨近眞值的分析結果，可採用下列方法：

1.使用一種已經過充分研究和實驗而確知能適用於分析該試料的

方法。

    2.對實驗中的所有物料（欲分析的成分除外）做空白實驗。由空白實驗得到的數據，可用來校正各測定值。

    3.使用分析原理完全不同的二種或更多種方法來分析同一試料，若結果都很接近即可認為甚近於眞值。

    4.同時分析與試料相同成分的標準試料（可向中央標準局接洽），如兩者分析的結果相近，即可認為該試料分析的結果為眞值。

2.6 測定次數與測定值的取捨；Q 鑑定

    增加實驗的次數一般都能減少平均差（或標準差），提高精密度。但若增加測定次數僅能增進微小的精密度，徒然耗費時間與精力，則非明智之舉。

    有經驗的分析家對一般的分析工作僅做二次。標準性的或複雜的分析亦僅需三次或四次。非常精密及重要的分析才須做更多次的測定。

表 2.5　Q 鑑定之 Q_{crit} 指標

重複測定次數	Q_{crit}	
	90％信賴度	95％信賴度
3	0.941	0.979
4	0.765	0.829
5	0.642	0.710
6	0.560	0.625
7	0.507	0.568
8	0.468	0.526
9	0.437	0.493
10	0.412	0.466

　　由多次測定所得的數據中，有時其中一個測定值（疑異值）與衆不同（太大或太小）。求平均值時，如果重複測定次數大於 3，可用 Q 鑑定幫助判斷疑異值是否應捨棄：先將測定值依大小次序排列，由疑異值 x_q 與最近值 x_n 之差以及疑異值與最遠值之差，即數據之全距 R，計算 Q 如下：

$$Q = \frac{|x_q - x_n|}{R} \qquad\qquad (2.5)$$

若 Q 大於表 2.5 所列之 Q_{crit} 指標，則疑異值 x_q 應捨棄。

【例 2.2】測一溶液的規定濃度時得到下列數據：0.5050，0.5042，0.5086，0.5063，0.5051，0.5064。問疑異值 0.5086 是否應捨棄？

【解】測定值依序排列如下：

$$\overset{\displaystyle 0.0022}{\overbrace{\qquad\qquad\qquad}}$$
$$0.5042,\ 0.5050,\ 0.5051,\ 0.5063,\ 0.5064,\ 0.5086$$

$$R = 0.0044$$
$$Q = 0.0022/0.0044 = 0.50$$

查表 2.5 可知 90％信賴度之 Q_{crit} 指標為 0.560。因為 Q＜Q_{crit}，故此疑異測定值應予保留。亦即，0.5086 與其他數據屬同一族之或然率大於 10％。

2.7　運算誤差之累積

　　定量分析過程若干含有誤差之測定值進行數學運算時會累積誤差。若以標準差表示誤差，其累積的情形如表 2.6 所示：

表 2.6 二數 A 及 B 運算後誤差之累積

運　算	運算結果之標準差, s	運　算	運算結果之標準差, s
$A \pm B$	$(s_A{}^2 + s_B{}^2)^{\frac{1}{2}}$	A^2	$2s_A A$
$A \times B$	$(s_A{}^2 B^2 + s_B{}^2 A^2)^{\frac{1}{2}}$	$\sqrt{A}$	$\dfrac{s_A}{2\sqrt{A}}$
$A \div B$	$\dfrac{A}{B}\left(\dfrac{s_A{}^2}{A^2} + \dfrac{s_B{}^2}{B^2}\right)^{\frac{1}{2}}$	$\ell n\, A$	$\dfrac{s_A}{A}$
$n \times A$	$n s_A$	$\ell n\,(A+B)$	$(s_A{}^2 + s_B{}^2)^{\frac{1}{2}} / (A+B)$
$1/A$	$\dfrac{s_A}{A^2}$	$\ell n\,(A/B)$	$\left(\dfrac{s_A{}^2}{A^2} + \dfrac{s_B{}^2}{B^2}\right)^{\frac{1}{2}}$
e^A	$s_A e^A$		

2.8 信賴範圍

　　若沒有固定誤差，做無限多次測定結果的平均值即為眞值，$\bar{x} = \mu$，但有限次（N 次）測定下所得的平均值與眞值相差多少呢？當然 N 愈小，$|\bar{x} - \mu|$ 愈大。

　　多次測定的結果，可以用常態分佈曲線表示其分佈情況。常態分佈的公式爲：

$$y = \frac{1}{\sqrt{2\pi}} e^{\left(-\frac{z^2}{2}\right)} \tag{2.6}$$

其中，$z = \dfrac{(x - \mu)}{\sigma}$，y 則表示或然率的密度。

常態分佈曲線的形狀如圖 2.2 所示。

圖2.2　常態分佈曲線圖

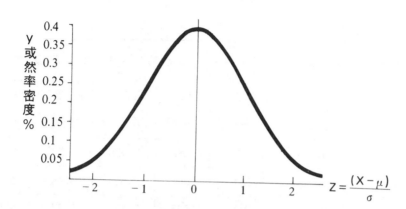

$$Z = \frac{(X-\mu)}{\sigma}$$

　　分佈曲線下方所覆蓋的面積即爲或然率。分佈曲線下的面積爲 1，表示總或然率是 1。部分分佈曲線下的面積，例如 $-1 < z < 1$ 範圍內的面積爲 0.683，即表示測定值 x 的偏差小於一個 σ，或 $|x - \mu| < \sigma$ 的或然率爲 0.683。

μ 在下列範圍內的或然率是 95％：

$$\mu = x \pm 2.0\,\sigma \quad (\text{N}=1，\text{x 乃是 1 次測定之值}) \tag{2.7}$$

$$\mu = \bar{x} \pm 2.0\,\sigma/\sqrt{\text{N}} \quad (\text{平均值乃是 N 次測定之結果}) \tag{2.8}$$

μ 在下列範圍內的或然率則是 99％：

$$\mu = x \pm 2.58\,\sigma \quad (\text{N}=1，\text{x 乃是 1 次測定之值}) \tag{2.9}$$

$$\mu = \bar{x} \pm 2.58\,\sigma/\sqrt{\text{N}} \quad (\text{平均值乃是 N 次測定之結果}) \tag{2.10}$$

這些或然率又稱爲信賴度（confidence level），如 95％ 的信賴度、99％ 的信賴度等。各信賴度所指定的範圍稱爲信賴範圍（confidence interval）。例如 95％ 信賴度的信賴範圍爲 $\mu = \bar{x} \pm 2.0\,\sigma/\sqrt{\text{N}}$。

　　實際上要做很多次測定求 μ 和 σ 是不可能的，必須利用 N_x 次測定結果的平均值 $\bar{x}$ 和標準差 s 求某測定的眞值在一定的或然率下的存在範圍，即信賴範圍。信賴範圍可依下面方程式表示之：

$$\mu = \bar{x} \pm ts/\sqrt{N_x} \tag{2.11}$$

其中 t 是標準差之自由度（$N_s - 1$）與信賴度的函數，如表 2.7 所示。

表 2.7　t　值

自由度 $N_s - 1$	信賴度 % / $\left(\dfrac{\|\bar{x} - \mu\|}{s/\sqrt{N}} > t \text{ 或 } \dfrac{\|x - \mu\|}{s} > t \text{ 之或然率} \right)$					
	50/0.5	70/0.3	80/0.2	90/0.1	95/0.05	99/0.01
1	1.000	1.963	3.078	6.314	12.706	63.657
2	0.816	1.386	1.886	2.920	4.303	9.925
3	0.765	1.250	1.638	2.353	3.182	5.841
4	0.741	1.190	1.533	2.132	2.776	4.604
5	0.727	1.156	1.476	2.015	2.571	4.032
6	0.718	1.134	1.440	1.943	2.447	3.707
7	0.711	1.119	1.415	1.895	2.365	3.500
8	0.706	1.108	1.397	1.860	2.306	3.355
9	0.703	1.100	1.383	1.833	2.262	3.250
10	0.700	1.093	1.372	1.812	2.228	3.169
20	0.687	1.064	1.325	1.725	2.086	2.845
40	0.681	1.050	1.303	1.684	2.021	2.704
∞	0.674	1.036	1.282	1.645	1.960	2.576

　　式（2.8）與式（2.10）中的係數 2.0 與 2.58 即自由度為 ∞，信賴度為 95％ 與 99％ 的 t 值。式（2.11）仍然假設常態分佈成立。但是 $N_s = 1$ 時假定常態分佈是較危險的；在這種情況下則需利用其他同樣性質的實驗所得的 s 值。自由度相等時信賴度愈高則信賴範圍愈大，這是或然率理論的最基本觀念。例如，信賴度 80％ 表示某值在某範圍裡面的或然率是 0.8，不在這範圍的或然率是 0.2；這信賴範圍遠

比90％信賴度的範圍爲小。由表2.7的 t 值即可明瞭這種道理。

【例2.3】分析鐵三次得平均值±標準差爲（52.10±0.20)％，求在90％，95％，99％信賴度的信賴範圍。

【解】由表2.7可知自由度2信賴度90％之 t 值爲2.92，所以信賴範圍爲：

$$52.10 \pm 2.92 \times 0.20/\sqrt{3} = (52.10 \pm 0.34)\%$$

同法，信賴度95％之信賴範圍爲：

$$52.10 \pm 4.303 \times 0.20/\sqrt{3} = (52.10 \pm 0.50)\%$$

信賴度99％之信賴範圍爲：

$$52.10 \pm 9.925 \times 0.20/\sqrt{3} = (52.10 \pm 1.14)\%$$

2.9　兩組測定值的比較

在同一信賴度下比較兩組測定值（如新舊分析方法；不同實驗室的結果；不同技術人員的結果等），經常分成兩個部分進行。第一個是比較平均值，鑑定固定誤差是否存在，此時採用 t 鑑定。第二個是比較標準差，鑑定不定誤差來源是否相同，即精密度是否相同，此時採用 F 鑑定。

1. t 鑑定

t 鑑定可用以決定同一種樣本（同一個 μ ）之兩組測定值所得的兩個平均值，$\bar{x}$ 和 $\bar{y}$，是否有明顯的差異（significant difference）。茲以下列兩種情況分別討論：

(1)經過多次測定已確知真值 μ 時，依公式（2.12）計算 t′值：

$$t' = \frac{\bar{x} - \mu}{s}\sqrt{N} \tag{2.12}$$

比較式 (2.12) 之 t′ 與表 2.7 的 t 值，若 t′＜t 即表示在指定信賴度下 $\bar{x}$ 近似眞值。

(2)比較 N_x 次測定的平均值 $\bar{x}$ 和 N_y 次測定的平均值 $\bar{y}$ 時：

$$t' = \frac{|\bar{x} - \bar{y}|}{S_R} \tag{2.13}$$

$$S_R = s_p \sqrt{\frac{N_x + N_y}{N_x N_y}} \tag{2.14}$$

$$s_p = \sqrt{\frac{\sum (x_i - \bar{x})^2 + \sum (y_j - \bar{y})^2}{N_x + N_y - 2}} \tag{2.15}$$

S_R 是 $(\bar{x} - \bar{y})$ 的估計標準差，s_p 則是兩組的綜合標準差（pooled standard deviation）。比較式 (2.13) 之 t′ 與表 2.7 的 t 值，若 t′＜t 即表示在指定信賴度下，$\bar{x}$ 與 $\bar{y}$ 兩平均值近似。

2. F 鑑定

F 鑑定可用以決定兩組的標準差（或變動）是否有明顯的差異，是決定兩組測定值的精密度在指定的或然率下一致或不一致的方法。F 指兩組的變動，s_x^2 與 s_y^2 的比，其中變動較大者爲分子，所以比值 F 恆大於 1：

$$F = \frac{s_x^2}{s_y^2} \quad (若\ s_x^2 > s_y^2) \tag{2.16}$$

若 F（式 2.16）比表 2.8 所示的極限值 F^* 小，表示 s_x^2 與 s_y^2 沒有明顯的差異，兩者可視爲一致；但若比極限值 F^* 大，則兩者有明顯的差異。這就是所謂 F 鑑定。

表2.8　誤判或然率10％之極限值F*

分母之自由度	分 子 之 自 由 度						
	2	3	4	5	6	20	∞
2	19.00	19.16	19.25	19.30	19.33	19.45	19.50
3	9.55	9.28	9.12	9.01	8.94	8.66	8.53
4	6.94	6.59	6.39	6.26	6.16	5.80	5.63
5	5.79	5.41	5.19	5.05	4.95	4.56	4.36
6	5.14	4.76	4.53	4.39	4.28	3.87	3.67
20	3.49	3.10	2.87	2.71	2.60	2.12	1.84
∞	3.00	2.60	2.37	2.21	2.10	1.57	1.00

3.應用例

　　測定值在特定的信賴度下都有依式（2.11）所定的信賴範圍。既然信賴範圍受或然率所拘束，兩值一致或不一致也受或然率的限制。為決定兩值互相差異的原因是否完全是機率的問題，必須先設定一個或然率的準則。通常以95％信賴度做為基準，即兩個測定值若在二十次裡面有一次以上不一致的機會（不一致的機會有5％以上，一致的機會在95％以下），就說兩值有「顯著的差」。下面的例子說明t鑑定和F鑑定的應用。

【例2.4】利用A，B兩個方法分析矽酸鹽中的三氧化二鐵含量，得下面結果，問精密度和平均值是否有明顯的差異？

測定編號	Fe_2O_3％	
	方法 A	方法 B
1	2.01	1.88
2	2.10	1.92
3	1.86	1.90

測定編號	Fe$_2$O$_3$ %	
	方法 A	方法 B
4	1.92	1.97
5	1.94	1.94
6	1.99	—
平均	1.97	1.92
變動 s^2	(0.0344/5) 0.0069	(0.0049/4) 0.0012

【解】由式（2.16）得 F = 0.0069/0.0012 = 5.8。從表 2.8 得自由度 $f_A = 5$，$f_B = 4$ 時極限值 F^B* = 6.26。因為 F＜F*，所以誤判或然率為 5%時方法 A 與方法 B 之精密度相似。但是實驗值 5.8 太接近表值 6.26，所以實際上方法 A 說不定比方法 B 差一點。為要確認這個結論，必須多做幾次實驗。誤判或然率為 5%畢竟是隨意選擇的，假若選定 10%或然率，則 F* = 4.05＜F，就得不同的結論，即方法 A 與方法 B 之精密度顯著不同，方法 A 比方法 B 差。由上述的分析 B 法只可採用為日常分析工作的方法。

　　兩個方法當中若一個含有固定誤差，或兩個都有固定誤差時，平均值就有差異。經過 F 鑑定確認 A，B 兩個方法的精密度實際上相等之後，可依式（2.13）計算 t′值以確定平均值有顯著差異的或然率。

　　由式（2.15）計算兩種方法中每一個測定值的綜合標準差 s_p：

$$s_p = \sqrt{\frac{\sum(x_i - \overline{x})^2 + \sum(y_j - \overline{y})^2}{N_x + N_y - 2}}$$

$$= \sqrt{\frac{0.0344 + 0.0049}{11 - 2}} = \sqrt{0.00437} = 0.066$$

兩個平均值以估計標準差表示可寫成：

$$\overline{x}_A = \mu \pm s_p/\sqrt{N_A}; \quad \overline{x}_B = \mu \pm s_p/\sqrt{N_B}$$

依表 2.6 兩平均值相減的標準差即可得如式（2.14）之 S_R 計算式，

$$S_R = s_p \sqrt{\frac{N_A + N_B}{N_A N_B}} = 0.066 \times \sqrt{\frac{11}{30}} = 0.066 \times 0.61 = 0.040$$

由式（2.13）

$$t' = (1.97 - 1.92)/0.040 = 1.25$$

由表 2.7 可知自由度 9 時，$t \doteqdot t' = 1.25$ 的或然率在信賴度 70％ 和 80％ 之間（約爲 75％），所以兩個平均值有差異的機會不會比 0.25 或然率所預測的機會大。上述的計算曾假定兩個方法的精密度在本質上相等。而且 F 鑑定也已經證明過這假定的成立，所以結論是兩個平均值並沒有明顯的差異。

2.10　校正曲線

物理化學實驗常改變實驗條件，求某一物理量與其他物理量的關係，如

$$y = a + bx$$

x，y 兩物理量的關係由常數 a，b 聯結。這時不能求平均值，信賴範圍也由一度空間變成二度空間。

1.兩物理量的關係之調查

調查兩物理量的關係時應注意下列事項：

⑴**相關性：**
以相關係數鑑定兩物理量是否有關係。

⑵**相關類型：**
以迴歸分析鑑定兩物理量的關係是線性關係，或曲線關係。

⑶**有無異常數據：**

以可信度分析鑑定異常的測定值是否應捨棄。

2.線性關係之分析

(1)相關值 r 與相關係數 r′：

相關值 r 與表 2.7 之 t 值都是自由度 f 與信賴度 α 的函數。在某一自由度與信賴度 (f, α) 之下，r 與 t 之關係如下：

$$t = \frac{r\sqrt{N-2}}{\sqrt{1-r^2}} \tag{2.17}$$

相關係數 r′ 則由測定值依下式計算：

$$r' = \frac{s_{xy}}{s_x s_y} \tag{2.18}$$

其中

$$s_x^2 = \sum(x-\bar{x})^2 = \sum x_i^2 - \frac{(\sum x_i)^2}{N}$$

$$s_y^2 = \sum(y-\bar{y})^2 = \sum y_i^2 - \frac{(\sum y_i)^2}{N}$$

$$s_{xy} = \sum(x-\bar{x})(y-\bar{y}) = \sum xy - \frac{(\sum x)(\sum y)}{N} \tag{2.19}$$

若 $|r'| \geq r(N-2,\alpha)$ 則表示有相關性，其信賴度為 α。此時若 $r'>0$ 則為正相關，若 $r'<0$ 則為負相關。圖 2.3 舉例說明相關性。

(2)迴歸之推定：

當 x 與 y 之間有相關關係時，即可求迴歸式以定量表示 x 與 y 的關係。線性迴歸 $y=a+bx$ 之迴歸係數 a 與 b 可由下式求得：

$$b = \frac{s_{xy}}{s_x^2} \tag{2.20}$$

$$a = \bar{y} - \overline{bx} \tag{2.21}$$

此迴歸線 $y=a+bx$ 乃是以 x 推定 y 之迴歸線。

圖 2.3　相關性

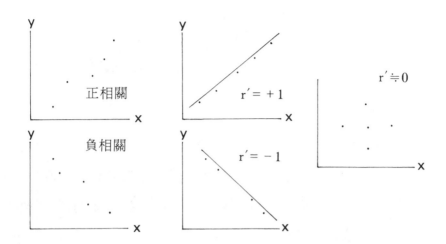

同理 $x = a' + b'y$ 乃是以 y 推定 x 之迴歸線，而

$$b' = \frac{s_{xy}}{s_y{}^2} \tag{2.22}$$

$$a' = \bar{x} - b'\bar{y} \tag{2.23}$$

迴歸之標準差 s_r（the standard deviation about regression），即由 x
推定 y 之標準差：

$$s_r = \sqrt{\frac{\sum[y_i - D(a + bx_i)]^2}{N - 2}} = \sqrt{\frac{s_y{}^2 - b^2 s_x{}^2}{N - 2}} \tag{2.24}$$

迴歸直線斜率之標準差 s_b：

$$s_b = \frac{s_r}{s_x} \tag{2.25}$$

迴歸直線截距之標準差 s_a：

$$s_a = s_r \sqrt{\frac{1}{N - \frac{(\sum x_i)^2}{\sum x_i{}^2}}} \tag{2.26}$$

根據迴歸直線由 y 推定 x 值之標準差 s_c：

$$s_c = \frac{s_y}{|b|}\sqrt{\frac{1}{M} + \frac{1}{N} + \frac{(\bar{y} - \bar{y}_c)^2}{b^2 s_x^2}}$$ (2.27)

其中 $\bar{y}_c$ 是未知樣品重複 M 次測定之平均值，$\bar{y}$ 則為獲取檢量曲線之 N 次測定之平均值。

(3)疑異值之捨棄：

獲取檢量曲線之 N 次測定值是否有疑異值（x_q，y_q），其偵測方法有二。一是捨棄（x_q，y_q）後可增進相關係數至足以信賴的程度；二是當自由度 N－2 與選定信賴度下之 t 值小於 t'，t' 之計算式如下：

$$t' = \frac{|y_q - (a + bx_q)|}{s_r}$$ (2.28)

此疑異值不可馬上捨棄，應重複測定該數據對 3 次以上，再依 Q 鑑定法捨棄不準確的數據，並重新計算相關係數與 t。若經此處理仍得不到理想的相關係數與 t 值，表示檢量線並非線性。一般而言，濃度太高容易偏離低濃度範圍的檢量直線。

【例 2.5】在 25℃ 實驗室中校正一隻 50mL 滴定管，管中液體自刻度 50 mL 開始滴下至終止刻度，稱量流下液體重量，記錄液重及刻度如下表。問是否有異常數據？並以統計方法分析檢量曲線。

i	液體重 x_i g	終止刻度 y_i mL	x_i^2	y_i^2	$x_i y_i$
1	0.00	49.977	0.00	2497.7	0.00
2	5.00	44.988	25.0	2023.9	224.94
3	10.00	40.012	100.0	1600.96	400.12
4	15.00	35.000	—	—	—
5	20.00	30.047	400.0	902.82	600.94

i	液體重 x_i g	終止刻度 y_i mL	x_i^2	y_i^2	x_iy_i
6	25.00	25.071	625.0	628.56	626.78
7	30.00	20.088	900.0	403.53	602.64
8	35.00	15.111	1225.0	228.34	528.88
9	40.00	10.123	1600.0	102.475	404.92
10	45.00	5.153	2025.0	26.553	231.88
合計	210.00	240.570	6900.0	8414.86	3621.10

【解】由全部數據之直線相關係數 r' 為 -1.000，其絕對值大於 $r(8, 95\%)$，即 0.633。只依相關係數判斷則全部數據正常。但大部分數據對點皆非常接近一直線，只有第 4 個數據對有疑異，若先排除此數據對，即（15.00，35.000），計算檢量直線之迴歸係數如下：

$$s_x^2 = \sum x_i^2 - (\sum x_i)^2/N = 6900.0 - \frac{(210.00)^2}{9} = 2000$$

$$s_y^2 = \sum y_i^2 - (\sum y_i)^2/N = 8414.86 - \frac{(240.57)^2}{9}$$
$$= 1984.42$$

$$s_{xy} = \sum x_i y_i - (\sum x_i)(\sum y_i)/N$$
$$= 3621.10 - \frac{(210.00)(240.57)}{9} = -1992.20$$

由式（2.20）可得 $b = -0.9961$

由式（2.21）可得 $a = 49.972$

由式（2.24）可得 $s_r = 4.0 \times 10^{-3}$

由式（2.25）可得 $s_b = 9 \times 10^{-5}$

由式（2.26）可得 $s_a = 2.5 \times 10^{-3}$

計算第 4 數據對之 t' 值如下：

$$t' = \frac{|35.00 - (49.972 - 0.9961 \times 15)|}{4.0 \times 10^{-3}} = 7.7$$

而由表 2.7 可知 t(7.99%) = 3.50。因 t′ > t，所以第 4 數據對有疑異，應再重測試該數據對 3 次以上，再利用「Q 鑑定」決定應捨棄的數據。

【例 2.6】前【例 2.5】的滴定管用於酸鹼滴定，滴定管之初刻度皆為 0.00mL，得滴定終點刻度為 20.00mL。若滴定終點刻度是：(1) 單一測定值；(2) 3 次測定平均值，求滴定重量與標準差。

【解】無論 20.00mL 是單一測定值或 3 次測定平均值，滴定重量皆為：

$$x = \frac{y - a}{b} = \frac{20.00 - 49.972}{-0.9961} = 30.09g$$

(1)是單一測定值時，由式（2.27）

$$s_c = \frac{4.0 \times 10^{-3}}{0.9961} \sqrt{\frac{1}{1} + \frac{1}{9} + \frac{\left(30.09 - \frac{240.57}{9}\right)^2}{(-0.9961)^2(2000.0)}}$$

$$= 4.2 \times 10^{-3}$$

(2)是 3 次測定平均值時，由式（2.27）

$$s_c = \frac{4.0 \times 10^{-3}}{0.9961} \sqrt{\frac{1}{3} + \frac{1}{9} + \frac{\left(30.09 - \frac{240.57}{9}\right)^2}{(-0.9961)^2(2000.0)}}$$

$$= 2.7 \times 10^{-3}$$

習 題

2.1 下列數值有多少有效位數?

    (1)4.09×10^{-5}

    (2)0.0006360

    (3)7,000.002

2.2 若分析要求2ppt的容許誤差, 已知滴定管之刻度最多可辨識至 ±0.02mL, 而每滴體積約爲0.05mL, 求滴定管至少須裝滿多少 mL?

2.3 試由下列分析一褐鐵礦 (limonite) 所含Fe百分率的數據

    24.62, 24.60, 23.71, 24.22, 25.00, 24.44

    24.42, 24.48, 24.50, 24.41, 24.65, 25.70

    繪成一次數分率分配曲線圖。

2.4 試以有效數字法計算下列諸式:

    (1)$213.68 + 0.006 + 5.3 =$

    (2)$4.24 \times 7.1 \times 35.367 =$

    (3)$356.2 \div 6.15 \div 2.001 =$

2.5 分析一已知含33.64％銅的試樣得下列結果:

試樣重（g）	銅含量％（實驗值）
0.5678	33.43
0.2390	33.14
0.9469	33.52
0.4052	33.32
0.1519	32.85
1.6150	33.57

問疑異值 32.85 是否應捨棄？是否有固定誤差存在？

2.6 甲班學生共 40 人，在某一酸鹼滴定實驗中分別對不同 NaOH 濃度的未知溶液以 KHP 標定，每一學生作三次結果，如下：

	王　生	李　　生
#1	0.01053	0.00810
#2	0.01046	0.00920
#3	0.01051	0.00730
平均值	0.01050	0.00820
標準差	0.000036	0.00095
眞　值	0.01044	0.0088

若計算全班之綜合標準差 s_p，因為有 10 位學生之標準差經 F 鑑定後，須捨棄，結果計算得 $s_p = 0.0003$，試問王生與李生之標準差是否在捨棄之列？

2.7 同上一題之情況，試問二生之平均值是否在 95% 信賴範圍內？

第三章　分析天平之原理及操作

分析天平在定量分析實驗中應用相當廣泛。諸如沈澱物之稱量，標準溶液之配製等均需使用分析天平做非常精確的稱量。分析天平的構造精細，可偵測至其最大稱量重量之百萬分之一的重量差。例如，一種在實驗室上常使用的分析天平，可負載最大容許重量為160g，其測量標準差為 $\pm 0.1mg$（$\pm 1 \times 10^{-4}g$）。

3.1　分析天平之分類

分析天平（analytical balances）具有高精密度，而一般實驗室的三樑天平準確度較差只提供較粗略的稱量數據。

分析天平可依靈敏度及負載限度來分類。典型的大型分析天平（macro analytical balances）最大負載為 160 至 200g（雖然有些超級規格的天平可負載至 2000g），其標準差約為 $\pm 0.1mg$。半微量天平（semimicro balances）最大負載為 10 至 30g，其標準差約為 $\pm 0.01mg$。微量分析天平（micro balances）可容許最大負載為 1 至 3g，此種天平的典型標準差為 $\pm 0.001mg$。

分析天平若依構造分類有單盤與雙盤兩種。雙盤式分析天平又稱等臂天平，主要用於砝碼之校正，單盤式分析天平則又分成機械天平與電動天平兩種。單盤式機械天平之原理與雙盤式等臂天平相同，都是應用槓桿的原理使指針平衡在靜止點，而電動天平則是應用電磁力支撐秤盤於靜止點。

3.2 等臂天平之原理

等臂天平主要運動部分是臂,其作用屬於第一類槓桿,即支點位於兩作用力之間,如圖 3.1 所示。等臂分析天平之雙盤掛在 L 及 R 之刀口上。欲稱量物體之質量為 m_1 之砝碼置於左盤,質量為 m_2 之砝碼置於右盤。依牛頓第二定律,其所受重力各為 F_1 及 F_2:

$$F_1 = m_1 g \tag{3.1}$$
$$F_2 = m_2 g \tag{3.2}$$

達平衡時指針在刻度 PS 之零點,二力矩相等,

$$F_1 \ell_1 = F_2 \ell_2 \tag{3.3}$$

因兩臂等長 $\ell_1 = \ell_2$,且平衡時 $F_1 = F_2$,可得

$$m_1 g = m_2 g \quad 或 \quad m_1 = m_2 \tag{3.4}$$

由於砝碼之質量 m_2 已知,故可決定欲測物之質量 m_1($= m_2$)。

質量與重量不同。物體的質量不論在何處都是一不變的量,重量則為物體與地心的引力,隨緯度、高度等地域不同而異。同一物體在赤道或兩極之重量就不相同,而質量卻相等。但在同一個地方,物體重量 w 與質量 m 成正比:

$$w = F = mg \tag{3.5}$$

故常以重量代替質量。

一般而言,比較質量之操作稱為稱重或稱量,上述天平操作所得結果為物體之質量。

圖3.1　等臂分析天平

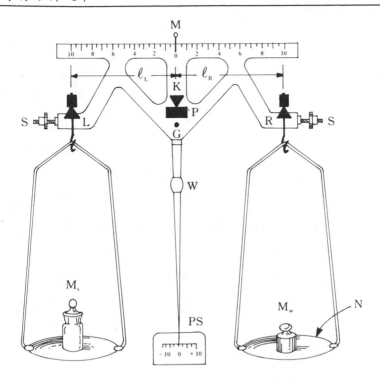

G：重心	K：支點刀尖	L：左重點刀尖
M：游碼	（人工寶石）	（人工寶石）
N：秤盤	M_s：物體	M_w：砝碼
R：右重點刀尖	P：支撐平板	PS：刻度尺
（人工寶石）	（人工寶石）	W：可動重錘
		S：零點調整螺絲

3.3　等臂分析天平或機械式單盤天平之構造

　　等臂分析天平或機械式單盤天平（圖3.2）在外表、設計及操作性能均有相當的差異。雖然如此，這些天平均含有共同的組件，將在下面討論。

1.樑 (beams)

天平最重要的部位是樑，它的中央有瑪瑙刀尖作為支點並以瑪瑙平板支持成一槓桿的構造。待測物放在樑的一端產生一力矩，使樑繞支點轉動。此運動被另一相反的力所抵消，該力的大小即可用以測定物體的質量。依據天平設計，此相反的力可由加在樑的另一端，或移去放置在待測物同一端的一部分重量而產生。通常都利用標準砝碼的重量產生此相反的力。當然也可應用電磁力。

瑪瑙刀尖與瑪瑙平板之間具有極小的摩擦力，天平的性能完全由此支點的機械性能所決定，故此二部分均以堅硬物質精密製造，例如瑪瑙（agate）或人造藍寶石（synthetic sapphire）。使用任何類型的天平皆需小心，避免損害刀尖或平板表面，降低其靈敏度。

有些分析天平利用拉緊金屬帶（tant metal bands）以代替刀尖或平板。天平的樑與金屬帶堅固連結著。樑移動時會輕微扭轉金屬帶。此裝置的優點是堅固，避免磨損，且不怕灰塵及髒物。

在等臂天平的樑上，中點至左右兩端各刻有 100 等分之細線，便於判斷游碼的位置。游碼多為鉑絲所製，其重量為 0.01g，所以樑之每一細刻線相當於 0.01g/100，即 0.0001g。

2.鐙與盤 (stirrups and pans)

機械式單盤天平如圖 3.2 所示，含有第二個活動支點連接樑與鐙以利轉動。鐙與盤則由第三個活動支點相連。等臂天平如圖 3.1 所示，樑臂需要兩個鐙。因此單盤天平比雙盤天平少一個可動部分。其他的組件和單盤天平一樣。活動支點愈少愈好，因為這樣可減少樑擺動所產生的摩擦。

圖 3.2　機械式單盤天平構造

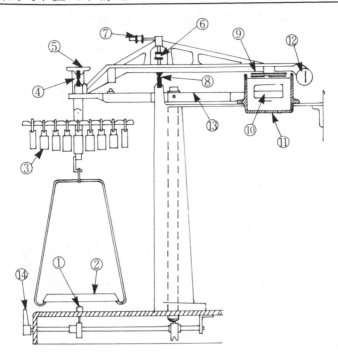

①：盤制動器　　　　②：秤盤　　　　　③：砝碼
④：重點刀尖　　　　⑤：鐙　　　　　　⑥：重心調整螺旋
　　（人工寶石）　　⑧：支點刀尖　　　⑨：濕度補正板
⑦：零點調整螺旋　　　（人工寶石）　　⑫：玻璃刻度鏡片
⑩：重錘　　　　　　⑪：空氣牽制器
⑬：樑制動器　　　　⑭：制動轉鈕

3.樑之傾斜度偵測器（beam deflection detectors）

　　所有天平都具有的另一個組件就是偵測及測定樑達平衡時的傾斜程度。最簡單的偵測器為等臂天平的擺針及等臂天平的刻度尺（PS）。擺針的傾斜角度或擺針端沿刻度尺的水平位移與兩盤的負載差成正比。天平的靈敏度（sensitivity）可用單位質量在刻度尺的位移量來表示，它與指針的長度成正比。

　　增加天平靈敏度的一個方法，是利用所謂的「光學槓桿」(optical lever)。位於樑頂部的一片小鏡子會因樑的傾斜而旋轉一個角度，此時若將鏡子的反射光集中在刻度尺的某一位置可使稱量之靈敏度增加 100 倍。

　　典型的機械式單盤天平應用光學槓桿以偵測樑的傾斜。玻璃鏡片與樑一端的垂直刻度尺連結成一濾光器，如圖 3.2 所示。由一小燈射出的光通過此濾光器使刻度尺的像放大反映在毛玻璃上。

4. 砝　碼 (weights)

　　分析天平有一組砝碼，可以組成天平設計所允許的任何負載值。這些砝碼 (m_w) 在大部分機械式單盤天平中與樑靠得很近，利用機械方法可將砝碼分別移開或架到樑鐙的支架上。等臂天平的砝碼則往往需靠手指挾取砝碼加到待測物相反的盤上。

5. 牽制器 (dampers)

　　牽制器是樑擺動後欲縮短其達靜止所需時間的一種裝置。機械式單盤天平通常使用空氣牽制器 (air damper)，此乃藉著一個固定在天平外殼的活塞與樑連接，而在同心圓筒內往復運動至達平衡狀態為止。當樑擺動時，因為活塞與圓筒間的密閉室內空氣會些微膨脹或壓縮，對活塞產生阻力。此阻力方向與樑的擺動方向相反使樑快速靜止下來。等臂天平也可應用磁牽制器 (magnetic damper)。此乃由一金屬片 (通常是鋁) 接連在樑的末端，置於永久磁鐵的兩極之間所組成。永久磁鐵具有感應金屬片為相反磁極的特性。當樑由平衡位置的一側擺向另一側時，藉著金屬片與磁鐵間異極相吸的阻力可縮小樑的擺動幅度，使樑很快地達到靜止位置。

6.其他組件

　　大部分的分析天平均具有樑制動器（beam arrests）及盤制動器（pan arrests）。樑制動器是將樑舉起來使刀尖不與支持表面接觸的一種機械裝置。此外，鐙也可同時不與臂的刀尖接觸。當固定制動器時，盤制動器支持盤的大部分重量，可防止盤擺動。這些制動器的用途主要是防止天平刀尖在物體加入或移出秤盤時損壞其支持表面。在天平不用時需同時使用二制動器將之固定，並關閉玻璃門。

3.4　機械式單盤分析天平

　　等臂天平的靈敏度會隨荷重增加而降低。但在機械式單盤天平中，因爲使用 Borda 置換稱重法（Borda's method of weighing by substitution），故靈敏度不變。如圖 3.2 所示，機械式單盤天平在開始稱重時，掛有秤盤的一側含有整組的可動砝碼 w_r；另一側則掛有一固定重量的重錘（counter weight）提供相反的力使樑保持水平。若將物體 M_x 放在盤上，並移去同質量的砝碼可使樑恢復零點或靜止點。

　　機械式單盤天平有固定的靈敏度的好處就是由顯示樑傾斜度的放大尺標刻度可直接讀出重量物體質量的最後兩個位數。使用機械式單盤天平可在數秒內測出物體的重量；但使用等臂天平可能需要數分鐘才測出物體的重量。

1.操作特點（operational features）

　　機械式單盤天平的主要部分如圖 3.2 所示。秤盤及一組無磁性的不銹鋼砝碼（w_r），用以進行大於 100mg 的質量平衡，放在支點的一側；一固定重量的重錘（或空氣減震器的活塞）位於支點的另一側。將物體放在秤盤上，利用旋轉鈕移去與物體相等質量的砝碼，使樑恢復到原來的位置。在實際操作上，移去足夠量的砝碼使系統剩餘的不平衡在 100mg 以下。100mg 以下的質量則藉由光學的裝置將樑的傾斜角度轉換成質量單位的數字，而顯示在毛玻璃的表面。

2.稱重方法

　　用機械式單盤天平來稱物體的重量，是十分簡單的。欲使天平歸零，可調整制動鈕至完全放鬆的位置。然後旋轉各粗調或微調的零點轉鈕至指示刻度爲零。將欲測重的物體放置秤盤之前應先旋轉制動鈕以固定樑及秤盤。物體放置稱盤之後可旋轉制動鈕至半開的位置，轉動最大可能重量位數的粗轉鈕，直到指示刻度改變爲止；然後倒轉該粗轉鈕，使其在重量輕一格的位置上。其次轉動次一重量位數的粗轉鈕，重複上述步驟。最後轉動制動鈕至全開位置，使天平達到無任何阻力的平衡狀態。物體的重量爲數字轉盤所指示的數值與毛玻璃表面所指示的數值之總和。游標尺可幫助我們讀到最接近的十分之一刻度。

3.5　電動天平（electronic balances）

　　現代的天平大部分爲電動操作或部分電動操作。我們前面所敍述的機械式單盤天平，很可能不再使用於實驗室中，而被電動天平所取代。電動天平的組件如圖 3.3。

零點偵測器（null detector）

　　電動天平通常備有零點偵測裝置以偵測樑是否在零點，即平衡位置。這些裝置有一部分是光學的結構，由一與樑連結的翼，小燈及光偵測器所組成。翼的移動使抵達光偵測器的光量增加或減少，結果改變了光偵測器的電流，而由電流計感測出是否在零點。此時一與樑連

接的軟鐵稱錘懸浮在電磁轉換器的線圈之中。若零點偵測器測知零點
有正或負的偏離，可由自動控制迴路改變線圈的電流以移動稱錘回歸
零點。此線圈電流量的改變可用電流計測出。

圖3.3　電動天平

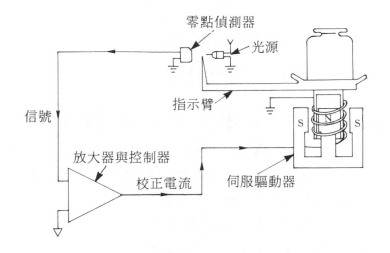

3.6　輔助天平（auxiliary balances）

　　實驗室中常用靈敏度較分析天平差的各種電動天平。這些電動天
平具有堅固、迅速、大容量（可稱較大重量），及方便等優點，當不
需很高的靈敏度時這種電動天平可替代分析天平。輔助天平一般設計
成頂盤負載的形式，十分方便。一般靈敏的頂盤負載輔助天平許可負
載的重量為 160～200g，其精密度為 1mg 比大型的分析天平少一級。
有些輔助天平的最大負載可高至 2500～3000g，精密度則為 0.01g。目
前市售天平大多具有扣除裝置（taring devices），當樣品容器放置秤盤
時可將天平讀數歸零。有些輔助天平具有全自動的數字盤或稱重操
作，此種天平通常用電磁作用來產生恢復力。典型的自動天平均是採
用數字顯示的型式。

　　常見的三樑及雙盤天平其靈敏度小於大部分的頂盤負載天平。前者含有一個單盤和三支平行長樑，上面各架一個可游動砝碼，藉移動三個游碼與另外附加的砝碼可使長樑達平衡狀態以測物體重。此類型的天平之靈敏度通常比頂盤負載天平少一個或兩個位數。其優點則是簡單、堅固及便宜。

3.7　天平之穩定度（stability）與恢復力（restoring force）

　　穩定度乃是天平一個重要的性質，當天平的樑受到輕微的暫時力作用導致其繞著刀尖偏轉時，天平本身具有使樑回復至原來位置的能力。欲使天平穩定，其樑的重心必須位於刀尖的下面，唯有如此，一旦樑偏轉時，由重心位置的重力所產生的力矩才會對抗外界作用的力矩，因此具有使樑回復原平衡位置的潛力。

　　電動天平通常使用電磁恢復力將樑帶回到零點。有些天平，粗調是使用和機械式單盤天平一樣的機械原理，藉加入砝碼而達到粗略的歸零，而微調則利用電磁力。有些天平則完全利用電磁力。不管是那一種，其所需要的電流與秤盤上的重量皆成正比。這些電流可以很容易轉換成以克為單位的數字表示。

3.8　天平之靈敏度（sensitivity）

　　等臂天平的靈敏度為每 1 單位（1mg）荷重，即上掛 10mg 游碼（rider，或稱騎碼）於臂之 10/100 刻度位置，產生 1mg 之荷重後，指針的新靜止點，與原來靜止點刻度之差值。等臂天平的靈敏度與樑中心刀尖和樑及盤的重心 G（圖 3.4）之水平距離 S 成反比。對極端靈敏的天平而言，此距離不會超過一厘米的千分之幾。等臂天平之擺針常設有一可動小錘 W（圖 3.1），移動此小錘可調節其靈敏度。

$$靈敏度 = \frac{L\tan\alpha}{w} = \frac{L\,\ell}{Wd} \qquad (3.6)$$

其中 ℓ 表示臂 OA 的長度，d 表示示小錘 W 與樑中心刀尖的距離，L 則表示擺針的長度。

圖 3.4　等臂天平之力學分析

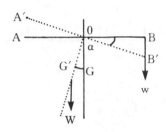

AB，OG：實線表平衡狀態
A'B'，OG'：等虛線表增加荷重 w 之新狀態
O：支點
w：增加的荷重
W：秤，樑，錘與荷重之總重

另一方面擺針之振動週期（圖 3.5）卻與 d 的開平方成正比，通常擺針之振動週期選定在 10～15 秒最適當，所以可動小錘 W 的位置也有一定的範圍。

週期 T 可依下式計算，

$$T = \pi\sqrt{\frac{2d}{g}} \qquad (3.7)$$

其中 g 表重力加速度。

由式（3.6）可知若荷重遠小於秤，樑，錘與荷重之總重，$w \ll W$，則靈敏度與荷重無關，但隨著荷重的增加，靈敏度有降低的趨勢。

電動天平之靈敏度除了結構因素外，尚可由自動控制迴路的參數調整爲 low、medium 及 high 等三種靈敏度。

圖 3.5　擺動法稱重時指針之擺動過程

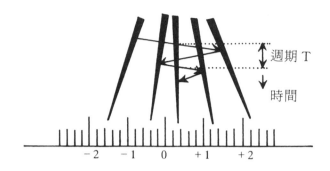

3.9　等臂天平零點測定

使用等臂天平的傳統稱重法，首先決定無負載時指針偏斜的位置，此位置稱爲天平的零點（zero point）。

表 3.1　擺動法測定零點

指針擺左最大值	指針擺右最大值
-5.8	7.6
-5.4	7.1
-4.8	
平均-5.33	平均 7.35
零點（$-5.33+7.35$）$/2=1.01$	

天平的零點常隨稱重過程改變，所以稱完物體後應再測一次零點，把前後兩次的平均值作爲計算用零點。

3.10　等臂天平靈敏度測定

等臂天平稱量物體時可利用表 3.2 的擺動法求得砝碼重，例如 12.052g，和第一靜止點，例如 2.35。此時爲了測定靈敏度可利用游碼使天平右側，即砝碼側，荷重多增加 1mg 而得到第二靜止點，例如 - 0.29，則靈敏度應爲 2.35 - (- 0.29) = 2.64，表示荷重增加 1mg 時指針向左移動 2.64 刻度，如表 3.2 之例。

稱量之總合計算

在表 3.2 中，因爲第一靜止點與零點相差 2.35 - 1.02 = 1.33，依靈敏度之定義此偏移相當於左側荷重增加 1.33/2.64 = 0.5mg，所以物體的重量應爲 12.052g + 0.5mg = 12.0525g。

表 3.2　*擺動法稱重程序例*

	零　　點		靜　　止　　點				零　　點	
			砝碼 12.052g		砝碼 12.053g			
(1)	- 5.8	7.6	- 4.2	8.7	- 6.5	5.8	- 6.1	7.8
(2)	- 5.4	7.1	- 3.8	8.3	- 6.2	5.4	- 5.6	7.5
(3)	- 4.8		- 3.4		- 5.8		- 5.0	
總　　和	- 16.0	14.7	- 11.4	17.0	- 18.5	11.2	- 16.7	15.3
平　　均	- 5.33	7.35	- 3.8	8.5	- 6.17	5.6	- 5.57	7.65
總平均	1.01		2.35		- 0.29		1.04	
平均零點　(1.01 + 1.04)/2 = 1.02								
靈敏度 2.35 - (- 0.29) = 2.64 刻度/mg								
重量　12.052g + (2.35 - 1.02) 刻度/2.64 刻度/mg　= 12.052g + 0.5mg = 12.0525g								

一般而言，物體之眞正重量 w，可由下式求出：

$$w = A + \frac{R - E}{S}$$ (3.8)

其中 A 爲砝碼重，R 爲靜止點，E 爲零點，S 爲靈敏度。

3.11 分析天平一般使用規則

要一直維持分析天平優良性能，必須遵守使用規則。也只有小心注意稱重操作的細節，才能得到可靠的數據。由於稱重數據在每一個定量分析中，都是很重要的，故將和其有關的規則及維護天平與砝碼的注意事項列出如下：

1.天平常置於玻璃罩中，罩前有玻璃門（有時在兩側）可以開啓，其餘均爲固定。使用時則應隨時緊閉玻璃門，以防止空氣流動妨礙稱量。

2.爲避免天平腐蝕，只有玻璃物質及不反應的金屬或塑膠物品才可直接放在秤盤上。所以稱重時物體不要直接放置在秤盤上，應藉稱量瓶塑膠杯或錶玻璃等盛器爲媒介才不致損壞秤盤。

3.待稱物若溫度很高時就直接放入天平稱重，會因氣體對流現象使稱重不準確，應需先放冷至室溫。

4.對揮發性高的物質如碘等不可放在天平上直接稱重，應加蓋，或經溶解等特別處理。

5.物體儘量放在秤盤的中央。

6.使用天平之動作需輕盈不可粗心莽動。

7.使用天平前先作幾項檢查：

(1)以柔軟羽毛輕刷秤盤。

(2)觀察天平是否成水平狀態，在天平基座平臺上有一氣泡水平調節器（levelling plate），旋轉調整天平下前方兩活動螺旋可使氣泡停在圈內，保證天平維持水平狀態。

⑶檢查秤樑或秤盤是否上下自如。

3.12　等臂天平使用時之特別注意事項

1.不用時應使樑與秤盤固定不動。機械式單盤天平亦同。

2.檢查天平在無負重下指針是否能在標尺上作左右等距擺動，如果擺動不均時可藉樑兩端螺旋調整器調整之，初學者不宜自行調整，應請助教試之。

3.將待稱物先在粗天平上稱其大約量。機械式單盤天平可直接在該天平粗稱。電動天平則不需另行粗稱，直接置物體於盤上即可精稱。

4.再將欲稱量物體擺置於左邊秤盤上，依據粗稱所知大略克數把相當數量的砝碼置於右邊秤盤上。

5.輕輕地旋轉制動按鈕使天平雙桿緩慢落下。

6.觀察指針偏差程度是否過於偏右或偏左，若太偏一邊，將樑上昇固定好重新調整砝碼使與物體重幾近平衡。

7.再輕放天平樑，此時指針應在刻度尺左右作等幅擺動。

8.將制動按鈕全鬆使托盤下降。機械式單盤天平亦同。

9.調整游碼，使指針在零點左右兩邊等幅擺動，以確定砝碼重約等於物體重。

10.稱量完畢後先將托盤上昇固定，再將天平樑上昇固定。

11.記錄砝碼的總克數。

12.將砝碼以砝碼鉗擺回盒內再移開物體。

13.將游碼鉤回固定的位置。

14.每一次添加砝碼時必先將托盤上昇使秤盤固定，再增減砝碼，否則天平搖擺不定會降低其靈敏度。

15.砝碼之添加，應由克數較大的砝碼先放，再逐次添加小砝碼。

16.稱量時除添加砝碼外不可將前面玻璃門打開，以免受外界氣流及溫度之影響。

17.稱量完成後先察看砝碼盒空位砝碼之數量，並先記錄之，然後察看秤盤上之砝碼對照複查，可避免砝碼記錄錯誤。

18.砝碼要用特殊夾子輕輕夾取。砝碼絕不可用手直接抓取，因為手的濕氣會腐蝕砝碼。不用時要將砝碼保存於盒內。

19.儘可能避免將等臂天平的砝碼攜進實驗室。

3.13 稱量誤差原因及對策

稱量時有些固定誤差，例如等臂天平的雙臂不完全等長，砝碼之重量標示不正確，或浮力因素等皆可由適當方法測知並予校正。

1.等臂天平臂長之校正

兩臂完全相等是很困難的事（即 $\ell_R \neq \ell_L$），所以砝碼的重量不能代表很準確的物體重量。下述雙重稱量法可以補正 ℓ_R 和 ℓ_L 的微小相差所導致的誤差。

所謂雙重稱量法乃依表 3.1 之擺動法將物體置左盤，砝碼置右盤，稱重得砝碼重為 w_R，設物體的真正重量為 w，則

$$\ell_L w = \ell_R w_R \tag{3.9}$$

將物體和砝碼互相調換位置，物體置右盤，砝碼置左盤，再求砝碼重量為 w_L，可得

$$\ell_L w_L = \ell_R w \tag{3.10}$$

由此二式得

$$w/w_L = w_R/w \tag{3.11}$$

或

$$w = \sqrt{w_L w_R} \tag{3.12}$$

所以物體的真正重量 w 等於兩次稱重值的幾何平均。通常天平的 ℓ_L 和 ℓ_R 很接近，相差很少，可得很相近的 w_L 和 w_R。這時可以採取 w_L 和 w_R 的代數平均值 $w = (w_R + w_L)/2$。

在分析化學裡需要測定精密質量的機會很少，大都只需要知道相對質量，即百分率，所以稱量時一定要把物體固定放在同一邊，例如左盤，砝碼固定放在右盤。

由雙重稱量法亦可得臂長比例如下：

$$\frac{\ell_L}{\ell_R} = \sqrt{\frac{w_R}{w_L}} \tag{3.13}$$

2.砝碼的校正

每一個砝碼都刻有它的質量，但是這些質量是否絕對準確，是否相對準確？都需要加以試驗才可知曉。絕對準確的意思是指，例如，10g 的砝碼剛好是標準公斤原器的 1/100，相對準確度表示，例如，20g 的砝碼剛好與兩個 10g 的砝碼平衡，等等。

在分析化學裡要測定絕對重量的機會可說沒有，所有工作都以針對原樣品重量的百分比做為表示方法的基準。如果砝碼的相對準確度都很高，則可不必考慮每一個砝碼的絕對重量。所以每一套砝碼都要固定在每一架天平，並且一定要使用同一架天平。

表 3.3　*砝碼之最大公差*（tolerances）

砝碼級別	S	S-1	P
砝碼 mg	最大公差 mg		
200	0.50	2.0	4.0
100	0.25	1.0	2.0
50	0.12	0.60	1.2
30	0.074	0.45	0.90
20	0.074	0.35	0.70

砝碼級別	S	S-1	P
10	0.074	0.25	0.50
5	0.054	0.18	0.36
3	0.054	0.15	0.30
2	0.054	0.13	0.26
1	0.054	0.10	0.20
砝碼 mg	最大公差 mg		
500	0.025	0.080	0.16
300	0.025	0.070	0.14
200	0.025	0.060	0.12
100	0.025	0.050	0.10
50	0.014	0.042	0.085
30	0.014	0.038	0.075
20	0.014	0.035	0.070
10	0.014	0.030	0.060
5	0.014	0.028	0.055
3	0.014	0.026	0.052
2	0.014	0.025	0.050
1	0.014	0.025	0.050

　　表 3.3 列示化學實驗裡常用的精密 S 級砝碼的規格。M 級是精密度最高的砝碼，但是價錢昂貴，如果必要，補正 S 級砝碼便可得與 M 級相等的準確度。其他還有 S-1 級（學生實驗，工業用），P 級（日常工作用，準確度不高），Q 級（藥學，普通物理實驗用），T 級（最粗），J 級（砝碼補正，微量用）等五種。

　　砝碼校正時需要把重量相等的砝碼用鉛筆做記號，例如 20，20′，20″等。左盤放要檢驗重量的 10mg 小砝碼右盤放置另外一套砝碼盒裡面的 10′mg 小砝碼（用完後必須立即放回原位置）。利用擺動法求靜止點 r_1。互相調換砝碼位置後再求靜止點 r_2。靜止點均需計算到小數點以下第二位。在校正工作裡暫時把 10′mg 當作標準，求其他砝碼對

10′mg 的相對重量。但假若 10′mg 的絕對重量已知即可得各砝碼的絕對重量。

從 r_1 和 r_2 可依式（3.8）求出 10mg 對 10′mg 的相對重量：

$$\text{10mg 砝碼的相對重量} = 10 - \frac{(r_2 - r_1)}{2S} mg \qquad (3.14)$$

其中　S 表示靈敏度。

每次校正新砝碼時應把校正過的砝碼先統一置右盤求 r_1，然後才調換位置求 r_2；這樣有系統的方法才不會導致混亂。

取 20mg 的小砝碼置左盤，右盤置 10 + 10′mg，依照上面方法求 r_1 和 r_2。同樣把 20′mg 置左盤，20mg 置右盤求靜止點 r_1 和 r_2；以下類推。

把結果列成表（如表 3.4）。表 3.4 是以 5mg 砝碼做為標準的結果；w_1 表示先置左盤的砝碼，w_2 表示先置右盤當做臨時標準的砝碼，w_3 表示重量眞值（假定最小的 5mg 砝碼重量是準確的），w_4 則表示砝碼之理想值；所謂理想值是以面值 10g 砝碼之眞值 10.03562 爲標準，各砝碼按面值比例計算的值。校正值，即 $w_3 - w_4$，表示各砝碼應由面值加以校正的值。由校正值一欄即可校正任何稱量結果。例如稱一物重結果如下：

右盤砝碼總面值	校正值（見表 3.4）
10	0.00
2	+ 0.29
1	+ 0.06
0.05	+ 0.00
0.01	− 0.02
13.06	+ 0.33

所以物體眞正重量爲 13.06 + 0.33 = 13.39g。

3.浮力之校正

當待測物的密度與砝碼相差很多時，會產生浮力誤差（buoyancy error）。此種偏差是由於介質（空氣）對物體及砝碼的浮力不同而產生的。稱量固體時很少需要浮力校正，因爲大部分固體的密度與砝碼接近。然而稱量液體、氣體，或低密度固體時就需要考慮浮力校正。

等臂天平之交換稱量法可補正浮力的誤差。其方法如下：

(1)把物體（w_s）置右盤，左盤則放粗天平的砝碼或鉛彈（w_1），依擺動法求第一靜止點。

(2)w_s 與 w_1 位置對調再依擺動法求第二靜止點，第一靜止點與第二靜止點之中間點即爲交換稱量法之零點。

(3)移去待測物，使用砝碼稱左盤的砝碼或鉛彈的重量得 w_2，即爲補正過臂長與浮力的眞正重量。

表 3.4　砝碼校正例

W_1 (g)	W_2 (g)	r_1 (刻度)	r_2 (刻度)	S (刻度 mg)	$\frac{r_2-r_1}{2S}$ (mg)	W_3 (g)	W_4 (g)	校正量 (mg)
0.005	暫定標準	……	……	……	……	0.00500	0.00502	−0.02
0.005′	5mg	4.7	4.4	4.5	−0.08	0.00503	0.00502	+0.01
0.010	5 + 5′mg	4.6	4.6	4.5	0.00	0.01003	0.01004	−0.01
0.020	10 + 5 + 5′mg	4.65	4.55	4.5	−0.01	0.02007	0.02007	−0.00
0.020′	20mg	4.7	4.3	4.5	−0.05	0.02012	0.02007	+0.05
0.050	20 + 20′ + 10mg	4.3	4.9	4.5	0.07	0.05015	0.05018	−0.03
0.100	50 + 20 + 20′ + 10mg	5.0	4.8	4.0	−0.03	0.10034	0.10036	−0.02
0.200	100 + 50 + 20 + 20′ + 10mg	5.05	4.25	4.0	−0.10	0.20081	0.20071	+0.10
0.200′	200mg	4.3	5.2	4.0	0.11	0.20070	0.20071	−0.01
0.500	200 + 200′ + 100mg	4.4	4.8	4.0	0.05	0.50180	0.50178	+0.02

W_1 (g)	W_2 (g)	r_1 (刻度)	r_2 (刻度)	S 刻度 mg	$\dfrac{r_2-r_1}{2S}$ (mg)	W_3 (g)	W_4 (g)	校正量 (mg)
1.000	$500+200+200'+100mg$	4.6	4.6	4.0	0.08	1.00365	1.00356	+0.09
2.000	$1g+500+200+200'+100mg$	3.9	5.4	4.0	0.19	2.00711	2.00712	−0.01
2.000′	$2g$	4.4	4.8	4.0	0.05	2.00706	2.00712	−0.06
5.000	$2+2'+1g$	4.45	4.2	4.0	−0.03	5.01785	5.01781	+0.04
10.000	$5+2+2'+1g$	4.4	4.8	3.9	0.05	10.03562	10.03562	0.00
20.000	$10+5+2+2'+1g$	4.3	3.6	3.9	0.09	20.07138	20.07124	+0.14
20.000′	$20g$	4.7	2.2	3.5	−0.36	20.07174	20.07124	+0.50
50.000	$20+20'+10g$	3.45	3.0	2.7	−0.08	50.17882	50.17810	+0.72

採自 W.T.Hall 英譯：F. P. Treadwell，*Analytical Chemistry*，Vol. 2，p.15，9th Ed.，1952.

表 3.5　用以製造砝碼的金屬密度

金　　　　屬	密　　　　度（g/mL）
鋁	2.7
不銹鋼	7.8
黃銅	8.4
鉭	16.6
金	19.3
鉑－銥合金	21.5

　　浮力之校正除了利用等臂天平之交換稱量法外，若物體密度已知，則可應用如下的校正公式：

$$w_0 = w_2 + w_2\left(\dfrac{d_a}{d_1} - \dfrac{d_a}{d_2}\right) \tag{3.15}$$

其中 w_0 為物體校正重量，w_2 為砝碼的質量。d_1 及 d_2 代表物體與砝碼的密度。d_a 為空氣的密度，約為 0.0012 g/mL。表 3.5 列出各種金屬製成砝碼的密度 d_2。單盤天平的砝碼通常為不銹鋼材質。

【例 3.1】 有機液體樣品的密度為 0.928 g/mL，放在玻璃瓶中稱重。空瓶相對於不銹鋼砝碼重 8.6500 g。加入樣品後的重量則為 9.8600 g。試校正樣品無浮力時的重量。

【解】 液體的視重為 (9.8600 - 8.6500) = 1.2100 g。在二次稱重時作用於玻璃容器的浮力相等，我們僅需考慮作用於 1.2100 g 液體的浮力。由表 3.5 不銹鋼密度為 7.8 g/mL，而空氣密度為 0.0012 g/mL，由式 (3.15) 可得液體的校正重量為：

$$w_1 = 1.2100 + 1.2100 \left(\frac{0.0012}{0.928} - \frac{0.0012}{7.8} \right) = 1.2114 \text{ g}$$

3.14 稱重操作時其他誤差之來源

物體與外界的溫度不同時，稱重會產生明顯的誤差。未讓熱的物體有足夠的時間回復至室溫是最常見的誤差來源。它會產生二種影響：

1.天平箱內空氣因熱對流而影響物體及秤盤所受的浮力。

2.因空氣在高溫時密度較小，較熱的空氣進入密閉容器中（像稱量瓶），則稱得的重量比同體積容器在低溫時的重量為小。上述二種影響因素均使物體的視重偏低。典型的稱量瓶或坩堝，其誤差可大至 10～15mg。加熱的物體至少需冷卻 30 分鐘才可稱重，以避免上述兩種誤差。

有時瓷器或玻璃瓶物件帶有靜電荷，使天平操作不穩定，尤其當溫度較低時此問題特別嚴重。短時間過後往往可自然放電。使用微濕的羽毛掃除物體表面可消除靜電。機械式單盤天平的光學刻度必須常常檢查調整，尤其當稱量物體接近刻度的最大範圍時，可用標準的 100mg 砝碼來檢查。

$$\boxed{\text{習　題}}$$

3.1　一天平之左右兩盤各荷重 10g，使其擺動後，指針之移動如下：
　　　+7.6，−6.4；+7.0，−5.8；+6.2。當右盤上多加 1mg 的重
　　　量時，指針的移動為 +1.0，−8.2；+0.4，−7.6；−0.3。求
　　　此天平在荷重 10g 下的靈敏度。

3.2　如上題 3.1 中的天平之零點為 +0.5 刻度。今用此天平稱量一坩
　　　堝。所用的砝碼為 10g 和 100、20 與 5mg，游碼位於 1.0mg 處，
　　　靜止點在 +2.6 刻度上。問此坩堝之重量是多少克？

3.3　將一盛有試料的稱量瓶置於左盤上，稱其重量為 14.2820g，靜
　　　止點為 +0.6 刻度。倒出試料後，稱量瓶之重量為 13.4670g，靜
　　　止點為 −0.2 刻度。在此荷重下，天平的靈敏度為 2.0 刻度/
　　　mg。求此試料重多少克。

3.4　在空氣中使用黃銅砝碼（d=8.4）稱得一鉑坩堝（d=21.5）重
　　　43.4625g，問此坩堝在真空中的重量是多少克？

3.5　若一物體在真空中比在空氣中重 0.046%，則此物體密度是多
　　　少？

第四章　容量儀器之使用及校正

容量分析用儀器依使用目的分爲兩種，即容納（TC）和移送
（TD）儀器。前者容納溶液至刻度時恰爲儀器所標示的體積。後者則
將已容納至刻度的溶液放出後所得體積才是其標示的體積。容量分析
儀器大都刻有 TC 或 TD 用以表明其用途和標示之檢定方法。一般而
言，量瓶屬於 TC，吸管或滴定管則屬於 TD。

4.1　滴定管

如圖 4.1，有刻度的部分，其內徑均一。通常滴定管的容積有
5mL，10mL，25mL，50mL，100mL 等，其種類如下：

1.橡皮接頭滴定管（plain buret）

如滴定管 A，下端以橡皮管連接，管內置玻璃珠，使用時以拇指
與食指捏擠玻璃珠部分的橡皮管即可使液體流下。這種滴定管是用來
盛裝鹼性溶液的，不可使用於碘及高錳酸鉀等氧化劑的溶液，以免腐
蝕橡皮管。

2.玻璃栓塞滴定管（glass-stoppered buret）

如滴定管 B，下端以玻璃栓塞控制溶液，這種滴定管較普遍，但
不適用於強鹼性溶液，因易使玻璃栓塞固著。若栓塞改成特氟龍
（teflon）材質則無此缺點。

3. 自充式滴定管（self-filling buret）

如滴定管 C，左側小彎管接於盛有滴定液的容器，滴定液可經此小管進入滴定管，適於工業上經常滴定用。

4. 零位自充式滴定管（zero-filling buret）

如滴定管 D，類似前者之構造，唯滴定液進入滴定管後可自動調整液面刻度為零，過量之溶液則由一上端溢流管溢出。

圖 4.1   滴定管

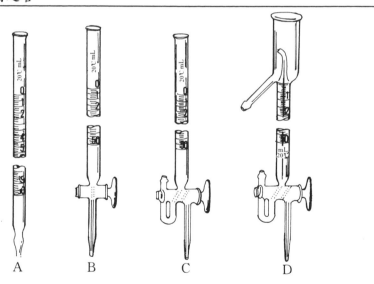

A   B   C   D

5. 滴定管（TD 20℃）之公差

表 4.1   A 級滴定管（TD 20℃）刻度之公差（tolerance）

滴 定 管 體 積 mL	最 小 刻 度 mL	公 差 mL
5	0.01	±0.01

滴 定 管 體 積 mL	最 小 刻 度 mL	公 差 mL
10	0.05 或 0.02	±0.02
25	0.1	±0.03
50	0.1	±0.05
100	0.2	±0.10

6.滴定管凹面液位之讀取法

讀取滴定管中的刻度時，應使彎月面的底部與眼睛在同一水平線上，如圖 4.2 A。初學者可以用名片紙一張，在紙上切割二裂縫以分成三等分，使滴定管從兩裂縫中穿過，如圖 4.2 B，移動卡片使彎月面之底部對準卡片 M 部分之上端，其刻度即為正確之讀數。具有藍背線的滴定管，溶液之液面將藍線分成上下兩段，如圖 4.2 C，兩段之交接處的刻度即為正確的讀數。

圖 4.2　滴定管凹面液位之讀取法

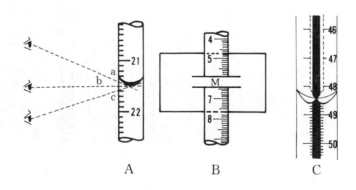

A　　　　B　　　　C

任何一滴定管讀取凹面液位時皆需讀到最小刻度的十分之一。對 50mL 滴定管而言，每一刻度標線的厚度相當於 0.02mL 的體積，而每一滴的體積則為 0.05mL。

4.2 吸 管

吸管可分成下列兩大類:

1.移液吸管（transfer pipet）

如圖 4.3 A , 僅能吸取固定體積的液體。常用的有 10mL , 25mL 等。

2.量吸管（measuring pipet）

又稱 Mohr 吸管，如圖 4.3B，管壁具有細刻度，可任取所需體積之液體。

圖 4.3 吸 管

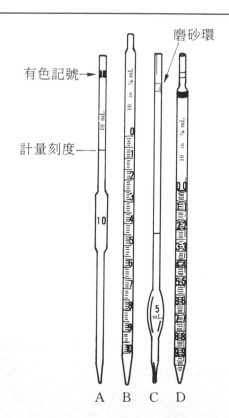

A: 移液吸管
B: 量吸管（Mohr）
C: Ostwald-Folin
　 移液吸管
　 （吹出最後一滴）
D: 血清量吸管
　 （吹出最後一滴）

表 4.2　移液吸管（TD 20℃）刻度之公差（tolerance）

體　　積　　mL	公　差　　mL	體　　積　　mL	公　差　　mL
0.5	±0.006	10	±0.02
1	±0.006	15	±0.03
2	±0.006	20	±0.03
3	±0.01	25	±0.03
4	±0.01	50	±0.05
5	±0.01	100	±0.08

表 4.3　A 級 Mohr 量吸管（TD 20℃）刻度之公差（tolerance）

量 吸 管 體 積 mL	最　小　刻　度　mL	公　　　差　　　mL
2	0.01	±0.01
5	0.01	±0.02
10	0.05 或 0.02	±0.03
25	0.1	±0.05
30	0.1	±0.05

4.3　量　瓶

　　如圖 4.4，底平頸細，能準確地盛裝一定體積之溶液，常用以配製各種濃度之溶液。常用的有 50mL，250mL，500mL 及 1000mL 等。

圖 4.4 量 瓶

表 4.4 量瓶 (TC 20℃) 刻度之公差 (tolerance)

量 瓶 體 積 mL	公 差 mL	量 瓶 體 積 mL	公 差 mL
1	±0.02	100	±0.08
2	±0.02	200	±0.10
5	±0.02	250	±0.12
10	±0.02	500	±0.20
25	±0.03	1000	±0.30
50	±0.05	2000	±0.50

4.4 容量分析儀器之公差 (tolerance)

公差指國家標準局對每一種計量器具容許的誤差。容量分析儀器都以 20℃ 為標準而定公差。精密度要求較高的實驗或在非 20℃ 的實驗都需校正其容量儀器。表 4.1～表 4.4 列出滴定管, 吸管和量瓶在 20℃ 的公差。

4.5　洗滌液之配製

1.鉻酸（chromic acid）洗滌液

　　取 15g 之工業用重鉻酸鈉，溶解於 15mL 水中，再小心加入 175mL 的濃硫酸，待溶液冷卻後，貯存於附玻璃蓋之瓶內備用。或先配好重鉻酸鈉溶液，使用時再與濃硫酸按比例臨時配製。鉻酸溶液洗滌效果甚佳，但容易傷害皮膚，腐蝕衣服。鉻酸洗滌液的濃度越高洗滌效率越高，使用後如未還原成綠色時仍可使用，故應儘量避免與酒精等易氧化的藥品接觸。溶液變稀後仍可加熱濃縮再用。

2.有機清潔劑（organic detergent）

　　取 1g 中性非肥皂，溶於 200mL 之水中，貯於玻璃瓶中。

3.磷酸三鈉（Trisodium phosphate）

　　取 5g 之 Na_3PO_4 以水溶解後再稀釋成 200mL，貯存於附軟木塞或橡皮塞的玻璃瓶中。

4.六偏磷酸鈉（sodium hexametaphosphate）

　　商品名 Calgon 或 Calgonite。取 5g 製成 200mL 之溶液，貯存於附軟木塞或玻璃塞之瓶中。

4.6　滴定管之清洗

1.加非酸性之清潔液於滴定管中，數分鐘後再傾回原瓶內。
2.滴定管中再盛以水，平持滴定管左右搖動，使水充分沖洗滴定管內部。切勿用手按住管口，以免手上油垢沾污滴定管，水滴易附於管壁內。

3.反覆以上操作，再用蒸餾水洗淨。

4.如仍有水滴附於管壁上，則加鉻酸洗滌液於管中放置數小時。

5.傾出鉻酸溶液再以水清淨之。

6.玻璃栓塞部分可塗以少量凡士林使轉動靈活。

7.將此滴定管夾於管架上，並用試管蓋置於滴定管上端以免灰塵飛入。

4.7　容量分析的誤差

容量分析的容許相對誤差是 1ppt，為了達成此目標必須瞭解誤差的來源和相當精心設計的分析實驗方法。誤差的原因有下面幾種：

1.固定誤差

(1)儀器本身的誤差。

(2)操作上的誤差：例如溫度變化的影響，滯留液的誤差，觀測誤差。

(3)試藥純度的誤差。

(4)實驗方法的誤差。

2.不定誤差

(1)實驗條件改變的誤差。

(2)操作人員技術不熟練的誤差。

4.8　量瓶等容量儀器之校正

　　一般定量分析之操作均在常溫下實施，所測量之體積與 20°C 所定之標準稍有出入，應予校正。校正時利用水的體積與稱其重量。由於水的密度因溫度而異，玻璃容器與砝碼所受的空氣浮力不同以及玻璃本身之熱脹冷縮等因素而導致視容積之偏差；在異於 20°C 溫度下，標準 1 升量瓶水的稱重，w_t（g）可用下式計算：

$$w_t = 1000.0 - \frac{a+b+c}{1000} \qquad (4.1)$$

式中　a：為當時水因密度異於 1.00000 所應校正之數。

　　　b：為水與砝碼因空氣浮力不同而應校正之數。

　　　c：為玻璃膨脹或收縮所應校正之數。

各項校正因素之值視溫度而異，詳列於表 4.5：

表 4.5　1000mL 量瓶容量校正因素表

溫度°C	d（g/mL）	a（mg）	b（mg）	c（mg）	(a+b+c)/1000
18	0.99862	1380	1062	50	2.492
19	0.99843	1570	1058	25	2.653
20	0.99823	1770	1054	0	2.824
21	0.99802	1980	1050	− 25	3.005
22	0.99780	2200	1046	− 50	3.196
23	0.99757	2430	1042	− 75	3.397
24	0.99733	2670	1038	− 100	3.608
25	0.99708	2920	1034	− 125	3.829
26	0.99682	3180	1030	− 150	4.060
27	0.99655	3450	1026	− 175	4.301
28	0.99627	3730	1022	− 200	4.552
29	0.99598	4020	1018	− 225	4.813

溫度℃	d (g/mL)	a (mg)	b (mg)	c (mg)	(a+b+c)/1000
30	0.99568	4320	1014	− 250	5.084
31	0.99537	4630	1010	− 275	5.365

　　由表 4.5 可知溫度在 20℃ 附近每變化 1℃ 所產生的誤差來自水密度差因素者約爲 0.2ppt，來自空氣浮力差因素者約爲 0.004ppt，來自玻璃膨脹或收縮因素者約爲 0.02ppt。

　　移液吸管與量瓶之校正方法相同。

【例 4.1】溫度 26℃，常壓下欲校正一容量爲 1 升之量瓶，標示溫度爲 20℃，試求此瓶中之水重應爲若干？（水與容器溫度相等）

【解】由表 4.5 可知 26℃ 時 $\dfrac{a+b+c}{1000}=4.060$

所以水重 $w_t = 1000.0 - 4.060 = 995.940g \cong 995.9g$

4.9　滴定管之校正

　　滴定管之誤差來自管徑的不均勻，校正時準備一個約 50mL 附有玻璃塞之錐形瓶，洗淨，乾燥，冷卻後精稱至 0.01g。以蒸餾水充滿滴定管至刻度爲零處，靜置約半小時，使水溫與室溫相等後，測定水溫。除去滴定管尖嘴上的水滴，流下 10mL 入錐形瓶中，稱重後再從滴定管中承接 10mL 之蒸餾水，每次流下的體積偏差以不超過 0.1mL 爲佳。蒸餾水流下後需隔 30 秒鐘，待管壁上所附著之水完全下降才能讀取液面刻度。如此繼續流下並稱其重，將所有數據列出，求每次流下之體積與重量，並由表 4.5 求出室溫時水的密度，根據密度及流下之水重可算出每次流下之眞實體積，眞實體積與視體積之差即爲校正數。總校正數則爲歷次校正數之累積；詳如表 4.6：

表4.6 滴定管校正例（水溫 26℃ 未經空氣浮力校正時，

1mL≒0.996g）

滴定管 讀數 mL	視容積 mL	瓶+水重 g	水重 g	眞容積 mL	校正數 mL	總校正數 mL
0.16	–	35.01	–	–	–	–
10.30	10.14	45.25	10.24	10.28	+ 0.14	+ 0.14
20.14	9.84	55.38	10.13	10.17	+ 0.33	+ 0.47
30.26	10.12	65.33	9.95	9.99	− 0.13	+ 0.34
40.08	9.82	75.21	9.88	9.92	− 0.08	+ 0.26
49.98	9.90	85.14	9.93	9.97	+ 0.07	+ 0.33

　　根據所得之各項數據，以滴定管之刻度爲橫軸，總校正數爲縱軸
作圖，如圖 4.5，即可找出任何刻度所應校正之數。

圖4.5 滴定管之校正曲線

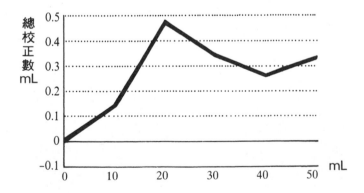

4.10 滴定之操作方法

1.將待滴定之溶液置於錐形瓶內，加入指示劑。

2.錐形瓶下置一白紙或白瓷板。

3.已洗淨之滴定管再用標準溶液洗兩次。

4.滴定管內加滿標準液，左手拇指在滴定管前，食指與中指在後，如圖 4.6，操作旋塞。

5.右手輕搖錐形瓶以攪拌內盛溶液。

6.觀察溶液之顏色變化，接近滴定終點時須格外小心，勿使過量。

圖 4.6　滴定之操作方法 4

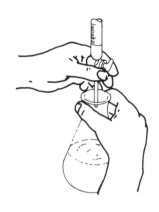

習　題

4.1　今校正一滴定管得下列數據：（水溫：17℃）

滴定容積讀數	燒瓶＋水之重量
0.02	32.46g（空瓶重）
10.22	42.630
20.04	52.49
30.07	62.44
40.09	72.40
49.72	81.96

試用方格紙繪出校正圖，若於 17℃ 時完全充滿 0.1N HCl，其讀數爲 0.13mL；滴定至終點之讀數爲 43.50mL，到終點時滴定用去之眞實體積爲若干 mL？

4.2　有一個玻璃量瓶上標明 20℃ 時之容量爲 500mL，空瓶之重爲 122.58g（在空氣中用黃銅砝碼稱重），充滿 24℃ 之水時重量爲 621.13g，若瓶頸之內徑爲 12.0 mm，則正確容量之標線應在原標線較高或較低幾毫米處？

第五章 定量分析計算法

5.1 溶液濃度之表示法

1.莫耳濃度（molarity，M）

　　莫耳濃度表示溶液一升中所含溶質 A 的莫耳數。單位是 M，即 mol/L 或 mmol/mL。也可以用 mM，即 mmol/L 為單位。像葡萄糖等非解離物質 X 之莫耳濃度可用 C_X 代表，但是對於醋酸等解離性物質 A 之平衡濃度則以〔A〕表示，以別於式量濃度 C_A。

【例5.1】溶解 12.00g 苯 C_6H_6 於己烷，並稀釋至 250.0mL。求苯之莫耳濃度。

【解】苯之分子量為：$6 \times 12.011 + 6 \times 1.008 = 78.114$ g/mol

　　　苯之莫耳數為：$\dfrac{12.00 \text{ g}}{78.114 \text{ g/mol}} = 0.1536$ mol

　　　苯之莫耳濃度則為：$\dfrac{0.1536 \text{ mol}}{0.2500 \text{ L}} = 0.6144$ M

　　欲稀釋較濃 M_{conc} 的試藥溶液成為 V_{dil} 較稀薄的溶液 M_{dil} 時，所需濃試藥溶液的體積 V_{conc} 可由下式計算：

$$M_{conc} \, V_{conc} = M_{dil} \, V_{dil} \tag{5.1}$$

2.式量濃度（formality，F）

　　對於鹽酸等解離性物質，通常以 C_A 表示 A 的式量濃度或分析濃度（analytical concentration），單位是 F，即 mol/L 或 mmol/mL。
1.000 mol HCl 以水稀釋成 1.000L 的溶液，其 HCl 的式量濃度，
C_{HCl}，為 1.000 mol/L，但是 HCl 的眞正濃度，或平衡濃度〔HCl〕，則
幾乎為零。這是因爲 HCl 是強電解質，在水中幾乎完全解離成 H^+ 與
Cl^- 離子。所以上述 HCl 溶液的濃度不應以 1.000M 表示，而應以
1.000F 表示。但在不致混淆的情況下也可使用 M 代替 F。

3.當量濃度（nomality，N）

當量濃度表示溶液一升中所含溶質 A 的當量數，以 C_N 表示。單
位則爲 N，即 eq/L 或 meq/mL。也可用 mN，即 meq/L 作單位。同
一莫耳濃度或式量濃度的溶液在不同的化學反應環境下其當量濃度也
不盡相同。當量數就是化合物的重量 W 除以其當量 NW，而當量
NW 與式量 FW 有一簡單的整數比，茲舉例分述如下。

⑴中和反應之當量：

參與中和反應的物質，其克當量（eq.W.）或當量，是與一莫耳
氫離子反應或取代的重量。毫當量（meq.W.）是當量除以 1,000。

對於只含一個可反應的氫離子或氫氧離子的酸或鹼而言，其當量
與式量相等。例如，氫氧化鉀及氫氯酸其當量各等於其式量，因其只
含一個可反應的氫氧離子或氫離子。同理，醋酸 $C_2H_4O_2$ 也只含一個
酸性氫離子，故此酸的當量與式量相等。氫氧化鋇 $Ba(OH)_2$ 是強鹼，
含兩個可解離的氫氧離子。此鹼在酸鹼中和反應可與二個氫離子反
應，因此當量等於式量的一半。對硫酸而言，第二個氫離子在水中的
解離並不完全，然而硫酸氫離子 HSO_4^- 仍是夠強的酸，故在所有水
溶液中的中和反應，其二個氫離子都參與反應。因此，在水溶液中硫
酸 H_2SO_4 的當量等於式量的一半。

對於含有二個以上氫離子且解離度不同的酸而言，其當量與式量
間的關係更複雜。例如，當磷酸的三個質子中僅有第一個質子被中和

時，可使一指示劑發生顏色變化。其中和反應如下：

$$H_3PO_4 + OH^- \longrightarrow H_2PO_4^- + H_2O$$

當二個氫離子被中和時，也可使另一指示劑發生顏色變化：

$$H_3PO_4 + 2OH^- \longrightarrow HPO_4^{2-} + 2H_2O$$

以第一個指示劑爲準的酸鹼滴定而言，磷酸的當量等於式量；以第二個指示劑爲準的酸鹼滴定而言，磷酸的當量等於式量的一半。（對於磷酸的第三個質子求滴定量是不切實際的，因此在酸鹼滴定時，不會有磷酸的當量等於式量的三分之一的情況。）若未知中和反應所牽涉的氫離子數目就定義磷酸的當量是不對的。

(2)氧化還原反應之當量：

在氧化—還原反應中，參與反應的物質之當量爲其直接或間接產生或消耗一莫耳電子的重量。以該物質的式量除以其在此反應中的氧化數變化，即爲當量。今考慮草酸鈉被過錳酸鹽氧化的例子：

$$5C_2O_4^{2-} + 2MnO_4^- + 16H^+ \longrightarrow 10CO_2 + 2Mn^{2+} + 8H_2O$$

在此反應中錳的氧化數變化爲 5，因爲錳由 + 7 氧化態變成 + 2 氧化態。故 MnO_4^- 的當量等於式量的五分之一。但在草酸根離子中的碳原子，其氧化態只由 + 3 氧化成 + 4。由於每一個式量的 $C_2O_4^{2-}$ 產生二莫耳電子，故草酸鈉的當量等於其式量的一半。若考慮其逆反應，由於二氧化碳只消耗一莫耳電子，則二氧化碳的當量等於其式量。其他化合物的當量則列於表 5.1。一物質的當量可由滴定中發生的氧化態變化，而非物質的氧化數本身，來計算。例如若使用 Mn_2O_3 爲滴定草酸鈉的試藥，因 Mn_2O_3 中錳之氧化態爲 + 3，滴定反應前需先將其完全轉變成過錳酸根離子。反應中每個參與反應的錳皆由 + 7 還原成 + 2，則 Mn_2O_3 的當量爲式量除以 10。

表5.1 依據下列反應求出若干錳和碳物種的當量：

$$5C_2O_4{}^{2-} + 2MnO_4{}^- + 16H^+ \longrightarrow 10CO_2 + 2Mn^{2+} + 8H_2O$$

物　　　　質	當　　量　　NW	物　　質	當　　量　　NW
Mn_2O_3	$FW/\ (2 \times 5)$	$KMnO_4$	$FW/5$
$Ca(MnO_4)_2 \cdot 4H_2O$	$FW/(2 \times 5)$	Mn	$FW/5$
CO_2	$FW/1$	$C_2O_4{}^{2-}$	$FW/2$

　　正如中和反應一樣，對已知的氧化劑或還原劑而言，其當量是會隨情況而改變的。例如，在不同情況下過錳酸鉀與還原劑的反應有四種不同方法，其半反應分別如下：

$$MnO_4{}^- + e^- \longrightarrow MnO_4{}^{2-}$$

$$MnO_4{}^- + 3e^- + 2H_2O \longrightarrow MnO_{2(s)} + 4OH^-$$

$$MnO_4{}^- + 4e^- + 3H_2P_2O_7{}^{2-} + 8H^+$$

$$\longrightarrow Mn(H_2P_2O_7)_3{}^{3-} + 4H_2O$$

$$MnO_4{}^- + 5e^- + 8H^+ \longrightarrow Mn^{2+} + 4H_2O$$

錳氧化數的變化為 1、3、4 及 5。因此對第一個反應而言，過錳酸鉀的當量等於其式量，對其他的三個反應而言，其當量等於式量的 1/3、1/4 及 1/5。

⑶沈澱反應及錯合物形成反應之當量：

　　在涉及沈澱反應或錯合物形成反應中，要清楚地定義化合物的當量是不容易的。因此許多化學家對這類型的反應用式量的觀念反而比用當量的觀念適當。但若用當量的觀念來處理沈澱反應或錯合物形成反應的話，必須知道所謂當量是如何定義的。

　　參與沈澱反應或錯合物形成反應的物質若屬一價離子，其一克式量相等於一克當量，即提供一克式量陽離子的重量。若屬二價離子，其克當量等於克式量的 1/2。若屬三價離子，其克當量等於克式量的 1/3，以此類推。

⑷在容量分析反應中不直接參與反應之化合物的當量：

有時我們需定義僅與滴定反應物有間接關係之物質的當量，例如鉛可以用間接方法來測定，即其陽離子在醋酸溶液中，先形成鉻酸鉛沈澱。過濾此沈澱物，並水洗除去過量沈澱劑，然後以氫氯酸再溶解沈澱物成鉛離子和重鉻酸離子。後者可用標準鐵(II)溶液的氧化—還原滴定法測定其含量，因此可以間接求出鉛的含量。其反應如下：

$$Pb^{2+}(稀醋酸) + CrO_4^{2-} \longrightarrow PbCrO_{4(s)}$$

$$2PbCrO_{4(s)} + 2H^+(稀\ HCl) \longrightarrow 2Pb^{2+} + Cr_2O_7^{2-} + H_2O$$

$$Cr_2O_7^{2-} + 6Fe^{2+} + 14H^+ \longrightarrow 2Cr^{3+} + 6Fe^{3+} + 7H_2O$$

爲了方便計算起見，我們必須定出鉛的當量。因爲滴定步驟屬氧化—還原反應，所以鉛的當量必須依據氧化數的變化來計算。然而鉛在上述反應中氧化數並未改變。只知沈澱反應步驟中鉛與鉻的比例爲1：1，且鉻在滴定步驟中氧化數變化量爲 $+6-(+3)=3$。用同樣的討論方法可歸納出各離子間以及電子傳遞的式量濃度關係：

$$2C_{Pb^{2+}} = 2C_{CrO_4^{2-}} = C_{Cr_2O_7^{-2}} = 6C_{Fe^{2+}} = 6\ mol\ e^-/L \qquad (5.2)$$

因此，相當於得失一莫耳電子的各離子重量應爲：

$$\frac{3FW_{Pb^{2+}}}{6} = \frac{2FW_{CrO_4^{2-}}}{6} = \frac{FW_{Cr_2O_7^{2-}}}{6} = \frac{6FW_{Fe^{2+}}}{6} = \frac{6\ mol\ e^-}{6} \qquad (5.3)$$

所以各離子的當量與式量的關係如下表：

離　子	當　量 NW	離　子	當　量 NW
Pb^{2+}	FW/2	$Cr_2O_7^{2-}$	FW/6
CrO_4^{2-}	FW/3	Fe^{2+}	FW/1

另一個例子是測定有機化合物 $C_9H_9N_3$ 的含氮量。$C_9H_9N_3$ 需先完全轉變成氨，然後滴定以標準酸溶液。其反應如下：

$$C_9H_9N_3 + 試藥 \longrightarrow 3NH_3 + 副產物$$

$$NH_3 + H^+ \longrightarrow NH_4^+$$

此時，其滴定過程涉及中和反應，因此 NH_3 的當量必須依據其所消耗或產生氫離子的量來計算。由於每分子的 $C_9H_9N_3$ 可產生三分子的氨，相當於消耗三分子氫離子，故其當量等於 $C_9H_9N_6$ 的式量除於3。同理，每一個氮可轉變成一分子氨，相當於消耗一分子氫離子，故氮之當量等於其式量。

濃度為 N_1 的試藥溶液 V_1 與另一濃度為 N_2 的試藥溶液等當量完全反應時，所需的體積 V_2 可由下式計算：

$$N_1V_1 = N_2V_2 \tag{5.4}$$

4. 滴定濃度（titer）

滴定濃度表示含溶質 A 的溶液一毫升相當於會與 A 反應的 B 的毫克數。以 mg B/mL A 的 titer 表示。

【例5.2】一硝酸銀溶液的標籤上寫明其滴定濃度為 8.78mg NaCl，試求此溶液的莫耳濃度。

【解】 $M_{AgNO_3} = \dfrac{8.78mg\ NaCl}{mL\ AgNO_3} \times \dfrac{1mmol\ NaCl}{58.44mg\ NaCl} \times \dfrac{1mmol\ AgNO_3}{mmol\ NaCl}$

$$= \dfrac{0.150mmol}{mL}$$

5. p 函數（p−function）

p 函數與莫耳濃度之關係如下：

$$pX = -\log[X] \tag{5.5}$$

所以，如果莫耳濃度小於 1 的溶液以 p 函數表示則成為正的數，而且兩個莫耳濃度相乘，如果以 p 函數表示則變成兩個 p 值相加。

【例5.3】一溶液含 2.00×10^{-3}M NaCl 及 5.4×10^{-4}M HCl，求各離子之 p 值。

【解】
$$pH = -\log[H_3O^+] = -\log(5.4\times10^{-4}) = 3.27$$
$$pNa = -\log(2.00\times10^{-3}) = 2.699$$
$$pCl = -\log(2.00\times10^{-3} + 5.4\times10^{-4})$$
$$= -\log(2.54\times10^{-3})$$
$$= 2.595$$

6.百萬分濃度（C_{ppm}）

對於非常稀薄的溶液而言，以 ppm 來表示濃度比較方便。

$$C_{ppm} = (溶質重) / (溶液重) \times 10^6 ppm \tag{5.6}$$

【例5.4】溶液中含 63.3ppm 之 $K_3Fe(CN)_6$，求 K^+ 之莫耳濃度。

【解】假設溶液之密度爲 1.00 g/mL，則

$$63.3ppm\ K_3Fe\ (CN)_6 = 63.3mg\ K_3Fe(CN)_6/L$$

$$[K^+] = \frac{63.3mg\ K_3Fe(CN)_6}{L} \times \frac{mmol\ K_3Fe(CN)_6}{329mg}$$

$$\times \frac{3mmol\ K^+}{mmol\ K_3Fe(CN)_6} \times \frac{mol}{10^3 mmol}$$

$$= 5.77\times10^{-4}M$$

7.濃溶液—稀釋劑的體積比（x:y）

稀溶液之組成亦可用濃試藥與稀釋劑的體積比來表示，中間以冒號分開。例如 1:4 HCl 溶液是由一體積濃鹽酸與四體積水混合稀釋而成。

8.重量莫耳濃度（molality，m）

重量莫耳濃度表示溶液一公斤中所含溶質 A 的莫耳數。單位是

m，即 mol/kg 或 mmol/g。也可以用 mM，即 mmol/L 爲單位。像葡萄糖等非解離物質 X 之重量莫耳濃度可用 m_x 代表，對於離子 A 之重量莫耳濃度也可用 m_A 代表。物理化學家或化學工程師較常用重量莫耳濃度，因爲同一溶液之重量莫耳濃度不受溫度的影響，而莫耳濃度卻因溫度影響密度而變化。

9.活　度（activity，a）

爲了定量離子強度對化學平衡的影響，化學家常以活度來表示濃度。X 的活度 a_x 與莫耳濃度〔X〕的關係如下：

$$a_x = [X]f_x \tag{5.7}$$

其中 f_x 爲活度係數，是一個無單位的數。所以活度與莫耳濃度的單位相同。含 A，B，C，…等離子的溶液之離子強度定義如下：

$$\text{離子強度} = \mu = \frac{1}{2}([A]Z_A^2 + [B]Z_B^2 + [C]Z_C^2 + \cdots) \tag{5.8}$$

對於一個如下的平衡反應

$$rR + sS \Longleftrightarrow xX + yY$$

其熱力學平衡常數 K 定義如下：

$$K = \frac{a_X^x \cdot a_Y^y}{a_R^r \cdot a_S^s} = \frac{[X]^x[Y]^y}{[R]^r[S]^s} \cdot \frac{f_X^x \cdot f_Y^y}{f_R^r \cdot f_S^s} = K' \frac{f_X^x \cdot f_Y^y}{f_R^r \cdot f_S^s} \tag{5.9}$$

其中 K′爲濃度平衡常數。

在無限稀薄的溶液中活度係數幾乎都爲 1，所以 K = K′。隨著濃度的提高活度係數即偏離 1，所以 K′除了是溫度的函數外也同時受濃度的影響。

電解質溶液裡，溶質因中性分子的電離而生成離子。各離子在形式上同樣地可對其活度係數下定義，但這些數量是無法經實測得到的。只有在稀薄溶液中，即離子強度 $\mu < 0.1M$，活度係數 f_x 始可由如（Debye-Hückel's theory）德拜徐可理論推導出如下的關係式：

$$-\log f_X = \frac{A Z_X{}^2 \sqrt{\mu}}{1 + B \alpha_X \sqrt{\mu}} \tag{5.10}$$

其中 A 與 B 在一定的溶劑中與一定的溫度下都是常數，在 25°C 水溶液中 A ＝ 0.51156，B ＝ 0.003291。α_X 為離子 X 的水合有效半徑，單位為 pm（$1pm = 10^{-12}m$）。所謂離子有效半徑是指核心離子與其外圍水膜所構成球體的半徑，離子半徑小而荷電大者吸引溶劑分子的力量較離子半徑大而荷電小者為強。所以 F^- 比 I^- 的離子半徑小，136pm 對 216pm，但有效半徑卻較大，350pm 對 300pm。表 5.2 列出離子在水溶液中的活度係數。

表5.2　15°C～35°C 水溶液中的離子活度係數

離　　子	α (pm)	離　子　強　度 μ (M)				
		.001	.005	0.01	0.05	0.10
電　荷　±1						
H^+	900	.966	.933	.913	.854	.825
$(C_6H_5)_2CHCOO^-$，$(C_3H_7)_4N^+$	800	.966	.932	.911	.847	.816
$[OC_6H_2(NO_3)_3]^-$，$(C_3H_7)_3NH^+$，$CH_3OC_6H_4COO^-$	700	.966	.931	.909	.840	.806
Li^+，$C_6H_5CH_2COO^-$，$C_6H_5COO^-$，$C_6H_4OHCOO^-$，$C_6H_4ClCOO^-$，$(C_3H_7)_2NH_2^+$	600	.966	.930	.906	.833	.795
$CHCl_2COO^-$，CCl_3COO^-，$(C_2H_5)_3NH^+$，$(C_3H_7)NH_3^+$	500	.965	.928	.904	.825	.783

（註）α 為離子的水合有效半徑。

離　　子	α (pm)	離　子　強　度 μ (M)				
		.001	.005	0.01	0.05	0.10
電　　荷　　±1						
Na^+, $CdCl^+$, ClO_2^-, IO_3^-, HCO_3^-, $H_2PO_4^-$, HSO_3^-, $H_2AsO_4^-$, CH_3COO^-, $Co(NH_3)_4(NO_2)_2^+$, CH_2ClCOO^-, $(CH_3)_4N^+$, $(C_2H_5)_2NH_2^+$, $NH_2CH_2COO^-$	450	.965	.927	.902	.820	.776
$NH_3^+CH_2COOH$, $(CH_3)_3NH^+$, $C_2H_5NH_3^+$	400	.965	.927	.901	.816	.769
OH^-, F^-, CNS^-, CNO^-, HS^-, ClO_3^-, ClO_4^-, BrO_3^-, IO_4^-, MnO_4^-, $HCOO^-$, $H_2citrate^-$, $CH_3NH_3^+$, $(CH_3)_2NH_2^+$	350	.965	.926	.900	.811	.761
K^+, Cl^-, Br^-, I^-, CN^-, NO_2^-, NO_3^-	300	.964	.925	.898	.806	.753
Rb^+, Cs^+, NH_4^+, Tl^+, Ag^+	250	.964	.924	.897	.800	.744
電　　荷　　±2						
Mg^{2+}, Be^{2+}	800	.872	.755	.689	.515	.444
$[OOC(CH_2)_5COO]^{2-}$, $[OOC(CH_2)_6COO]^{2-}$, Congo red anion^{2-}	700	.870	.751	.682	.499	.422

離　　　子	α (pm)	離　子　強　度 $_\mu$ (M)				
		.001	.005	0.01	0.05	0.10
電　　荷　　±2						
Ca^{2+}, Cu^{2+}, Zn^{2+}, Sn^{2+}, Mn^{2+}, Fe^{2+}, Ni^{2+}, Co^{2+}, $H_2C(CH_2COO)_2{}^{2-}$, $C_6H_4(COO)_2{}^{2-}$, $(CH_2CH_2COO)_2{}^{2-}$	600	.869	.746	.675	.482	.400
Sr^{2+}, Ba^{2+}, Cd^{2+}, Hg^{2+}, S^{2-}, $S_2O_4{}^{2-}$, $WO_4{}^{2-}$, $H_2C(COO)_2{}^{2-}$, $(CH_2COO)_2{}^{2-}$, $(CHOHCOO)_2{}^{2-}$	500	.868	.742	.667	.463	.375
Pb^{2+}, $CO_3{}^{2-}$, $SO_3{}^{2-}$, $MoO_4{}^{2-}$, $Co(NH_3)_5Cl^{2+}$, $Fe(CN)_5NO^{2-}$, $(COO)_2{}^{2-}$, $H\ citrate^{2-}$	450	.867	.739	.663	.453	.362
$Hg_2{}^{2+}$, $SO_4{}^{2-}$, $S_2O_3{}^{2-}$, $S_2O_6{}^{2-}$, $S_2O_8{}^{2-}$, $SeO_4{}^{2-}$, $CrO_4{}^{2-}$, $HPO_4{}^{2-}$	400	.867	.737	.659	.443	.349
電　　荷　　±3						
Al^{3+}, Fe^{3+}, Cr^{3+}, Sc^{3+}, Y^{3+}, In^{3+}, Ce^{3+}, $Lanthanides^{3+}$	900	.736	.538	.441	.240	.177
$Citrate^{3-}$	500	.727	.511	.402	.177	.110

離　　　子	α (pm)	離　子　強　度 μ (M)				
		.001	.005	0.01	0.05	0.10
電　　　荷 ±3						
PO_4^{3-}，$Fe(CN)_6^{3-}$，$Cr(NH_3)_6^{3+}$，$Co(NH_3)_6^{3+}$，$Co(NH_3)_5H_2O^{3+}$	400	.725	.504	.392	.160	.094
電　　　荷 ±4						
Th^{4+}，Zr^{4+}，Ce^{4+}，Sn^{4+}	1100	.586	.346	.251	.097	.062
$Fe(CN)_6^{4-}$	500	.568	.303	.198	.046	.020

　　可是這些活度係數在熱力學的關係式中，並不以各別的量表示，而是由陰離子及陽離子的量相互組合在一起來表示，而呈電中性形態存在著。因此取其幾何平均且各別定出離子的平均活度及平均活度係數來使用。例如在電解質 A_xB_y 的溶液裡，其平均活度 $a_\pm$ 及平均活度係數 $f_\pm$ 可寫成下式：

$$a_\pm^{x+y} = a_+^x a_-^y \qquad (5.11)$$

$$f_\pm^{x+y} = f_+^x f_-^y \qquad (5.12)$$

其中，a_+，a_- 及 f_+，f_- 各為陽離子及陰離子的活度及活度係數。

　　對於離子濃度較高的溶液，$0.1M < \mu < 0.6M$，可利用 Debye-Huckel-Davies equation 來計算平均活度係數：

$$-\log f_\pm = 0.512\, Z_X Z_Y \left\{ \frac{\sqrt{\mu}}{1+\sqrt{\mu}} - 0.2\mu \right\} \qquad (5.13)$$

　　比較式（5.13）與式（5.10）可知離子有效半徑之算數平均值近似於 B 的倒數，且離子濃度項中多了一個線性修正項，這可使 $f_\pm$ 在 μ =0.6 附近有一極大值以解釋一般常見的因離子強度增加造成濃度平衡常數變化趨勢改變的現象。

【例5.5】在 0.033M $Hg_2(NO_3)_2$ 溶液中 Hg_2^{2+} 之 25℃ 活度係數為若干?

【解】溶液的離子強度為:

$$\mu = ([Hg_2^{2+}] \times 2^2 + [NO_3^-] \times (-1)^2)/2$$

$$= (0.033 \times 4 + 0.066 \times 1)/2$$

$$= 0.10M$$

　　由表5.2可知 Hg_2^{2+} 位於電荷 +2 與水合離子半徑 400pm 處,且 μ = 0.10M 時 f = 0.349。

【例5.6】計算含 0.100M KCl 水溶液在 25℃ 之 pH 值?

【解】已知在 25℃ 水解離常數 $K_w = 1.008 \times 10^{-14}$,0.100M KCl 水溶液的離子強度為 0.100M。由表5.2可知在此離子強度下 H^+ 與 OH^- 的活度係數分別為 0.825 與 0.761,並以 x = [H^+] = [OH^-] 代入下式:

$$K_w = [H^+]f_{H^+}[OH^-]f_{OH^-}$$

$$1.008 \times 10^{-14} = (x)(0.825)(x)(0.761)$$

$$x = 1.267 \times 10^{-7}$$

雖然 H^+ 與 OH^- 的平衡濃度相等,皆為 1.267×10^{-7},但是二離子的活度並不相等。

$$a_{H^+} = [H^+]f_{H^+} = (1.267 \times 10^{-7})(0.825) = 1.045 \times 10^{-7}$$

$$a_{OH^-} = [OH^-]f_{OH^-} = (1.267 \times 10^{-7})(0.761) = 0.964 \times 10^{-7}$$

所以 pH 值為:

$$pH = -\log a_{H^+} = -\log(1.045 \times 10^{-7}) = 6.981$$

　　本例【5.6】說明純水加入 0.100M KCl 之後影響 H^+ 與 OH^- 的活度,所以 pH 值由 7.000 變成 6.981。此 0.02pH 單位的變化很小,幾乎在 pH 測定的精密度範圍以內。但是 H^+ 的平衡濃度卻由純水中的

1.00×10^{-7}變成 0.100M KCl 中的 1.267×10^{-7}，改變幅度達 26％以上。

習 題

5.1 在 25°C 的醋酸溶液中添加 KCl 使溶液離子強度為 0.01M，0.05M，0.1M，0.2M，0.3M，0.4M，0.5M，0.6M，0.7M，1.0M，2.0M，5.0M，10M。求各離子強度下之醋酸濃度解離常數 K'。

5.2 Pyridine，C_5H_5N，5.00 g 溶於水並稀釋至體積 457mL，求莫耳濃度？

5.3 一瓶標有 98.0%（w/w）濃硫酸的濃度為 18.0M，
   (1)稀釋成 1.00 公升的 1.00M H_2SO_4 需多少 mL 試藥？
   (2)求 98.0% 濃硫酸的密度？

5.4 在 25°C 實驗室稱 KHP（分子量 204.231，密度 1.636）5.1058 g，砝碼密度為 7.8，以純水溶解於 250mL 量瓶並稀釋至刻度，以 25mL 量吸管量取 25.00mL，再以 50mL 滴定管裝未知濃度 NaOH 滴定之，得滴定體積為 20.00mL。求 NaOH 的莫耳濃度：
   (1)若容器體積無溫度校正，且稱量亦無浮力校正。
   (2)若容器體積有溫度校正，且稱量亦有浮力校正。

5.5 同上題 5.4，求 NaOH 在(1)，(2)兩種情況的重量莫耳濃度。

第六部

容量分析

容量分析之類別

1.酸鹼滴定法

以鹼的標準溶液滴定酸性試液時稱為酸滴定。以酸的標準溶液滴定鹼性試液時稱為鹼滴定。所謂「中和」係指酸鹼之當量數相等，中和後之溶液並不一定是中性。

2.氧化還原滴定法

以氧化劑的標準溶液滴定還原性物質，或以還原劑的標準溶液滴定氧化性物質。

3.沈澱滴定法

以沈澱劑的標準溶液滴定欲測定的成分，使它沈澱，再用適當的方法判斷當量點。

4.鉗合滴定法

以標準溶液滴定，使與待測定的成分生成錯離子，再用適當的方法判斷當量點。

以上各法又可分為直接法與間接法；直接法是以標準溶液直接滴定待定量之物質。間接法是以過量的已知當量數之試劑加於待定量的物質內，再以標準試劑滴定未反應的部分，間接算出待定量的成分。

第六章　酸鹼滴定法

酸和鹼的反應稱爲中和反應，可產生鹽和水，例如，

$$HCl + NaOH \longrightarrow NaCl + H_2O \tag{6.1}$$

$$H_2SO_4 + 2NaOH \longrightarrow Na_2SO_4 + 2H_2O \tag{6.2}$$

鹽的解離度相當大，可視爲完全解離，水的解離度則非常小，因此中和反應又可說是酸的 H^+ 離子和鹼的 OH^- 離子互相結合產生未解離分子 H_2O 的反應，

$$H^+ + OH^- \Longleftrightarrow H_2O \tag{6.3}$$

若把未知濃度的酸（或鹼）裝在滴定管以滴定已知當量濃度爲 N_1，體積爲 V_1 的鹼（或酸），可得滴定體積爲 V_2，則依

$$N_1V_1 = N_2V_2 \tag{6.4}$$

可求出未知當量濃度 N_2。由化學反應式計算符合化學計量（chemical stoichiometry）的中和點稱爲當量點（equivalence point），在實驗室裡以指示劑（indicator）的顏色變化辨認出來的中和點稱爲終點（end point）；當量點是理論值，終點是實驗值。爲要使終點與當量點一致，須選用適當的指示劑，更須瞭解中和理論。酸滴定（acidimetry）和鹼滴定（alkalimetry）各指利用滴定法定量酸和鹼的方法。這些方法都包括反滴定法（back-titration）。例如定量酸時可滴入比化學計量還要多的過量的鹼，之後再用酸滴定這鹼的過量部分。

6.1　pH

水的解離反應如下，

$$H_2O + H_2O \Longleftrightarrow OH^- + H_3O^+ \qquad (6.5)$$

其解離平衡常數 K，為

$$K = \frac{[H_3O^+][OH^-]}{[H_2O]^2} \qquad (6.6)$$

因為 K 值非常小，平衡的稍微移動也不致顯著改變 H_2O 的濃度，所以〔H_2O〕可視為常數，即

$$[H_2O] = 1000/18 = 55.55 \text{mol/L}$$

式（6.6）可改寫為：

$$[H_3O^+][OH^-] = K[H_2O]^2 = K_w \qquad (6.7)$$

K_w 稱為水常數，是溫度的函數，如表 6.1 所示；但在室溫 25°C 可視為：

$$K_w = 1.00 \times 10^{-14}$$

表 6.1 K_w 與溫度之關係

溫度,°C	pK_w	溫度,°C	pK_w
0	14.9435	30	13.8330
5	14.7338	35	13.6801
10	14.5346	40	13.5438
15	14.3463	45	13.3960
20	14.1669	50	13.2617
24	14.0000	55	13.1369
25	13.9965	60	13.0171

在純水中〔H_3O^+〕＝〔OH^-〕＝10^{-7}mol/L，在酸性水溶液中〔H_3O^+〕＞10^{-7}mol/L，〔OH^-〕＜10^{-7}mol/L，在鹼性水溶液中〔H_3O^+〕＜10^{-7}mol/L，〔OH^-〕＞10^{-7}mol/L。

氫離子濃度一般以 pH 表示較為方便，

$$pH = -\log[H_3O^+] \qquad (6.8)$$

同理也用 pOH 表示 OH⁻ 離子的濃度,

$$pOH = -log[OH^-] \tag{6.9}$$

依上述定義在純水中 pH = pOH = 7.00。又如以 pH = 4.43 表示
$[H_3O^+] = 3.7 \times 10^{-5} mol/L$,以 pOH = 9.07 表示 $[OH^-] = 8.5 \times 10^{-10}$
mol/L,既方便又省事。

在水溶液中 $[H_3O^+][OH^-]$ 乘積是一定的,因此

$$pH + pOH = -log[H_3O^+] - log[OH^-]$$
$$= -log\{[H_3O^+][OH^-]\}$$
$$= -logK_w = pK_w = 14.00 \tag{6.10}$$

酸性溶液中 pH < 7,pOH > 7,pH 愈小酸性愈強。鹼性溶液中
pOH < 7,pH > 7,pOH 愈小鹼性愈大。因為 pH + pOH = 14.00,所
以若知道 pH（或 pOH）,即可求出 pOH（或 pH）。

6.2　強酸—強鹼的滴定曲線（titration curve）

強酸或強鹼在水溶液中完全解離,其式量濃度可直接用以表示溶
液中 H_3O^+ 或 OH^- 離子的濃度。設鹽酸或氫氧化鈉的式量濃度分別為
C_{HCl} 與 C_{NaOH},

$$HCl + H_2O \longrightarrow H_3O^+ + Cl^-$$

$$[H_3O^+] = [Cl^-] = C_{HCl},\ [HCl] = 0$$

$$NaOH \longrightarrow Na^+ + OH^-$$

$$[OH^-] = [Na^+] = C_{NaOH},\ [NaOH] = 0$$

[HCl] 和 [NaOH] 各表示水溶液中未解離中性分子的濃度。

式量濃度為 C 的鹽酸溶液 x mL 中加入式量濃度同為 C 的氫氧化
鈉溶液 y mL,y < x 時,Cy meq 的 HCl 被 NaOH 中和,未被中和的
C（x － y）meq 的 HCl 決定溶液中 H_3O^+ 的濃度。在當量點,y = x,
HCl 完全被中和,因此 pH = 7。超過當量點後,y > x,溶液的 pH 值

由過量的 NaOH 所決定。整理這些討論得下面結果：

$$當量點以前，x > y，[H_3O^+] = C\frac{x-y}{x+y}M \qquad (6.11)$$

$$當量點，x = y，[H_3O^+] = [OH^-] = 10^{-7}M \qquad (6.12)$$

$$當量點以後，x < y，[H_3O^+] = \frac{K_w}{[OH^-]}M \qquad (6.13)$$

$$[OH^-] = C\frac{y-x}{x+y}M \qquad (6.14)$$

利用式（6.11）～（6.14）可得如圖 6.1 所示的滴定曲線。圖中顯示在當量點附近，即滴定劑體積在 24.9～25.1mL 的範圍，pH 有極大的變化。在當量點附近 pH 的變化程度受溶液濃度的影響很大；濃度愈低 pH 的變化愈小。這種因溶液的稀釋所導致的效應稱為稀釋效應。物理化學實驗通常使用濃度比被滴定液高約10～20 倍的滴定劑以避免稀釋效應，但被滴定液的體積太小時，須使用微量滴定管。

會在滴定曲線垂直部分的 pH 範圍內變色的指示劑皆可利用作為終點的辨認。因此有很多的指示劑可用在 0.1N 的強酸—強鹼滴定，用鹽酸滴定氫氧化鈉的曲線剛好與圖 6.1 的曲線呈左右對稱。但低濃度的滴定很顯然的因為稀釋效應所以可用的指示劑較少。總之，選擇指示劑須先瞭解滴定曲線。

圖6.1 滴定曲線，以 NaOH 滴定 25mL 相同濃度的 HCl；三種濃度分別為 0.1N，0.01N 和 0.001N

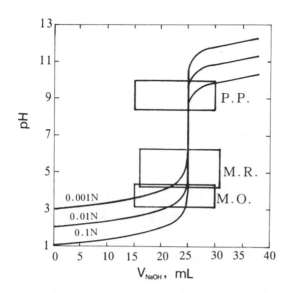

M.O.：甲基橙
M.R.：甲基紅
P.P.：酚酞

表6.2 以 NaOH 滴定 25.0mL HCl 之 pH 變化，二者濃度皆為 C

mL NaOH 滴定量, V_b	pH		
	C=0.1N	C=0.01N	C=0.001N
0.00	1.00	2.00	3.00
1.00	1.03	2.03	3.03
12.50	1.48	2.48	3.48
22.00	2.19	3.19	4.19
23.00	2.38	3.38	4.38
24.00	2.69	3.69	4.69
24.50	3.00	4.00	5.00
24.90	3.70	4.70	5.70
24.99	4.70	5.70	6.70
25.00	7.00	7.00	7.00
25.01	9.30	8.30	7.30
25.10	10.30	9.30	8.30

mL NaOH	pH		
滴定量，V_b	C＝0.1N	C＝0.01N	C＝0.001N
25.50	11.00	10.00	9.00
26.00	11.29	10.29	9.29
27.00	11.59	10.59	9.59
28.00	11.75	10.75	9.75
38.00	12.31	11.31	10.31

6.3 弱酸的滴定曲線

以強鹼爲滴定劑滴定弱酸試液時的 pH 變化較複雜。下面以 0.100N 氫氧化鈉滴定 25.0mL 的 0.100N 醋酸爲例說明之。

1.滴定開始以前醋酸本身的 pH

因爲醋酸是弱酸，解離度小，〔H_3O^+〕不能直接以溶液式量濃度表示。醋酸溶液中有如下的平衡，

$$CH_3COOH + H_2O \rightleftharpoons H_3O^+ + CH_3COO^-$$

$$K_a = \frac{[H_3O^+][CH_3COO^-]}{[CH_3COOH]} = 1.8 \times 10^{-5} \tag{6.15}$$

$$H_2O + H_2O \rightleftharpoons OH^- + H_3O^+$$

$$K_w = [H_3O^+][OH^-] = 1.00 \times 10^{-14} \tag{6.16}$$

水的解離受式（6.15）解離出來的 H_3O^+ 的影響向左移動，所以可見溶液中的 H_3O^+ 幾乎完全來自醋酸的解離，水解離的部分則可忽略。所以，

$$[H_3O^+] \fallingdotseq [CH_3COO^-]$$

且

$$[CH_3COOH] = 0.100 - [H_3O^+]$$

若以 C 代表弱酸的式量濃度，即 0.100F，則

$$\frac{[H_3O^+]^2}{C - [H_3O^+]} = K_a \qquad\qquad (6.17)$$

若$[H_3O^+]$為酸式量濃度 C 的 10% 以下，即$[H_3O^+] \leqq 0.0100M$，則，

$$0.100 - [H_3O^+] \doteqdot 0.100$$

所以，

$$[H_3O^+] = \sqrt{CK_a} = 1.34 \times 10^{-3}M \qquad\qquad (6.18)$$

$$pH = 2.87$$

因為 $1.34 \times 10^{-3} < 0.1C = 0.0100$，所以上述近似法成立。

如果由近似法所得氫離子濃度超過酸式量濃度的 10%，則須按下述兩種方法之一求出正確的$[H_3O^+]$。

(1)解二次方程式：

式（6.17）可寫為

$$[H_3O^+]^2 + K_a[H_3O^+] - CK_a = 0$$

解得

$$[H_3O^+] = \frac{-K_a + \sqrt{K_a^2 + 4CK_a}}{2} \qquad\qquad (6.19)$$

(2)逐次近似法：

式（6.17）可寫為

$$[H_3O^+] = \sqrt{(C - [H_3O^+])K_a} \qquad\qquad (6.20)$$

將第一次近似法（由式（6.18））所得的 $[H_3O^+]_1 = \sqrt{CK_a}$ 代入式（6.20）的右邊得 $[H_3O^+]_2$，再將 $[H_3O^+]_2$ 代入式（6.20）得 $[H_3O^+]_3$，如此反覆計算至得恆值為止。例如，$C = 10^{-3}F$ 時，因 $[H_3O^+]_1 = \sqrt{CK_a} = 1.34 \times 10^{-4}M$，大於 $10^{-3}M$ 的 10%，有必要利用逐次近似法求得正確答案如下，

$$[H_3O^+] = \sqrt{(10^{-3} - 1.34 \times 10^{-4})\ K_a} = 1.25 \times 10^{-4}M$$

$$[H_3O^+] = \sqrt{(10^{-3} - 1.25 \times 10^{-4})\ K_a} = 1.25 \times 10^{-4}M$$

可見 $[H_3O^+] = 1.25 \times 10^{-4}M$。此值與由式（6.19）所得結果相同。

2.當量點以前的緩衝區（buffer region）pH

滴入 x mL 的 NaOH 後，

$$[CH_3COOH] = \frac{0.100(25.0 - x)}{25.0 + x}M$$

$$[CH_3COO^-] = \frac{0.100x}{25.0 + x}M$$

由式（6.15）得

$$[H_3O^+] = \frac{[CH_3COOH]}{[CH_3COO^-]}K_a = \frac{(25.0 - x)}{x} \times 1.8 \times 10^{-5}M \qquad (6.21)$$

$$pH = pK_a + p[酸] - p[共軛鹼] \qquad (6.22)$$

溶液中有弱酸（CH_3COOH）與其共軛鹼（CH_3COO^-）共存時，即可形成緩衝溶液。若有一半的酸被中和，即 x = 12.5，則

$$[CH_3COOH] = [CH_3COO^-]$$

而

$$[H_3O^+] = K_a$$

$$pH = pK_a \qquad (6.23)$$

由此可見半中和點（half-neutralization point）的 pH 等於 pK_a，利用這關係可由滴定曲線求出 K_a 值。改變 x 值雖然亦改變緩衝溶液的 pH，但變化不大。

3.當量點的 pH

在當量點可視為只有 0.025mol CH_3COONa 溶於 50.0mL 純水所成的溶液，其濃度為：

$$[CH_3COONa] = \frac{25.0}{25.0 + 25.0} \times 0.100 = 0.050M$$

醋酸鈉在溶液中完全解離

$$CH_3COONa \rightleftharpoons CH_3COO^- + Na^+$$

$[Na^+] = 0.050M$，但是 CH_3COO^- 是弱酸的共軛鹼，會因水解反應消耗溶液中的 H_3O^+，同時增加 OH^-，

$$CH_3COO^- + H_2O \rightleftharpoons CH_3COOH + OH^- \tag{6.24}$$

因此溶液呈鹼性（pH>7）。水解常數可由下述方程式求出，

$$K_h = \frac{[CH_3COOH][OH^-]}{[CH_3COO^-]}$$

$$= \frac{[CH_3COOH]}{[CH_3COO^-][H_3O^+]} \times [H_3O^+][OH^-] = \frac{K_w}{K_a} \tag{6.25}$$

$$K_h = \frac{1.00 \times 10^{-14}}{1.8 \times 10^{-5}} = 5.6 \times 10^{-10}$$

由式（6.24）可得

$$[OH^-] = [CH_3COOH] = y$$

$$[CH_3COO^-] = 0.050 - y$$

代入式（6.25）可得

$$K_h = \frac{y^2}{0.050 - y} \cong \frac{y^2}{0.050}$$

所以，

$$y = [OH^-] = \sqrt{\frac{0.050K_w}{K_a}} = 5.3 \times 10^{-6} \text{mol/L} \tag{6.26}$$

$$pOH = 5.28$$

$$pH = 8.72$$

若以 C 代表弱酸的式量濃度，仿式（6.26）可得

$$[OH^-] = \sqrt{\frac{CK_w}{K_a}} \tag{6.27}$$

所以

$$pOH = (pC + pK_w - pK_a)/2$$
$$= 7 + (pC - pK_w)/2 \qquad (6.28)$$
$$pH = 14 - pOH = 7 - (pC - pK_w)/2 \qquad (6.29)$$

4.超過當量點以後的 pH

超過當量點以後，OH^- 的來源計有過量的 NaOH 和 CH_3COO^- 的水解。CH_3COO^- 的水解常數很小，為 5.6×10^{-10}，且因為 NaOH 強力抑制其水解，所以可忽略由 CH_3COO^- 水解產生的 OH^-，而假定 OH^- 完全來自過量的 NaOH。今設 y 等於過量 NaOH 的體積，則

$$[OH^-] \fallingdotseq [NaOH] = \frac{0.100y}{25.0 + 25.0 + y}$$

綜合以上結果可得如圖 6.2 所示的滴定曲線。在當量點附近的 pH 變化比強酸—強鹼滴定（如圖 6.1）小得多。可茲利用的指示劑種類也較少。若再加上稀釋效應，就會找不到可用的指示劑以致無法滴定。

圖 6.2　弱酸的滴定曲線，以 NaOH 滴定 25mL 相同濃度的醋酸；三種濃度分別為 0.1N, 0.01N 和 0.001N

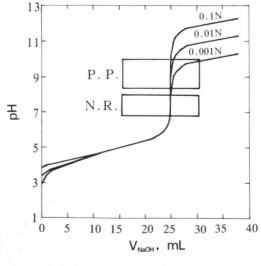

P.P.：酚酞
N.R.：中性紅

6.4　弱鹼的滴定曲線

　　用強酸滴定弱鹼的滴定曲線可仿傚 6.3 節的方法分四段計算。下面以式量濃度爲 C 的鹽酸滴定 25.0mL 相等濃度的氨水溶液爲例說明之:

1.滴定開始以前氨水溶液本身的 pH

　　氨水溶液中有如下的平衡,

$$NH_3 + H_2O \rightleftharpoons OH^- + NH_4^+$$

$$K_b = \frac{[NH_4^+][OH^-]}{[NH_3]} = 1.8 \times 10^{-5} \qquad (6.30)$$

$$H_2O + H_2O \rightleftharpoons OH^- + H_3O^+$$

$$K_w = [H_3O^+][OH^-] = 1.00 \times 10^{-14} \qquad (6.31)$$

類似弱酸的情況一樣, OH^- 來自水解離的部分可以忽略, 所以

$$[OH^-] \doteqdot [NH_4^+]$$

且

$$[NH_3] = C - [OH^-]$$

所以,

$$\frac{[OH^-]^2}{C - [OH^-]} \cong \frac{[OH^-]^2}{C} = K_b$$

$$[OH^-] = \sqrt{CK_b} \qquad (6.32)$$

$$pOH = (pC + pK_b)/2 \qquad (6.33)$$

$$pH = 14 - (pC + pK_b)/2 \qquad (6.34)$$

氨的 $pK_b = 4.74$。

2.當量點以前的緩衝區的 pH

　　加入 x mL 鹽酸後,

$$[NH_4{}^+] = \frac{Cx}{25.0 + x}$$

$$[NH_3] = \frac{C(25.0 - x)}{25.0 + x}$$

此二式代入式（6.30）可得

$$[OH^-] = \frac{[NH_3]}{[NH_4{}^+]} K_b = \frac{25.0 - x}{x} K_b \qquad (6.35)$$

$$pOH = pK_b + p[鹼] - p[共軛酸]$$
$$= pK_b - \log(25.0 - x) + \log x$$
$$pH = 14 - pK_b + \log(25.0 - x) - \log x$$

3.當量點的 pH

在當量點可視爲只有 $0.0250C$ 莫耳 NH_4Cl 溶於 $50.0mL$ 純水所成的溶液，H_3O^+ 濃度可計算如下：

$$NH_4{}^+ + H_2O \rightleftharpoons NH_3 + H_3O^+$$

$$K_h = \frac{[NH_3][H_3O^+]}{[NH_4{}^+]} = \frac{K_w}{K_b} \cong \frac{[H_3O^+]^2}{C/2}$$

$$[H_3O^+] = \sqrt{\frac{K_w}{K_b} \cdot \frac{C}{2}}$$

$$pH = (pK_w - pK_b - \log(C/2))/2 \qquad (6.36)$$

4.超過當量點以後的 pH

超過當量點以後，鹽酸的過量部分決定溶液的 pH 值。

$$[H_3O^+] = \frac{C(x - 25.0)}{25.0 + x} \qquad (x > 25.0)$$

滴定曲線如圖 6.3 所示。

圖6.3　弱鹼的滴定曲線，以 HCl 滴定 25mL 相同濃度的氨水；三種
　　　　濃度分別為 0.1N，0.01N 和 0.001N

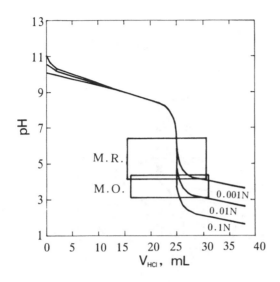

M.O.：甲基橙
M.R.：甲基紅

6.5　弱酸—弱鹼的滴定

　　以弱酸滴定弱鹼或以弱鹼滴定弱酸時滴定曲線理論上可依 6.3，
6.4 節的方法求出，但是因為在當量點附近的 pH 變化不明顯，缺少
適當的指示劑，單靠人眼是無法判斷其滴定終點的。實際上弱酸或弱
鹼各可用強鹼或強酸加以滴定。圖 6.4 表示以 0.1N 氫氧化鈉滴定
25.0mL 的 0.1N 具有不同 pK_a 的酸。由圖可見 pK_a 愈大，即酸性愈
弱，在當量點的 pH 變化愈不明顯。若 $pK_a \geq 8$，則無適當的指示劑可
幫助辨認滴定終點。以 0.1N HCl 滴定不同 pK_b 的鹼也有相同的結論，
即鹼性愈弱，在當量點的 pH 變化愈不明顯。若 $pK_b \geq 8$，則無適當的
指示劑可幫助辨認滴定終點。

圖 6.4 以 0.100N NaOH 滴定不同強度的 25.0mL 0.100N 酸的滴定
曲線

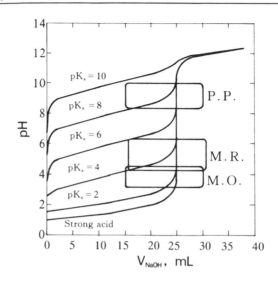

6.6 指示劑

　　酸鹼滴定所用的指示劑都是有機染料。本身是弱酸或弱鹼,在水溶液中可解離,且解離後的離子形態和未解離的分子形態之顏色不同才可做為指示劑。例如圖 6.5,酚酞在中性或酸性溶液中是無色的未解離形態,但在鹼性溶液中會解離成離子形態的鮮明紅色。

　　甲基橙在酸性溶液中是紅色,在中性或鹼性溶液中是黃色,其離子狀態如圖 6.6 所示。

　　若以 HIn 代表酸鹼指示劑,在水溶液之平衡反應如下:

$$HIn + H_2O \rightleftharpoons H_3O^+ + In^- \tag{6.37}$$

$$K_{HIn} = \frac{[H_3O^+][In^-]}{[HIn]} \tag{6.38}$$

$$\frac{[In^-]}{[HIn]} = \frac{K_{HIn}}{[H_3O^+]} \tag{6.39}$$

圖6.5　酚　酞

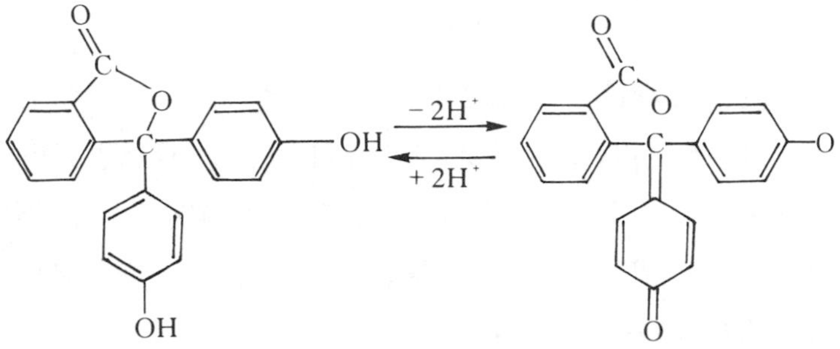

（酸型無色）　　　　　　　　（鹼型紅色）

圖6.6　甲基橙

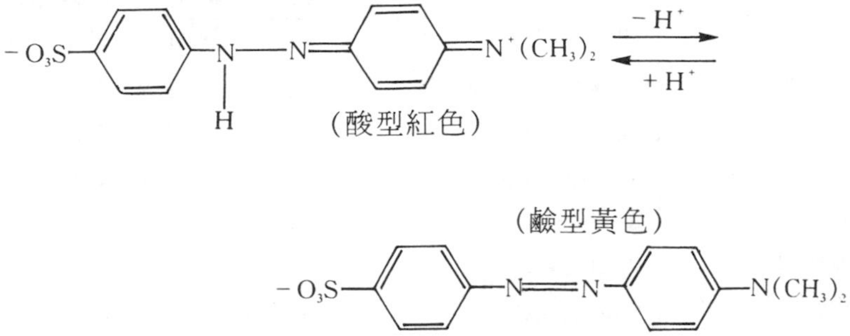

（酸型紅色）

（鹼型黃色）

　　由式（6.39）可知指示劑的鹼型和酸型的濃度比例與$[H_3O^+]$成反比。在指式劑的半中和點，即$[In^-] = [HIn]$，$pH = pK_{HIn}$。此時的 pH 稱爲指示劑的 pK 值。

　　一般而言，指示劑的鹼型和酸型的濃度比例若小於 10，例如$\dfrac{[In^-]}{[HIn]} < \dfrac{1}{10}$，則人眼只感受到酸型 HIn 的顏色。反之，若濃度比例大於 10，例如$\dfrac{[In^-]}{[HIn]} > \dfrac{10}{1}$，則人眼只感受到鹼型 In^- 的顏色。然而在$\dfrac{1}{10} \leq \dfrac{[In^-]}{[HIn]} \leq \dfrac{10}{1}$的範圍裡只感覺是一種混合色，少有能力辨認不同濃度

比例的顏色。總之，

　　pH<$-1+$pK$_{HIn}$時，為酸型顏色

　　pH>$1+$pK$_{HIn}$時，為鹼型顏色

　　變色 pH 範圍＝pK$_{HIn}$±1　　　　　　　　　　　　　(6.40)

一般指示劑的變色 pH 範圍小於 2 個 pH 單位，但石蕊的變色 pH 範圍太寬，pH5～8，只適於簡單的酸性或鹼性檢驗之用，不宜做為酸鹼中和滴定的指示劑。表 6.3 列舉常見的酸鹼指示劑。其中最常用的可算是甲基橙、甲基紅和酚酞。

表 6.3　酸鹼指示劑

指　　　示　　　劑		顏　　　色		
中　　文	英　　文	酸型	變 色 pH 範 圍	鹼型
瑞香酚藍	Thymol blue	紅	1.2～2.8	黃
二甲基黃	Dimethyl yellow	紅	2.9～4.0	黃
剛果紅	Congo red	藍	3.0～5.0	紅
甲基橙	Methyl orange	紅	3.1～4.4	黃
茜素 S	Alizarin S	黃	3.7～5.2	紫
溴甲酚綠	Bromocresol green	黃	3.8～5.4	藍
甲基紅	Methyl red	紅	4.2～6.3	黃
氯酚紅	Chlorophenol red	黃	5.0～6.6	紅
溴瑞香酚藍	Bromthymol blue	黃	6.0～7.6	藍
酚紅	Phenol red	黃	6.8～8.4	紅
中性紅	Neutral red	紅	6.8～8.0	黃
甲酚紅	Cresol red	黃	7.2～8.8	紅
瑞香酚藍	Thymol blue	黃	8.0～9.6	藍
酚酞	Phenolphthalein	無	8.3～10.0	紅
瑞香酚酞	Thymolphthalein	無	9.3～10.5	藍
茜素黃	Alizarin yellow GG	黃	10.0～12.0	橙紅

　　各指示劑配製的濃度為瑞香酚藍，二甲基黃，溴甲酚綠，甲基紅，氯酚紅，溴瑞香酚藍，酚紅，中性紅，甲酚紅，酚酞與瑞香酚

酞等皆為 0.05％，需溶於酒精—水（1：1）混合溶液，而剛果紅，甲基橙，茜素 S 與茜素黃等皆為 0.1％，直接溶於純水即可。

表 6.4　混合指示劑

混合指示劑	配方 g	溶　劑	顏　色　變　化
溴甲酚綠 ＋ 二甲基黃	1.0 1.4	500mL 50％酒精	藍—綠—黃—紅 pH 4.2
溴甲酚綠 ＋ 甲基紅	0.3 0.2	400mL 50％酒精	紫—綠—黃—紅 pH 5.0
溴甲酚綠 ＋ 氯酚紅	0.1 0.1	200mL 50％酒精	紫—淡紫—藍—藍綠—黃綠 pH 6.1
中性紅 ＋ 溴瑞香酚藍	0.1 0.1	200mL 50％酒精	藍—灰綠—粉紅—紅 pH 7.1
溴瑞香酚藍 ＋ 酚紅	0.1 0.1	200mL 50％酒精	紫—淡紫—暗綠—黃 pH 7.4
甲酚紅 ＋ 瑞香酚藍	0.1 0.3	400mL 50％酒精	紫—橙紅—黃 pH 8.3
瑞香酚藍 ＋ 酚酞	0.1 0.3	400mL 50％酒精	紫—紅—黃 pH 9.0
酚酞 ＋ 瑞香酚酞	0.1 0.1	200mL 50％酒精	紫—紅—無色 pH 9.9

6.7　混合指示劑、萬能指示劑、pH 試紙

混合兩種指示劑可在特定的 pH 值顯示出敏銳的變化，如表 6.4 所示。若選擇多種適當的指示劑混合，可得在不同 pH 呈現不同顏色的萬能指示劑，用以檢視 pH 的連續變化。表 6.5 例舉 Borgen 和

Kolthoff 萬能指示劑的配方與各種不同 pH 的顏色。取少量，約 0.1mL，萬能指示劑溶液置於不同 pH 值的緩衝溶液 10mL 中，再取出少量，約 1mL，封存於細硬質玻璃管或透明的細塑膠管內，可製成一系列的標準比色溶液。滴定時，加數滴萬能指示劑於試液，並比較試液與標準比色溶液的顏色，即可得滴定曲線或應用於混合酸（或鹼）的定量分析。

表 6.5 萬能指示劑

pH	Borgen 指示劑	Kolthoof 指示劑
1.0	粉紅	—
2.0	玫瑰紅	玫瑰紅
3.0	紅橙	紅橙
4.0	橙紅	橙
5.0	橙	黃橙
6.0	黃	檸檬黃
7.0	黃綠	黃綠
8.0	綠	綠
9.0	藍綠	藍綠
10.0	紫	紫

配方：溶於 100g 50% 酒精一水溶液		Borgen 指示劑	Kolthoof 指示劑
	酚　酞	20 mg	20 mg
	甲基紅	40 mg	5 mg
	二甲基氨基偶氮苯	60 mg	15 mg
	溴瑞香酚藍	80 mg	20 mg
	瑞香酚藍	100 mg	20 mg

濾紙浸漬萬能指示劑並乾燥後可得 pH 試紙，適於酸鹼度之檢驗。使用時剪下約 2～3mm 寬，置白紙上，依點滴試驗的要領，以玻棒沾少量溶液潤濕 pH 試紙，與標準顏色比較可知 pH 略值。pH 試紙不宜直接放進溶液中。

6.8　指示劑的選擇

　　變色 pH 範圍恰在滴定曲線垂直部分的 pH 範圍裡面的指示劑都可供辨認滴定終點之用。

1.強酸—強鹼滴定用指示劑

　　如圖 6.1 所示，以 0.1N NaOH 滴定 25.0mL 0.1N HCl 時，加 24.5mL 的 NaOH 後溶液的 pH 是 3.0，甲基橙尚為酸型的紅色。繼續加 NaOH，指示劑呈現混合色，加 24.95mL NaOH 後，溶液為 pH 4.30，大部分的甲基橙變成鹼型。若滴定就此停止，則離當量點還差 0.05mL，相對誤差為－0.2%，比滴定的公差 0.1% 還大。多加一滴氫氧化鈉，約 0.04mL，則溶液的 pH 增加至 4.70，還在滴定曲線的垂直部分，甲基橙完全變成鹼型的黃色，但尚未達當量點。若以此為滴定終點，誤差只有 0.04%，在公差之內。由此可見，以 0.1N NaOH 滴定 0.1N HCl 時應滴定至甲基橙剛好完全變成黃色為止。假若仍以甲基橙為指示劑，用 0.001N NaOH 滴定 0.001N HCl 時，雖然甲基橙已經呈現鹼型顏色但離當量點還有一段距離，導致很大的誤差。

　　甲基紅的變色 pH 範圍是 4.2~6.3 適合滴定 0.01N 或 0.001N 的鹽酸，接近滴定當量點附近可見到混合顏色的變化。但若用於 0.1N HCl 的滴定時，溶液在當量點附近加一滴 NaOH 會直接從紅色變成黃色，見圖 6.1。使用這種不經過混合色的指示劑時，滴定速度要慢並注意顏色的變化，否則，很容易超過當量點。因為黃色表示 pH 已大於 6.3，初學者需特別小心。

　　酚酞，根據相同的理由，只適合滴定 0.1N HCl 之用。若鹽酸滴定氫氧化鈉時使用甲基橙為指示劑，且以完全變成紅色為終點則誤差

過大，不適當。如果不得不使用，應以黃色剛變為混合色時為終點，
才可避免誤差。

2.弱鹼的滴定

在當量點的溶液呈現微酸性，應選變色區域在 pH＜7 的指示劑。
由圖 6.3 可知 0.1N 弱鹼的滴定可用甲基紅或甲基橙，但甲基橙應以
黃色變成混合顏色時為終點。

3.弱酸的滴定

由圖 6.2 得知用 0.1N NaOH 滴定 0.1N 弱酸時可以用酚酞做指
示劑。

4.酸或鹼太弱，pK_a 或 pK_b 大於 7 時

在當量點附近的 pH 變化較緩慢，如圖 6.4 所示，缺少適當的指示
劑。雖然混合指示劑可解決此問題，但實際應用非常少。最好利用
其他物理化學方法決定終點。弱酸與弱鹼的互相滴定也缺少良好的指
示劑。

6.9　終點的辨認

指示劑的用量以每 100mL 溶液添加 2～4 滴為準。過量將不易辨
認終點。為穩定色調，每次用量須保持一定。

酸鹼指示劑會依 pH 改變顏色。蒸餾水中經常溶解有二氧化碳，
其中約千分之一形成碳酸並解離出氫離子，使純水呈現微酸性，pH
約為 6。因此二氧化碳的存在會影響中和滴定。下面說明使用甲基
橙，甲基紅和酚酞的終點辨認方法。

1.甲基橙

甲基橙適用於強酸，強鹼或弱鹼的滴定，但不能用於弱酸的滴定。甲基橙的變色情況如下：

酸性（pH＜3.1）　　中和當量點（pH＝pK$_{HIn}$）　　鹼性（pH＞4.4）

↓　　　　　　　　　↓　　　　　　　　　　　↓

－－－紅－－橙紅－－－－－－－－－－－－－ 橙－－黃－－－

|←－－－－－混合色－－－－→|

pH＜3.1 時完全是紅色，而 pH＞4.4 時完全是黃色。如6.8 節所述使用0.1N 強鹼滴定 0.1N 強酸，以溶液變黃色為終點時誤差在公差容許範圍以內。但以 0.1N 強酸滴定 0.1N 的強鹼或弱鹼時，若以紅色為終點則溶液的 pH 小於 3.1，此時已多加 NaOH 0.4mL 以上，即誤差為＋1.6％以上。為減少誤差，必須以溶液呈現混合色為終點。此時超過當量點約 0.05mL，即誤差在 0.2％左右。

雖然甲基橙亦適合於以氫氧化鈉做為滴定劑的酸滴定，但大都使用為鹼滴定的指示劑，原因是視覺辨別紅色變成黃色較不準確，辨別黃色變成紅色較容易之故。

2.甲基紅

弱鹼的滴定經常使用甲基紅，從淡黃色立即變成紫紅色是其最大優點。甲基紅比甲基橙較易受碳酸影響，不適合碳酸鹽的滴定。

3.酚　酞

酚酞最適用於弱酸，強酸和強鹼的滴定，但不適用於弱鹼的滴定。濃強鹼必須預先稀釋才可滴定，否則酚酞不會呈現紅色。

酚酞對酸很靈敏。若加一滴酚酞於蒸餾水中再逐滴加入 0.1N

Ba(OH)$_2$，可發現曾一度顯示出來的紅色經攪拌後立即消失，這是因為水中有碳酸存在之故。所以往往需多加 0.5～2mL Ba(OH)$_2$ 才可變成紅色溶液。

6.10 溫度對變色的影響

表 6.6 指示劑變色 pH 範圍與溫度的關係

指　示　劑	18°C	100°C
甲基橙	3.1～4.4	2.5～3.7
二甲基黃	2.9～4.0	2.4～3.5
甲基紅	4.2～6.3	4.0～6.0
酚酞	8.3～10.0	8.1～9.0

平衡常數依溫度變化而不同。若干指示劑在 18°C 和 100°C 的變色 pH 範圍如表 6.6 所示。中性的酚類指示劑（phthalein），如瑞香酚藍，氯酚紅，溴甲酚綠等的 pK 值受溫度影響較少。

實驗 1 鹽酸溶液的標定

E1.1 目 的

以標準碳酸鈉溶液標定鹽酸。

E1.2 原 理

碳酸鈉與鹽酸的反應如下：

$$Na_2CO_3 + HCl \longrightarrow NaHCO_3 + NaCl \qquad (6.41)$$

$$NaHCO_3 + HCl \longrightarrow NaCl + H_2O + CO_2 \qquad (6.42)$$

前一段反應完成時 pH 約為 9，可用酚酞指示劑鑑定終點，此時碳酸鈉的式量濃度與當量濃度相等。後一段反應可用甲基橙指示劑鑑定終點，此時碳酸鈉的當量濃度為式量濃度的二倍。

E1.3 試藥與器具

碳酸鈉，0.1N 鹽酸，甲基橙，酚酞
電動天平（±0.0001g），250mL 量瓶，25mL 量吸管，
50mL 滴定管，150mL 錐形瓶，加熱盤

E1.4 操作 1 之操作說明

    50mL 滴定管裝約 0.1N HCl 溶液並記錄液位 V_0，150mL 錐形瓶裝 25.00mL 0.1N 標準碳酸鈉溶液和兩滴甲基橙指示劑。一面調整滴定管旋塞控制滴定速度，一面搖盪錐形瓶。當黃色溶液稍微變橙色時滴定暫停。加熱溶液至沸騰，在冷水中冷卻後繼續滴定回復黃色的溶液至橙色為滴定終點。此時再加一滴鹽酸若未變成橙紅可再滴加，取溶液剛呈橙紅之前一滴的刻度為滴定終點。

操作 1 　**標定 0.1 鹽酸溶液**

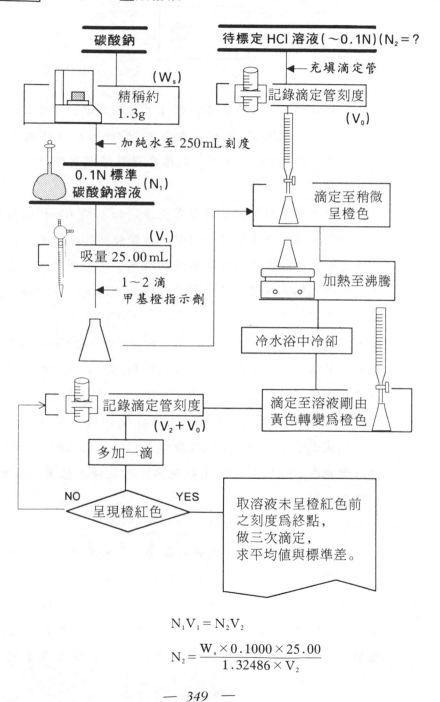

$$N_1 V_1 = N_2 V_2$$

$$N_2 = \frac{W_s \times 0.1000 \times 25.00}{1.32486 \times V_2}$$

討　論

E1.1　取濃鹽酸（約 12N）約 2mL（用量吸管較方便，少量液體不宜使用量筒）於 250mL 燒杯，加入約 200mL 水（可用量筒），以配製濃度約 0.1N 的鹽酸。經標定得正確濃度後可做爲二級標準溶液。

E1.2　滴定管內不得留有氣泡且應經常洗淨。加入約 10mL 的鹽酸溶液，均勻潤濕，沖洗滴定管內壁，打開旋塞排除溶液，同法沖洗滴定管 2 次。沖洗過後才裝滿鹽酸至一定的刻度。所有經純水洗濕的玻璃器具裝入鹽酸前均應依此法沖洗，以免鹽酸濃度改變。

E1.3　使用校正過的吸管。未用標準溶液沖洗過的吸管不得插入量瓶吸取標準溶液。從量瓶倒出少量碳酸鈉溶液於燒杯中，搖盪沖洗燒杯內壁，插入吸管吸取燒杯內溶液，均勻沖洗吸管內壁後棄置。同法操作 2 次，最後一次留在燒杯的餘液可洗吸管外壁。洗完吸管才可插入量瓶吸取標準溶液至校正過的刻線並移至錐形瓶內。錐形瓶應事先以純水沖洗乾淨並儘量除去水分，但可不必烘乾（爲什麼?）。

E1.4　配製 0.1N 標準碳酸鈉溶液：

稱取分析級無水碳酸鈉(必要時得預先置於白金坩堝緩慢加熱昇溫，維持 500～600℃ 約 40～50 分鐘，置硫酸除濕器中冷卻。碳酸鈉的吸濕性強，不得長時間曝露在空氣中)。碳酸鈉的分子量是 105.9888，配製 250.00mL 0.10000N 溶液需要 1.32486g。在粗天平只需稱出 1.3g 左右即可，然後在電動天平精稱至

0.1mg。注意不可直接用手碰觸稱量皿。使用電動天平時不得加減試藥，只許精稱經粗天平採取的重量。準確稱取約 1.3g 的碳酸鈉讀至 0.1mg。今後這一段天平操作只簡單說「精稱約 1.3g 的碳酸鈉」。若稱量皿使用前未經稱量，可直接在電動天平上歸零後，取出加入碳酸鈉立即蓋好再稱量，可直接讀取得碳酸鈉的重量。把稱好的碳酸鈉移至 200mL 燒杯內。用水溶解附著在稱量皿內壁的粉末後倒入燒杯內，並重複同樣操作 4～5 次。加 100mL 純水使完全溶解後經漏斗移至 250mL 量瓶。以約 10mL 的純水由洗瓶沿內壁上緣四周往下噴出沖洗燒杯，洗液復加入量瓶內，同法沖洗 4～5 次。最後以洗瓶噴洗漏斗，並提高漏斗沖洗漏斗腳使洗液流入瓶內。量瓶加純水至刻線下面約 1 公分。再用吸管滴加純水至刻線。蓋好後倒立量瓶振盪混合均勻。計算標準碳酸鈉溶液的力價 f 如下：

$$f = a/1.32486$$

其中　　a：碳酸鈉採取量，g

　　　　1.32486：0.10000N 碳酸鈉溶液 250.00mL 的碳酸鈉（無水）相當量，g

E1.5　指示劑加太多，終點顏色變化不易辨認。每次須使用相等滴量才可保持相同色調。錐形瓶底放一張白紙有助於顏色變化之觀察。

E1.6　稍微有橙色時 pH 約為 4（詳見 6.9 第 1 小節中之說明）。為辨別黃色和橙色，應預先在另一錐形瓶中放 50mL 純水和同樣量的指示劑，以便比較兩溶液的色調。

E1.7　鹽酸與碳酸鈉反應產生二氧化碳如式（6.42），應煮沸溶液驅除，以免在溶液中解離出氫離子。指示劑的變色範圍會隨溫度變化如表 6.5，須等冷卻後才可以繼續滴定。

E1.8　二氧化碳逸失後 pH 會昇高，溶液恢復黃色。但若加熱前鹽酸已滴加過量致溶液變成紅色，則雖冷卻亦不恢復黃色。

E1.9 明顯的紅色表示 pH<3，已超過當量點。若超過，並不必倒掉溶液重新滴定，只須再加入一定容積的待標定溶液後依上面步驟繼續滴定即可。

E1.10 標定 0.1N HCl 也可應用反應式 (6.41)。取 25.00mL 0.1N 標準碳酸鈉溶液，加入酚酞指示劑後，使用經操作 1 標定過的鹽酸滴定，並以溶液剛從粉紅色變成無色時做爲終點。此時所消耗的鹽酸的量是否恰爲操作 1 所得的一半？

討論是否可以利用滴定法分析碳酸鹽和重碳酸鹽的混合物。

E1.11 HCl 的當量濃度，N_2 (eq/L 或 N)，可依下式計算：

$$N_2 = \frac{25.00 \times f \times 0.1000}{V_2}$$

其中　f：N/10 標準碳酸鈉溶液的力價

　　　　V_2：滴定所需的鹽酸溶液，mL

實驗 2　氫氧化鈉溶液的標定

E2.1　目　的

以苯二甲酸氫鉀（KHP）標定氫氧化鈉。

E2.2　原　理

氫氧化鈉與苯二甲酸氫鉀〔o - C$_6$H$_4$(COOK)(COOH)〕有如下的中和反應：

$$NaOH + \cdots \rightleftharpoons \cdots + H_2O \qquad (6.43)$$

苯二甲酸氫鉀的性質安定，高純度 KHP 之價格不貴，可作為一級標準物質。

E2.3　試藥與器具

0.1N 標準鹽酸溶液（得自實驗 1），苯二甲酸氫鉀，甲基橙，酚酞
0.1N 氫氧化鈉溶液
電動天平（±0.0001g），250mL 量瓶，25mL 量吸管，50mL 滴定管，
150mL 錐形瓶，加熱盤

E2.4 操作 2 之操作說明

1. E2A

50mL 滴定管裝約 0.1N 氫氧化鈉溶液並記錄液位 V_0，150mL 錐形瓶裝 25.00mL 0.1N 標準 KHP 溶液和兩滴酚酞指示劑。一面調整滴定管旋塞控制滴定速度，一面搖盪錐形瓶。當無色溶液稍微變紅色且一分鐘內不褪色時為滴定終點。

2. E2B

如 E2A 之操作，惟酚酞指示劑改為甲基橙指示劑，且 150mL 錐形瓶裝 25.00mL 0.1N 標準 HCl 溶液，以待標定的氫氧化鈉溶液，約 0.1N，滴定至紅色溶液完全變成橙色為滴定終點。試與 E2A 之結果比較是否相同？

[操作 2]　**標定 0.1N 氫氧化鈉溶液**

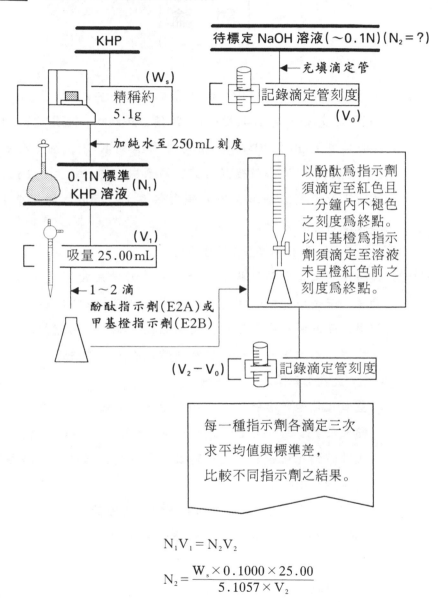

$$N_1V_1 = N_2V_2$$

$$N_2 = \frac{W_s \times 0.1000 \times 25.00}{5.1057 \times V_2}$$

討　論

E2.1 鄰苯二甲酸氫鉀（KHP）標準溶液的製備方法：

KHP 之克當量為 204.22865。製備 0.10000N KHP 250.00mL 溶液需要 KHP 5.10572g。精稱約 5.1g 的 KHP，預先在 120～125℃ 烘乾 3～4 小時後置硫酸除濕器內冷卻，讀至 0.1mg。依實驗 1 配製碳酸鈉溶液的要領製備 0.1N 250mL 的標準 KHP 溶液並計算其力價，

$$f = KHP \text{ 採取量}(g)/5.10572$$

E2.2 為防止氫氧化鈉腐蝕旋塞，滴定管最好使用設有玻璃珠/橡皮管者。若使用普通的滴定管，旋塞不塗凡士林以防與氫氧化鈉作用，而潤濕以氫氧化鈉，使開關操作順滑。用完後應立即取下旋塞以水沖洗，中和以少量鹽酸，再用水沖洗淨。

E2.3 0.1N 氫氧化鈉溶液的配製法：

(1)氫氧化鈉飽和溶液的濃度約為 10N。製備飽和溶液，放冷後儲藏於 PE 瓶內並密封，放置 2～3 日使溶解的二氧化碳變成碳酸鈉沈積瓶底。使用時吸取上澄液，用預先煮沸過的冷純水稀釋 100 倍。

(2)使用粗天平在錶玻璃上稱取約 1g 的固態氫氧化鈉溶於約 250mL 純水，加熱煮沸，於冷水中冷卻後倒入 PE 瓶內。使用時取上澄液。固態氫氧化鈉的吸濕性很強（因而可做除濕劑）且很容易吸收二氧化碳，取出固體後應立即密封瓶蓋。氫氧化鈉溶液最好儲存於附有鹼石灰空氣過濾管的瓶內，且須經常標定。

E2.4 剛滴入氫氧化鈉時溶液局部變紅，經攪拌後立即褪色。接近終點時褪色的速度變慢，需激烈攪拌才不會超過當量點。明顯的紅色表示超過終點（見變色範圍）。溶液呈淡紅色時的 pH 大於 8。若溶液不含二氧化碳，則微紅色可維持 5 分鐘之久。

E2.5 氫氧化鈉溶液的當量濃度 N_2（eq/L 或 N）可計算如下：

$$N_2 = 25.00 \times f \times 0.1000 / V_2$$

其中 f 爲 0.1N 標準 KHP 溶液之力價

V$_2$ 爲滴定所需的氫氧化鈉溶液，mL

實驗 3 氫氧化鈉(或碳酸氫鈉) 和碳酸鈉混合溶液的定量

E3.1 目 的

以 0.1N HCl 標準溶液和兩種不同 pK 值的指示劑滴定氫氧化鈉（或碳酸氫鈉）和碳酸鈉混合溶液，由兩個不同的滴定終點求混合溶液中兩種強度不同鹼的組成。

E3.2 原 理

以酚酞為指示劑，用鹽酸滴定氫氧化鈉可得氫氧化鈉的全量：

$$NaOH + HCl \Longleftrightarrow NaCl + H_2O$$

但依同樣方法滴定碳酸鈉時，在完成

$$Na_2CO_3 + HCl \Longleftrightarrow NaHCO_3 + NaCl$$

的反應時 pH 恰在 8.3，溶液幾近無色，多加一滴即全部褪色。若加甲基橙繼續滴定至終點，即可完成

$$NaHCO_3 + HCl \Longleftrightarrow NaCl + H_2O + CO_2$$

的反應。

由此可知若以酚酞為指示劑，用 N_1 鹽酸滴定氫氧化鈉和碳酸鈉的混合溶液至無色為止，可得氫氧化鈉的全量和碳酸鈉的一半量。設此第二段滴定的鹽酸消耗量為 V_1 mL。加入甲基橙於已經褪色的溶液（使其變為黃色），繼續滴定至完全中和碳酸氫鈉時溶液變為橙色（參看實驗 1）。設此第二段滴定的消耗鹽酸為 V_2 mL，則

碳酸鈉的當量爲 $2 \times N_1 \times V_2 meq$

氫氧化鈉的當量爲 $N_1 \times (V_1 - V_2)$ meq

同理可定量碳酸鈉和碳酸氫鈉混合溶液的組成如下：

碳酸鈉的當量爲 $2 \times N_1 \times V_1 meq$

碳酸氫鈉的當量爲 $N_1 \times (V_2 - V_1)$ meq

碳酸氫鈉溶於純水的 pH 值與其式量濃度 C 的關係可探討如下，$NaHCO_3$ 在水中完全解離，

$$NaHCO_3 \rightleftharpoons Na^+ + HCO_3^-$$ (6.44)

解離出的 HCO_3^- 又再進一步解離，

$$HCO_3^- + H_2O \rightleftharpoons H_3O^+ + CO_3^{2-}$$ (6.45)

$$K_2 = \frac{[H_3O^+][CO_3^{2-}]}{[HCO_3^-]}$$

但 HCO_3^- 也會水解如下式，

$$HCO_3^- + H_2O \rightleftharpoons H_2CO_3 + OH^-$$ (6.46)

$$K_h = \frac{[H_2CO_3][OH^-]}{[HCO_3^-]} = \frac{K_w}{K_1}$$

另外水分子的解離也相互影響，

$$2H_2O \rightleftharpoons H_3O^+ + OH^-$$ (6.47)

$$K_w = [H_3O^+][OH^-]$$

依布忍斯特(Bronsted)的定義，式(6.45)和(6.46)表示 HCO_3^- 同時具有酸和鹼的性質，所以 HCO_3^- 爲兩性物質(ampholyte)。

在水溶液中有三種平衡，但未知數共有五個，欲得唯一解，另外兩個必要的方程式如下，

質量平衡：

$$C = [H_2CO_3] + [HCO_3^-] + [CO_3^{2-}] = [Na^+]$$ (6.48)

電荷平衡：

$$[OH^-] + [HCO_3^-] + 2 \times [CO_3^{2-}] = [Na^+] + [H_3O^+] \qquad (6.49)$$

由式 (6.48)，(6.49) 可得，

$$[H_3O^+] = [CO_3^{2-}] + [OH^-] - [H_2CO_3]$$

$$= \frac{[HCO_3^-]}{[H_3O^+]} + \frac{K_w}{[H_3O^+]} - \frac{[H_3O^+][HCO_3^-]}{K_1}$$

所以

$$(K_1 + [HCO_3^-])[H_3O^+]^2 = K_1K_2[HCO_3^-] + K_1K_w$$

$$[H_3O^+] = \sqrt{\frac{K_1K_2[HCO_3^-] + K_1K_w}{K_1 + [HCO_3^-]}} \qquad (6.50)$$

已知

$$K_1 = 4.5 \times 10^{-7}; \quad K_2 = 4.7 \times 10^{-11}$$

$$K_h = 1.00 \times 10^{-14} / 4.5 \times 10^{-7} = 2.2 \times 10^{-8}$$

K_2 與 K_h 都遠小於 K_1，所以可忽略式 (6.46) HCO_3^- 的水解和式 (6.45) HCO_3^- 的解離，即

$$[HCO_3^-] \fallingdotseq C$$

且因 $K_1 \ll C$ 所以，

$$[H_3O^+] = \sqrt{\frac{CK_1K_2 + K_1K_w}{C}} \qquad (6.51)$$

若 $CK_2 \gg K_w$，則

$$[H_3O^+] \cong \sqrt{K_1K_2} \qquad (6.52)$$

$$= \sqrt{4.5 \times 10^{-7} \times 4.7 \times 10^{-11}} = 4.6 \times 10^{-9}$$

所以

$$pH = 8.34$$

由式 (6.52) 可知碳酸氫鈉溶液的 pH 值與其式量濃度 C 無關。

E3.3　試藥與器具

0.1N 標準鹽酸溶液（得自實驗 1），甲基橙，酚酞

氫氧化鈉/碳酸鈉混合溶液

碳酸氫鈉/碳酸鈉混合溶液

電動天平（±0.0001g），250mL 量瓶，25mL 量吸管，50mL 滴定管，150mL 錐形瓶，加熱盤

E3.4　操作 3 之操作說明

50mL 滴定管裝約 0.1N 標準 HCl 溶液並記錄液位 V_0，150mL 錐形瓶裝 25.00mL 氫氧化鈉/碳酸鈉混合溶液和兩滴酚酞指示劑。一面調整滴定管旋塞控制滴定速度，一面搖盪錐形瓶。當紅色溶液變成無色時為第一段滴定終點，扣除 V_0 得第一段滴定體積 V_1。

溶液中再加兩滴甲基橙指示劑依操作 1 的要領繼續滴定。當黃色溶液稍微變橙色時滴定暫停。加熱溶液至沸騰，在冷水中冷卻後繼續滴定回復黃色的溶液至橙色為滴定終點。此時再加一滴鹽酸若未變成橙紅可再滴加，取溶液剛呈橙紅之前一滴的刻度為第二段滴定終點，扣除 V_1 與 V_0 得第二段滴定體積 V_2。

操作3 氫氧化鈉(或碳酸氫鈉)和碳酸鈉混合溶液之定量

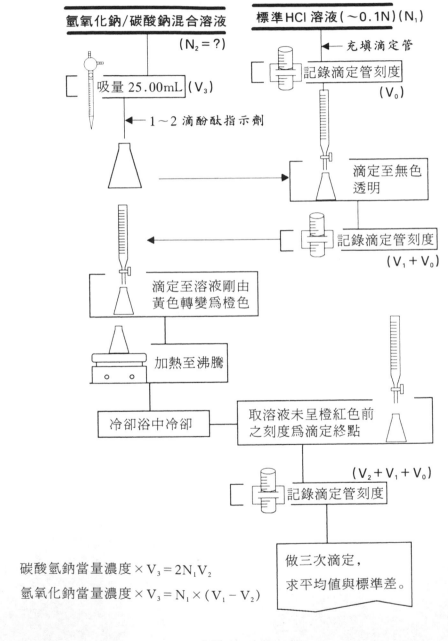

氫氧化鈉/碳酸鈉混合溶液
$(N_2 = ?)$

標準HCl溶液(~0.1N)(N_1)

充填滴定管

吸量 25.00mL (V_3)

記錄滴定管刻度
(V_0)

1～2滴酚酞指示劑

滴定至無色
透明

記錄滴定管刻度
$(V_1 + V_0)$

滴定至溶液剛由
黃色轉變為橙色

加熱至沸騰

取溶液未呈橙紅色前
之刻度為滴定終點

冷卻浴中冷卻

$(V_2 + V_1 + V_0)$

記錄滴定管刻度

碳酸氫鈉當量濃度 $\times V_3 = 2N_1V_2$

氫氧化鈉當量濃度 $\times V_3 = N_1 \times (V_1 - V_2)$

做三次滴定,
求平均值與標準差。

$$\boxed{\text{討　論}}$$

E3.1　由式 (6.52) 可知第一個當量點的 pH 爲 8.34，故可以用酚酞爲指示劑並滴定至完全無色爲第一段滴定終點。

E3.2　混合溶液之組成可計算如下：

$$\% \text{NaOH} = \frac{0.1000 \times f \times (V_1 - V_2) \times \dfrac{40.00}{1000}}{25.00 \times d} \times 100\%$$

$$\% \text{Na}_2\text{CO}_3 = \frac{2 \times 0.1000 \times f \times V_2 \times \dfrac{105.99}{2000}}{25.00 \times d} \times 100\%$$

其中　　d：混合溶液之密度，g/mL

　　　　f：0.1N HCl 標準溶液之力價

習 題

6.1 爲什麼純水的 pH 都在 5 與 6 之間?

6.2 想出除去水中二氧化碳的方法。

6.3 用什麼方法才可以製備不含碳酸的氫氧化鈉溶液?

6.4 以 0.1N 強酸滴定 0.1N 強鹼或弱鹼時,若使用甲基橙做指示劑,應以黃色變成橙紅色(混合色)的地方做爲終點。實際操作時應如何決定這終點?

6.5 參考表 6.3 與圖 6.1,圖 6.2 和圖 6.3,舉出在下面的中和滴定可以採用那些指示劑,並說明這些指示劑的變色範圍和 pH 的關係。

　　(1)強酸和強鹼

　　(2)強酸和弱鹼

　　(3)弱酸和強鹼

6.6 23.81% 鹽酸溶液之比重爲 1.120,求每 1mL HCl 之克重及其克當量濃度 eq/L?

6.7 某鹽酸溶液之濃度爲 0.05090N,該溶液 39.65mL 相當於某標準鹼液 21.74mL。試問此標準鹼液之當量濃度? 此標準鹼液 1mL 能中和多少克氨基磺酸 $(HSO_3 \cdot NH_2)$?

6.8 用 0.5107g KHP 標定某一 NaOH 溶液時,先滴了 34.52mL 鹼溶液後再以 1.03mL 酸溶液反滴定,此酸溶液 1mL 相當於 Na_2O 0.00310g,試問 NaOH 溶液之當量濃度?

6.9 將 25.30mL 0.1065N HCl 溶液加入 46.10mL 0.02715M H_2SO_4 溶液中,再添加 50.00mL 0.1001N KOH 溶液,問混合液是酸

性或鹼性? 如用 0.1000N 的 HCl 或 NaOH 中和時需若干體積?
最後溶液 pH 值爲若干?

第七章　氧化還原反應

7.1　前　言

　　利用氧化還原反應的滴定法稱為氧化還原滴定。在氧化還原反應中，氧化劑從還原劑獲得電子，本身被還原，還原劑則把電子給予氧化劑，本身被氧化。利用電流可發生氧化還原反應，氧化還原反應之結果亦可產生電流。例如食鹽水電解時，在陽極，氯離子被氧化成氯氣；而在陰極，氫離子被還原成氫氣。又如圖 7.1 所示，兩容器分盛硫酸亞鐵及硫酸鈰溶液，以鹽橋連結。當電線連接兩溶液之鉑電極時即可產生電流。此時電子由硫酸亞鐵溶液中之電極（陽極）經過電線流入硫酸鈰溶液中之電極（陰極）。同時在陽極（anode）發生氧化反應，

$$Fe^{2+} \longrightarrow Fe^{3+} + e^-$$

在陰極（cathode）發生還原反應，

$$Ce^{4+} + e^- \longrightarrow Ce^{3+}$$

鹽橋則將 K^+ 陽離子給硫酸鈰溶液，將 Cl^- 陰離子給硫酸亞鐵溶液，使兩溶液內正負電荷的數目永遠維持相等，反應繼續進行直至平衡。倘若將原來的兩溶液混合，氧化還原反應也會發生，即

$$Fe^{2+} + Ce^{4+} \longrightarrow Fe^{3+} + Ce^{3+}$$

但是無電流現象發生。只有在兩溶液分開而以鹽橋連接的情況下連接兩電極的電線才有電流流通。這種利用氧化還原反應來產生電流的裝置稱為化學電池，裝有電極之各溶液稱為半電池，在各溶液中之化學

反應稱為半反應。

圖7.1 化學電池

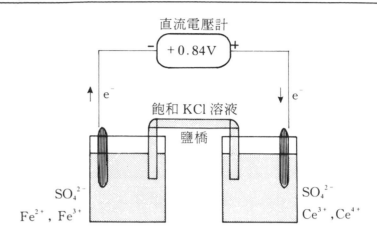

7.2 標準電位

上述電池之中若一半電池以鉑為電極，溶液含有 Fe^{2+} 與 Fe^{3+} 離子；另一半電池亦以鉑為電極，溶液含有 Ce^{3+} 與 Ce^{4+} 離子，各個離子之活量濃度皆為 1M，則此電池可代表如下：

$$Pt|Fe^{3+}(a=1M)，Fe^{2+}(a=1M)\ \|\ Ce^{3+}(a=1M)，$$

$$Ce^{4+}(a=1M)|Pt；E=0.84V \tag{7.1}$$

此時以電線連接兩鉑極就有電流以 0.84V 的電動勢（e.m.f.）由右極流經電線到左極。

只有同時連通兩個半電池才有氧化還原反應發生，所以測定單一半電池的極電位（electrode potential）是不可能的。必須與另一個半電池組合成一個電池才可測得電位差，此一電位差可說是這兩個半電池極電位的相對值。實用上，以標準狀態時的氫半電池

$$Pt，H_2(p=1.00atm)|H^+(a=1.00M) \tag{7.2}$$

爲標準氫電極，簡稱 SHE（standard hydrogen electrode），且定其極電位爲零，即 $E° = 0.000V$。其他半電池在標準狀態下，與標準氫半電池合組一電池之電動勢，S 即爲各半電池的標準電位。例如測量下述電池

$$Pt, \ H_2(p = 1atm) | H^+ (a = 1M) \, \| \, Fe^{2+} (a = 1M),$$

$$Fe^{3+} (a = 1M) | Pt$$

或簡寫爲：

$$SHE \, \| \, Fe^{2+} (a = 1M), \ Fe^{3+} (a = 1M) | Pt \tag{7.3}$$

測得電動勢爲 0.771V，因此 Fe^{3+}/Fe^{2+} 半電池的標準還原電位爲

$$E° = 0.771V$$

7.3 氧化還原反應與半反應

參與氧化還原反應之每一個半電池的反應叫做半反應，可依下述方程式表示之，

$$Ox + ne^- \Longleftrightarrow Red \tag{7.4}$$

例如，

$$Cl_2 + 2e^- \Longleftrightarrow 2Cl^- \qquad ; \ E° = 1.359V \tag{7.5}$$

$$2Fe^{3+} + 2e^- \Longleftrightarrow 2Fe^{2+} \qquad ; \ E° = 0.771V \tag{7.6}$$

全反應爲 $Cl_2 + 2Fe^{3+} \Longleftrightarrow 2Cl^- + 2Fe^{2+} \qquad ; \ E° = 0.588V \tag{7.7}$

又例如，

$$Cr_2O_7{}^{2-} + 14H^+ + 6e^- \Longleftrightarrow 2Cr^{3+} + 7H_2O \ ; E° = 1.33V \tag{7.8}$$

$$6Fe^{3+} + 6e^- \Longleftrightarrow 6Fe^{2+} \qquad\qquad ; E° = 0.771V \tag{7.9}$$

$$6Fe^{2+} + Cr_2O_7{}^{2-} + 14 H^+ \Longleftrightarrow 6Fe^{3+} + 2 Cr^{3+} + 7 H_2O \ ; E° = 0.56V \tag{7.10}$$

由上述兩例可知同樣是 Fe^{3+}/Fe^{2+} 半反應，但式 (7.6)，(7.9) 反應式中的係數卻相差 3 倍，其目的是相關兩半反應相減後須消去電子

項，使全反應式中不含有電子。又 Fe^{3+}/Fe^{2+} 半反應之標準電位並不會因半反應式中的係數不同而有異。

若上述各半電池中溶液之濃度為 1M，則兩標準電位之差即為全反應之標準淨電位。淨電位為正（＋）表示該反應由左方向右方進行。若淨電位為負（－）表示該反應可自然地由右方向左方進行。全反應式（7.7）與（7.10）之標準淨電位，$E^{\circ}_{Cl_2/Fe^{3+}} = 0.588V$ 與 $E^{\circ}_{Cr_2O_7^{2-}/Fe^{3+}} = 0.56V$ 皆為正數，所以反應自然由左方向右方進行。

7.4 濃度與極電位

若半反應式（7.4）中溶液非標準狀態，即其濃度（活度）不是 1M，或氣體之壓力不是 1atm 時，其極電位就與標準極電位不同，此時還原電位可依下述之 Nernst 公式計算，在 25℃：

$$E = E^{\circ} - \frac{0.05916}{n} \log \frac{a_{red}/a^{\circ}_{red}}{a_{ox}/a^{\circ}_{ox}} \tag{7.11}$$

$$= E^{\circ} - \frac{0.05916}{n} \log \frac{[red]f_{red}/a^{\circ}_{red}}{[ox]f_{ox}/a^{\circ}_{ox}} \tag{7.12}$$

其中　E°：標準極電位（標準還原電位）

　　　n：參與反應之電子數

　　　$\log$：常用對數

　　　a_{ox}，a_{red}：氧化狀態或還原狀態反應劑的活度或氣體分壓

　　　a°_{ox}，a°_{red}：標準狀態反應劑的活度，若 a_{ox}，a_{red} 項中活度單位　　　　　　　　　 為 M，氣體分壓單位為 atm，則此項可省略

　　　f_{ox}，f_{red}：氧化狀態或還原狀態反應劑的活度係數

下列諸式舉例計算各種半電池電位。

1.鋅半電池電位

$$Zn^{2+} + 2e^- \Longleftrightarrow Zn$$

$$E = -0.763 - \frac{0.05916}{2} \log \frac{1}{a_{Zn^{2+}}}$$

2.鐵離子之半電池電位

$$Fe^{3+} + e^- \rightleftharpoons Fe^{2+}$$

$$E = +0.771 - \frac{0.05916}{1} \log \frac{a_{Fe^{2+}}}{a_{Fe^{3+}}}$$

3.重鉻酸離子之半電池電位

$$Cr_2O_7^{2-} + 14H^+ + 6e^- \rightleftharpoons 2Cr^{3+} + 7H_2O$$

$$E = +1.33 - \frac{0.05916}{6} \log \frac{a_{Cr^{3+}}^2}{a_{Cr_2O_7^{2-}} a_{H^+}^{14}}$$

4.氯之半電池電位

$$Cl_{2(g)} + 2e^- \rightleftharpoons 2Cl^-$$

$$E = +1.359 - \frac{0.05916}{2} \log \frac{a_{Cl^-}^2}{pCl_2}$$

濃度項中，H_2O 或固體物質（如金屬鋅）可省略不計，液體活度以莫耳濃度 M 為單位，氣體分壓則以 atm 為單位。各濃度應依其在反應式中之係數而定其冪次。在離子強度小於 $10^{-4}M$ 的稀薄溶液中，活度係數近似 1，上述式中之活度可代換為平衡莫耳濃度。

【例 7.1】 試計算下述電池在 25℃ 的電動勢。（ ）中表示莫耳濃度，或氣體分壓。Pt│Fe^{3+} (0.001M)，Fe^{2+} (1M) ‖ Ce^{3+} (0.01M)，Ce^{4+} (1M)│Pt 各半電池皆含硫酸，所以鐵離子半電池之離子強度約為 7.5M，鈰離子半電池之離子強度約為 12.1M。

【解】 由式 (5.13) 可得各離子之活度係數如下：

$$-\log f_{Fe^{2+}} = \frac{0.512 \times 2^2 \times \sqrt{7.5}}{1 + 0.0033 \times 600 \times \sqrt{7.5}} - 0.2 \times 7.5; \quad f_{Fe^{2+}} = 4.23$$

$$-\log f_{Fe^{3+}} = \frac{0.512 \times 3^2 \times \sqrt{7.5}}{1 + 0.0033 \times 900 \times \sqrt{7.5}} - 0.2 \times 7.5; \quad f_{Fe^{3+}} = 1.31$$

$$-\log f_{Ce^{3+}} = \frac{0.512 \times 3^2 \times \sqrt{12.1}}{1 + 0.0033 \times 900 \times \sqrt{12.1}} - 0.2 \times 12.1; \quad f_{Ce^{3+}} = 10.13$$

$$-\log f_{Ce^{4+}} = \frac{0.512 \times 4^2 \times \sqrt{12.1}}{1 + 0.0033 \times 1100 \times \sqrt{12.1}} - 0.2 \times 12.1; \quad f_{Ce^{4+}} = 2.13$$

鈰離子半電池電位可計算如下：

$$E_{Ce^{4+}} = E^\circ_{Ce^{4+}} - \frac{0.05916}{1} \log \frac{[Ce^{3+}] f_{Ce^{3+}}}{[Ce^{4+}] f_{Ce^{4+}}}$$

$$= +1.61 - \frac{0.05916}{1} \log \frac{0.01 \times 10.13}{1 \times 2.13}$$

$$= 1.69V$$

鐵離子半電池電位可計算如下：

$$E_{Fe^{3+}} = E^\circ_{Fe^{3+}} - \frac{0.05916}{1} \log \frac{[Fe^{2+}] f_{Fe^{2+}}}{[Fe^{3+}] f_{Fe^{3+}}}$$

$$= +0.771 - \frac{0.05916}{1} \log \frac{0.001 \times 4.23}{1 \times 1.31}$$

$$= 0.918V$$

所以

$$Ce^{4+} (1M) + e^- \rightleftharpoons Ce^{3+} \ (0.01M) \ ; \ E = 1.81V \qquad (7.13)$$

$$Fe^{3+} (0.001M) + e^- \rightleftharpoons Fe^{2+} \ (1M); \ E = 0.918V \qquad (7.14)$$

$$Ce^{4+} (1M) + Fe^{2+}(1M) \rightleftharpoons Ce^{3+}(0.01M) + Fe^{3+}(0.001M) \qquad (7.15)$$

電池電動勢 $E = E_{Ce^{4+}} - E_{Fe^{3+}} = 0.89V$，是正號，表示全反應式（7.15）可自然由左向右進行。此時鐵離子半電池之電極爲陽極（anode），鈰離子半電池之電極則爲陰極（cathode）。例 7.1 中若假設活度係數 f_i 均爲 1，則電池電動勢 $E' = E'_{Ce^{4+}} - E'_{Fe^{3+}} = 1.14V$，與正確值 0.89V 相差 0.25V。

【例7.2】下列反應向那一方自然進行？如構成一電池時，其電動勢爲幾伏特？假設溶液離子強度皆爲0.4M。（ ）中表示莫耳濃度或氣體分壓。

$$Mn^{2+}(0.1M) + O_2(1atm) + 2H_2O$$

$$\rightleftharpoons MnO_2 + H_2O_2(0.1M) + 2H^+(0.1M)$$

【解】 由式 (5.13) 可得各離子之活度係數如下：

$$-\log f_{Mn^{2+}} = \frac{0.512 \times 2^2 \times \sqrt{0.4}}{1 + 0.0033 \times 600 \times \sqrt{0.4}} - 0.2 \times 0.4; \quad f_{Mn^{2+}} = 0.32$$

$$-\log f_{H^+} = \frac{0.512 \times 1^2 \times \sqrt{0.4}}{1 + 0.0033 \times 900 \times \sqrt{0.4}} - 0.2 \times 0.4; \quad f_{H^+} = 0.93$$

全反應可分解成下述兩個半電池，

$$O_2(1atm) + 2H^+(0.1M) + 2e^- \rightleftharpoons H_2O_2(0.1M)$$

$$MnO_{2(s)} + 4H^+(0.1M) + 2e^- \rightleftharpoons Mn^{2+}(0.1M) + 2H_2O$$

半電池之極電位分別計算如下式：

$$E_{O_2} = E^\circ_{O_2} - \frac{0.05916}{2}\log \frac{[H_2O_2]}{p_{O_2}[H^+]^2 f_{H^+}^2}$$

$$E_{MnO_2} = E^\circ_{MnO_2} - \frac{0.05916}{2}\log \frac{[Mn^{2+}]}{[H^+]^4 f_{H^+}^4}$$

所以兩個半電池組成之電池電動勢如下：

$$E = E_{O_2} - E_{MnO_2} = +0.55 - \frac{0.05916}{2}\log \frac{[H_2O_2][H^+]^2 f_{H^+}^2}{p_{O_2}[Mn^{2+}] f_{Mn^{2+}}}$$

$$= +0.55 - \frac{0.05916}{2}\log \frac{0.1 \times 0.1^2 \times 0.93^2}{1 \times 0.1 \times 0.32}$$

$$= -0.50V$$

所得電動勢爲負值，可知全反應可自然由左向右進行。即在酸性溶液中 H_2O_2 可將 MnO_2 還原成 Mn^{2+} 離子，其反應式爲：

$$MnO_2 + H_2O_2(0.1M) + 2H^+(0.1M)$$

$$\longrightarrow Mn^{2+}(0.1M) + O_2(1atm) + 2H_2O$$

例 7.2 中若假設活度係數 f_i 均為 1，則 $E' = E'_{O_2} - E'_{MnO_2} = -0.49V$，與正確值 $-0.50V$ 相差 $0.01V$。

【例 7.3】試計算下述反應之平衡常數。

$$2Fe^{2+} + H_2O_2 + 2H^+ \rightleftharpoons 2Fe^{3+} + 2H_2O$$

【解】全反應可分解成下述兩個半電池，

$$H_2O_2 + 2H^+ + 2e^- \rightleftharpoons 2H_2O; \quad E° = +1.77$$

$$2Fe^{3+} + 2e^- \rightleftharpoons 2Fe^{2+}; \quad E° = +0.771$$

半電池之極電位分別計算如下式，

$$E_{H_2O_2} = E°_{H_2O_2} - \frac{0.05916}{2} \log \frac{1}{a_{H_2O_2}a_{H^+}^2} \tag{7.16}$$

$$E_{Fe^{3+}} = E°_{Fe^{3+}} - \frac{0.05916}{2} \log \frac{a_{Fe^{2+}}^2}{a_{Fe^{3+}}^2} \tag{7.17}$$

又全反應之平衡常數 K 為

$$K = \frac{a_{Fe^{3+}}^2}{a_{Fe^{2+}}^2 a_{H_2O_2} a_{H^+}^2}$$

式 (7.16) 減式 (7.17) 可得，

$$E_{H_2O_2} - E_{Fe^{3+}} = E°_{H_2O_2} - E°_{Fe^{3+}} - \frac{0.05916}{2} \log \frac{a_{Fe^{3+}}^2}{a_{Fe^{2+}}^2 a_{H_2O_2} a_{H^+}^2}$$

當反應達平衡時，

$$E_{H_2O_2} = E_{Fe^{3+}}$$

所以

$$E°_{H_2O_2} - E°_{Fe^{3+}} = \frac{0.05916}{2} \log K$$

亦即

$$logK = \frac{2 \times (E^{\circ}_{H_2O_2} - E^{\circ}_{Fe^{3+}})}{0.05916} = 33.81$$

$$K = 6.4 \times 10^{33} M^{-3}$$

7.5　指示劑

　　以過錳酸鉀為滴定劑的好處在於不需指示劑。因為 $KMnO_4^-$ 離子為深紫色，0.05N 過錳酸鉀溶液 0.01mL 加入 200mL 水中即可產生明顯的顏色，而還原後的 Mn^{2+} 離子為無色，所以不需指示劑即可判斷滴定終點。但若以過錳酸鉀滴定混合物，除最後一個當量點外之其他當量點都須採用其他指示劑。

　　氧化還原滴定用的指示劑可分為特效指示劑與氧化還原指示劑兩種。特效指示劑指能與參與氧化還原反應的一種物質進行特殊著色反應的指示劑，例如澱粉與 I_3^- 產生深藍色錯合物，SCN^- 與 Fe^{3+} 產生血紅色化合物，試亞鐵靈與鐵離子或亞鐵離子產生淺藍色與紅色等都是。

　　氧化還原指示劑的氧化型（In_o）顏色和還原型（In_r）顏色不同。一般而言，氧化還原指示劑有如下的半反應：

$$In_o + ne^- \rightleftharpoons In_r ; \ E^{\circ}_{In}$$

其還原電位為：

$$E = E^{\circ}_{In} - \frac{0.05916}{n} \log \frac{[In_r]}{[In_o]}$$

若辨別顏色變化的條件為：

$$\frac{[In_r]}{[In_o]} \geq 10$$

與

$$\frac{[In_r]}{[In_o]} \leq \frac{1}{10}$$

則變色範圍如下式:

$$E = E°_{In} \pm \frac{0.05916}{n}$$

若指示劑的反應不致改變溶液的 pH 值，則滴定系統在 $E_{In}°$ 附近有 $\frac{0.118}{n}$ 伏特的變化即足以辨認顏色的變化。常用的氧化還原指示劑如表 7.1 所示。

一般而言，氧化型或還原型的指示劑本身也是弱酸或弱鹼，指示劑變色的電位範圍也會受 pH 的影響，此影響是錯綜複雜的。

表 7.1 氧化還原指示劑之式電位 E^f, 25℃

指 示 劑	式電位, V E^f（條件）	顏色變化		指示劑之配製法 *
		Ox	Re	
Phenosafranine	0.28 （1M 酸）	藍	無	
Indigotetra-sulfonate	0.36 （1M 酸）	藍	無	0.05％水溶液
Methylene blue	0.532 （1M 酸）	紫	無	0.05％氯化物水溶液
Diphenylamine	0.76 （稀酸）	紫	無	1％濃硫酸；儲藏於棕色瓶
Diphenylamine sulfonic acid（DPS）	0.85 （稀酸）	紫紅	無	0.1％(Na 鹽)水溶液
Erioglaucin A	1.00 （0.5M H_2SO_4）	紫	綠	
o－Phenanthroline（Fe^{2+} 錯合物）（ferroin）	1.11 （1M H_2SO_4）	藍	紅	1.485g＋0.695g $FeSO_4 \cdot 7H_2O$/100mL 水

指 示 劑	式電位，V E^f（條件）	顏色變化		指示劑之配製法 *
		Ox	Re	
Diphenylamine－2, 3′－dicarboxylic acid	1.12 （7～15M H_2SO_4）	紫	無	
5－Nitro－1, 10－phenanthroline （Fe^{2+}錯合物）	1.25 （1M H_2SO_4）	藍	紅	1.688g＋0.695g $FeSO_4 \cdot 7H_2O$/100mL 水

＊任何 0.1N 50～100mL 之溶液，若加入上述指示劑 2～3 滴亦不致影響溶液性
　質而造成滴定誤差。

※表中採用式電位 E^f，代替標準還原電位 $E°$，主要是爲了避免查驗活度係數的
　繁雜工作；E^f 是以離子濃度等於 1M 爲基準，且須註明共存電解質的種類，
　如鹽酸、硫酸等，和濃度等條件。

$$\boxed{\text{習　題}}$$

7.1　計算下列半電池之極電位：（　）中表示活度，

　　　$Pt \mid Cr^{3+}(0.010M)$，$Cr_2O_7{}^{2-}(0.0010M)$，$H^+(0.10M)$

7.2　計算下列電池之電動勢：（　）中表示活度，

　　　$Pt \mid Fe^{2+}(0.50M)$，$Fe^{3+}(0.20M) \parallel Sn^{2+}(0.10M)$，

　　　$Sn^{4+}(0.010M) \mid Pt$

　　　寫出各極所發生之反應方程式，及兩液混合後的方程式。

7.3　指出下列反應之方向，如構成一電池時，其電動勢爲幾伏特？

　　　$2Fe^{2+}(0.010M) + H_2O_2(0.010M) + 2H^+(0.10M)$

　　　　　$\longrightarrow 2Fe^{3+}(0.20M) + 2H_2O$

　　　（　）中表示活度。

7.4　平衡下列反應式：

　　　$Cr_2O_7{}^{2-} + H_2O_2 + H^+ \longrightarrow Cr^{3+} + O_2 + H_2O$

　　　若活度均爲0.10M，氧氣之壓力爲1atm時反應方向是否如上式

　　　所示？如構成電池時其電動勢爲幾伏特？

7.5　試計算下列反應之平衡常數：

　　　(1)$Ce^{4+} + Fe^{2+} \rightleftharpoons Ce^{3+} + Fe^{3+}$

　　　(2)$Sn^{4+} + 2Ce^{3+} \rightleftharpoons Sn^{2+} + 2Ce^{4+}$

第八章 過錳酸鉀滴定法──
氧化還原滴定法之一

8.1 緒 論

　　在氧化還原反應中，氧化劑從還原劑獲得電子，本身被還原，還原劑則把電子給予氧化劑，本身被氧化。例如，以過錳酸鉀滴定硫酸酸性溶液中的硫酸亞鐵之反應如下：

$$10FeSO_4 + 8H_2SO_4 + 2KMnO_4$$
$$\Longleftrightarrow K_2SO_4 + 2MnSO_4 + 5Fe_2(SO_4)_3 + 8H_2O \tag{8.1}$$

此時 Fe^{2+} 離子失去電子而被氧化，

$$Fe^{2+} - e^- \Longleftrightarrow Fe^{3+} \tag{8.2}$$

過錳酸根則獲得電子而被還原，

$$MnO_4^- + 8H^+ + 5e^- \Longleftrightarrow Mn^{2+} + 4H_2O \tag{8.3}$$

氧化還原反應中氧化劑和還原劑間有電子的授受。授受一莫耳電子所需氧化劑或還原劑的量稱爲一當量，例如上面反應中一克分子量的硫酸亞鐵恰好是 1 克當量，但一克分子量的過錳酸鉀則是 5 克當量。一當量的氧化劑與一當量的還原劑互相反應，是故若有適當的方法辨認反應的終點，即可利用滴定法求氧化劑或還原劑的濃度。

　　氧化還原滴定可分爲各以氧化劑和還原劑做爲滴定劑的氧化滴定法和還原滴定法兩種。式（8.1）的反應是以氧化劑過錳酸鉀滴定亞鐵離子（Fe^{2+}）的氧化滴定法。以氯化第一錫（Sn^{2+}）滴定鐵離子（Fe^{3+}）的方法是還原滴定的一個例子。

$$2FeCl_3 + SnCl_2 \Longleftrightarrow SnCl_4 + 2FeCl_2 \qquad (8.4)$$

具有較高的標準還原電位的物質，如表 8.1 所示，皆可作為氧化滴定劑。相反的，標準還原電位較低的物質，如表 8.2 所示，皆可作為還原滴定劑。

表 8.1　常用氧化滴定劑之標準還原電位 $E°$

氧化滴定劑	半　　反　　應	$E°$ (V)
Ce^{4+}	$Ce^{4+} + e^- \Longleftrightarrow Ce^{3+}$	1.70
IO_4^-	$H_5IO_6 + H^+ + 2e^- \Longleftrightarrow IO_3^- + 3H_2O$	1.6
BrO_3^-	$2BrO_3^- + 12H^+ + 10e^- \Longleftrightarrow Br_2 + 3H_2O$	1.52
MnO_4^-	$MnO_4^- + 8H^+ + 5e^- \Longleftrightarrow Mn^{2+} + 4H_2O$	1.51
$Cr_2O_7^{2-}$	$Cr_2O_7^{2-} + 14H^+ + 6e^- \Longleftrightarrow 2Cr^{3+} + 7H_2O$	1.33
IO_3^-	$2IO_3^- + 12H^+ + 10e^- \Longleftrightarrow I_2 + 6H_2O$	1.20

表 8.2　常用還原滴定劑之標準還原電位 $E°$

還原滴定劑	半　　反　　應	$E°$ (V)
Ti^{3+}	$TiO^{2+} + 2H^+ + e^- \Longleftrightarrow Ti^{3+} + H_2O$	0.1
Sn^{2+}	$Sn^{4+} + 2e^- \Longleftrightarrow Sn^{2+}$	0.15
I_2	$I_3^- + 2e^- \Longleftrightarrow 3I^-$	0.54

8.2　過錳酸鉀和亞鐵離子反應的平衡常數

為使滴定當量點有關的氧化還原反應幾近完全，平衡常數 K 至少要大於 10^4。K 值的大小決定反應是否可用於滴定。K 值可從標準還原電位計算得知。

過錳酸鉀是否適於用來滴定亞鐵離子，須由其反應平衡常數來判斷。為計算平衡常數，下述的反應可先分成兩個半反應，

$$MnO_4^- + 8H^+ + 5Fe^{2+} \Longleftrightarrow 5Fe^{3+} + Mn^{2+} + 4H_2O \qquad (8.5)$$

各個半反應之標準還原電位分別如下：

$$MnO_4^- + 8H^+ + 5e^- \rightleftharpoons Mn^{2+} + 4H_2O; \quad E° = 1.51 \text{ V} \qquad (8.6)$$

$$Fe^{3+} + e^- \rightleftharpoons Fe^{2+}; \quad E° = 0.771 \text{ V} \qquad (8.7)$$

各半反應之還原電位可由 Nernst 方程式（7.11）求得如下：

$$E_{MnO_4^-} = E°_{MnO_4^-} - \frac{0.05916}{5} \log \frac{a_{Mn^{2+}}}{(a_{MnO_4^-})(a_{H^+})^8} \qquad (8.8)$$

$$E_{Fe^{3+}} = E°_{Fe^{3+}} - \frac{0.05916}{1} \log \frac{a_{Fe^{2+}}}{a_{Fe^{3+}}} \qquad (8.9)$$

由式（8.8）可知 $E_{MnO_4^-}$ 亦隨 pH 而改變。平衡時，$E_{MnO_4^-} = E_{Fe^{3+}}$，式（8.8）與式（8.9）相減可得

$$E°_{MnO_4^-} - E°_{Fe^{3+}}$$

$$= \frac{0.05916}{5} \log \frac{a_{Mn^{2+}}}{(a_{MnO_4^-})(a_{H^+})^8} - \frac{0.05916}{1} \log \frac{a_{Fe^{2+}}}{a_{Fe^{3+}}}$$

$$= \frac{0.05916}{5} \log \frac{(a_{Mn^{2+}})(a_{Fe^{3+}})^5}{(a_{MnO_4^-})(a_{H^+})^8(a_{Fe^{2+}})^5} = \frac{0.05916}{5} \log K \qquad (8.10)$$

$$\log K = \frac{5}{0.05916}(E°_{MnO_4^-} - E°_{Fe^{3+}}) = \frac{5}{0.05916}(1.51 - 0.771)$$

$$= 62.6$$

所以

$$K = 3.98 \times 10^{62} \gg 10^4 \qquad (8.11)$$

由式（8.11）的結果可知過錳酸鉀適於用來滴定亞鐵離子。在當量點反應（8.5）向右的進行程度可由 $\dfrac{a_{Fe^{3+}}}{a_{Fe^{2+}}}$ 之比來表示，其比值之計算方法如下，若當量點之 $a_{H^+} = 1M$，因

$$a_{Fe^{3+}} \cong 5a_{Mn^{2+}}$$

$$a_{Fe^{2+}} \cong 5a_{MnO_4^-}$$

所以

$$K = \frac{(a_{Mn^{2+}})(a_{Fe^{3+}})^5}{(a_{MnO_4^-})(a_{H^+})^8(a_{Fe^{2+}})^5} = \frac{a_{Mn}^{2+6}}{a_{MnO_4}^{-6}} = \frac{a_{Fe}^{3+6}}{a_{Fe}^{2+6}} \qquad (8.12)$$

$$\frac{a_{Fe^{3+}}}{a_{Fe^{2+}}} = 10^{\frac{62.6}{6}} = 2.7 \times 10^{10} = \frac{a_{Mn^{2+}}}{a_{MnO_4^-}} \qquad (8.13)$$

由此可知 Fe^{2+} 完全被氧化，MnO_4^- 完全被還原。一般而言，K 值愈大，滴定當量點時氧化還原反應進行得愈完全。

8.3 滴定曲線

標準還原電位，E°，是各離子在標準狀態時，即 $a_i = 1$ 的還原電位。但是實際上大多使用莫耳濃度代替活性度且濃度相當高，致使所得結果與 E° 值有些出入。例如

$$Fe^{3+} + e^- \Longleftrightarrow Fe^{2+} \quad 的 \quad E° = 0.771V$$

但若使用 $[Fe^{3+}] = [Fe^{2+}] = 1M$ 的溶液，則 E 為 0.732V。此外，化學平衡往往是很複雜的，包括諸如水解、解離、會合、錯鹽形成反應等，在不同媒介中的還原電位往往不同。例如，當 Fe^{3+}，Fe^{2+} 的濃度都等於 1M，在 1M 的過氯酸、鹽酸、磷酸、硫酸中 Fe^{3+} 的還原電位分別是 0.73、0.70、0.6、0.68 V。由於這些事實的緣故，為避免查驗活度係數的繁雜工作，分析化學常以式電位 E^f，代替標準還原電位 E°；E^f 是以離子濃度等於 1M 為基準，且須註明共存電解質的種類，如鹽酸、硫酸等，和濃度。下面的討論將盡量使用 E^f。

以 0.1N 過錳酸鉀滴定 25mL 的 0.1N 亞鐵離子，若滴定過程中溶液酸度保持在 $[H^+] = 1M$。

$$MnO_4^- + 8H^+ + 5e^- \Longleftrightarrow Mn^{2+} + 4H_2O \; ; E^f = 1.51 \text{ V}(1M \text{ } H_2SO_4)$$

$$Fe^{3+} + e^- \Longleftrightarrow Fe^{2+} \; ; E^f = 0.68V(1M \text{ } H_2SO_4)$$

1.滴定前

　　此時溶液只有 Fe^{2+} 離子，不能依 Nernst 方程式（8.9）計算電位。Fe^{2+} 可能有一部分被空氣氧化，但若實際操作都在二氧化碳氣流中進行，則可忽略 Fe^{3+} 的存在。

2.加入 x mL 後

　　加入 x mL 的滴定劑後各離子的平衡濃度如下，

$$[MnO_4^-] = yM \tag{8.14}$$

$$[Mn^{2+}] = \frac{0.1x}{25+x} - y \cong \frac{0.1x}{25+x} M \tag{8.15}$$

$$[Fe^{3+}] = \frac{0.1x}{25+x} - y \cong \frac{0.1x}{25+x} M \tag{8.16}$$

$$[Fe^{2+}] = \frac{0.1 \times 25 - 0.1x}{25+x} + y \cong \frac{0.1 \times (25-x)}{25+x} M \tag{8.17}$$

由式（8.9）與式（8.13）得知反應進行得很完全，所以上述假設 $y \fallingdotseq 0$ 是很合理的。平衡系統的電位可依式（8.8）或式（8.9）計算如下，

$$E = E_{MnO_4^-}^f - \frac{0.05916}{5} \log \frac{[Mn^{2+}]}{[MnO_4^-][H^+]^8}$$

$$= E_{Fe^{3+}}^f - \frac{0.05916}{1} \log \frac{[Fe^{2+}]}{[Fe^{3+}]} \tag{8.18}$$

其中 $[H^+]=1$。此時應用 $[Fe^{2+}]$ 與 $[Fe^{3+}]$ 以計算 E 較方便，將式（8.16）與式（8.17）代入上式（8.18）可得

$$E = 0.68 - 0.05916 \log \frac{25-x}{x} \tag{8.19}$$

　　x 為 10, 20, 24.5, 24.9mL 時之 E 各為 0.67, 0.72, 0.76,

0.78 與 0.82V。

3.在當量點

由式（8.18）可得

$$5 \times E = 5 \times E_{MnO_4^-}^f - 0.05916 \log \frac{[Mn^{2+}]}{[MnO_4^-][H^+]^8} \tag{8.20}$$

式（8.18）與式（8.20）相加可得

$$6E = E_{Fe^{3+}}^f + 5E_{MnO_4^-}^f - 0.05916 \log \frac{[Fe^{2+}][Mn^{2+}]}{[Fe^{3+}][MnO_4^-][H^+]^8} \tag{8.21}$$

因為等當量，所以

$$[Fe^{3+}] = 5[Mn^{2+}]$$
$$[Fe^{2+}] = 5[MnO_4^-]$$

式（8.21）可改寫為

$$6E = E_{Fe^{3+}}^f + 5E_{MnO_4^-}^f - 0.05916 \log \frac{5[MnO_4^-][Mn^{2+}]}{5[Mn^{2+}][MnO_4^-][H^+]^8}$$

$$= E_{Fe^{3+}}^f + 5E_{MnO_4^-}^f - 0.05916 \log \frac{1}{[H^+]^8} \tag{8.22}$$

由式（8.22）可知當量點的電位受〔H^+〕的影響，此時假設〔H^+〕
＝1M，可得

$$E = \frac{0.68 + 5 \times 1.51}{6} = 1.37V$$

4.超過當量點後

$$[Fe^{2+}] = yM \tag{8.23}$$

$$[Fe^{3+}] = \frac{0.1 \times 25}{25 + x} - y \cong \frac{2.5}{25 + x}M \tag{8.24}$$

$$[Mn^{2+}] = \frac{1}{5} \times \left(\frac{2.5}{25 + x} - y\right) \cong \frac{2.5}{5(25 + x)}M \tag{8.25}$$

$$[MnO_4^-] = \frac{1}{5} \times \left(\frac{0.1x - 0.1 \times 25}{25 + x} + y \right)$$

$$\cong \frac{0.1 \times (x - 25)}{5(25 + x)} M \tag{8.26}$$

此時應用〔Mn^{2+}〕與〔MnO_4^-〕以計算 E 較方便，將式 (8.25) 與式 (8.26) 代入前式 (8.18) 可得

$$E = 1.51 - 0.05916 \log \frac{2.5}{0.1(x - 25)} \tag{8.27}$$

x 為 25.1，25.5，30mL 時之 E 各為 1.48，1.49 與 1.50V。

綜合以上結果得圖 8.1 之滴定曲線 A。同法亦可得以 Ce^{4+} 滴定 Fe^{2+} 的滴定曲線 B，此時 Ce^{4+} 離子的式電位如下：

$$Ce^{4+} + e^- \Longleftrightarrow Ce^{3+} \quad ; \quad E^f = 1.44V \quad (1M\ H_2SO_4)$$

主要的氧化還原反應為：

$$Ce^{4+} + Fe^{2+} \Longleftrightarrow Ce^{3+} + Fe^{3+}$$

在當量點的電位，

$$E = \frac{E^f_{Ce^{4+}} + E^f_{Fe^{3+}}}{2} = 1.06V \tag{8.28}$$

在當量點以前的電位都以式 (8.19) 計算，所以 A，B 兩條曲線在當量點以前的部分互相一致。使用不同的滴定劑滴定亞鐵離子時的當量點電位，圖中以 "○" 記號表示處，顯然不同。

圖8.1　氧化還原滴定曲線

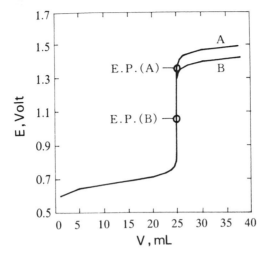

試液: 25mL 0.1N Fe^{2+}

滴定劑: (A)0.1N $KMnO_4$

　　　　(B)0.1N Ce^{4+}

實驗 4　過錳酸鉀溶液的標定

E4.1　目　的

利用氧化還原滴定法以草酸標定過錳酸鉀溶液。

E4.2　原　理

草酸鈉與過錳酸鉀在硫酸酸性溶液中，草酸離子先轉化成草酸，並有如下的氧化還原反應，

$$2MnO_4^- + 6H^+ + 5H_2C_2O_4$$

$$\Longleftrightarrow 2Mn^{2+} + 8H_2O + 10CO_2(g) \tag{8.29}$$

草酸鈉的性質安定，高純度之價格不貴，可作為一級標準物質。

E4.3　試藥與器具

草酸鈉，6N H_2SO_4，0.05N 過錳酸鉀溶液

電動天平(± 0.0001g)，250mL 量瓶，25mL 量吸管，50mL 滴定管，150mL 錐形瓶，加熱盤

E4.4　操作 4 之操作說明

50mL 滴定管裝約 0.05N 過錳酸鉀溶液並記錄液位 V_0，150mL

錐形瓶裝 25.00mL 0.05N 標準草酸鈉溶液與 25mL 純水。草酸鈉溶液加熱至 80℃ 後加入約 5mL 6N H_2SO_4，趁熱一面調整滴定管旋塞控制滴定速度，一面搖盪錐形瓶。開始時過錳酸鉀的紅紫色褪色速度較慢，以後褪色速度逐漸增加，當無色溶液變成紅紫色且能維持 15～20 秒不褪色時為滴定終點。另外取約 50mL 純水加熱至 80℃ 後依上述操作方法滴定求空白滴定值。從滴定平均值和空白滴定值的差求過錳酸鉀的濃度。

操作 4 **過錳酸鉀之標定**

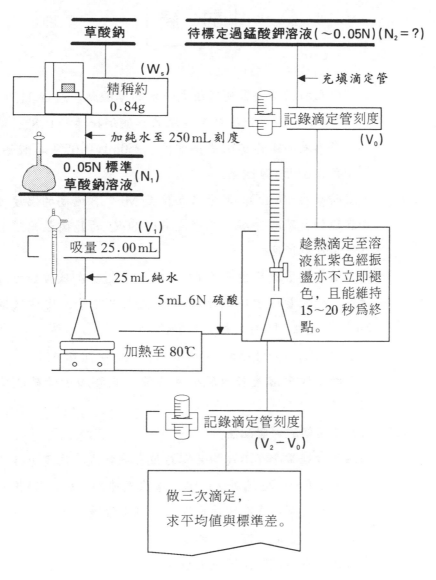

$$N_1V_1 = N_2V_2$$

$$N_2 = \frac{W_s \times 0.05000 \times 25.00}{0.8375 \times V_2}$$

```
┌─────────────┐
│  討　論     │
└─────────────┘
```

E4.1　標定的初級標準通常使用組成一定的草酸鈉。經過 110°C 乾燥 1 小時並於除濕器中冷卻至室溫的草酸鈉採樣約 0.8g，依碳酸鈉標準溶液的操作製配標準溶液。250mL 0.05N 草酸鈉在 20°C 含有 0.8375g 草酸鈉。

E4.2　低溫時有些　MnO_4^- 部分只反應至 Mn^{4+}，過高的溫度可能使過錳酸鉀和草酸分解。溫度在 60～80°C 的範圍最爲適宜，且可促進反應速度。

E4.3　過錳酸鉀與鹽酸反應產生 Cl_2，所以一定要在硫酸酸性溶液中滴定。硫酸量過少時過錳酸鉀會氧化水分子，反應只進行到 Mn^{4+} 而產生 MnO_2 的棕色膠質沈澱。

$$4MnO_4^- + 2H_2O \rightleftharpoons 4MnO_{2(s)} + 3O_{2(g)} + 4OH^-$$

所以滴定途中溶液若出現棕色膠質，宜添加少量硫酸使其溶解。

E4.4　0.05N 過錳酸鉀製配法：

過錳酸鉀經常含有不純物且容易被有機物或其他還原性物質分解。取 1.6～1.7g 溶於 1 L 水，徐徐煮沸約 1～2 小時後放置於暗處一夜。利用多孔隙玻璃漏斗過濾上澄液，流入預先用水蒸汽洗淨的棕色瓶裡儲存。過濾過錳酸鉀不宜用濾紙，因爲它是有機物。水蒸汽洗淨可洗去玻璃瓶內之有機物和水溶性物質。

E4.5　滴定管宜用棕色者以免過錳酸鉀受光分解。儲藏瓶須使用棕色磨砂玻璃瓶。過錳酸鉀具高氧化力，會分解有機物，所以滴定管的旋塞不得塗上凡士林。

E4.6 因為反應需要有 Mn^{2+} 當做觸媒，所以滴定初期褪色較慢。若過錳酸鉀滴入速度過快，則會氧化水分子產生氧化錳 MnO_2，所以須等紅色褪掉後才再滴入。

E4.7 在當量點附近的反應較慢，須激烈攪拌緩慢操作。此時若過錳酸鉀滴入速度過快，過量的過錳酸鉀會氧化 Mn^{2+} 產生氧化錳 MnO_2，

$$2MnO_4^- + 3Mn^{2+} + 2H_2O \rightleftharpoons 5MnO_{2(s)} + 4H^+$$

此反應之平衡常數約為 10^{47}，表示在強酸性溶液中達平衡時 MnO_4^- 的濃度幾乎為零，全都會變成 MnO_2，所幸此反應達成平衡的速度在當量點附近時變得較慢，以至於終點的紫色尚可維持約 20 秒，而在 30 秒後逐漸褪色成棕色的膠狀物質。

E4.8 蒸餾水中可能含有有機物或其他還原性物質。

實驗 5　鐵的定量

E5.1　目　的

利用氧化還原滴定法以標準過錳酸鉀溶液滴定鐵預先還原成亞鐵離子的溶液。

E5.2　原　理

亞鐵離子與過錳酸鉀在硫酸酸性溶液中有如下的氧化還原反應：

$$2MnO_4^- + 16H^+ + 10Fe^{2+} \Longleftrightarrow 2Mn^{2+} + 8H_2O + 10Fe^{3+} \quad (8.30)$$

Fe^{3+} 的還原

利用過錳酸鉀滴定鐵時，必須依下面各種方法預先將鐵還原，且在二氧化碳氣流中進行滴定以防止空氣氧化鐵離子。

(1)硫化氫

通入硫化氫使溶液飽和之，鐵還原後可通入二氧化碳並煮沸溶液以驅除過量的硫化氫。

(2)二氧化硫

加入碳酸鈉略中和溶液後，加過量的亞硫酸以還原鐵離子，在多量鹽酸或硫酸的存在下亞硫酸不會完全還原鐵。鐵還原後可煮沸並通入二氧化碳以驅除過量的亞硫酸。欲鑑定還原是否完全可取一滴溶液與一滴硫氰酸鉀溶液混合，此時應無紅色硫氰酸鐵之產生。冷卻溶液須在二氧化碳氣流中進行。

(3)**氯化錫**（Zimmermann-Reinhardt method，吉摩曼–連哈德法）

氯化鐵在熱溶液中易被氯化錫(II)還原，還原終了時溶液完全褪色。過量的還原劑可加氯化汞(II)氧化之。

$$2FeCl_3 + SnCl_2 + 2HCl \Longleftrightarrow H_2SnCl_6 + 2FeCl_2 \qquad (8.31)$$

$$SnCl_2 + 2HgCl_2 + 2HCl \Longleftrightarrow H_2SnCl_6 + Hg_2Cl_2 \downarrow \qquad (8.32)$$

若過錳酸鉀直接滴加入濃鹽酸酸性的 Fe^{2+} 溶液，則氧化 Fe^{2+} 的同時也會產生氯氣，以至於多消耗滴定劑。但若溶液含有磷酸和多量的錳(II)則不會產生氯氣。因此在氯化錫還原法中常添加一種含有硫酸錳(II)、磷酸和濃硫酸混合溶液的試藥，稱為吉摩曼–連哈德試藥。詳如討論 E5.3。

(4)**金　屬**

鋅、鎘、鋁等皆是良好的還原劑，但汞齊（amalgam）比金屬本身更方便。最常用的是鋅汞齊，有利用固態汞齊的 Jones 還原器（reductor）和液態汞齊的 Nakasono 還原器。

Jones 還原器所使用的鋅汞齊的製造方法如下。將適當量的20～30 目（mesh）鋅粒浸在 1N 鹽酸以洗滌鋅粒表面約一分鐘後加入適量的 0.25M 硝酸汞(II)或氯化汞(II)，激烈攪拌三分鐘，等氫氣不再發生後傾倒廢棄上澄液，用水沖洗，淹浸儲存於裝有 1N 硫酸溶液的管狀還原器中，還原器底部有多孔玻璃濾板和旋塞，還原器頂部加蓋以防與空氣接觸。汞齊太薄易生白色沈澱，若儲存於暴露空氣的水中易漸失還原力。良好的鋅汞齊之還原作用迅速且完全，氫氣的發生也較少。鋅上面的汞量取決於溶液酸度、氧化劑種類、還原器大小、激烈攪拌的流速等。

Nakasono 還原器所使用的液態鋅汞齊的製造方法如下。把用稀硫酸洗淨過表面的鋅粉 10g 和汞 400g 同置於燒杯中，淹浸以 20mL 1N 硫酸後，在水浴中攪拌 1～2 小時。冷卻後用水沖洗，分離鋅汞齊，儲存於汞齊容器，加滿 1N 硫酸，蓋密防止與空氣接觸。使用時，滴定瓶通入氮或二氧化碳約 4～5 分鐘以除去溶解在溶液中的氧，然後把汞齊倒入滴定瓶內，關閉所有滴定瓶的旋塞，激烈振盪以還原目的物質。然後回收汞齊於汞齊容器。滴定瓶再通入氮或二氧化碳，以過錳酸鉀滴定之。每次滴定前還原鐵時宜固定汞齊用量與初溶液酸度，以求固定的還原效果。同時須做空白滴定。

汞齊的還原反應可依下面方程式表示：

$$M^{n+} + Hg + ne^- \Longleftrightarrow M_{(Hg)} \tag{8.33}$$

$M_{(Hg)}$ 表示金屬 M 的汞齊。若 $M = Zn$，

$$Zn^{2+} + Hg + 2e^- \Longleftrightarrow Zn_{(Hg)} \tag{8.34}$$

Nernst 方程式可適用於汞齊的反應，在 25℃ 時，

$$E = E^\circ_a - \frac{0.05916}{n} \log \frac{a_{M_{(Hg)}}}{a_{M^{n+}} a_{Hg}} = E^\circ_a - \frac{0.05916}{n} \log \frac{a_{M_{(Hg)}}}{a_{M^{n+}}} \tag{8.35}$$

式中 E°_a 表示汞齊的標準電位，但其與 $M^{n+} + ne^- \Longleftrightarrow M$ 的 E° 不同，如表 8.3 所示。

表 8.3　標準汞齊電位（水溶液）

金　屬	E°_a (V)	E° ($M^{n+} + ne^- \Longleftrightarrow M$)
Na	-1.89	-2.714
K	-1.86	-2.925
Zn	-0.75	-0.763
Cd	-0.32	-0.403
Tl	-0.19	-0.336
Pb	-0.13	-0.126

還原反應初期，目的物質，例如 Fe^{3+}，被汞齊中的鋅還原，致使溶液中 Zn^{2+} 的活性度急速增加，隨後轉為緩慢增加。因此汞齊的

還原電位也隨著反應的進行而變化。爲保持一定的還原電位，比值 $\dfrac{a_{M_{(Hg)}}}{a_{M^{n+}}}$ 須大略固定，因此經常須使用大量，$10\sim20\text{mL}$ 的汞齊。

由表 8.3 可知，E°_{a} 值依汞齊中的金屬種類而異，同時亦受溶液組成與 pH 的影響。例如，0.1M 醋酸鹽緩衝溶液，pH4.5 中，各種金屬的還原電位如下：

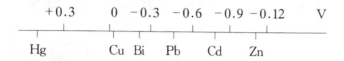

雖然 pH、緩衝溶液的種類與錯合物形成劑的存在等都會影響還原電位，但若用適當方法控制實驗條件，則可利用不同的汞齊選擇還原溶液中的金屬。例如，鋅汞齊可還原 Cu^{2+}、Bi^{3+}、Pb^{2+}、Cd^{2+} 等，但鉛汞齊只還原 Cu^{2+} 和 Bi^{3+}。

E5.3　試藥與器具

鐵礦石、黏土、土壤、紅色氧化鐵等之混合物

6N 鹽酸，6N H_2SO_4，0.05N 標準過錳酸鉀溶液，

吉摩曼–連哈德試藥（Zimmermann-Reinhardt reagent），

5% 氯化錫(II)溶液，飽和氯化汞(II)溶液

電動天平（±0.0001g），250mL 量瓶，25mL 量吸管，50mL 滴定管，

250mL 錐形瓶，加熱盤

E5.4　操作 5 之操作說明

以四分法採樣並精稱試樣粉末（W_s）置於 250mL 錐形瓶。加入

30mL 6N 鹽酸，加熱溶解，但不得沸騰。逐滴加入氯化錫(II)至溶液變成無色爲止。冷卻至室溫後，添加 10mL 飽和氯化汞(II)溶液。約 5 分鐘後稀釋溶液至 100～150mL，添加 20～25mL 吉摩曼–連哈德試藥。50mL 滴定管裝（N_1）0.05N 標準過錳酸鉀溶液（V_0），緩慢滴定前述還原處理過的無色冷溶液至紅紫色且能維持 15～20 秒鐘不褪色時爲滴定終點（$V_1 + V_0$），另做空白滴定（V_b）。從滴定平均值和空白滴定值的差（$V_1 - V_b$）求鐵之重量百分率含量 Fe%。

操作5　**鐵礦中鐵的定量（過錳酸鉀滴定法）**

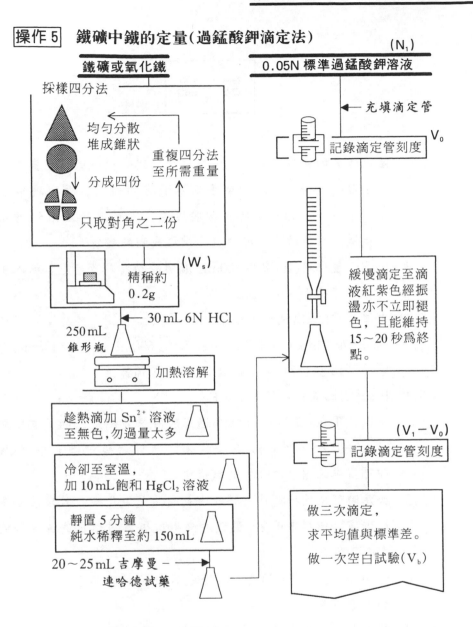

$$鐵之毫克當量 = N_1 \times (V_1 - V_b)$$

$$Fe\% = \frac{N_1(V_1 - V_b) \times \dfrac{55.85}{1000}}{W_s} \times 100\%$$

$$\boxed{討　論}$$

E5.1　鐵試樣愈細愈易溶解。故應先把乾燥過的粗試樣放在瓷製研缽 (porcelain mortar) 磨細至手不感覺有粗粒後，再用瑪瑙製研缽 (agate mortar) 磨碎。瑪瑙性脆，不可直接用來研磨粗硬的試樣，研磨時不得用力以防試樣或研缽變質。

E5.2　取 50g 氯化錫(II)溶於 100mL 濃鹽酸後稀釋至 1 L。加入少量金屬錫可防止 Sn^{2+} 氧化。

E5.3　吉摩曼–連哈德試藥之製備：

溶解 67g $MnSO_4 \cdot 4H_2O$ 結晶於 500～600mL 水，加 138mL 85% 磷酸（比重 1.7）和 130mL 濃硫酸後稀釋至 1 L。

E5.4　1meq 過錳酸鉀⇆55.85mg Fe

若擬使用 25mL 0.05N 標準過錳酸鉀溶液滴定，則試液中應含 $55.85 \times 0.05 \times 25 = 69.7$mg 的鐵。估計試樣中鐵含量（x%），即可得應該稱取供分析的試樣重。

E5.5　加熱時可用玻棒攪拌。膠狀白色殘渣是氧化矽，若殘渣過多不妨過濾，但須先用 2N 鹽酸洗滌兩次後再用熱水洗滌至洗液沒有 Cl^- 為止。

E5.6　逐滴加入氯化錫(II)使溶液變成不含 Fe^{3+} 的無色溶液時須慎防加入量過多。

E5.7　若得灰色氯化汞(I)，表示氯化錫(II)加入量過多，此時應棄卻溶液，重做。因為沈澱過多，不易辨認滴定終點。

E5.8　鐵之重量百分率含量 Fe% 可計算如下：

$$Fe\% = \frac{N_1(V_1 - V_b) \times \dfrac{55.85}{1000}}{W_s} \times 100\%$$

其中　N_1：0.05N 標準過錳酸鉀溶液之精確當量濃度

　　　　V_1：滴定平均值

　　　　V_b：空白滴定值

　　　　W_s：鐵礦粉末樣本重

　　　　55.85：鐵之克當量

8.4 其他直接滴定法

由上面所述之操作或例題可知用過錳酸鉀溶液能夠直接滴定鐵化合物、草酸鹽、及過氧化氫。其他許多無機與有機化合物，例如錫、銻、銅、鈾等化合物亦可用此法分析其含量。

1.磷之定量分析

在 HNO_3 溶液中，磷酸鹽可由加入過量的鉬酸銨使其生成磷鉬酸銨〔$(NH_4)_3PO_4 \cdot 12MoO_4$〕。此沈澱用適當的方法溶解並以鋅汞齊還原成 Mo^{3+} 後，以標準過錳酸鉀溶液滴定成 H_2MoO_4。滴定中鉬之氧化數由 +3 變成 +6，故鉬離子之毫克當量為 $FW_{Mo}/3000$。又因十二個鉬原子與一個磷酸根結合，所以磷之含量可由下式算出：

$$P \text{ 之克數} = V_1 \times N_1 \times \frac{FW_p}{36000} \tag{8.36}$$

其中 N_1、V_1 表示標準過錳酸鉀溶液的當量濃度（N）與滴定體積（mL）。此法常用來分析鋼鐵中之磷含量。

2.鈣之定量分析

鈣鹽於中性或鹼性溶液中可先使其變成 $CaC_2O_4 \cdot H_2O$ 沈澱。此沈澱經過濾並洗滌以完全除去游離之草酸後，用熱的稀硫酸溶解，然後以標準過錳酸鉀溶液滴定 $C_2O_4^{2-}$。因為草酸之毫克當量為 $FW_{H_2C_2O_4}/2000$，又一個鈣離子只與一個草酸離子結合。因此鈣之含量可由下式算出：

$$Ca \text{ 之克數} = V_1 \times N_1 \times \frac{FW_{Ca}}{2000} \tag{8.37}$$

其中 N_1、V_1 表示標準過錳酸鉀溶液的當量濃度（N）與滴定體積（mL）。

3.〔操 作〕

石灰石中之含鈣量可依下述步驟分析之：

⑴精確稱取石灰石粉末試料約 0.15g。

⑵加 10mL 蒸餾水及 5mL 3N HCl，加熱使完全溶解再加 100mL 蒸餾水並加熱至近於沸騰以趕走 CO_2。

⑶加熱 2～3 滴甲基橙，以 6N NH_4OH 滴定至終點，由橙色變黃色。再加熱至近於沸騰，然後加入 1N 熱草酸溶液 5mL。再加入約 1mL 6N NH_4OH，使溶液呈鹼性，並繼續加熱數分鐘。放冷靜置數分鐘後，加一滴草酸溶液，觀察沈澱是否完全。

⑷若鈣離子已完全沈澱爲 $CaC_2O_4 \cdot H_2O$ 可再繼續加熱溶液半小時使集結成粗大的沈澱。用濾紙過濾，並以 30mL 溫水混以 1mL 6N NH_4OH 分三次洗滌濾餅，捨棄濾液及洗液。以 25mL 6N H_2SO_4 熱溶液溶解濾紙上之沈澱並濾除殘渣，再以熱水充分洗滌殘渣，合併濾液與洗滌液以備滴定。

⑸以標準過錳酸鉀溶液滴定上述溶液。滴定時液溫保持 70℃ 以上。

⑹計算石灰石中鈣之含量，以 %CaO 表示之。

4.軟錳礦氧化力之分析

軟錳礦（Pyrolusite）係天然二氧化錳礦石，爲最重要之錳礦，不但爲錳金屬之來源，亦爲工業製造上之氧化劑。做爲後者之用途時，此礦石係依其氧化力（Oxidizing power）來評價。欲分析軟錳礦，須將其溶於過量的 As_2O_3，$FeSO_4$ 或 $Na_2C_2O_4$ 等還原劑溶液中還原成 Mn^{2+}，然後用標準過錳酸鉀溶液滴定過剩的還原劑，間接求出二氧化錳含量。MnO_2 與各種還原劑的反應如下：

$$MnO_2 + As^{3+} + 2H_2O \Longleftrightarrow Mn^{2+} + H_3AsO_4 + H^+ \tag{8.38}$$

$$MnO_2 + C_2O_4^{2-} + 4H^+ \Longleftrightarrow Mn^{2+} + 2CO_2 + 2H_2O \tag{8.39}$$

$$MnO_2 + 2Fe^{2+} + 4H^+ \rightleftharpoons Mn^{2+} + 2Fe^{3+} + 2H_2O \qquad (8.40)$$

此方法亦可應用於錳金屬之較高級氧化物或其他金屬的氧化物如 PbO_2，Pb_2O_3 或 Pb_3O_4 之定量。

5.〔操 作〕

以 As_2O_3 為還原劑分析軟錳礦可依下述步驟分析之：

(1)粗稱約 2.5g As_2O_3 溶解於 50mL 5N NaOH 溶液中，並加 6N H_2SO_4 至石蕊試紙呈微酸性，稀釋至 500mL，使成約 0.1N 的 As^{3+} 溶液。

(2)用常法洗淨滴定管，裝入 0.1N As^{3+} 溶液。精取此液約 25mL，放入 250mL 燒杯中。以蒸餾水稀釋至約 100mL，加入 5mL 12N HCl 及一滴 0.002M KIO_3（每 100mL 含 0.043g）或 1 滴 0.002M KI（每 100mL 含 0.033g）。

(3)以 0.1N 標準 $KMnO_4$ 溶液標定 As^{3+} 溶液。重複此測定，直至各次實驗結果之間僅有 2～3 ppt 之差，然後求平均值。

(4)精稱軟錳礦微細粉末試料約 0.15g，假定 MnO_2 含量約 70％，放入 250mL 錐形瓶中。加入 45mL（精確量）之 As^{3+} 標準液，劇烈震盪後，緩慢加入 10mL 濃硫酸，加熱至近於沸騰以溶解 MnO_2，至只剩下淺色的 SiO_2 殘渣為止。

(5)冷卻後，加 100mL 蒸餾水，5mL 12N HCl 及一滴 0.002M KIO_3（或 0.002M KI），而以標準 $KMnO_4$ 溶液滴定之。

(6)計算軟錳礦之氧化力，以 ％MnO_2 表示之。

【例 8.1】0.5000g 軟錳礦試料中加入 0.6674g As_2O_3 及稀酸，俟反應完成後，剩餘之 As^{3+} 需 45.00mL 0.1000N $KMnO_4$ 滴定，求此礦石之氧化力。

【解】加入的 As_2O_3 之毫克當量數為

$$\frac{0.6674}{FW_{As_2O_3}/4000} = 13.50$$

$KMnO_4$ 之毫克當量數為 $45.00 \times 0.1000 = 4.500$，因此，與 MnO_2 作用的 As_2O_3 之毫克當量數為 $13.50 - 4.500 = 9.00$

故軟錳礦試料中 MnO_2 之含量為

$$\frac{9.00 \times \dfrac{FW_{MnO_2}}{2000}}{0.5000} \times 100\% = 78.2\%$$

【例8.2】不純之鉛丹（Pb_3O_4 或 $PbO_2 \cdot 2PbO$）試料 3.500g，加入過量之硫酸亞鐵銨溶液及足量的稀硫酸。反應完成後，過剩的亞鐵鹽需 3.05mL 0.2000N $KMnO_4$ 滴定至終點，而同量之硫酸亞鐵銨溶液以此 $KMnO_4$ 溶液滴定則需 48.05mL。試計算鉛丹試料中 Pb_3O_4 之%含量。

【解】　　$PbO_2 \cdot 2PbO + 2Fe^{2+} + 8H^+ \rightleftharpoons 3Pb^{2+} + 2Fe^{3+} + 4H_2O$

試料中含有 Pb_3O_4 之毫克當量數必與 $48.50 - 3.05 = 45.00$mL $KMnO_4$ 溶液之毫克當量數相等。因此，鉛丹試料中 Pb_3O_4 之%含量為

$$\frac{45.00 \times 0.2000 \times \dfrac{FW_{Pb_3O_4}}{2000}}{3.500} \times 100\% = 88.15\%$$

8.5　在中性溶液中之滴定方法

過錳酸鉀溶液有時亦適用於中性或鹼性溶液之滴定，此時過錳酸鹽只被還原成 MnO_2，如下式：

$$MnO_4^- + 2H_2O + 3e^- \rightleftharpoons MnO_2 \downarrow + 4OH^-$$

因此過錳酸鉀之毫當量應為 $FW_{KMnO_4}/3000$。例如，Mn^{2+} 在幾近中性的溶液中即可用標準高錳酸鉀溶液滴定：

$$3Mn^{2+} + 2MnO_4^- + 4OH^- \rightleftharpoons 5MnO_2 \downarrow + 2H_2O$$

利用這原理可求出鋼鐵中之含錳量（Volhard 法）。此時雖生成黑

色二氧化錳沈澱，但由於此沈澱迅即沈降將不難看出微紅色時之終
點。

蟻酸及其鹽類亦可依此法求出含量，其反應如下：

$$3CHO_2^- + 2MnO_4^- + H_2O \rightleftharpoons 3CO_2 + 2MnO_2 + 5OH^-$$

$$\boxed{\text{習　題}}$$

8.1　若 40.00mL $KMnO_4$ 可氧化 0.3000g 草酸鈉時，問

(1) $KMnO_4$ 之當量濃度爲若干？

(2)1mL $KMnO_4$ 相當於幾克 $FeSO_4 \cdot 7H_2O$？

(3) $KMnO_4$ 之鐵滴定濃度（mg Fe/mL titer）爲若干？

(4)1mL $KMnO_4$ 可氧化幾克 As_2O_3？

8.2　可被 30.00mL 0.5000N NaOH 溶液中和的二草酸氫鉀（KHC_2O_4 $\cdot H_2C_2O_4 \cdot 2H_2O$）需用 40.00mL $KMnO_4$ 使其氧化。試求 $KMnO_4$ 溶液之當量濃度爲若干？此 $KMnO_4$ 溶液 25.00mL 可氧化酸度 爲 0.2500N 之草酸氫鉀（$KHC_2O_4 \cdot H_2O$）幾毫升？

8.3　若 0.5000g 之鐵礦溶於酸性溶液，並使其完全還原後，須以 25.50mL $KMnO_4$ 溶液（1mL $KMnO_4 \backsimeq 0.01260g$ $H_2C_2O_4 \cdot 2H_2O$） 氧化之。試問此鐵礦之含鐵量爲若干？若使用此 $KMnO_4$ 溶液氧 化 10.0 g 之 3.00%（重量比）H_2O_2 溶液時，需幾毫升？

8.4　鈣能形成 $CaC_2O_4 \cdot H_2O$ 而沈澱，過濾生成之沈澱洗淨後溶解於 稀硫酸中，其中所含 $C_2O_4{}^{2-}$ 可用 $KMnO_4$ 溶液滴定。若 $KMnO_4$ 溶液爲 0.1000N ，則 1mL $KMnO_4$ 溶液相當於多少克的：

(1)Ca

(2)CaO

(3)CaCO$_3$

8.5　若用 0.1000N $KMnO_4$ 溶液滴定 2.50g 過氧化氫試料時，所產生 氧氣之體積爲 50.4Ncm^3。試求滴定所用 $KMnO_4$ 溶液之體積及 試料中 H_2O_2 之重量%。

$$5H_2O_2 + 2MnO_4{}^- + 6H^+ \Longleftrightarrow 2Mn^{2+} + 5O_2 + 8H_2O$$

第九章 二鉻酸鉀滴定法——
氧化還原滴定法之二

9.1 概 說

　　由標準極電位表可知過錳酸鉀與二鉻酸鉀同為有效的氧化劑。在某些情況下，二鉻酸鉀比過錳酸鉀更為方便，主要是因為二鉻酸鉀溶液非常安定而且能在冷的稀鹽酸溶液中使亞鐵離子氧化而不致於氧化氯離子。它的缺點是需要特殊的指示劑來觀測當量點，高錳酸鉀則憑本身顏色的變化來判斷，在無需指示劑的電位差滴定法中頗為實用。

9.2 氧化還原指示劑

　　如 7.5 節所述，氧化還原指示劑為一種水溶性的有機物，具有兩個不同顏色的氧化態及適當的極電位，且其化學性質安定者。

　　於下列由高至低之標準還原電位序中，

$$Cr_2O_7^{2-} + 14H^+ + 6e^- \rightleftharpoons 2Cr^{3+} + 7H_2O \tag{9.1}$$

$$In_o + ne^- \rightleftharpoons In_r \tag{9.2}$$

$$Fe^{3+} + e^- \rightleftharpoons Fe^{2+} \tag{9.3}$$

In_o 與 In_r 代表平衡時水溶性有機物的兩種氧化態，若 In_o/In_r 標準還原電位與 Fe^{3+}/Fe^{2+} 及 $Cr_2O_7^{2-}/Cr^{3+}$ 之標準還原電位有相當的差距時，此物質即可當做以二鉻酸鉀溶液滴定亞鐵離子時之指示劑，俟

Fe^{2+} 離子完全氧化為 Fe^{3+} 後再加一滴二鉻酸鉀液，將使 In_r 氧化為 In_o，同時溶液的顏色即起明顯的變化。Diphenylamine Sulfonate（簡稱 DPS）正好可做此種滴定之指示劑，其溶液由無色變成紫紅色。雖然二鉻酸根被還原為綠色的鉻離子（Cr^{3+}），仍可察知當量點時指示劑的顏色變化。

9.3　液外指示劑

有些指示劑不能加入溶液中而需在液外實驗，稱為液外指示劑，常用於某些沈澱滴定及錯鹽滴定之終點判定。

亞鐵離子與六氰鐵酸鹽溶液作用即生成深藍色沈澱：

$$3Fe^{2+} + 2Fe(CN)_6^{3-} \Longleftrightarrow Fe_3[Fe(CN)_6]_2 \downarrow \qquad (9.4)$$

因此以二鉻酸鉀溶液滴定亞鐵離子時，將六氰鐵酸鹽溶液滴在白色磁磚板上做為液外指示劑，另以玻棒沾一滴被滴定之溶液與白色磁磚板上之六氰鐵酸鹽溶液混合，愈接近當量點時顏色愈淡，直到混合液無絲毫藍色即為滴定終點。

9.4　二鉻酸鉀滴定法

二鉻酸鉀滴定法最常用於酸液中亞鐵離子之滴定，因為此法可以直接分析鐵的含量或間接分析某些氧化劑之含量。其主要反應為：

$$Cr_2O_7^{2-} + 14H^+ + 6e^- \Longleftrightarrow 2Cr^{3+} + 7H_2O \qquad (9.5)$$

$$6Fe^{2+} \Longleftrightarrow 6Fe^{3+} + 6e^- \qquad (9.6)$$

$$Cr_2O_7^{2-} + 6Fe^{2+} + 14H^+ \Longleftrightarrow 2Cr^{3+} + 6Fe^{3+} + 7H_2O \qquad (9.7)$$

鉻的氧化數由 $+6$ 變為 $+3$，減少 3 個單位，而每個二鉻酸根（$Cr_2O_7^{2-}$）含有 2 個鉻原子，共減少 6 個單位，因此二鉻酸鉀的克當量為

$$FW_{K_2Cr_2O_7}/6 = 49.03g$$

若每升溶液中含有 49.03 克 $K_2Cr_2O_7$ 時，其濃度即為 1N。硫酸亞鐵（$FeSO_4 \cdot 7H_2O$）或硫酸亞鐵銨 $FeSO_4 \cdot (NH_4)_2SO_4 \cdot 6H_2O$ 做為還原劑時，因鐵的氧化數由 +2 變為 +3，僅增加 1 個單位，其克當量與克分子量相同。

9.5　標準溶液之配製

二鉻酸鉀不含結晶水而且可購得純度極高的試藥，因此精確稱取純的二鉻酸鉀，溶於水後稀釋成準確的體積即可。

〔操　作〕0.025N K_2Cr_2O 之配製

精確稱取純 $K_2Cr_2O_7$ 約 0.3g 至小數第四位（W_s），置於 250mL 量瓶中。加水約 150mL，搖盪量瓶使 $K_2Cr_2O_7$ 完全溶解後，小心加水至量瓶標線處。用濾紙吸收標線以上管壁所附著之水滴，緊蓋瓶塞並振盪之。將溶液貯存於 2 升之乾燥瓶中，並計算其力價 f 如下：

$$f = \frac{W_s}{0.3065} \tag{9.8}$$

實驗 6　硫酸亞鐵溶液的標定

E6.1　目　的

利用氧化還原滴定法以標準二鉻酸溶液標定硫酸亞鐵溶液。

E6.2　原　理

硫酸亞鐵與二鉻酸鉀在硫酸酸性溶液中有如下的氧化還原反應，

$$Cr_2O_7^{2-} + 6Fe^{2+} + 14H^+ \rightleftharpoons 2Cr^{3+} + 6Fe^{3+} + 7H_2O \qquad (9.9)$$

二鉻酸鉀的性質安定，高純度之價格不貴，可作為一級標準物質。

E6.3　試藥與器具

0.025N 硫酸亞鐵溶液，濃 H_2SO_4，二鉻酸鉀，

試亞鐵靈指示劑（ferroin or phenanthroline indicator）

電動天平（±0.0001g），250mL 量瓶，25mL 量吸管，

50mL 滴定管，250mL 錐形瓶，加熱盤

E6.4　操作 6 之操作說明

　　50mL 滴定管裝約 0.05N 待標定的硫酸亞鐵溶液並記錄液位 V_0，250mL 錐形瓶裝 25.00mL 0.025N 標準二鉻酸鉀溶液，100mL 純水與 30mL 濃 H_2SO_4。冷卻後加 2～3 滴試亞鐵靈指示劑，滴定至溶液由藍綠色轉變為紅色即為滴定終點。從滴定平均值求 0.025N 標準硫酸亞鐵鈉溶液的力價。

操作6 硫酸亞鐵溶液的標定

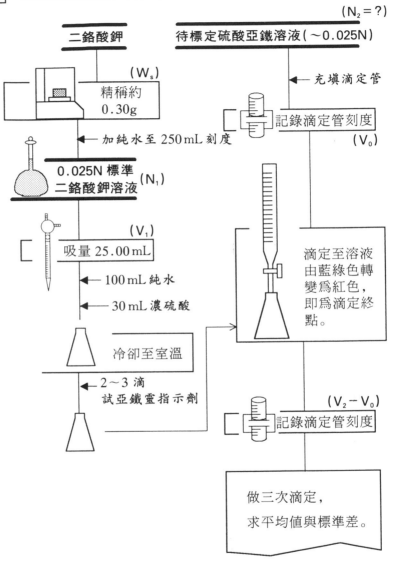

$$N_1V_1 = N_1V_2$$

$$N_2 = \frac{W_s \times 0.02500 \times 25.00}{0.3064 \times V_2}$$

$$\boxed{\text{討　論}}$$

E6.1　0.025N 標準二鉻酸鉀溶液之配製：

精稱二鉻酸鉀約 1.84g 於 250mL 量瓶，加 100mL 純水溶解後稀釋至刻度。0.025N 標準二鉻酸鉀溶液之力價計算如下：

$$f_{K_2Cr_2O_7} = \frac{W_s}{1.8388} \tag{9.10}$$

其中，W_s 即為二鉻酸鉀之克數。

E6.2　0.025N $FeSO_4$ 溶液之配製：

稱取硫酸亞鐵（$FeSO_4 \cdot 7H_2O$）1.7g 或硫酸亞鐵銨 $FeSO_4 \cdot (NH_4)_2SO_4 \cdot 6H_2O$ 2.5g ，加 10mL 濃 H_2SO_4 及適量水溶解後稀釋成 250mL。

E6.3　試亞鐵靈指示劑溶液之配製：

試亞鐵靈水合物 1.48g 或試亞鐵靈鹽酸鹽 1.78g 加硫酸亞鐵七水合物($FeSO_4 \cdot 7H_2O$)0.7g 溶於適量純水後，加純水至 100mL。

E6.4　0.025N 標準硫酸亞鐵溶液的力價 f 可計算如下：

$$f = \frac{25.00 \times 0.025 \times f_{K_2CrO_4}}{x} \tag{9.11}$$

其中，x 即為滴定所需硫酸亞鐵溶液之 mL 數。

E6.5　指示劑也可採用 DPS（Diphenylamine sulfonate），但需添加磷酸如討論 E7.1。

實驗 7 鐵礦或鐵鹽的成分分析

E7.1 目 的

利用氧化還原滴定法以標準二鉻酸鉀溶液定量鐵礦或鐵鹽中之含鐵量。

E7.2 原 理

鐵礦或鐵鹽以鹽酸溶解成鐵離子後以還原劑還原成亞鐵離子溶液，再以標準二鉻酸鉀溶液在硫酸或鹽酸酸性溶液中滴定之，其主要反應如下：

$$Cr_2O_7^{2-} + 6Fe^{2+} + 14H^+ \rightleftharpoons 2Cr^{3+} + 6Fe^{3+} + 7H_2O \qquad (9.12)$$

E7.3 試藥與器具

0.025N 硫酸亞鐵溶液，6N 鹽酸，6N H_2SO_4，氯化錫(II)溶液，飽和氯化汞(II)溶液，0.025N 標準二鉻酸鉀溶液

DPS 指示劑（diphenylamine sulfonate indicator）

電動天平（±0.0001g），250mL 量瓶，25mL 量吸管，

50mL 滴定管，250mL 錐形瓶，加熱盤

E7.4　操作 7 之操作說明

　　以操作 5 所述之方法稱取鐵礦或鐵鹽試料並加熱溶解於 6N 鹽酸溶液中。以 E5.4 過錳酸鉀滴定法所述之步驟，加 $SnCl_2$ 及 $HgCl_2$，靜置 5 分鐘。稀釋成 200mL 後，加 7mL 85％ H_3PO_4 及 5 滴 DPS 指示劑。以標準二鉻酸鉀溶液滴定至呈紫紅色即為滴定終點。

操作 7   鐵礦中鐵的定量（二鉻酸鉀滴定法）

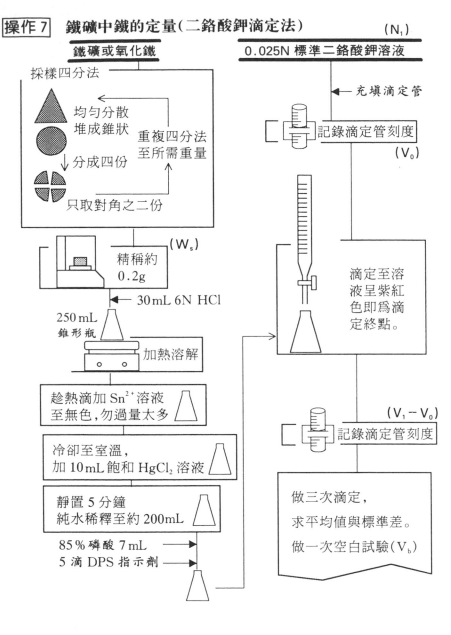

$$鐵之毫克當量 = N_1 \times (V_1 - V_b)$$

$$Fe\% = \frac{N_1 \times (V_1 - V_b) \times \dfrac{55.85}{1000}}{W_s} \times 100\%$$

$$\boxed{\text{討 論}}$$

E7.1　以 DPS 爲指示劑時可加入些許磷酸於溶液中，因爲

$$Cr_2O_7^{2-} + 14H^+ + 6e^-$$

$$\Longleftrightarrow 2Cr^{3+} + 7H_2O \;;\; E^f = +1.33 \text{ Volts(1M } H_2SO_4)$$

$$DPS' + e^- \Longleftrightarrow DPS'\;;\; E^f = +0.85 \text{ Volts （1M } H_2SO_4)$$

$$Fe^{3+} + e^- \Longleftrightarrow Fe^{2+}\;;\; E^f = +0.68 \text{ Volts （1M } H_2SO_4)$$

加入 H_3PO_4 後可與 Fe^{3+} 形成錯離子，而 $FeHPO_4^+ + e^- \Longleftrightarrow$ $Fe^{2+} + H_2PO_4^-$ 之式電位較 Fe^{3+}/Fe^{2+} 之式電位低，可拉大與 DPS 式電位之距離，使 DPS 之變色更爲敏銳。

E7.2　由所得數據，計算鐵礦或鐵鹽中之含鐵量如下：

$$C = \frac{0.025 \times f_{K_2CrO_4} \times V_1 \times \dfrac{FW_{Fe}}{1000}}{W_S} \times 100\% \tag{9.13}$$

其中　C: 含鐵量, %

V_1: 滴定所需標準二鉻酸鉀溶液之 mL 數

W_s: 鐵礦或鐵鹽試料之精確重, g

E7.3　指示劑也可採用試亞鐵靈指示劑，但滴定方法需依操作 6 所示。

實驗 8 鉻鐵礦中鉻的定量

E8.1 目 的

鉻鐵礦之主要成分為 $Fe(CrO_2)_2$，與強烈氧化性鹼熔劑（如過氧化鈉）共熔後，以水處理並用酸使之酸化，鉻即以二鉻酸鹽之狀態存在於溶液中。

E8.2 原 理

$$Fe(CrO_2)_2 + 5Na_2O_2$$
$$\Longleftrightarrow Na_2FeO_4 + 2Na_2CrO_4 + 2Na_2O \qquad (9.14)$$
$$4Na_2FeO_4 + 10H_2O$$
$$\Longleftrightarrow 4Fe(OH)_3 + 3O_2 + 8Na^+ + 8OH^- \qquad (9.15)$$
$$Na_2O + H_2O \Longleftrightarrow 2Na^+ + 2OH^- \qquad (9.16)$$
$$Fe(OH)_3 + 3H^+ \Longleftrightarrow Fe^{3+} + 3H_2O \qquad (9.17)$$
$$2CrO_4^{2-} + 2H^+ \Longleftrightarrow Cr_2O_7^{2-} + H_2O \qquad (9.18)$$

加過量之亞鐵離子標準液於待測溶液中，二鉻酸離子即被還原為鉻離子，剩餘之亞鐵離子可用 DPS 或 ferroin 為指示劑以標準 $K_2Cr_2O_7$ 溶液逆滴定之。

E8.3　試藥與器具

鉻鐵礦，Na_2O_2，0.025N 硫酸亞鐵溶液，6N H_2SO_4，
0.025N 標準二鉻酸鉀溶液，85% H_3PO_4，DPS 指示劑
電動天平（±0.0001g），250mL 量瓶，25mL 量吸管，
50mL 滴定管，250mL 錐形瓶，600mL 燒杯，加熱盤，
鐵坩堝，錶玻璃，研缽

E8.4　操作 8 之操作說明

　　鉻鐵礦在研缽中研磨成細粉。精稱鉻鐵礦粉末 0.5g 於鐵坩堝中。
另外以錶玻璃稱取大約 5g Na_2O_2 乾燥粉末，取其四分之三置於坩堝
中，以乾燥玻棒攪拌混合 Na_2O_2 粉末與試料。附著於玻棒之粉末可用
小毛刷刷落於原坩堝內，鋪蓋剩餘的 Na_2O_2 於混合物上。坩堝加蓋後
緩慢地加熱至混合物熔融後，調節熱源以防過熱致熔劑侵蝕坩堝，保
持熔融狀態約 5 分鐘。冷卻坩堝至室溫，連同堝蓋一起置於 600mL
燒杯中，加蒸餾水淹蓋，同時以錶玻璃蓋住燒杯，防止煙霧及溶液濺
失。當氣體不再發生後，挾取出坩堝與蓋，以水洗入原燒杯中，然後
加熱煮沸約 45 分鐘，蒸發之水分應予補充。冷卻溶液，加 6N H_2SO_4
酸化之，並多加 10mL 過量之酸。此時若有黑色 MnO_2 殘渣存在，應
予過濾並洗滌之，溶液收集於 250mL 量瓶中。稀釋溶液成 250mL，
並量取 25mL 置於 250mL 錐形瓶中，另外量取過量之 0.025N 標準
$FeSO_4$溶液約 40mL 加入同一錐形瓶後再添加 7mL 85% H_3PO_4及 5 滴
DPS 指示劑。以 0.025 N 標準 $K_2Cr_2O_7$ 溶液滴定過剩之亞鐵離子使溶
液由無色變成紫紅色即為滴定終點。由所得數據計算鉻鐵礦中之鉻含
量，以%Cr 及%Cr_2O_3 表示之。

操作 8　鉻鐵礦中鉻的定量（二鉻酸鉀滴定法）

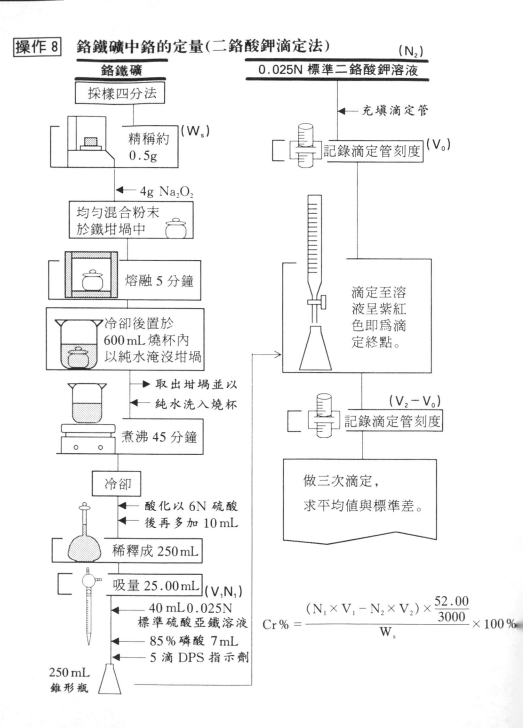

$$Cr\% = \frac{(N_1 \times V_1 - N_2 \times V_2) \times \dfrac{52.00}{3000}}{W_s} \times 100\%$$

┌─────────┐
│ 討　論 │
└─────────┘

E8.1　Na_2O_2 可與鉻鐵礦作用成易溶於酸的 Na_2FeO_4 與 Na_2CrO_4。

E8.2　過量的 Na_2O_2 或生成的 Na_2FeO_4 與水作用會產生氧氣，所以熔融混合物浸水中有氣泡發生，等無 O_2 冒出後，才可加熱煮沸，使 Na_2O_2 完全變成 NaOH 與 O_2 以免影響 $FeSO_4$ 之滴定。

E8.3　加 6N H_2SO_4 酸化之前應先冷卻溶液，若有黑色 MnO_2 殘渣存在，應予過濾並洗滌之。

E8.4　0.025 N 標準 $FeSO_4$ 溶液之配製與標定應依實驗 6 之操作 6 進行。

E8.5　添加過量之亞鐵離子主要是還原二鉻酸離子成鉻離子 Cr^{3+}，過剩之亞鐵離子則用 DPS 指示劑以標準 $K_2Cr_2O_7$ 溶液滴定之。

E8.6　計算鉻鐵礦中之鉻含量如下：

$$Cr\% = \frac{(0.025 \times f_{FeSO_4} \times V_1 - 0.025 \times f_{K_2CrO_4} \times V_2) \times \frac{52.00}{3000}}{W_s} \times 100\%$$

(9.19)

其中　f_{FeSO_4}：0.025N 標準 $FeSO_4$ 溶液之力價

$f_{K_2CrO_4}$：0.025N 標準 K_2CrO_4 溶液之力價

52.00：鉻之克式量

W_s：鉻鐵礦之採樣重

V_1：預先加入的 0.025N 標準 $FeSO_4$ 溶液體積，mL

V_2：滴定所需 0.025N 標準 K_2CrO_4 溶液體積，mL

實驗 9　水溶液的 COD_{Cr} 測定

E9.1　目　的

　　含有機物之水溶液樣本加入二鉻酸與硫酸，煮沸迴流 2 小時後所消耗二鉻酸的量以相當的氧量表示，mg O/L，即為水溶液樣本之化學需氧量 COD_{Cr}。

E9.2　原　理

　　水中之有機物，例如酞酸與二鉻酸行氧化還原反應後分解成 CO_2 與 H_2O，二鉻酸離子即被還原為鉻離子，其反應如下：

$$C_6H_4C_2O_4H_2 + 5Cr_2O_7^{2-} + 40H^+$$
$$\Longleftrightarrow 10Cr^{3+} + 8CO_2 + 23H_2O \tag{9.20}$$

　　過剩的 $Cr_2O_7^{2-}$ 可用試亞鐵靈（ferroin）為指示劑以標準亞鐵離子溶液逆滴定之，其反應如下：

$$Cr_2O_7^{2-} + 6Fe^{2+} + 14H^+$$
$$\Longleftrightarrow 2Cr^{3+} + 6Fe^{3+} + 7H_2O \tag{9.21}$$

E9.3　試藥與器具

酞酸，0.025N 硫酸亞鐵溶液，36N H_2SO_4，Ag_2SO_4/H_2SO_4 混合液，$HgSO_4$，0.025N 標準二鉻酸鉀溶液，85% H_3PO_4，

試亞鐵靈指示劑（ferroin or phenanthroline indicator）

電動天平（±0.0001g），250mL 量瓶，25mL 量吸管，50mL 滴定管，250mL 錐形瓶，迴流冷卻管，橡皮軟管，加熱盤

E9.4　操作 9 之操作說明

量取水樣約 20mL 於 250mL 錐形瓶，並加 0.4g $HgSO_4$。量取 30mL 0.025N 標準二鉻酸鉀溶液於同一錐形瓶，一面振盪一面添加 50mL Ag_2SO_4/H_2SO_4 混合液。插上迴流冷卻管，加熱至沸騰並迴流 2 小時。冷卻管以約 10mL 純水洗入錐形瓶再加 140mL 純水稀釋，溶液冷卻後加入試亞鐵靈指示劑 2～3 滴，以 0.025N 硫酸亞鐵溶液滴定至溶液由藍綠色轉變爲紅色即爲滴定終點。稀釋用之純水亦須依同法作空白試驗。最後求水樣之 COD_{Cr}。

操作 9　**水溶液中 COD_{Cr} 之測定**

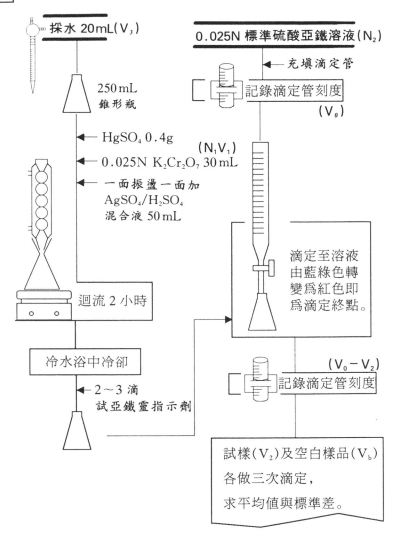

$$空白之\ COD_{Cr} = \frac{(N_1V_1 - N_2V_b) \times \dfrac{32.00}{4000}}{V_3} \times 10^6$$

$$試樣之\ COD_{Cr} = \frac{(N_2V_b - N_2V_2) \times \dfrac{32.00}{4000}}{V_3} \times 10^6$$

討 論

E9.1 稀釋用之純水依其製法、保存容器、保存期間而有不等量的離子交換樹脂碎粒、塑膠分解物、細菌等有機物雜質，所以必須依同法作空白試驗。

E9.2 0.025N 標準二鉻酸鉀溶液之配製可依 9.5 節之操作說明進行。

E9.3 Ag_2SO_4/H_2SO_4 混合液作為有機物與二鉻酸鉀反應之催化劑，其配製法如下：

11g Ag_2SO_4 與 1 L 濃 H_2SO_4 混合後加熱至溶解，常溫則需 1～2 天才可溶解，可供 20 次分析之用。

E9.4 本法反應時之硫酸濃度極高，加熱煮沸時之溶液溫度也很高，如此可提高有機物的氧化率。反應時可利用加熱盤加熱，但不可用 Teflon 包覆的攪拌磁子，因為 Teflon 在高溫也會起氧化反應。

E9.5 氯離子在高溫會與二鉻酸鉀反應，妨害 COD_{Cr} 之測定，特別是 COD_{Cr} 低於 20mg O/L 時。硫酸銀對於氯離子妨害之排除效果不彰，所以要另加硫酸汞(II)才有遮蔽 (masking) 效果。

E9.6 試樣與過量的標準二鉻酸鉀溶液在酸中加熱反應完後不須再加濃硫酸，反而應以純水稀釋後添加指示劑再進行滴定。否則硫酸濃度太高反而使滴定終點之變色不明顯。

E9.7 0.025N 標準 $FeSO_4$ 溶液之配製與標定應依實驗 6 之操作進行。

E9.8 過剩的 $Cr_2O_7^{2-}$ 可用試亞鐵靈(ferroin)為指示劑，以標準亞鐵離子溶液逆滴定至溶液由藍綠色轉變為紅色，即為滴定終點。

E9.9 O_2 不論還原成 CO_2 或 H_2O，每一莫耳相當於 4 個當量，所以

每消耗一當量之 $Cr_2O_7^{2-}$ 相當於消耗 $32/4 = 8$ g 的 O_2。

E9.10　COD_{Cr} 之計算如下：

$$COD_{Cr} = \frac{(30.00 \times 0.025 \times f_{K_2Cr_2O_7} - V_{FeSO_4} \times 0.025 \times f_{FeSO_4}) \times \dfrac{32.00}{4000}}{20.00} \times 10^6$$

$$(9.22)$$

其中　30.00：標準二鉻酸鉀溶液之添加量

$f_{K_2Cr_2O_7}$：0.025N 標準二鉻酸鉀溶液之力價

f_{FeSO_4}：0.025N 標準硫酸亞鐵溶液之力價

V_{FeSO_4}：達滴定終點所需 0.025N 標準硫酸亞鐵溶液的

　　　　體積，mL

32.00：氧分子之克式量

20.00：試料之採取量，mL

10^6：單位換算因子，由 g/mL 轉換成 mg/L

E9.11　含酞酸 (phthalic acid) 0.1000g 的 1 L 水溶液之 COD_{Cr} 理論值

爲 144.4mg O/L，其與氧之反應如下：

$$C_6H_4C_2O_4H_2 + 7.5O_2 \Longleftrightarrow 8CO_2 + 3H_2O \qquad (9.23)$$

$$COD_{Cr} = \frac{100.0mg \times \dfrac{7.5 \times 31.9988}{166.135}}{1.000 \text{ liter}} = 144.4mg \text{ O/L} \qquad (9.24)$$

其中　100.0mg：酞酸之重量

31.9988：O_2 之克式量

166.135：$C_6H_4C_2O_4H_2$ 之克式量

習　題

9.1　用 99.85％純鐵絲標定某 $K_2Cr_2O_7$ 溶液時，加 42.42mL $K_2Cr_2O_7$ 於鐵絲之鹽酸溶液中，若 0.2200g 鐵絲需用 3.27mL 0.1011N $FeSO_4$ 逆滴定，試問其當量濃度爲若干？

9.2　以 $K_2Cr_2O_7$ 溶液分析褐鐵礦時，若 1.000mL $K_2Cr_2O_7$⌒0.01117g Fe，問取多少試料恰能以滴定管讀數的四倍數值來表示 Fe_2O_3 百分率？每毫升之 $K_2Cr_2O_7$ 溶液中含多少克 $K_2Cr_2O_7$？

9.3　鉻鐵礦樣品 0.500g 用 Na_2O_2 熔融後，以水浸漬並酸化之。加 2.78g $FeSO_4 \cdot 7H_2O$ 結晶使鉻還原，再以 10.0mL $K_2Cr_2O_7$ 溶液滴定過剩的亞鐵離子。若 1.00mL $K_2Cr_2O_7$⌒0.0160g Fe_2O_3，則鉻鐵礦中之含鉻量若干？

9.4　鉻鐵礦試料 0.2000g 經 Na_2O_2 氧化及酸化後，加 5.000g 毫分子硫酸亞鐵，過剩之亞鐵離子需用 0.1666g 毫分子之二鉻酸鹽逆滴定，問試料中含鉻量爲多少％？

9.5　由下列數據中算出某鉻鐵礦試料之純度，以 Cr 或 Cr_2O_3 之百分率表示之。試料重量 = 0.2500g，$FeSO_4$ 溶液用量 = 53.40mL，$K_2Cr_2O_7$ 溶液用量 = 8.00mL，100mL $FeSO_4$⌒80.0mL $K_2Cr_2O_7$；含 79.85％ Fe_2O_3 之褐鐵礦 0.5000g 中，其亞鐵離子需 40.00mL $K_2Cr_2O_7$ 滴定。

第十章　碘滴定法——
氧化還原滴定法之三

10.1　概　論

因為 $I_2 + 2e^- \Longleftrightarrow 2I^-$ 的標準還原電位在各元素電位表的中間，$E°$ $= 0.535V$，所以碘滴定法可分為下述兩種：

⑴利用標準碘溶液氧化標準還原電位比碘低的元素之氧化滴定法，又稱為直接碘滴定法（iodimetry）。

⑵利用碘化鉀的還原性質還原標準還原電位比碘高的元素，並滴定游離出來的碘之還原滴定法，又稱為間接碘滴定法（iodometry）。

碘滴定法的基本反應如下：

$$2S_2O_3^{2-} + I_2 \Longleftrightarrow 2I^- + S_4O_6^{2-} \tag{10.1}$$

直接碘滴定法中若將碘加入於含有澱粉之硫代硫酸鈉溶液，則當硫代硫酸鈉全部被氧化後，再滴入的碘無法還原成碘化物時會立即顯現碘—澱粉之藍色。在間接碘滴定法中，於酸性氧化劑中加入過量碘化鉀後所產生的碘，可利用硫代硫酸鈉溶液，使含有澱粉的藍色溶液褪成無色。碘—澱粉褪色非常靈敏，在分析化學上常被應用。

10.2　標準碘溶液

碘在 25℃ 的水中溶解度只有 0.03g/100mL，但 100mL 水中加入

6.5g 和 50g 碘化鉀之溶液各可溶解 3.5g 和 76.5g 之碘。在這些溶液中碘與碘離子生成碘三離子 (triiodide ion)，

$$I_2 + I^- \rightleftharpoons I_3^- \qquad (10.2)$$

此平衡常數為 710，碘三離子的生成不但可大幅降低碘的蒸氣壓，且其化學反應完全與碘相同。

碘滴定法只適用於酸性溶液，因為在鹼性溶液中有下面反應之故：

$$I_2 + 2OH^- \rightleftharpoons IO^- + I^- + H_2O \qquad (10.3)$$

$$3IO^- \rightleftharpoons 2I^- + IO_3^- \qquad (10.4)$$

碘滴定法的誤差來自 I_2 的揮發性及 I^- 受空氣氧化。由揮發性導致的誤差經加入碘化鉀使其變為 I_3^- 後不再成問題，但溶液須含有 4% 以上的碘化鉀。在酸性溶液中下列反應的速率很大，

$$4I^- + 4H^+ + O_2 \rightleftharpoons 2I_2 + 2H_2O \qquad (10.5)$$

且光線或其他帶有催化作用物質之存在都有加速反應的作用，例如 Cu^+ 有催化作用，且本身又很容易被氧化，然後再與 I^- 作用，因此影響定量反應。若有必要，可在二氧化碳氣流中進行滴定。

碘與碘離子混合液呈現黃色或棕色，所以理論上不需要指示劑，但為使顏色變化更敏銳以增加靈敏度，通常加入澱粉溶液使呈深藍色。藍色的成因可能是碘與澱粉成分之一的溶膠澱粉 (amylose) 所形成的化合物。馬鈴薯澱粉含有約 2% 的溶膠澱粉，比其他澱粉含量高。滴定時須使用新鮮澱粉溶液，否則只得紅紫色溶液，且不能獲得敏銳終點。

10.3　澱粉溶液之製備

取 0.5g 澱粉，加入少量水攪拌得漿糊狀混合物後，再加 20mL 沸騰熱水，煮沸 2 分鐘。冷卻後添加 1g KI。滴定時每 100mL 溶液加

入 0.5mL。每次實驗都使用新鮮溶液。

　　直接滴定法利用碘溶液滴定目的物質，超過終點時過量的碘才與澱粉產生藍色物質，因此在開始滴定時即可添加澱粉溶液。但間接滴定法必須在接近終點 I_3^- 的棕色變淡時，才加入澱粉溶液可獲得較敏銳的終點。碘滴定法不需要做指示劑空白試驗。

10.4　標準硫代硫酸鈉溶液之製備

　　硫代硫酸鈉 $Na_2S_2O_3 \cdot 5H_2O$，含有五分子的結晶水，在空氣中很容易風化分解，使結晶水含量不定，所以硫代硫酸鈉溶液必須標定。

　　由式（10.1）可知 1 克當量或 1 克原子量的碘會與 1 克分子量的硫代硫酸鈉，分子量 248.183 反應。使用粗天平稱約 13g 硫代硫酸鈉，溶解於 1 L 預先煮沸後冷卻過的水，濃度約為 0.05N，再加入約 0.1g 碳酸鈉或硼砂。將溶液裝入瓶內，蓋緊後儲存於冷暗處至少 48 小時才可進行標定。

　　硫代硫酸鈉溶液經久置後，受溶液中細菌、氧、二氧化碳、不純物質等的作用會析出硫而不能保持固定的效力。因此需要煮沸以滅菌並除去氧、二氧化碳等氣體。硫代硫酸鈉在 pH＜5 的酸性溶液中也會析出硫，

$$S_2O_3^{2-} + H^+ \rightleftharpoons HS_2O_3^- \rightleftharpoons HSO_3^- + S \downarrow \qquad (10.6)$$

且由這反應所得之 HSO_3^- 會還原碘，因此須加入少量碳酸鈉、硼砂和磷酸氫二鉀等以保持 pH 在 7～10（pH9～10 最適宜）。碘溶液的酸度約為 0.3～0.4N，但若硫代硫酸鈉的添加速率不大且攪拌良好，則氧化還原反應比分解反應較先產生，不會導致誤差。

　　硫代硫酸鈉溶液於過濾除硫後，可用銅、碘、過錳酸鉀、二鉻酸鉀、溴酸鉀或赤血鹽等標定。

實驗 10　硫代硫酸鈉溶液的標定

E10.1　目　的

　　一級標準碘酸鉀（KIO_3）在酸性溶液中與過量的碘化鉀反應可產生等當量的碘分子或碘三離子，其次以澱粉為指示劑，以硫代硫酸鈉溶液滴定游離碘分子至無色即可標定此硫代硫酸鈉溶液。

E10.2　原　理

　　KIO_3 與碘化鉀反應，游離出等當量的碘，其反應如下：

$$IO_3^- + 5I^- + 6H^+ \Longleftrightarrow 3I_3^- + 3H_2O \qquad (10.7)$$

$$I^- + I_2 \Longleftrightarrow I_3^- \qquad (10.8)$$

硫代硫酸鈉與碘的反應如下：

$$I_2 + 2S_2O_3^{2-} \Longleftrightarrow 2I^- + S_4O_6^{2-} \qquad (10.9)$$

E10.3　試藥與器具

碘酸鉀（KIO_3），0.05N 標準硫代硫酸鈉溶液，6N H_2SO_4，
0.5％澱粉溶液，10％碘化鉀
電動天平（±0.0001g），250mL 量瓶，25mL 量吸管，
50mL 滴定管，250mL 錐形瓶

E10.4　操作10之操作說明

精稱約 0.45g 碘酸鉀（KIO₃）放入 250mL 量瓶。加入 80mL10％
碘化鉀溶液和 10mL 6N H₂SO₄，充分溶解後以純水稀釋至刻度即可得
約 0.05N KIO₃ 溶液。取此溶液 25mL 於 25mL 錐形瓶，再加 50mL 純
水後以 0.05N 標準硫代硫酸鈉溶液緩慢滴定至溶液變成淡黃色（接近
終點）時才加入 2mL 澱粉溶液。繼續滴定至無色即為滴定終點。求
三次平均值計算硫代硫酸鈉的濃度。

操作 10   硫代硫酸鈉溶液之標定

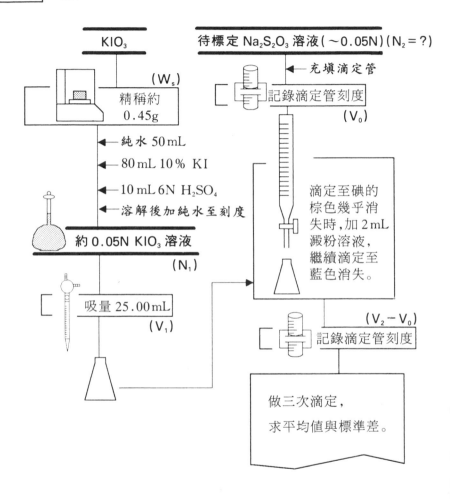

$$N_1 V_1 = N_2 V_2$$

$$N_2 = \frac{W_s \times 25.00 \times 6}{214.01 \times 250.0 \times V_2}$$

$$\boxed{\text{討　論}}$$

E10.1　0.05N 標準硫代硫酸鈉溶液之配製：

取約 3.1g $Na_2S_2O_3 \cdot 5H_2O$ 於 250mL 量瓶中，加入經煮沸的冷純水，溶解後以此冷水稀釋至刻度。

E10.2　碘在水中的溶解度很小，在 25℃ 只有 0.001M，濃度太高易蒸發，但在 KI 水溶液中則甚易溶解而生成碘三離子(triiodide ion)，

$$I_2 + I^- \rightleftharpoons I_3^- \tag{10.8}$$

此溶液的化學作用就好像 I_2 的溶液一樣。所以碘酸鉀 (KIO_3) 溶液中加入的 KI 除了式 (10.7) 反應所需之外，尚須供應式 (10.8) 中 $[I_2]$ 達 0.0005M 以下之反應所需。如果 KI 加量不足將導致誤差。

E10.3　因為 1 克式量 $Na_2S_2O_3$ 為 1 克當量，1 克式量 KIO_3 為 6 克當量，1 克式量 I_2 為 2 克當量，所以 0.05N 標準硫代硫酸鈉溶液之力價 f 可計算如下：

$$f = \frac{W \times 6000}{214.01 \times 0.05 \times V} \tag{10.10}$$

其中　W：KIO_3 之重量，g

214.01：KIO_3 之克式量

V：滴定所需 $Na_2S_2O_3$ 溶液體積，mL

E10.4　I_3^- 的酸性溶液不穩定，多餘的 I^- 會慢慢被空氣氧化。

$$6I^- + O_2 + 4H^+ \longrightarrow 2I_3^- + 2H_2O$$

所以碘三離子溶液應採用剛配好的新鮮液，不可久存；I^- 勿過量太多；也應避免高溫，日光直射以及金屬離子的催化作用。

實驗 11 漂白粉有效氯的定量

E11.1 目 的

利用碘滴定法定量漂白粉的有效氯，進而瞭解漂白粉的氧化作用。

E11.2 原 理

當氯作氧化作用時，氧化狀態從 0 變成 −1，

$$Cl_2 \Longleftrightarrow 2Cl^- \tag{10.11}$$

若把氯通入氫氧化鈣，即可得漂白粉。

$$2Cl_2 + 2Ca(OH)_2 \Longleftrightarrow CaCl_2 \cdot Ca(OCl)_2 \cdot 2H_2O \tag{10.12}$$

普通的漂白粉除含有效成分 $Ca(OCl)_2$ 外，尚含有 $Ca(OH)_2$、$CaCO_3$、$CaCl_2$ 及氯酸鹽等雜質。高級的純粹漂白粉只含有 $Ca(OCl)_2$。漂白粉的氧化作用來自 OCl^- 的下述反應，

$$2OCl^- \Longleftrightarrow 2Cl^- + O_2 \tag{10.13}$$

此處 Cl 的氧化數從 +1 變成 −1，因此，式 (10.12) 的漂白粉一分子具有與二分子氯同等的氧化力。

有效氯的定義如下：若漂白粉含有 1 克離子的次亞氯酸根，則這漂白粉的有效氯爲 1 克分子氯 Cl_2。換言之，把漂白粉的氧化作用視爲氯的氧化作用，並以氯的效果表示漂白粉的氧化力。$CaCl_2$ 並無氧化作用。

普通的漂白粉，若純度高可依下述方程式求出有效氯。

$$Cl\% = \frac{FW_{Cl_2} \times 2}{FW_{CaCl_2 \cdot Ca(OCl)_2 \cdot 2H_2O}} \times 100\% = 48.96\% \qquad (10.14)$$

高級漂白粉的有效氯則爲：

$$Cl\% = \frac{FW_{Cl_2} \times 2}{FW_{Ca(OCl)_2}} \times 100\% = 99.4\% \qquad (10.15)$$

鹽酸及碘化鉀與漂白粉作用時有如下的反應：

$$CaOCl \cdot Cl + 2HCl + 2KI$$

$$\Longleftrightarrow 2KCl + I_2 + CaCl_2 + H_2O \qquad (10.16)$$

游離出來的碘以標準硫代硫酸鈉溶液滴定，即可間接定量漂白粉的有效氯。

E11.3　試藥與器具

漂白粉溶液，1:4 鹽酸，0.05N 標準硫代硫酸鈉溶液，
0.5% 澱粉溶液，10% 碘化鉀
電動天平（± 0.0001g），250mL 和 500mL 量瓶，25mL 量吸管，
50mL 滴定管，250mL 錐形瓶

E11.4　操作 11 之操作說明

稱取 0.6～0.7g 漂白粉置於 500mL 量瓶，加入純水 100mL，預先混合均勻之 1:4 鹽酸 3mL 和 10% 碘化鉀 50mL 溶液，混合使均勻溶解後以純水稀釋至刻度即可得均勻溶解之漂白粉溶液。取 100mL 漂白粉溶液於 250mL 錐形瓶，以 0.05N 標準硫代硫酸鈉溶液緩慢滴定至溶液變成淡黃色(接近終點)時才加入 2mL 澱粉溶液。繼續滴定至無色即爲滴定終點。求三次滴定平均值，計算有效氯(%)。

操作 11　漂白粉有效氯之定量

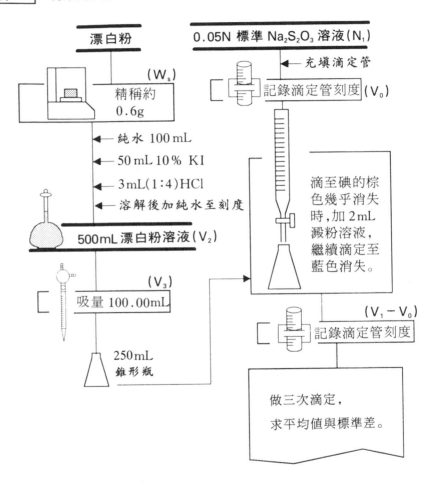

$$氯之毫克當量 = N_1 V_1$$

$$有效氯\% = \frac{N_1 V_1 \times \dfrac{70.906}{2000}}{W_s} \times \frac{500}{100} \times 100\%$$

$$\boxed{\text{討　論}}$$

E11.1　假設漂白粉的化學式可以用 $CaOCl \cdot Cl$ 表示，則每 100mL 上
述漂白粉溶液之滴定，需要約 41mL 的 0.05N 標準硫代硫酸
鈉溶液，且有效氯為 56%。何故？指導員配製溶液後應預先
求有效氯，若過低可增加濃度，或增加試液體積。

E11.2　次氯酸鹽在高溫極易分解，其反應如下：

$$3OCl^- \Longleftrightarrow 2Cl^- + ClO_3^- \tag{10.17}$$

潤濕的漂白粉也會逐漸分解產生氯氣。因此普通漂白粉的
ClO^- 含量比從 $CaOCl_2$ 計算出來的低。

E11.3　漂白粉的有效氯含量可計算如下：

$$\text{有效氯}\% = \frac{N_1 \times V_1 \times \dfrac{FW_{Cl_2}}{2000}}{W_s} \times \frac{500}{100} \times 100\% \tag{10.18}$$

其中　　N_1：標準硫代硫酸鈉溶液之當量濃度，N

　　　　V_1：達滴定終點所需標準硫代硫酸鈉溶液之體積，mL

　　　　W_s：漂白粉之採樣重，g

　　　　500：漂白粉溶解成溶液之體積，mL

　　　　100：滴定用漂白粉溶液之採取量，mL

習 題

10.1　設有碘溶液（1mL ⌣ 0.004946g As_2O_3）及 $Na_2S_2O_3$ 溶液（20.00mL ⌣ 0.08351g $KBrO_3$）。

　　(1)問各溶液之當量濃度爲若干？

　　(2)1mL $Na_2S_2O_3$ 溶液之銅值爲若干？

　　(3)由幾毫升的 0.1000N $KMnO_4$ 溶液與過量 KI 作用，其生成的碘才足夠被 40mL $Na_2S_2O_3$ 溶液還原？

10.2　一輝銻礦試料 0.1000g，需用 20.00mL 0.0500N 的碘標準液滴定。求其銻含量，以％Sb_2S_3 表示。

10.3　0.5000g 軟錳礦以 30mL 6N H_2SO_4 溶解後，加 4.000mmol $Na_2C_2O_4$。過剩的草酸離子用 45.00mL 0.06667N $KMnO_4$ 滴定至終點。試求此礦石含 MnO_2 的重量百分率。

10.4　上題 10.3 的軟錳礦以 HCl 處理產生 Mn^{2+} 和氯氣，將此氯氣通入 KI 溶液中，可釋出等當量的碘，再用 $Na_2S_2O_3$ 溶液滴定游離的碘，是爲 Bunsen 法。問 $Na_2S_2O_3$ 溶液若爲 0.1000M，需幾毫升？

10.5　若滴定由過量 KI 與 0.3000g KIO_3 作用所游離的 I_2 需 48.00mL 硫代硫酸鈉溶液。試問：

　　(1)硫代硫酸鈉溶液之當量濃度爲若干？

　　(2)1mL 該溶液相當於幾克 I_2？

第十一章　沈澱滴定法

11.1　原　理

若 AB 為難溶性鹽，在 B^- 溶液中加入 A^+，則 B^- 的濃度會逐漸降低。在當量點以前 A^+ 的濃度都很低，超過當量點以後才顯著增加。以 AgCl 難溶性鹽為例，加 0.1N $AgNO_3$ 於 25mL 0.1N NaCl 溶液時，溶液中的 Ag^+ 和 Cl^- 的濃度變化如下：

1. 未加 Ag^+ 時

$$[Cl^-] = 0.1$$
$$pCl = -\log[Cl^-] = 1.0$$
$$[Ag^+] = 0 \tag{11.1}$$

2. 加入 x mL Ag^+，但為當量點以前（x < 25）

Ag^+ 與 Cl^- 結合產生 AgCl 的沈澱，以致 $[Cl^-]$ 降低。溶液中的 Cl^- 計有未反應的 Cl^- 和 AgCl 解離出來的 Cl^-，後者的濃度與溶液中的 $[Ag^+]$ 相等，故 Cl^- 的全平衡濃度，$[Cl^-]$，是

$$[Cl^-] = C_{NaCl} + [Ag^+] = C_{NaCl} + \frac{K_{sp}}{[Cl^-]}$$

$$\cong C_{NaCl} + \frac{K_{sp}}{C_{NaCl}}$$

$$= \frac{0.1 \times (25-x)}{25+x} + \frac{(25+x) \times 1.8 \times 10^{-10}}{0.1 \times (25-x)}$$

$$\cong \frac{0.1 \times (25 - x)}{25 + x} \tag{11.2}$$

$$pCl = 1 - \log(25 - x) + \log(x + 25) \tag{11.3}$$

因為

$$K_{sp} = [Ag^+][Cl^-] = 1.8 \times 10^{-10}$$

所以

$$[Ag^+] = \frac{1.8 \times 10^{-10}}{[Cl^-]}$$

$$pAg = 8.74 + \log(25 - x) - \log(x + 25) \tag{11.4}$$

由式 (11.3) 和 (11.4) 可得當量點以前溶液中的 pCl 和 pAg。

3. 在當量點 (x = 25)

在當量點 $[Ag^+] = [Cl^-] = \sqrt{K_{sp}}$

$$pAg = pCl = 4.87 \tag{11.5}$$

4. 超過當量點 (x > 25)

超過當量點以後，溶液中有過量的 Ag^+ 和從 AgCl 解離出來的 Ag^+，後者的濃度與 $[Cl^-]$ 相等，

$$[Ag^+] = C_{AgNO_3} + [Cl^-] = C_{AgNO_3} + \frac{K_{sp}}{[Ag^+]}$$

$$\cong C_{AgNO_3} + \frac{K_{sp}}{C_{AgNO_3}}$$

$$= \frac{0.1 \times (x - 25)}{x + 25} + \frac{(x + 25) \times 1.8 \times 10^{-10}}{0.1 \times (x - 25)}$$

$$\cong \frac{0.1 \times (x - 25)}{x + 25} \tag{11.6}$$

$$pAg = 1 - \log(x - 25) + \log(x + 25) \tag{11.7}$$

$$pCl = 8.74 + \log(x - 25) - \log(x + 25) \tag{11.8}$$

　　綜合上面的結果，可得表 11.1 和圖 11.1 的滴定曲線。由圖可知在當量點附近 pAg 有很大的變化，如果有適當的指示劑，即可應用滴定法定量〔Cl⁻〕，這就是所謂的沈澱滴定法。

表 11.1　以 0.1N AgNO₃ 滴定 25mL 0.1N NaCl，pAg 和 pCl 的變化

x,mL Ag⁺	pAg	pCl	x,mLAg⁺	pAg	pCl
0	–	1.00	25.0	4.87	4.87
12.5	8.26	1.48	25.1	3.70	6.04
23.0	7.36	2.38	26.0	2.71	7.03
24.0	7.05	2.69	30.0	2.04	7.70
24.9	6.04	3.70	40.0	1.64	8.10

圖 11.1　以 0.1N AgNO₃ 滴定 25mL 0.1N NaCl 的滴定曲線

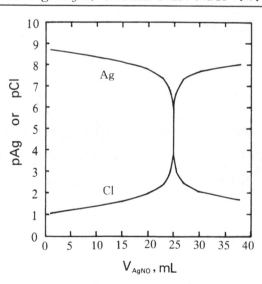

11.2　沈澱滴定法的條件

　　沈澱滴定法所利用的沈澱反應須具備下列條件：

1.沈澱之目的若為分離時，通常需經熟成階段使目標元素完全沈澱後才可過濾。但沈澱滴定時，因不須過濾操作所以不必熟成，加入沈澱劑後須立即有定量沈澱的反應才合適。

2.沈澱反應速度須快。晶核生成後沈澱粒子才在晶核周圍成長，若溶液稀薄，晶核生成速度太慢，就不適於沈澱滴定。在當量點附近，更需有快速的沈澱反應以免滴定過量。溶液中加入酒精以降低沈澱的溶解度，或將溶液加熱以促進反應速率，或加入過量沈澱劑後反滴定過剩的量，都是常用的方法。

3.沈澱的組成在滴定過程中須固定不變。

4.沈澱反應不得有共沈現象，否則無法定量。

5.須有適當指示劑，以辨認滴定終點。

因受上述條件的限制，沈澱滴定法的應用範圍較有限。

11.3 終點鑑定法

1.給呂薩克法（Gay-Lussac's method）

在以銀離子滴定鹵素的過程中所產生的沈澱，因吸附鹵素離子而形成帶負電的膠體。在當量點附近，銀離子與膠體上面的鹵素陰離子反應，沈澱膠體失去膠化性而凝聚。超過當量點後可得透明澄清的上澄液。

給呂薩克法根據澄清點作為辨別終點之用，是最精確的方法。但是在當量點附近需改用較稀薄的滴定劑。例如，先以 0.1N 滴定劑滴定至終點之前，改用 0.01N 滴定劑，少量滴加看是否得澄清點。若不是，再加入少量 0.001N 滴定劑至得澄清點為止。操作相當煩雜，而且凝集力較差的沈澱需經離心分離沈積後才再加入沈澱劑於上澄液以辨認澄清點。分析時間長是實際應用困難的主因。

2.莫厄法（Mohr's method）

　　超過當量點以後，沈澱劑與指示劑形成著色沈澱，是莫厄法的基礎。以硝酸銀滴定含有鉻酸鉀的氯離子溶液時，氯化銀完全沈澱後，紅磚色的鉻酸銀才沈澱。

$$Ag^+ + Cl^- \rightleftharpoons AgCl \downarrow （白色）$$

$$Ag^+ + CrO_4^{2-} \rightleftharpoons Ag_2CrO_4 \downarrow （紅磚色）$$

由表 11.1 可知在當量點時 $pAg = 4.87$，即〔Ag^+〕$= 1.35 \times 10^{-5}$ M。爲使 1.35×10^{-5}M 的 Ag^+ 就沈澱出鉻酸銀，所需鉻酸鉀的濃度應大於

$$〔CrO_4^{2-}〕= \frac{K_{sp,Ag_2CrO_4}}{〔Ag^+〕^2} = \frac{1.1 \times 10^{-12}}{(1.35 \times 10^{-5})^2} = 6.0 \times 10^{-3}M$$

但因 6×10^{-3}M 鉻酸鉀黃色溶液的色度太深，不易辨認紅磚色沈澱的產生。所以最好保持終點的指示劑濃度爲 3×10^{-3}M。此時尚未與鉻酸鉀沈澱爲鉻酸銀的銀離子濃度應爲

$$〔Ag^+〕= \left(\frac{1.1 \times 10^{-12}}{3 \times 10^{-3}}\right)^{\frac{1}{2}} = 1.91 \times 10^{-5}M$$

比 1.35×10^{-5}M 高 1.4 倍，亦即超過當量點以後尚需多加 0.0028mL 的銀離子才會顯現紅磚棕色沈澱。誤差雖存在卻只佔 25mL 的 0.1ppt，在容許誤差範圍以內故可忽略。

　　利用莫厄法滴定 Cl^- 時，須注意溶液的 pH。在酸性溶液中

$$CrO_4^{2-} + H_3O^+ \rightleftharpoons HCrO_4^- + H_2O \tag{11.9}$$

$$2CrO_4^{2-} + 2H_3O^+ \rightleftharpoons Cr_2O_7^{2-} + 3H_2O \tag{11.10}$$

的平衡不利於滴定終點之呈色反應。在 pH＞10 的鹼性溶液中則有氧化銀的沈澱，

$$2Ag^+ + 2OH^- \rightleftharpoons 2AgOH \rightleftharpoons Ag_2O + H_2O \tag{11.11}$$

因此應用莫厄法時 pH 須在 7～10 的範圍內。溶液的 pH 可用碳酸氫鈉或硼砂調節之。

3. 佛爾哈德法 （Volhard's method）

此法利用沈澱劑與指示劑產生可溶性著色物質以利終點之辨認。例如使用硫氰酸鉀滴定銀時，若溶液中預先加入硫酸鐵銨（ferric ammonium sulfate），當硫氰酸銀完全沈澱後溶液會因下述反應呈現血紅色，

$$Fe^{3+} + SCN^- \rightleftharpoons FeSCN^{2+} \text{（血紅色）} \tag{11.12}$$

溶液須保持酸性以免鐵（III）離子水解沈澱。這一點顯然比莫厄法之保持中性較有利，因為酸性溶液可避免 CO_3^{2-}，$C_2O_4^{2-}$，AsO_4^{3-}，PO_4^{3-} 等的干擾。在滴定終點約 1% 以前，由於白色的 AgSCN 吸附 Fe^{3+}，混濁液或許會呈現淡黃色而引起誤解，因此在終點附近必須激烈攪拌，並滴定至溶液呈穩定的血紅色為止。

式（11.12）的反應非常靈敏，如果溶液含有適量的 Fe^{3+}，例如 100mL 溶液中含 0.1mL 飽和硫酸鐵銨溶液，則加入 0.1mL 的 0.01M SCN^- 就足以顯示顏色的變化。佛爾哈德法的優點在鹵素的間接滴定，即是預先加入已知濃度和體積的過量標準銀溶液，完全沈澱鹵化銀後，應用佛爾哈德法反滴定過量的銀。但是定量稀薄的鹵素時，經常會得較高的結果。這是因為氯化銀的溶解度較硫氰酸銀的溶解度大，在反滴定過程中有如下的反應：

$$AgCl + SCN^- \rightleftharpoons AgSCN + Cl^- \tag{11.13}$$

使終點不明顯，且多消耗 SCN^-，影響 Cl^- 的定量。滴定的誤差可依下面步驟來決定。

式（11.13）的平衡常數是：

$$K = \frac{[Cl^-]}{[SCN^-]} = \frac{K_{sp,AgCl}}{K_{sp,AgSCN}} = \frac{1.8 \times 10^{-10}}{1.1 \times 10^{-12}} = 160$$

　　如前所述，100mL 溶液中加入 0.1mL 的 0.01M SCN⁻ 即足以辨認終點，此時終點的 Cl^- 濃度是

$$[Cl^-] = K[SCN^-] = 160 \times \frac{0.01 \times 0.1}{100} = 1.6 \times 10^{-3}M$$

若使用 0.1M 硫氰酸鉀滴定劑滴定 50mL 的 0.1M Ag^+，則在終點時消耗硫氰酸鉀的量可由式（11.13）的反應計算如下：

$$\frac{1.6 \times 10^{-3} \times 100}{0.1} = 1.6mL$$

實際上過剩量比 1.6mL 還多，即滴定的相對誤差超過 $\frac{1.6}{50} \times 100\% \cong$ 3%。

　　上述結果說明利用佛爾哈德法間接滴定的最大缺點。改良的方法有下述幾種。

　　(1)稍微加熱加速氯化銀熟成並過濾後才進行反滴定。熟成操作當然需要時間，算是缺點，但結果良好。

　　(2)反滴定以前添加數 mL 不與水混合的硝基苯並振盪混合是最常用的方法。氯化銀沈澱被硝基苯包住，可避免接觸水。

　　(3)提高鐵濃度至 0.7M 可解決問題，其理由如下，

　　在佛爾哈德法的當量點有下述關係，

$$[Ag^+] = [Cl^-] + [SCN^-] + [FeSCN^{2+}] \tag{11.14}$$

為使終點與當量點一致，$FeSCN^{2+}$ 必須在肉眼可辨認的最低濃度，即 $6.4 \times 10^{-6}M$，此乃實驗所得的結果。反滴定達當量點時，

$$[Ag^+] = [Cl^-] + [SCN^-] + 6.4 \times 10^{-6} \tag{11.15}$$

但已知

$$[Ag^+][Cl^-] = 1.8 \times 10^{-10} \tag{11.16}$$

$$[Ag^+][SCN^-] = 1.1 \times 10^{-12} \tag{11.17}$$

$$\frac{[Fe^{3+}][SCN^-]}{[FeSCN^{2+}]} = 7.2 \times 10^{-3} \tag{11.18}$$

所以

$$[Fe^{3+}][SCN^{2+}] = 7.2 \times 10^{-3} \times 6.4 \times 10^{-6}$$

$$= 4.6 \times 10^{-8} \qquad (11.19)$$

由式 (11.15)，(11.16) 可得

$$[Ag^+] = \frac{1.8 \times 10^{-10}}{[Ag^+]} + [SCN^-] + 6.4 \times 10^{-6} \qquad (11.20)$$

將式 (11.17) 代入式 (11.20) 可得

$$\frac{1.1 \times 10^{-12}}{[SCN^-]}$$

$$= \frac{1.8 \times 10^{-10} \times [SCN^-]}{1.1 \times 10^{-12}} + [SCN^-] + 6.4 \times 10^{-6} \qquad (11.21)$$

將式 (11.19) 代入式 (11.21) 可得

$$\frac{1.1 \times 10^{-12} \times [Fe^{3+}]}{4.6 \times 10^{-8}}$$

$$= \frac{1.8 \times 10^{-10} \times 4.6 \times 10^{-8}}{1.1 \times 10^{-12} \times [Fe^{3+}]} + \frac{4.6 \times 10^{-8}}{[Fe^{3+}]} + 6.4 \times 10^{-6} \qquad (11.22)$$

整理式 (11.22) 得

$$[Fe^{3+}]^2 - 0.27[Fe^{3+}] - 0.31 = 0$$

所以

$$[Fe^{3+}] = 0.71M$$

由此可知，若能確保反滴定終點溶液的鐵濃度約在 0.7M，可於加入過量銀溶液產生 AgCl 沈澱後緊接著進行反滴定，就可得精確結果，而不須預先分離 AgCl 沈澱物。

佛爾哈德法適用於能與銀產生溶解度比 AgSCN 小的陰離子，如 Br^-，I^- 等。但 I^- 因為與 Fe^{3+} 產生如下的反應，

$$2Fe^{3+} + 2I^- \rightleftharpoons 2Fe^{2+} + I_2$$

所以須在終點附近才加入指示劑，以免有不良影響。

4.吸附指示劑（華強法，Fajan's method）

膠質沈澱具有吸附與其組成元素相同之離子的傾向。例如，氯化鈉溶液中加入硝酸銀溶液，則氯化銀溶液很容易吸附溶液中過量的氯離子而帶負電，其負電吸引溶液中鈉離子，如

$$AgCl \cdot Cl^- \mid Na^+$$

Cl^- 稱為內離子（inner ion），Na^+ 稱為對離子（counter ion）。超過當量點以後，溶液中的氯離子全部沈澱，此沈澱吸附過量的 Ag^+ 離子而帶正電，並由 NO_3^- 對離子中和其正電，

$$AgCl \cdot Ag^+ \mid NO_3^-$$

若溶液中存在有比 NO_3^- 更容易被吸附的離子 A^- 存在，則可取代 NO_3^- 進入對離子環（counter ion sphere），

$$AgCl \cdot Ag^+ \mid A^-$$

若 AgA 是著色物質，則 AgCl 也因此會呈現 AgA 的顏色。

表 11.2　應用吸附指示劑之分析例

分　析　成　分	滴　定　劑	指　示　劑	變　色
Cl^-，Br^-，I^-，SCN^-，$SeCN^-$，$Fe(CN)_6^{4-}$	Ag^+	螢光黃 0.2%酒精溶液 fluorescein	黃綠 ⟶粉紅
$C_2O_4^{2-}$	Pb^{2+}		
SeO_3^{2-}	Ag^+		
OCN^-	Ag^+		
Cl^-，Br^-，I^-	Ag^+	二氯螢光黃 0.1%水溶液	黃綠 ⟶粉紅
$H_2BO_3^-$	Pb^{2+}		

分 析 成 分	滴 定 劑	指 示 劑	變 色
Br^-，I^-，SCN^-	Ag^+	四溴螢光黃 0.5%水溶液 eosin	黃紅 ⟶紅紫
Pb^{2+}	SO_4^{2-}； MoO_4^{2-}		
SO_4^{2-}	Pb^{2+}		
I^-	Ag^+	原藻紅 1%水溶液 erythrosine	黃紅 ⟶紅紫
SO_4^{2-} (酒精溶液)； MoO_4^{2-}	Pb^{2+}		
Pb^{2+} （0.1～0.4N 醋酸）	MoO_4^{2-}	茜素紅 S 1%水溶液 alizarin red S	黃 ⟶紅
F^-	Th^{4+}		
Cl^-，$Cl^- + I^-$	Ag^+	溴酚藍 0.1%水溶液 bromophenol blue	黃綠 ⟶綠藍
Hg_2^{2+}	Cl^-；Br^-		
Br^-，Cl^-	Hg_2^{2+}		

依據上述原理，吸附指示劑在當量點以後吸附在帶電沈澱物的對離子環，改變沈澱的顏色，其機構與其他指示劑不同。表 11.2 為各種吸附指示劑之分析例。最常見的吸附指示劑是黃綠色的螢光黃 (fluorescein)，為一弱酸，$K_a = 10^{-8}$，若以 HFl 代表螢光黃，在水中有下述平衡，

$$HFl + H_2O \Longleftrightarrow H_3O^+ + Fl^- \tag{11.23}$$

在當量點以前 Fl^- 被 $AgCl \cdot Cl^-$ 排斥，無法被沈澱物吸附，但超過當量點時，則因下述的反應吸附在對離子環使氯化銀沈澱物包一層紅色的 AgFl。在溶液中因 AgFl 濃度太低，所以不產生 AgFl 的有色物。

$$AgCl \cdot Ag^+ | NO_3^- + HFl + H_2O$$

$$\Longleftrightarrow AgCl \cdot Ag^+ | Fl^- + NO_3^- + H_3O^+ \tag{11.24}$$

　　實際操作以白色氯化銀沈澱呈現紅色為終點，但在當量點前約 1％時氯化銀開始凝固，應激烈攪拌。電解質有凝固膠質沈澱物的作用，會減少沈澱物表面積，使終點的呈色不明顯。

　　一般而言，吸附指示劑的靈敏度都很高，適於 0.005M 以上試液的滴定。試液的 pH 是重要因素之一，它會影響吸附指示劑的解離，如式（11.23）。因為 $pK_a = 8$，HFl 的使用條件，一般限制在 pH＞6.5，但因 pH＞10 時 AgOH 會沈澱，所以 pH6.5～10 是實際適用範圍。二氯螢光黃（dichlorofluorescein）和四溴螢光黃（tetrabromofluorescein，又稱 ersin）的 pK_a 各為 4 和 2，可應用於 pH＞4 和 pH＞2 的酸性溶液中。但四溴螢光黃在滴定開始就會取代 AgCl·Cl$^-$ 的 Cl$^-$，使沈澱著色，所以不適用於 Cl$^-$ 的滴定。

　　鹵化銀吸附染料後對光線特別靈敏，所以滴定必須在較黑暗的地方進行。表 11.2 列舉常用的吸附指示劑之分析應用例。表 11.3 列舉應用標準硝酸銀的沈澱滴定法（銀滴定法，argentometry）。

表 11.3　銀滴定法

分　析　成　分	分　析　方　法	備　　　　註
AsO_4^{3-}, Br^-, I^-, OCN^-, SCN^-	佛爾哈德法 Volhard	不需過濾銀鹽
CO_3^{2-}, CrO_4^{2-}, CN^-, Cl^-, $C_2O_4^{2-}$, PO_4^{3-}, S^{2-}	佛爾哈德法 Volhard	過濾後反滴定
BH_4^-	佛爾哈德法 Volhard	反滴定過量的銀 *
K^+	佛爾哈德法 Volhard	預先加入過量的 $B(C_6H_5)^-$ 使 K^+ 沈澱，再加過量 Ag^+ 使 $AgB(C_6H_5)$ 沈澱，然後反滴定
Br^-, Cl^-	莫厄法 Mohr	利用 Ag_2CrO_4 終點色

分 析 成 分	分 析 方 法	備　　　　註
I^-	給呂薩克法 Gay-Lussac	澄清點爲終點
Br^- , Cl^- , I^- , SeO_3^{2-}	華強法 Fajans	吸附指示劑變色爲終點

$$* BH_4^- + 8Ag^+ + 8OH^- \rightleftharpoons 8Ag + H_2BO_3^- + 5H_2O \qquad (11.25)$$

實驗 12　天然水中氯的沈澱滴定

E12.1　目　的

　　學習採取天然水試樣的方法，利用莫厄法定量氯，並研究其分佈情況。

E12.2　原　理

　　超過當量點以後，沈澱劑與指示劑形成著色沈澱，是莫厄法的基礎。以硝酸銀滴定含有鉻酸鉀的氯離子溶液時，氯化銀完全沈澱後，紅磚色的鉻酸銀才沈澱。

$$Ag^+ + Cl^- \rightleftharpoons AgCl \downarrow \quad （白色） \qquad (11.26)$$

$$Ag^+ + CrO_4^{2-} \rightleftharpoons Ag_2CrO_4 \downarrow \quad （紅磚色） \qquad (11.27)$$

E12.3　試藥與器具

0.03M 硝酸銀標準溶液，10％鉻酸鉀

電動天平（±0.0001g），250mL 量瓶，25mL 量吸管，

50mL 滴定管，150mL 錐形瓶，加熱盤

E12.4 操作 12 之操作說明

50mL 滴定管裝約 0.03M 標準硝酸銀溶液並記錄液位 V_0，150mL 錐形瓶裝 25.00mL 試液和兩滴 10％鉻酸鉀指示劑。一面調整滴定管旋塞控制滴定速度，一面搖盪錐形瓶。當白色混濁液中有紅磚色鉻酸銀出現時為滴定終點。

操作 12　**水溶液氯離子之定量**

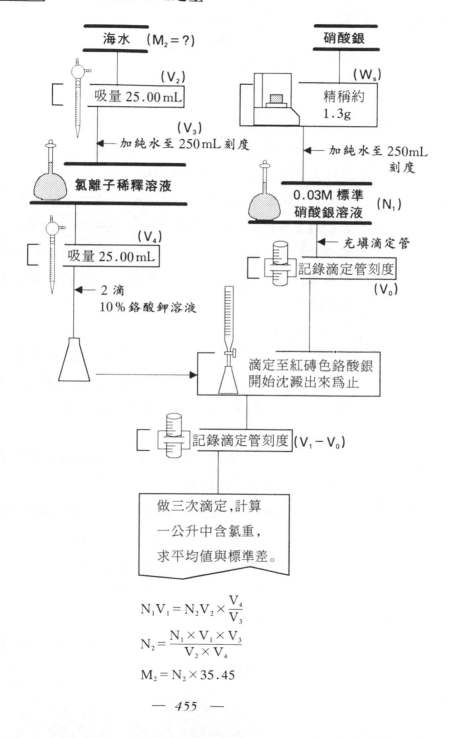

$$N_1 V_1 = N_2 V_2 \times \frac{V_4}{V_3}$$

$$N_2 = \frac{N_1 \times V_1 \times V_3}{V_2 \times V_4}$$

$$M_2 = N_2 \times 35.45$$

$$\boxed{\text{討 論}}$$

E12.1　0.03M 硝酸銀的製備方法：

$AgNO_3 = 169.8752$

$0.03M\ AgNO_3 = 5.0963g\ AgNO_3/L$

(1)取分析級硝酸銀置於坩堝，在 $105 \sim 110°C$（電烘箱）烘乾，在砂鍋上加熱至 $220 \sim 250°C$（m.p. $208°C$）約 15 分，熔解驅除結晶水。稱約 5.1g 至 0.1mg，溶於不含氯離子的純水後稀釋至 1.0000L，計算其力價 f ＝ 硝酸銀採取量(g)／5.0963。

(2)稱取 w ≒ 3.2361g 的純銀，只需正確稱出約 3.2g（±0.1mg）的純銀即可，濃度指數依 w/3.2361 計算，或以 w/107.87 求濃度，以 100mL 的 6N HNO$_3$ 溶解之，煮沸趨除 NO（──→NO$_2$）至沒有紅棕色氣體產生為止。冷卻後以不含氯的純水稀釋至 1 L。

上述溶液都不需標定。硝酸銀經曝光易分解，須儲藏於棕色瓶，不用時放在冷暗處。

E12.2　海水的微量成分，除海岸受陸地排水的影響稍有變動以外，經海流、滿潮、退潮等混合得很均勻，可視為一定。海水中最豐富的元素是氯，約有 19ppt（19g/kg）的含量，即 1kg 的海水中有 0.5353 克當量的氯，或 1mL（比重 1.0243）中有 548.30mg 的氯離子。

取 25.00mL 海水置於 250.0mL 量瓶，並以不含氯的純水稀釋 10 倍後取出 25.00mL 做滴定。

湖水、河水、天然水中的氯含量較少，但增加試液量並無法改善當量點的明顯度。

E12.3　因硝酸銀經曝光易分解，滴定管宜用棕色者，且不得塗凡士林等潤滑劑，以防止氧化作用。

E12.4　酸度過強的試液須在滴定前加入固態碳酸氫鈉中和至沒有二氧化碳發生爲止。

加一滴硝酸銀有紅色沈澱產生的這一點就是終點。記錄體積後加入少量氯化鈉，則鉻酸銀變爲氯化銀，溶液再呈現黃色。取約 100mg 的碳酸鈣粉末，投入 50mL 的純水中並加以攪拌。加入 2 滴指示劑後做空白滴定至紅色沈澱產生爲止。試液滴定值減空白滴定值得實際值。

E12.5　試液中氯離子之重量%可計算如下：

$$Cl\% = \frac{0.03000 \times f \times V_1 \times 250.0 \times \frac{35.45}{1000}}{25.00 \times 25.00 \times d} \times 100\%$$

其中　d：試液之密度，g/mL

f：0.03M 標準硝酸銀溶液之力價

V_1：滴定所需 0.03M 標準硝酸銀溶液，mL

且試液以海水爲例，故滴定前須先稀釋 10 倍。

E12.6　天然水的成分經常在變動，雨前雨後，早晨傍晚，春夏秋冬，都在改變。取樣時須記錄日期，地點、水溫等。若要保存另需貼標籤。

取樣時，預先用現場的水沖洗容器後裝滿。不留下空氣，密蓋帶回實驗室並儘早分析。

全班學生預先討論取樣地點後，每三人分一組取樣，裝入塑膠瓶。定量後求平均值，並在地圖上的取樣地點記錄定量結果（mg/L）。綜合全班同學結果討論氯的分佈。水的進口、

出口、湖心、民屋附近、工廠附近等有何差異？每人寫一份
報告。若是河溪，再檢討上下流、三叉河流地點的上流兩條
河流水量和氯含量與合流後的氯含量。流速和氯的擴散速率
有何種關係？較寬河的中心和岸邊的氯含量有無差別？

保存報告，將與鈣，鎂的分析結果作比較。

習 題

11.1 對某一含銀量 90％ 之銀幣 0.6312g 做容量分析時，若要使 KSCN 溶液之用量不超過 50.00mL，其最低之當量濃度應為若干?

第十二章　鉗合滴定法

12.1　鉗合物（chelate compound, metal chelate）與鉗合環

　　屬於電子接受體（electron acceptor）的金屬離子與電子授與體（electron donor）結合所產生的化合物稱為金屬配位化合物（metal coordination compound）或錯合物（complex）。

　　配位基（coordination group）是指帶有可與金屬配位結合的電子授與體之原子群。具有配位基的分子或離子稱為配位子（ligand）。配位子若具有兩個或兩個以上的配位基，其與金屬結合會生成一個或一個以上的鉗合環（chelating ring），所得的化合物稱為鉗合物，電子授與體則稱為鉗合劑（chelating agent），是一種廣義的錯合劑（complexing agent）。例如銅離子與氨生成可溶性四氨銅錯離子，其反應如下：

$$Cu^{2+} + 4NH_4OH \rightleftharpoons Cu(NH_3)_4^{2+} + 4H_2O \qquad (12.1)$$

其中，NH_3 有一個可與金屬配位結合的未共有電子對，所以是配位子，而生成物則是一種錯合物。四氨銅與四氰鎘 $Cd(CN)_4^{2-}$ 等錯離子在定性分析中常作為各種元素的分離與鑑定之用。構造與 NH_3 類似的乙二胺（ethylenediamine）具有兩個配位基（$-NH_2$），與 Cu^{2+} 生成具有兩個五員環（five-member ring）的鉗合物，如下：

$$Cu^{2+} + 2NH_2(CH_2)_2NH_2 \rightleftharpoons Cu(NH_2(CH_2)_2NH_2)_2^{2+} \qquad (12.2)$$

其中乙二胺，為鉗合劑，所生成的產物也是一種鉗合物。金屬與配位

子之間的電子對所形成的結合鍵可以是離子鍵也可以是共價鍵，依金屬和配位子的性質而定。

含有一個、二個、三個配位基的配位子各稱為單芽團（monodentate）、雙芽團（bidentate）、三芽團（tridentate）配位子；雙芽團以上的配位子通常總稱為多芽團配位子（polydentate），見表 12.1 與表 12.2。許多金屬都會與配位子生成錯合物或鉗合物。錯合劑和鉗合劑的種類也很多，其所含能夠授與電子的元素大部分都是週期表上的第五、六族非金屬，最常見者為 N，O 和 S。

表 12.1　常見的單芽團配位子

中　　性	陰　離　子
H_2O	F^-，Cl^-，Br^-，I^-
NH_3	SCN^-，CN^-
RNH_2	OH^-，$RCOO^-$
	S^{2-}

表 12.2　常見的多芽團配位子

類　　型	構　　　　　造	名　　　稱
二芽團	 H_2N⌒NH_2	乙二胺 (en)
四芽團	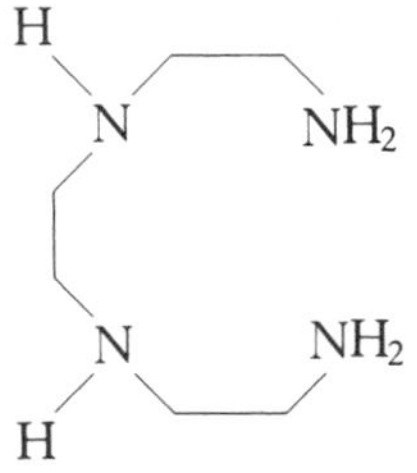 $\overset{H}{N}$⋯NH_2　$\underset{H}{N}$⋯NH_2	三乙四胺 (Trien)

類　　型	構　　　　造	名　　　稱
四芽團	(NTA 結構：N 中心連接三個 CH₂COOH 基團)	腈基三乙酸 （NTA）
六芽團	(EDTA 結構：兩個 N 以乙二橋相連，各連接兩個 CH₂COOH 基團)	乙二胺四 羧酸 （EDTA）

　　多芽團配位子與金屬配位結合生成鉗合物的情況宛如螃蟹或蝦用鉗挾住金屬。與金屬離子配位結合的鉗合劑之分子數視金屬離子的配位數而定。大部分金屬離子的配位數是 6，但離子徑較大且帶有高電荷的離子，如 Zr^{4+}，Hf^{4+}，Mo^{4+} 等的配位數則是 8；Cu^{2+}，Zn^{2+}，Mg^{2+} 等只是 4；Hg^{2+}，Ag^+ 等則為 2。水溶液中金屬離子會與其配位數相等數目的水分子結合形成水合離子，如 $Cu(H_2O)_4^{2+}$，$Al(H_2O)_6^{3+}$ 等，也是一種錯合物，但一般只以單獨金屬離子視之，不以錯合物論之。乙二胺含有二個具未共用電子對，即氮原子，與配位數為 6 的 Co^{2+} 結合時需要三分子此種鉗合劑，並生成六面體結構的鉗合物，參（乙二胺）鈷（tris-ethylene diamine-Co^{2+}）。二次乙基三胺（diethylene triamine）為三芽團配位子，只能有一分子與銅鉗合，銅剩下一個未被配位的空軌道則與其他的單芽團配位子，如 SCN^- 結合生成平面四方形結構的鉗合物，稱為硫氰化二次乙基三胺銅（thiocyanato-diethylene triamine-Cu^{2+}）；但與 Co^{2+} 配位則需兩個三芽團配位子，鉗合可得六面體結構的貳（二次乙基三胺）鈷鉗合物（bis-diethylene triamine-Co^{2+}）。圖 12.1 展示三種鉗合物之結構。

圖 12.1　鉗合物

  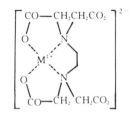

(A)配位數 4 之 Cu^{2+} 與　(B)配位數 4 之 M^{n+} 與　(C)配位數 4 之 M^{n+} 與
　二芽團(en)配位子　　　四芽團(Trien)配位子　　六芽團(EDTA)配位子

12.2　鉗合滴定的原理

四氨銅(II)離子 $Cu(NH_3)_4^{2+}$ 的生成常數，又稱為穩定常數（formation constant or stability constant）是 $10^{12.6}$，但是乙二胺與銅產生的鉗合物，即雙（乙二胺）銅（bis-ethylene diamine-Cu^{2+}）的生成常數是 $10^{20.0}$。一般言之，構造類似的配位子所生成的錯合物中含有鉗合環者最穩定，其生成常數較大。這種因生成鉗合環而增加穩定度的效應稱為鉗合效應（chelating effect）。

在水溶液中金屬（M）與鉗合劑（W）生成鉗合物時有下述平衡：

$$M + nW \rightleftharpoons MW_n \tag{12.3}$$

由路以士的酸鹼定義，金屬是電子接受體所以屬於酸，鉗合劑是電子授與體所以屬於鹼，因此依路以士酸鹼的觀點鉗合反應（chelation）也是一種中和反應。若鉗合反應依一定的化學計量迅速完成，無副反應又有適當的指示劑，則可應用於金屬的定量。鉗合物的生成常數愈大愈適於定量分析之應用。設以 0.001M 鉗合劑 W 滴定

0.001M 金屬 M，反應如式（12.3），則滴定終點鉗合物的式量濃度為 0.001/(n+1)M。若其解離度在 0.1% 以下才可能滿足定量分析之公差要求，可由此估計鉗合物所需具備的最小生成常數 K^*（smallest formation constant）如下：

$$K^* = \frac{[MW_n]}{[M][W]^n} \geq \left(\frac{n+1}{n}\right)^n \times 10^{6n+3} \tag{12.4}$$

若 n=1，則 $K^* \doteqdot 10^9$；普通的情況下 $K \geq 10^8$ 即可適用於鉗合滴定。若 n 增加 1，K^* 約增加 10^6 倍，可見 n 愈大 K^* 必須愈大才可符合定量分析的要求。下面以構造類似的各種胺滴定銅和鋅為例說明之。

配位數 4 的 Cu^{2+} 和 Zn^{2+} 與乙二胺，三次乙基四胺（Triethylene tetramine，簡稱 Trien），腈基三乙酸（Nitrilotriacetic acid，簡稱 NTA）等與銅離子生成的鉗合物各具有如表 12.3 所示的總生成常數 K。

$Cu(NH_3)_4^{2+}$ 或 $Zn(NH_3)_4^{2+}$ 的產生實際上有下面四個階段，此處以 A 代表 NH_3，M 代表 Cu^{2+} 或 Zn^{2+} 的金屬離子，並忽略電荷上標記號：

$$M + A \rightleftharpoons MA \qquad K_1 = [MA]/[M][A] \tag{12.5}$$

$$MA + A \rightleftharpoons MA_2 \qquad K_2 = [MA_2]/[MA][A] \tag{12.6}$$

$$MA_2 + A \rightleftharpoons MA_3 \qquad K_3 = [MA_3]/[MA_2][A] \tag{12.7}$$

$$MA_3 + A \rightleftharpoons MA_4 \qquad K_4 = [MA_4]/[MA_3][A] \tag{12.8}$$

總生成常數 K 為四個階段生成常數之乘積：

$$K = \frac{[MA_4]}{[M][A]^4} = K_1 K_2 K_3 K_4 \tag{12.9}$$

M 之式量濃度為

$$C_M = [M] + [MA] + [MA_2] + [MA_3] + [MA_4]$$
$$= [M]/\alpha_M \tag{12.10}$$

其中

$$\alpha_M = 1/\{1 + K_1[A] + K_1K_2[A]^2 + K_1K_2K_3[A]^3 + K_1K_2K_3K_4[A]^4\}$$

所以〔M〕是〔A〕的函數，以 pM 表示如下：

$$pM = -\log C_M - \log \alpha_M \tag{12.11}$$

由各階段生成常數 K_i 值，見表 12.3，可知 NH_3 與 Cu^{2+} 或 Zn^{2+} 的結合力不強，即解離度較大。

　　圖 12.2 的滴定曲線是假設總生成常數皆為 $\log K = 20$，且各階段生成常數為 $\log K_i = \dfrac{\log K}{n}$ 時，以單芽團（4:1）A、雙芽團（2:1）或四芽團（1:1）配位子為鉗合劑滴定金屬 M 的情形。

　　在滴定初期，因為〔A〕較小，可忽略〔A〕^{2} 以上的高次項，pM 受〔A〕的影響較小。隨滴定的進行產生各階段的錯合物，〔A〕的高次項使 pM 增加，即 M 未完全變成 MA_4 以前 pM 就增加，致使滴定曲線提早上昇。超過當量點時，則因各階段生成常數（stepwise formation constant）K_1，K_2，K_3 與 K_4 都小，所以 MA_n（n = 1，2，3，4）都會解離使〔M〕增加，所以 pM 上昇程度有限。總之，滴定當量點之前與之後 pM 的變化不敏銳。圖 12.2 顯示 M 的各種滴定中只有單芽團（4:1）配位子無顯著的轉折點，這是因為 MA_4 錯合物的階段生成常數較小之故。由於鉗合效應，這些金屬和莫耳比為 1:1 或 2:1 的配位子之階段生成常數都比氨錯鹽大，滴定的終點也較明顯。

表 12.3　銅和鋅之鉗合物的總生成常數 $\log K$ 與階段生成常數 $\log K_i$，i = 1…n

配位子	$\log K$ ($\log K_i$, i=1…n)	
	Cu^{2+} 平面鉗合物	Zn^{2+} 四面體鉗合物
NH_3	13.3 (4.3,3.7,3.0,2.3)	9.4 (2.4,2.4,2.5,2.1)
en	20.0 (10.7,9.3)	10.9 (5.9,5.0)
Trien	20.5	11.8
NTA	12.96	10.66
EDTA	18.80	16.50

　　由上述討論可知，錯合物的生成階段愈多，滴定曲線的變化愈緩慢，在當量點附近不能有敏銳的 pM 變化。多芽團配位子則因為(1)鉗合反應只要一段或兩段即可完成，不產生低級配位化合物；(2)鉗合物很穩定，在終點附近不會解離，所以在終點附近 pM 有敏銳的變化。

圖 12.2　滴定 60.0mL 0.020M 的金屬 M 溶液以 A、B、C 三種鉗合
　　　　劑之鉗合滴定曲線

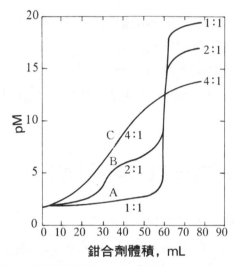

A：0.002M 四芽團配位子 D 生成 MD 鉗合物
B：0.040M 雙芽團配位子 B 生成 MB_2 鉗合物
C：單芽團配位子 A 生成 MA_4 鉗合物
總生成常數皆為 $logK = 20$，且各階段生成常數為 $logK_i = \dfrac{logK}{n}$

12.3　鉗合劑 EDTA 的特性，分析方法及純化方法

　　在許多鉗合劑當中，最常用的是 EDTA（乙二胺四羧酸，ethylenediamine tetraacetic acid），它是一多胺多羧酸（polyamino polycarboxylic acid）。EDTA 的構造如表 12.2 所示。EDTA 有 4 個羧基所以有四個酸常數，分別為 $pK_1 = 2.0, pK_2 = 2.67, pK_3 = 6.16, pK_4 = 10.26$。

　　完全未解離的 EDTA 分子通常以 H_4Y 表示，是難溶性結晶。含

EDTA 的水溶液在 pH < 3 的範圍會全部沈澱爲 H_4Y。經常使用的 EDTA 是二鈉鹽，$Na_2H_2Y \cdot 2H_2O$，具有適當的溶解度。欲從水溶液再結晶以純化 EDTA 二鈉鹽，可緩慢加酒精入 $Na_2H_2Y \cdot 2H_2O$ 的 5% 水溶液，最初的混濁物過濾後與同體積的酒精混合，再沈澱分離並依次用丙酮和乙醚洗滌後，在室溫乾燥隔夜，可得產率約 75% 且溶解性良好的結晶。

在 100°C 以上的溫度雖可排除結晶水，但無水物之再吸濕性強，組成不定。常溫時的含水結晶則很安定，無吸濕性，儲存在硫酸或氯化鈣的除濕器裡的結晶頗爲安定。

EDTA 的四個羧基都解離後變成 Y^{4-} 才會與 M^{2+}，M^{3+}，M^{4+} 等金屬離子鉗合生成 $Na_2M^{II}Y$（或 $H_2M^{II}Y$），$NaM^{III}Y$（或 $HM^{III}Y$），$M^{IV}Y$ 等鉗合物。

12.4 0.01M 標準 EDTA 溶液之配製

配製 0.01 M 標準 EDTA 溶液時因 $Na_2H_2Y \cdot 2H_2O$ 的克式量爲 372.25，所以溶液 1 L 需要 3.7225g EDTA 二鈉鹽含水結晶。所配製的標準溶液不需另外標定。但必要時，可用 Zn 或 Cu 的標準溶液加以標定。

12.5 EDTA 之解離種（dissociated species）

在水溶液中 EDTA 的解離程度會受 pH 影響。若以 C_Y 代表 EDTA 的式量濃度，則

$$C_Y = [Y^{4-}] + [HY^{3-}] + [H_2Y^{2-}] + [H_3Y^-] + [H_4Y]$$

$$= [Y^{4-}] \left\{ 1 + \frac{[H^+]}{K_4} + \frac{[H^+]^2}{K_4 K_3} + \frac{[H^+]^3}{K_4 K_3 K_2} + \frac{[H^+]^4}{K_4 K_3 K_2 K_1} \right\} \quad (12.12)$$

其中 K_i 表示 EDTA 之各階段酸常數。在特定 pH 之下，C_Y 中

〔Y^{4-}〕的分率 α_4 之定義與計算方法如下：

$$\alpha_4 = \frac{[Y^{4-}]}{C_Y}$$

$$= 1/\left\{1 + \frac{[H^+]}{K_4} + \frac{[H^+]^2}{K_4K_3} + \frac{[H^+]^3}{K_4K_3K_2} + \frac{[H^+]^4}{K_4K_3K_2K_1}\right\} \tag{12.13}$$

同理可求得其他解離種〔HY^{3-}〕，〔H_2Y^{2-}〕，〔H_3Y^-〕與〔H_4Y〕的濃度分率 α_3，α_2，α_1 與 α_0。各解離種的濃度分率 α_i 與 pH 的關係如圖 12.3 所示。從圖 12.3 或表 12.4 可知在 pH＞10，EDTA 才完全解離生成 Y^{4-}。

圖 12.3　EDTA 各解離種的濃度分率 α_i 與 pH 的關係

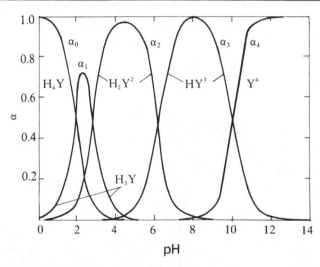

表 12.4　〔Y^{4-}〕的分率 α_4 與 pH 的關係

pH	log α_4	pH	log α_4
2	−13.47	8	−2.27
3	−10.60	9	−1.28
4	−8.44	10	−0.46
5	−6.46	11	−0.07
6	−4.66	12	−0.0088
7	−3.32		

12.6 EDTA 與金屬之鉗合反應

EDTA 具有兩個 N 和四個 COO^-，共有六個配位基，可飽和配位數為 6 的金屬之配位位置而屬於六芽團配位子，所以與 Cr^{3+}、Co^{3+} 或 Fe^{3+} 結合時的構造如圖 12.4 所示。但若與配位數為 4 的金屬結合時則只與四個配位基配位，所以與 Pt^{2+}、Cu^{2+}、Zn^{2+} 或 Mg^{2+} 結合時的構造如圖 12.1C 所示。

圖 12.4　EDTA 與 Cr^{3+}、Co^{3+} 或 Fe^{3+} 結合時的構造

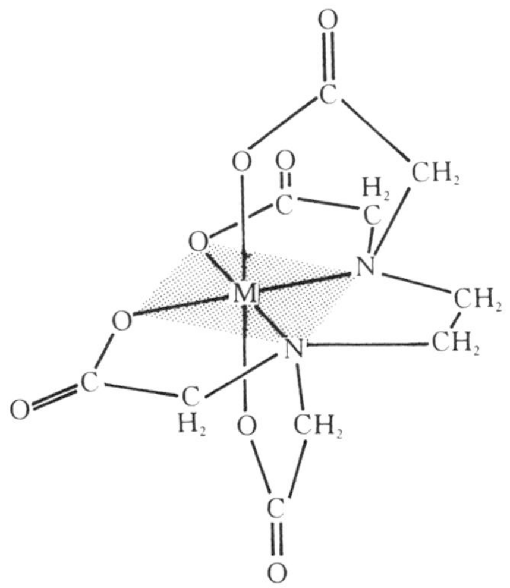

EDTA 的四個羧基都解離後變成 Y^{4-} 才會與 M^{n+} 金屬離子鉗合，其反應如下：

$$M^{n+} + Y^{4-} \Longleftrightarrow MY^{n-4} \tag{12.14}$$

其生成常數為：

$$K_{MY} = \frac{[MY^{n-4}]}{[M^{n+}][Y^{4-}]} \tag{12.15}$$

若干金屬與 EDTA 鉗合的生成常數 K_{MY} 如表 12.5 所示。

表 12.5　EDTA 鉗合物的生成常數 $\log K_{MY}$（溫度 20℃，離子强度 $\mu = 0.1M$）

金　　屬	$\log K_{MY}$	金　　屬	$\log K_{MY}$	金　　屬	$\log K_{MY}$
Ag^+	7.32			Pb^{2+}	18.04
Al^{3+}	16.13	Cu^{2+}	18.80	Sb^{3+}	24.80
Ba^{2+}	7.76	Fe^{2+}	14.32	Sn^{2+}	18.2
Bi^{3+}	26.47	Fe^{3+}	25.1	Sr^{2+}	8.63
Ca^{2+}	10.70	Hg^{2+}	21.80	Th^{4+}	23.2
Cd^{2+}	16.46	Li^+	2.79	Tl^{3+}	22.5
Ce^{3+}	15.98	Mg^{2+}	8.69	V^{3+}	25.90
Co^{2+}	16.30	Mn^{2+}	13.79	U^{4+}	17.50
Co^{3+}	30	Na^+	1.66	Zn^{2+}	16.50
Cr^{3+}	20	Ni^{2+}	18.62	Zr^{4+}	29.9

12.7　**實用生成常數**（effective formation constant）

1. 未與 EDTA 鉗合的金屬離子之式量濃度 C_M 等於 $[M^{n+}]$ 時

在一定 pH 的條件下，因爲 $[Y^{4-}]$ 僅佔未與金屬離子鉗合的 EDTA 之式量濃度 C_Y 的一部分，即 α_4，所以式（12.15）可改寫爲：

$$K_{MY} = \frac{[MY^{n-4}]}{C_M C_Y \alpha_4} \qquad (12.16)$$

則在定量分析中較實用的生成常數 K_{MY}，可定義如下：

$$K'_{MY} = K_{MY} \alpha_4 = \frac{[MY^{n-4}]}{C_M C_Y} \qquad (12.17)$$

依據前述 12.2 節的結論可知滿足定量分析之公差要求的條件爲

$$logK'_{MY} = logK_{MY} + log\alpha_4 \geq 8 \tag{12.18}$$

欲滿足此條件除了 EDTA－金屬的生成常數，K_{MY}需夠大之外，控制溶液 pH 從而控制 $log\alpha_4$ 也很重要。每一個金屬的 EDTA 滴定都有一最低的 pH 值，實際操作時必須使用緩衝溶液以控制 pH。

如上所述，若 pH 太低則會減少鉗合物的穩定度。尤其是生成常數已相當小的 Ca^{2+}，Mg^{2+} 等鹼土金屬，其 $log\ K_{MY}$分別爲 10.59 與 8.69，需以緩衝劑 NH_3/NH_4Cl 控制其 pH 在 10 左右，使其 $log\ K'_{MY}$ 分別爲 10.14 與 8.24，才可合乎式 (12.18) 的要求。

然而 pH 若太高，OH^- 將取代 EDTA 的配位基。若 OH^- 與金屬的結合力較強，則產生金屬氫氧化物沈澱，EDTA 反而游離於溶液中。於是，K_{MY}愈小鉗合物愈不穩定；再加上 $K_{sp,M(OH)_n}$愈小氫氧化物愈難溶，則 MY^{n-4}愈易轉化成氫氧化物沈澱。因此，若氫氧化物比鉗合物穩定，則金屬沈澱爲氫氧化物，而不再與 EDTA 鉗合反應。溶液中不致產生氫氧化物沈澱的最大 pH 值與 pM 之關係如下：

$$pM \leq n \times (14 - pH) + pK_{sp,M(OH)_n} \tag{12.19}$$

鹼土金屬不與氨形成錯合物，所以在 pH 10 的水溶液中 Ca^{2+} 或 Mg^{2+}的濃度不可高於 0.01M 以避免產生氫氧化物沈澱。在此 pH 下也適於採用 BT 指示劑來判斷滴定終點。在弱酸性溶液中就會水解的金屬，如 Sn^{2+}，Bi^{3+}，Th^{4+}等需在 pH＜4 的強酸性溶液中滴定，此時，其 $logK'_{MY}$分別爲 9.8，18 與 14.8。

2.未與 EDTA 鉗合的金屬離子之式量濃度 C_M 不等於 〔M^{n+}〕時

若將鹼性緩衝溶液直接加入容易產生氫氧化物的金屬溶液中，例如 Pb^{2+}，Hg^{2+} 或 Zn^{2+} 等，雖然 EDTA 會溶解這些氫氧化物，但溶解速度較慢，需要長時間方可完成滴定。爲避免氫氧化物沈澱，通常加入穩定度較低的鉗合劑或錯合劑，稱為輔助鉗合劑或輔助錯合劑（auxiliary complexing agent），然後才加入緩衝溶液。輔助劑與金屬離子所生成的錯合物之生成常數必須介於金屬氫氧化物和金屬－EDTA鉗合物之間，代表性的輔助劑有氨、酒石酸、檸檬酸（citric acid）等。表 12.6 比較金屬離子與各種輔助劑或 EDTA 的錯合物之總生成常數。

　　輔助劑的存在當然會影響實用生成常數。緩衝劑的成分，如 NH_3 與金屬反應時也有同樣效應。設在可與金屬 M^{n+} 生成錯合物的配位子 A 之存在下以 EDTA 滴定時，在溶液中的 MA^{n+}，MA_2^{n+}…等與金屬的生成反應如式（12.5）～（12.8）所示。且由式（12.10）可知不與 EDTA 結合的金屬離子式量濃度 C_M 為：

$$C_M = [M^{n+}]/\alpha_M \tag{12.20}$$

表 12.6　金屬離子與輔助劑或遮蔽劑之總生成常數 $\log K$ 或與 EDTA 的錯合物之總生成常數 $\log K_{MY}$（溫度 $20 \sim 25°C$，離子強度 $\mu = 0.5M$）

金屬離子	氨	酒石酸	檸檬酸	EDTA ($\mu = 0.1M$)	CN^-
Al^{3+}	–	–	20	16	–
Cd^{2+}	6.6	2.8	11	16	17
Co^{2+}	5.1	2.1	12	16	19
Cu^{2+}	12	3.2	18	19	30
Fe^{2+}	–	–	16	14	24
Fe^{3+}	–	–	25	25	31
Hg^{2+}	19	–	–	22	41
Ni^{2+}	7.5	–	14	19	30
Pb^{2+}	–	3.8	12	18	10
Zn^{2+}	8.7	2.4	11	16	8.7

若溶液 pH 值固定，則由式（12.13）可得不與金屬離子結合的 EDTA 式量濃度 C_Y 為：

$$C_Y = [Y^{4-}]/\alpha_4 \tag{12.21}$$

所以式（12.15）可改寫為：

$$K_{MY} = \frac{[MY^{n-4}]}{C_M\alpha_M C_Y\alpha_4} \tag{12.22}$$

則在定量分析中較實用的生成常數 K''_{MY} 定義如下：

$$K''_{MY} = K_{MY}\alpha_4\alpha_M = \frac{[MY^{n-4}]}{C_M C_Y} \tag{12.23}$$

依據前述 12.2 節的結論可知滿足定量分析之公差要求的條件為

$$\log K''_{MY} = \log K_{MY} + \log\alpha_4 + \log\alpha_M \geq 8 \tag{12.24}$$

12.8　滴定曲線

【例 12.1】以 0.0100M 標準 EDTA 溶液滴定 50mL 0.00500M Ca^{2+} 溶液，若溶液 pH 值以緩衝劑調整在 10，試繪出滴定曲線。

【解】由滴定系統之 pH 值可計算其實用生成常數如下：

$$\begin{aligned}
\log K'_{CaY} &= \log K_{CaY} + \log\alpha_4 \\
&= 10.70 - 0.46 \\
&= 10.24
\end{aligned}$$

所以

$$K'_{CaY} = K_{CaY}\alpha_4 = \frac{[CaY^{2-}]}{C_{Ca}C_Y} = 1.74 \times 10^{10} \tag{12.25}$$

(a)當量點以前的 pCa，例如滴入 10mL 後

加入 10.0mL 的 EDTA 以後，溶液中有未反應的 Ca^{2+} 和從 CaY^{2-} 解離出來的 Ca^{2+} 兩種。但後者相等於 C_Y，可忽略不計。

$$[Ca^{2+}] = \frac{50.0 \times 0.00500 - 10.0 \times 0.0100}{60.0} + C_Y$$

$$\approx 2.50 \times 10^{-3}M$$

$$pCa = -\log 2.50 \times 10^{-3} = 2.60$$

(b)在當量點的 pCa，即滴入 25mL 後

首先計算 CaY^{2-} 的式量濃度如下：

$$C_{CaY^{2-}} = \frac{50.0 \times 0.00500}{50.0 + 25.0} \approx 3.33 \times 10^{-3}M$$

在當量點　$C_{Ca} = C_Y$

代入式 (11.25)，並忽略由 CaY^{2-} 解離出的 Ca^{2+} 可得

$$[Ca^{2+}] \approx C_{Ca} = \sqrt{\frac{0.00333}{1.74 \times 10^{10}}} = 4.37 \times 10^{-7}M$$

$$pCa = -\log 4.37 \times 10^{-7} = 6.36$$

(c)當量點以後的 pCa，例如滴入 26.0mL 後

$$C_{CaY^{2-}} = \frac{50.0 \times 0.00500}{50.0 + 26.0} = 3.29 \times 10^{-3}M$$

$$C_Y = \frac{26.0 \times 0.0100 - 50.0 \times 0.00500}{50.0 + 26.0} = 1.32 \times 10^{-3}M$$

此時溶液中尚有從 CaY^{2-} 解離出來的 Ca^{2+}，但一般可忽略不計。

$$[CaY^{2-}] = 3.29 \times 10^{-3} - [Ca^{2+}] \doteqdot 3.29 \times 10^{-3}M$$

$$C_Y = 1.32 \times 10^{-3} - [Ca^{2+}] \doteqdot 1.32 \times 10^{-3}M$$

代入式 (12.25) 得

$$[Ca^{2+}] \approx C_{Ca} = \frac{3.29 \times 10^{-3}}{1.32 \times 10^{-3} \times 1.74 \times 10^{10}} = 1.43 \times 10^{-10}M$$

$$pCa = -\log 1.43 \times 10^{-10} = 9.84$$

滴定曲線如圖 12.5 所示。

圖 12.5　以 0.0100M 標準 EDTA 溶液滴定 50mL 0.005M Ca^{2+} 或 0.005M Mg^{2+} 溶液之滴定曲線

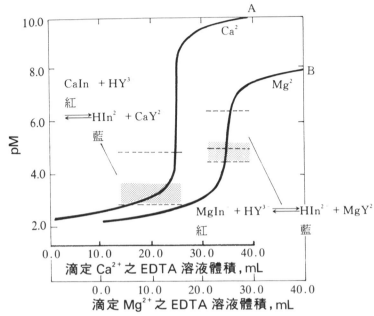

溶液 pH 爲 10，金屬指示劑 HIn^{2-} 爲 BT。

各生成常數爲：CaY^{2-} 之 $logK'_{MY} = 10.24$，MgY^{2-} 之 $logK'_{MY} = 8.24$，

$CaIn^-$ 之 $logK_f = 5.4$，$MgIn^-$ 之 $logK_f = 7.0$

12.9　金屬指示劑

　　EDTA 滴定所用的指示劑是依金屬濃度變顏色的，稱爲金屬指示劑；其本身爲鉗合劑，與金屬生成鉗合物，但穩定度比EDTA鉗合物差。因此 EDTA 加入含有金屬與指示劑的溶液時，EDTA逐漸取代指示劑與金屬結合，達終點時指示劑全部游離出來顯示其本身的顏色。埃利歐鉻黑 T（Eriochrome black T，簡稱 BT）是一種常用的金屬指示劑，屬於酸性媒染染料，其構造式如圖 12.6 所示。若以 H_2In^- 表示金屬指示劑 BT，則有下述中和反應。

$$H_2O + H_2In^- (紅色) \Longleftrightarrow HIn^{2-} (藍色) + H_3O^+$$

$K_1 = 5 \times 10^{-7}$

$H_2O + HIn^{2-}$（藍色）$\Longleftrightarrow In^{3-}$（褐色）$+ H_3O^+$

$K_2 = 2.8 \times 10^{-12}$

可見 BT 亦可作爲酸鹼指示劑。因爲 BT 與金屬的鉗合物多爲紅色，

$$M^{n+} + In^{3-} \Longleftrightarrow MIn^{n-3}（紅色） \tag{12.26}$$

所以 BT 作爲金屬指示劑時必須調整 pH 在 9 ± 2，使不與金屬結合之 BT 顏色爲藍色，以利鑑定滴定終點。

　　具有能與金屬生成與本身不同顏色的鉗合物之有機顏料都可利用爲金屬指示劑，其濃度只要 $10^{-6} \sim 10^{-7}M$ 即可肉眼辨識其顏色。由 BT 的構造可知，金屬置換 OH 基的 H 後生成鉗合物。金屬指示劑的種類很多，表 12.7 只列出較爲常見者。每一種金屬指示劑只對少數特定金屬有效，且在有限的 pH 範圍內才有敏銳的顏色變化，如圖 12.8 所示。K_{MY} 較大的金屬離子可在較寬的 pH 範圍滴定，當然可應用的指示劑也較多。

圖 12.6　埃利歐鉻黑 T（BT）之構造

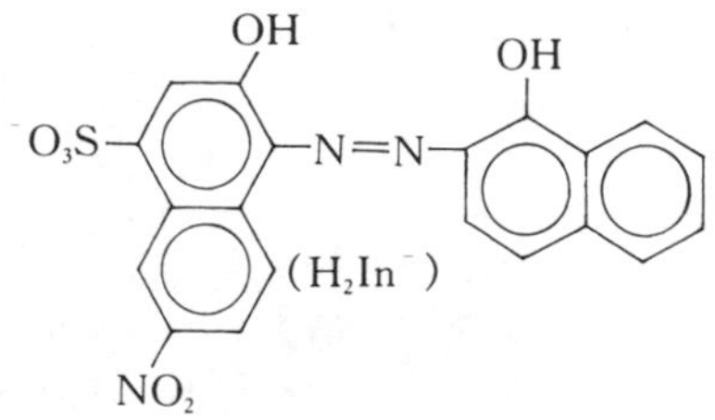

表 12.7　金屬指示劑

名　　稱	配　製　方　法	可應用於直接滴定的金屬離子
BT 埃利歐鉻黑 T(Eriochrome black T)	BT 0.5g + NH$_2$OH·HCl（抗氧化劑）4.5g + CH$_3$OH 或無水酒精 100mL	Al，Ca，Cd，Ga，Hg，In，Mg，Mn，Pb，Sr，Th，Y，Zn，稀土元素等

名　稱	配　製　方　法	可應用於直接滴定的金屬離子
NN（Hydroxy-naphthol blue）	與 K_2SO_4 或 NaCl 1：200 粉碎混合稀釋	Ca
PAN（Pyridylazonaph-thol）	0.1％ CH_3OH 溶液	Bi，Cd，Cu，In，Ni，Zn
Cu－PAN	PAN 0.1g ＋ Cu － EDTA 1.3g ＋ 50％ dioxane 100mL	Al，Ca，Cd，Co，Fe，Ga，Hg，In，Mg，Mn，Ni，Pb，Vo，Zn 等
PAC	0.1％ CH_3OH 溶液	Cd，Cu，Ni，Pb，Zn
Neo-Thorine	0.5％水溶液	Ca，Mg，Th，Y，稀土元素等
PC（o-Cresol-phthalein complex）	0.1％ CH_3OH 溶液	Ba，Ca，Mg，Sr
TPC（Thymolphthalein complex）	與 KNO_3 1：100 粉碎稀釋	Ba，Ca，Mg，Mn，Sr
XO 二甲酚橙（Xylenol orange）	0.1％水溶液	Bi，Cd，Hg，In，La，Pb，Sc，Th，Tl，Y，Zn，Zr，稀土元素等
MTB 甲基瑞香酚藍（Methyl thymol blue）	與 K_2SO_4 或 KNO_3 1：100 粉碎混合稀釋	Ba，Bi，Ca，Cd，Co，Hg，La，Mg，Mn，Pb，Sc，Sr，Th，Zn 等
PV 鄰二酚紫（Pyrocatechol violet）	0.1％水溶液	Bi，Cd，Co，Cu，Ga，In，Mg，Mn，Ni，Pb，Th，Zn
PR 五倍子酚紅（Pyrogallol red）	0.05％ CH_3OH（50％）溶液	Bi，Co，Ni，Pb，稀土元素等
BPR 溴五倍子酚紅（Bromopyrogallol red）	0.05％ CH_3OH（50％）溶液	Bi，Cd，Co，Mg，Mn，Ni，Pb，稀土元素等

名　稱	配　製　方　法	可應用於直接滴定的金屬離子
Tiron 試鈦靈	2%水溶液	Fe, Ti
Salicylic acid 柳酸	2%水溶液	Fe
Sulfosalicylic acid 磺醯基柳酸	2%水溶液	Fe
MX 紅紫尿酸銨（Murexide）	與 K_2SO_4 或 NaCl 1：500 粉碎混合稀釋	Ca, Co, Cu, Ni, 稀土元素等
Casein 酪蛋白	與 KNO_3 1：100 粉碎稀釋	Ba, Ca, Cu, Mg
VBB（Variamine blue B，Base）	與 K_2SO_4 或 NaCl 1：300 粉碎混合稀釋	Fe

【例 12.2】以 0.0100M 標準 EDTA 溶液滴定 50mL 0.00500M Zn^{2+} 溶液，若 EDTA 溶液與 Zn^{2+} 溶液都含有 0.100M NH_3 和 0.176M NH_4Cl，以至於溶液 pH 值一直保持在 9，試繪出滴定曲線。

【解】由滴定系統之 pH 值並假設系統之〔NH_3〕＝0.100M，由表 12.3 中 $Zn-NH_3$ 之各階段生成常數可計算其實用生成常數如下：

$$\log K''_{ZnY} = \log K_{ZnY} + \log\alpha_4 + \log\alpha_M$$
$$= 16.50 - 1.28 - 5.43$$
$$= 9.79$$

所以

$$K''_{ZnY} = K_{ZnY}\alpha_4\alpha_M = \frac{[ZnY^{2-}]}{C_{Zn}C_Y} = 6.16 \times 10^9 \tag{12.27}$$

(a)當量點以前的 pZn，即滴入 20mL 後

加入 20.0mL 的 EDTA 以後，溶液中有未反應的 Zn^{2+} 和從 ZnY^{2-} 解離出來的 Zn^{2+} 兩種。但後者相等於 C_Y，可忽略不計。

$$C_{Zn} = \frac{50.0 \times 0.00500 - 20.0 \times 0.0100}{70.0} + C_Y \approx 7.14 \times 10^{-4} M$$

代入式（12.20）可得

$$[Zn^{2+}] = C_M \alpha_M = (7.14 \times 10^{-4})(3.68 \times 10^{-6}) = 2.63 \times 10^{-9} M$$

$$pZn = -\log 2.63 \times 10^{-9} = 8.58$$

(b)在當量點的 pZn，即滴入 25mL 後

首先計算 ZnY^{2-} 的式量濃度如下：

$$C_{ZnY^{2-}} = \frac{50.0 \times 0.00500}{50.0 + 25.0} \approx 3.33 \times 10^{-3} M$$

在當量點 $C_{Zn} = C_Y$

代入式（12.27），並忽略由 ZnY^{2-} 解離出的 Zn^{2+} 可得

$$C_{Zn} = \sqrt{\frac{0.00333}{6.12 \times 10^9}} = 7.38 \times 10^{-7} M$$

代入式（12.20）可得

$$[Zn^{2+}] = C_M \alpha_M = (7.38 \times 10^{-7})(3.68 \times 10^{-6}) = 2.72 \times 10^{-12} M$$

所以

$$pZn = -\log 2.72 \times 10^{-12} = 11.57$$

(c)當量點以後的 pZn，例如滴入 30.0mL 後

$$C_{ZnY^{2-}} = \frac{50.0 \times 0.00500}{50.0 + 30.0} = 3.12 \times 10^{-3} M$$

$$C_Y = \frac{30.0 \times 0.0100 - 50.0 \times 0.00500}{50.0 + 30.0} = 6.25 \times 10^{-4} M$$

此時溶液中尚有從 ZnY^{2-} 解離出來的 Zn^{2+}，但一般可忽略不計。

所以

$$[ZnY^{2-}] = 3.12 \times 10^{-3} - [Zn^{2+}] \doteqdot 3.12 \times 10^{-3} M$$

$$C_Y = 6.25 \times 10^{-4} - [Zn^{2+}] \doteqdot 6.25 \times 10^{-4} M$$

代入式（12.27）得

$$C_{Zn} = \frac{3.12 \times 10^{-3}}{6.25 \times 10^{-4} \times 6.12 \times 10^{-9}} = 8.16 \times 10^{-10} M$$

代入式（12.20）得

$$[Zn^{2+}] = C_M \alpha_M = (8.16 \times 10^{-10})(3.68 \times 10^{-6}) = 3.00 \times 10^{-15} M$$

所以

$$pZn = -\log 3.00 \times 10^{-15} = 14.52$$

滴定曲線如圖 12.7 所示。圖中亦畫出氨之式量濃度爲 0.01M 之理論滴定曲線。實際上，若氨之式量濃度低至 0.01M，則滴定當量點之前將產生氫氧化鋅沈澱。

圖 12.7　以 0.0100M 標準 EDTA 溶液滴定 50mL 0.005M Zn²⁺ 溶液之滴定曲線受氨濃度之影響

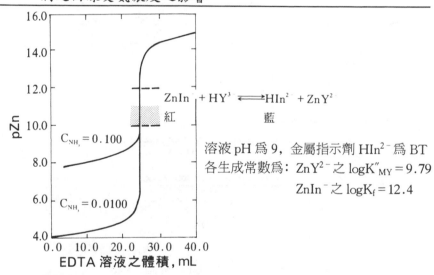

12.10　鉗合滴定法之種類

依操作方式，具有實用價值的鉗合滴定法計有直接滴定法，反滴定法，置換滴定法，間接滴定法等四種。

圖 12.8　應用直接滴定法的 pH 範圍與指示劑

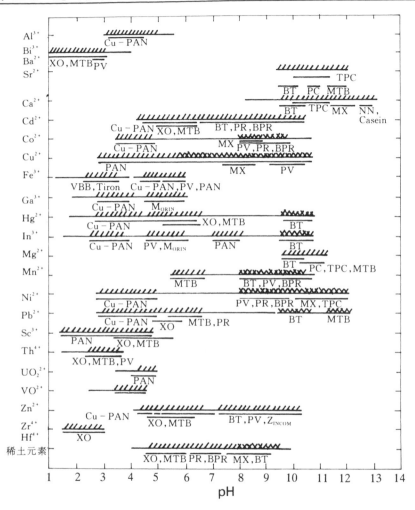

―――― EDTA 可與金屬行定量反應之 pH 範圍
/////// 金屬指示劑之適用 pH 範圍
\\\\\\ 需輔助劑以防止氫氧化物沈澱之 pH 範圍

1.直接滴定法

　　直接滴定法是以標準 EDTA 溶液滴定試液中金屬離子的最基本方法。在指定 pH 值的 $\log K'_{MY}$ 或 $\log K''_{MY}$ 至少要大於 8 才可得敏銳的

pM 轉折點。滴定時必須利用緩衝劑調整試液 pH 的理由已於 12.7 之第 1 小節中敘述過。緩衝劑還可避免生成鉗合物時的〔H^+〕增加，如下式：

$$M^{n+} + H_x Y^{x-4} \rightleftharpoons MY^{n-4} + xH^+ \tag{12.28}$$

若將鹼性緩衝溶液直接加入容易產生氫氧化物的金屬溶液中，例如 Pb^{2+}，Zn^{2+}，Hg^{2+} 等，為避免產生氫氧化物沈澱，通常加入穩定度較低的輔助劑（auxiliary complexing agent），然後才加入緩衝溶液。輔助劑的存在當然會影響實用生成常數。緩衝劑的成分，如 NH_3 與金屬反應時也有同樣效應，須特別注意。圖 12.8 說明應用直接滴定法的 pH 範圍，適用的指示劑與需要輔助劑的 pH 範圍。

2.反滴定法

若有下述情況不能應用直接滴定法時，可考慮改採反滴定法。

⑴無適當的指示劑。

⑵金屬在滴定的 pH 下會生成氫氧化物沈澱。

⑶鉗合反應太慢。

在 12.7 第 1 小節中曾提過，每一種指示劑只能應用在少數的金屬，且 pH 範圍也有限制。因此，要在特定的 pH 範圍滴定某特定金屬時可能找不到適當的指示劑。此時可加入已知當量的過量 EDTA 後調整 pH，並用標準金屬離子溶液反滴定過量的 EDTA。如此標準金屬離子溶液和指示劑的選擇範圍就較為廣闊了。

Pb^{2+} 在 pH10 易生成氫氧化鉛的沈澱，所以直接滴定有困難。雖然 Pb－EDTA 鉗合物的 $logK_{MY}$ 是 18.04，有較寬的可滴定 pH 範圍，也有較多的指示劑可用，又輔助劑的利用雖然可防止氫氧化物的沈澱，但多量的添加使指示劑的顏色變化不敏銳。一般採用較簡易的反滴定法，即預先加入過量的 EDTA 後才添加緩衝溶液，保持在 pH10，最後以 BT 為指示劑以標準 Zn^{2+} 溶液反滴定過量的 EDTA。

在常溫，Al^{3+}、Cr^{3+}、Ga^{3+}、In^{3+}、Zr^{4+}、Ni^{2+} 等與 EDTA 的鉗合反應較慢，所以最好的方法是預先加入過量 EDTA 後反滴定。

從反滴定的目的可知，預先生成的金屬鉗合物 M－EDTA 的穩定度 K_{MY} 必須比反滴定所生成的金屬鉗合物 M′－EDTA 的穩定度 $K_{M'Y}$ 大，即 $K_{MY} \gg K_{M'Y}$，否則 M′ 會置換 MY，結果超過當量點時指示劑也不變色。

3.置換滴定法

鈣的生成常數 K_{CaY} 只有 $10^{10.70}$，見表 12.5，滴定必須在 pH＞10 的鹼性溶液進行。利用最常見的 BT 指示劑在 pH10 以 EDTA 滴定鈣時，終點的顏色變化不明顯。但是鎂的 $K_{MgY} = 10^{8.69}$ 雖然更小，卻有很敏銳的顏色變化，如圖 12.5 所示。若在鈣的試液中加入 MgY 溶液，則因下述的平衡反應游離出 Mg^{2+}，故可利用 BT 以 EDTA 滴定 Mg^{2+} 而得知 Ca^{2+} 的量。

$$Ca^{2+} + MgY^{2-} \Longleftrightarrow CaY^{2-} + Mg^{2+} \tag{12.29}$$

置換滴定法之實際操作，一般是添加 MgY 使與溶液中待滴定的金屬 M 行置換反應以得 MY 和 Mg 如下式：

$$M + MgY \Longleftrightarrow MY + Mg \tag{12.30}$$

在溶液中，部分的 MY 也會再解離成為 M 和 Y，如下：

$$MY \Longleftrightarrow M + Y \tag{12.31}$$

滴定開始時 Mg 和游離的 M 合併被 EDTA 滴定。接近滴定當量點時生成常數較大的 M 先被滴定完成後 Mg 才被滴定。此時若 $K_{MY} \gg K_{MgY}$，則可忽略式（12.31）的解離，置換滴定類似 Mg 的單獨滴定，並無游離的 M 參與滴定。但若 K_{MY} 和 K_{MgY} 相差不大，則游離的 M 和 Mg 合併被滴定。

配製 MgY^{2-} 或 Na_2MgY 溶液時，將氯化鎂或硝酸鎂溶液與 ED-TA 溶液（$Na_2H_2Y_4 \cdot 2H_2O$）以 1：1 莫耳比混合後加入 NaOH 溶液調

整 pH 在 7～8 之間並稀釋至濃度約 0.1M，最後依下述方法檢驗莫耳比率是否精確無誤。取 1mL 的 0.1M 溶液稀釋至約 100mL，加入銨鹽緩衝溶液調整 pH 至 10，再加入 2～3 滴 BT 指示劑。經加 1 滴 0.01M EDTA 後溶液應呈現藍色，再加 1 滴 0.01M $MgCl_2$ 則應變成紅紫色。若非如此，可添加不足的成分，再檢驗顏色變化。

除了 Mg－EDTA 以外，Zn－EDTA、Cu－EDTA 等也是置換滴定法常用的鉗合物，這是因為 Zn，Cu 等的滴定有敏銳顏色變化的指示劑之故。雖然 Zn－EDTA，Cu－EDTA 的 $logK_{MY}$ 非常大，分別為 16.50 與 18.80，似乎不易與其他金屬行置換反應，但若加入適當的輔助劑使 Zn^{2+}、Cu^{2+} 等生成較弱的錯鹽，則可使下述置換反應向右進行。

$$M^{n+} + ZnY^{2-} \Longleftrightarrow MY^{n-4} + Zn^{2+} \qquad (12.32)$$

由式 (12.23) 可知，若降低 α_{Zn} 值，則可使 $K''_{MY} > K''_{ZnY}$。緩衝溶液中鹼土類元素不與 NH_3 生成錯鹽，所以 $\alpha_M = 1$。但 Zn^{2+} 與 NH_3 生成 $Zn(NH_3)_4^{2+}$。鹼土元素中具有最小 K_{MY} 的是 Ba^{2+}，其 $logK_{BaY} = 7.76$。因此調節〔NH_3〕使式 (12.10) 和式 (12.23) 的 $\alpha_{Zn} > 10^{16.50}/10^{7.76} = 10^{8.74}$ 即可達到 $K''_{MY} > K''_{Zn}Y$ 的目的。由 Zn 的階段生成常數可知若保持溶液中的〔NH_3〕在 1M 左右即可得 $\alpha_{Zn} = 10^8$。由此可見添加適當的輔助劑以降低 α_{Zn} 使 Zn^{2+} 易於被置換，然後用 BT 為指示劑以 EDTA 滴定 Zn^{2+}，即可獲得敏銳的終點。

4.間接滴定法

鹼金屬或銀與 EDTA 的鉗合物不穩定，不能利用 EDTA 直接滴定。若這些金屬與其他可滴定元素定量沈澱時，可間接滴定後者以定量前者。例如，Na^+ 和 K^+ 可生成難溶性 $NaZn(UO_2)_3(CH_3COO)_9$ 和 $K_2NaCo(NO_2)_6$，過濾沈澱物再溶解後，以 EDTA 滴定 Zn 或 Co 即可

定量 Na^+ 和 K^+。

5.EDTA 滴定的應用

⑴利用直接滴定法或反滴定法可定量的元素如下：

Mg，Ca，Sr，Ba，Al，Ga，In，Ti，Sn，Pb，Sb，Bi，Sc，V，Cr，Mn，Fe，Co，Ni，Cu，Zn，Y，Zr，Mo，Pd，Cd，Hf，W，Hg，Th，U，Pu 等。

⑵利用間接滴定法可定量的元素如下：

Na，K，Be，B，C，N，P，As，S，Se，F，Cl，Br，I，Ag，Au 等。

12.11　EDTA 滴定法之干擾防制

利用 EDTA 直接或間接可滴定的元素有 60 種之多，如前所述。因此 EDTA 滴定法缺乏選擇性，須注意其他元素的干擾。防止干擾的方法有：

1.滴定前分離目標元素與其他干擾元素

分離的方法有離子交換樹脂法，如實驗 14 之前處理方法；沈澱法，如定性分析之陽離子分屬實驗所用的方法等。

2.利用適當的遮蔽劑 （masking agent） 使干擾元素失去與 EDTA 反應的能力

遮蔽劑具有如下的特性：

⑴只與特定干擾金屬生成可溶性且為定量的錯合物或鉗合物。

⑵在一定 pH 下其與遮蔽劑的實用生成常數 K' 比該干擾金屬與 EDTA 之實用生成常數 K'_{MY} 大。

⑶所生成的錯合物或鉗合物無色，不至於妨害指示劑之顯色。

⑷不與目標元素有任何反應。

⑸不致使溶液 pH 產生巨大的變化。

最常用的遮蔽劑是氰化鉀，或氰化鈉，但只限於鹼性溶液中使用。CN$^-$ 與許多金屬生成比 EDTA 鉗合物穩定的可溶性錯合物，其反應如下：

$$M^{n+} + xCN^- \Longleftrightarrow M(CN)_x^{n-x} \qquad (12.33)$$

其總生成常數與 EDTA 鉗合物生成常數的比較如表 12.6 所示。三（乙醇）胺（triethanolamine），N（C$_2$H$_4$OH）$_3$，硫尿（thiourea），(NH$_2$)$_2$CS，酒石酸，檸檬酸，草酸等也是常用的遮蔽劑，如表 12.6 所示，但都須視實際情況選擇使用。

有時共存離子並不一定能與 EDTA 生成過於穩定的鉗合物，但卻與指示劑生成穩定的鉗合物，以致超過滴定終點時指示劑仍不變色，這種現象稱為閉塞（blocking）。若這些共存離子可與遮蔽劑反應則可避免閉塞現象。

干擾元素含量太多時，應採用第 1 小節所述的方法，預先加以分離。否則使用大量遮蔽劑的結果，有時導致溶液著色，有時因離子強度太高，使得滴定終點指示劑之顏色變化不明顯。

實驗 13　鈣、鎂離子的定量與水的硬度

E13.1　目　的

　　利用 EDTA 鉗合滴定法以分析水中鈣、鎂離子的含量並換算成水之總硬度。同法亦可用以定量分析血液或牛奶等生物試樣，醫藥，矽酸鹽等試樣之鈣、鎂成分。

E13.2　原　理

　　鈣和鎂都可使用 BT 指示劑在 pH10 滴定。Mg – EDTA 鉗合物較不安定，$\log K_{MgY} = 8.69$。pH＜10 時，Mg 不與 EDTA 行定量反應，而 pH＞11 時，鎂則會水解成 $MgOH^+$ 和 $Mg(OH)_2$，且 BT 指示劑之變色不易辨認。所以滴定必須在 pH10 進行。Ca – EDTA 鉗合物較安定，$\log K_{CaY} = 10.59$，但是沒有鎂共存時，在滴定終點 BT 之顏色變化不明顯，鎂愈多顏色變化愈明顯。鈣和鎂共存時，依 12.10 第 3 小節所述，鈣和鎂合併被滴定，因此實際操作時，先加入適量 MgY 使鈣置換鎂，然後以 EDTA 滴定至終點，EDTA 的當量即為鈣的當量。

E13.3　藥品與器具

0.01M $MgCl_2$，0.01M $CaCl_2$，10％氰酸鉀溶液，
0.01M 標準 EDTA 溶液，

10%氯化羥基銨（hydroxylammonium chloride）溶液，

BT 金屬指示劑（Eriochrome Black T，埃利歐鉻黑 T）

pH10 緩衝溶液，0.1M Mg–EDTA

錐形瓶 250mL，滴定管 50mL，量吸管 25mL，量瓶 250mL

E13.4　操作 13 之操作說明

　　50mL 滴定管裝 0.01M 標準 EDTA 溶液並記錄液位 V_0，250mL 錐形瓶裝 25mL 約 0.01M 的鈣鎂混合溶液，稀釋至約 100ml，加入 1mL 10%氯化羥基銨溶液和 0.5mL 10%氰酸鉀溶液，再加入 1mL 0.1M Mg–EDTA 溶液，2mL pH10 緩衝溶液，和 2 滴 BT 金屬指示劑，混合均勻後滴定至溶液顏色由紅變藍即為滴定終點。

操作 13　水中總硬度之分析

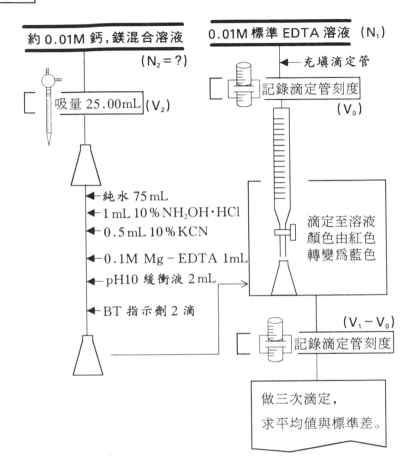

樣品中鈣與鎂之總毫克當量 $= N_1 V_1 = N_2 V_2$

$$總硬度(ppmCaCO_3) = \frac{N_1 V_1 \times \dfrac{100.09}{1000}}{V_2} \times 10^6$$

討　論

E13.1　0.01M 標準 EDTA 溶液之配製：

Na$_2$H$_2$Y・2H$_2$O 的克式量爲 372.25，所以 0.01M 溶液 1 公升需 3.7225g EDTA，溶解稀釋後可用 0.01M 標準 ZnSO$_4$ 溶液標定之。

E13.2　BT 金屬指示劑之配製：

0.5g BT 和 4.5g 氯化羥基銨（NH$_2$OH・HCl）溶於 100mL 無水酒精或甲醇，儲存於棕色瓶內。BT 在水溶液中較不安定，特別是鹼性液中易氧化褪色，所以需 NH$_2$OH・HCl 以防氧化。

E13.3　pH10 緩衝溶液之配製：

conc.NH$_3$ 142.5mL 中加入 NH$_4$Cl 17.5g 後稀釋至 250mL。

E13.4　0.1M Mg－EDTA 溶液之配製：

製配 MgY^{2-}，或 Na$_2$MgY 溶液時，將氯化鎂或硝酸鎂溶液與 EDTA 溶液（Na$_2$H$_2$Y$_4$・2H$_2$O）以 1:1 莫耳比混合後加入 NaOH 溶液調整 pH 在 7～8 之間並稀釋至濃度約 0.1M，最後依下述方法檢驗莫耳比率是否精確無誤。取 1mL 0.1M 溶液稀釋至約 100mL，加入銨鹽緩衝溶液調整 pH 至 10，再加入 2～3 滴 BT 指示劑。經加 1 滴 0.01M EDTA 後，溶液應呈現藍色，再加 1 滴 0.01M MgCl$_2$ 則應變成紅紫色。若非如此，可添加不足的成分，再檢驗顏色變化。

E13.5　10% 氰酸鉀溶液之配製：

KCN 5g 溶於 50mL 純水。此爲隱蔽劑，瓶上應註明〔劇毒〕。不可用口吸取溶液。實驗完畢，雙手須用肥皂洗淨。

E13.6　10％氯化羥基銨溶液之配製：

NH$_2$OH·HCl 10g 溶於 100mL 純水。

E13.7　Cu^{2+}，Co^{2+}，Ni^{2+}，與 Fe^{3+} 等金屬離子與 BT 之結合力強，妨害滴定終點之變色，添加 KCN 可防止這些離子的干擾，也可作爲其他 Cd^{2+}，Zn^{2+} 等離子的遮蔽劑。但因爲 KCN 只遮蔽 Fe^{2+} 離子而不遮蔽 Fe^{3+} 離子，所以添加還原劑 NH$_2$OH·HCl。NH$_2$OH·HCl 尚可防止 Mn^{2+} 之干擾，也是 BT 指示劑的抗氧化劑。

E13.8　必要時，溶液可預先用鹽酸或氫氧化鈉中和才加緩衝溶液。

E13.9　初學者常易誤認紅紫色爲滴定終點，其實，完全呈現藍色才是終點。爲便於鑑別終點顏色，可取 1 滴 EDTA 滴入含有 1 滴 BT 金屬指示劑及加入 2mL pH10 緩衝溶液的 100mL 純水溶液，放置白紙上。

E13.10　水中硬度之定義爲相當於水中鈣與鎂之總當量且以 ppm CaCO$_3$ 表示者，其可計算如下：

$$硬度 = \frac{0.01 \times f \times V_1 \times 100.1 \times 1000}{V_2}$$

其中　f：0.01M 標準 EDTA 溶液之力價

V$_1$：達滴定終點所需之體積，mL

100.1：CaCO$_3$ 之克式量

V$_2$：試樣採取量，g

實驗 14　以 EDTA 定量鋅，鎳混合溶液

E14.1　目　的

利用 EDTA 鉗合滴定法，以 BT 指示劑定量事先經離子交換樹脂分離的鋅和鎳離子。

E14.2　原　理

鋅和鎳在鹽酸溶液中對強鹼基陰離子交換樹脂的吸附力有顯著的差異，可供二者的分離。Zn^{2+} 可生成 $ZnCl_4^{2-}$ 而被吸附。而 Ni^{2+} 則以離子狀態留在溶液中。吸附的 $ZnCl_4^{2-}$ 可以純水沖流出來。以 EDTA 滴定 Zn^{2+} 時可用 BT 為指示劑在 pH 9 滴定。以 EDTA 滴定 Ni^{2+} 時，因為反應較慢可採置換滴定法，先添加 Zn－EDTA 行置換反應後用 BT 為指示劑在 pH 9 滴定。

E14.3　試藥與器具

陰離子交換樹脂（Amberlite CG 400，40mesh，Cl^- 型）0.4M $NiCl_2$，0.4M $ZnCl_2$, conc.HCl（12M）

2M HCl, 0.1N NaOH, 0.01M 標準 EDTA 溶液

BT 金屬指示劑（Eriochrome Black T，埃利歐鉻黑 T）

NH_4Cl, conc.NH_3, 6M NH_3, pH 9 緩衝溶液

25 cm 長, 1.25 cm I.D. 玻璃層析管

量筒 10mL 與 100mL 各一, 錐形瓶 250mL, 滴定管 50mL

量吸管 25mL, 量瓶 250mL, 加熱盤, 玻璃棉

E14.4 操作 14 之操作說明

1.鋅和鎳離子之分離

⑴準備 25cm 長玻璃管, 內徑約 1.2cm, 底部塞一層玻璃綿, 再經由漏斗以純水洗瓶沖流填入 15mL 40mesh 強鹼基陰離子交換樹脂, 做為離子交換層析管。若有氣泡需以玻棒攪拌排除。

⑵依序緩慢沖洗層析管以 50mL 6M NH_3, 100mL 純水和 100mL 2M HCl。每一種溶液沖洗後皆須保持液位在樹脂上方 1cm 以上, 以防氣泡進入樹脂層。棄置沖洗液。

⑶取 10mL 鋅、鎳混合溶液, 加入層析管樹脂層上端。

⑷層析管底下置一 250mL 錐形瓶, 慢速滴下液體至液位幾乎達樹脂面為止。收集流洗液於 250mL 鎳離子錐形瓶。

⑸以 2~3mL 2M HCl 流洗層析管, 每次都滴下液體至液位幾乎達樹脂面為止, 同法重複 2~3 次。收集流洗液於同一鎳離子錐形瓶內。

⑹流洗鎳以約 50mL 2M HCl, 流速應控制在 1~2mL/min, 收集流洗液於同一鎳離子錐形瓶內。

⑺流洗完畢, 蒸發乾化收集液, 但不可過熱。

⑻流洗鋅以約 100mL 純水, 流速應控制在 1~2mL/min, 收集流洗液於另一 250mL 鋅離子錐形瓶。

2.操作 14A 之操作說明，鋅之定量

100mL 含鋅溶液中加入 5 滴 pH 9 緩衝溶液，以 0.1N NaOH 調 pH 至約 7 之中性，以玻棒沾液滴在石蕊試紙測試。再加入 1mL pH 9 緩衝溶液和 1～2 滴 BT 金屬指示劑。50mL 滴定管裝 0.01M EDTA 標準溶液，滴定至鋅溶液顏色由紅變藍，即為滴定終點。

3.操作 14B 之操作說明，鎳之定量

以加熱盤加熱收集液以除去大部分 HCl，並蒸發濃縮至約 5mL。其次以 100mL 純水洗內瓶壁。加約 1～5mL 的 0.1N NaOH 溶液至溶液呈中性，以玻棒沾液滴在石蕊試紙測試。再加入 1mL pH9 緩衝溶液，4mL 0.1M Zn－EDTA 溶液，1～2 滴 BT 金屬指示劑。50mL 滴定管裝 0.01M EDTA 標準溶液，滴定至錐形瓶溶液顏色由紅變藍，即為滴定終點。

操作 14　溶液中鋅鎳離子之分離

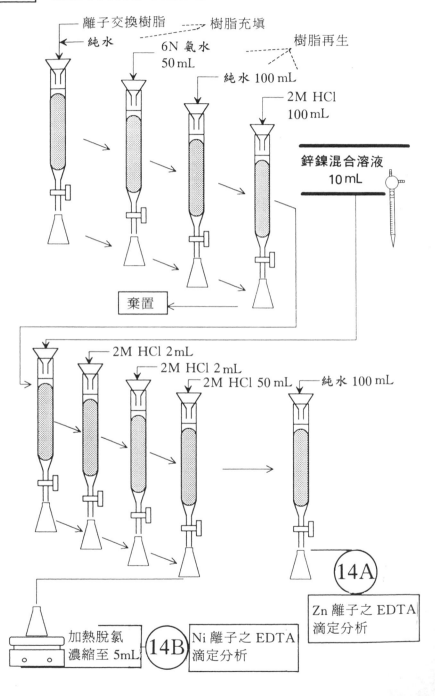

離子交換樹脂 ------ 樹脂充填

純水

6N 氨水
50 mL

純水 100 mL

樹脂再生

2M HCl
100 mL

鋅鎳混合溶液
10 mL

棄置

2M HCl 2 mL

2M HCl 2 mL

2M HCl 50 mL

純水 100 mL

14A

Zn 離子之 EDTA
滴定分析

加熱脫氯
濃縮至 5 mL

14B

Ni 離子之 EDTA
滴定分析

操作 14A　鋅離子之 EDTA 定量分析

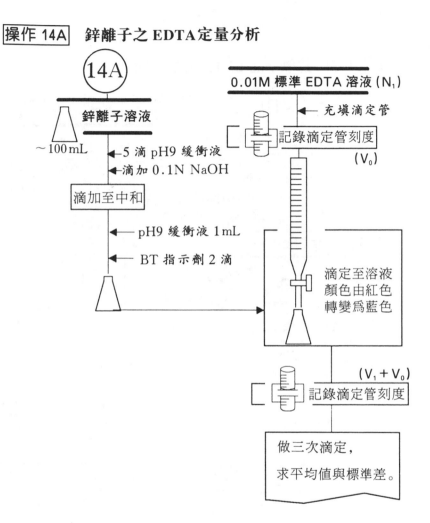

$$鋅離子之毫克當量 = N_1V_1$$

$$鋅離子之當量濃度 = \frac{N_1V_1}{10.00}$$

操作 14B 鎳離子之 EDTA 定量分析

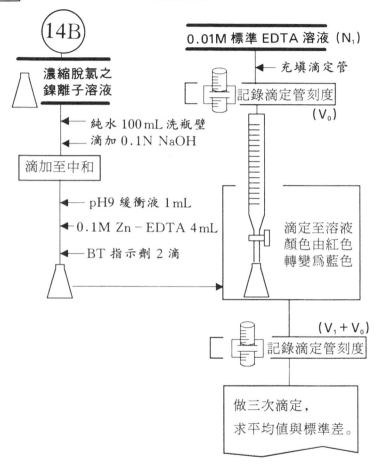

鎳離子之毫克當量 N_1V_1

鎳離子之當量濃度 $= \dfrac{N_1V_1}{10.00}$

$$\boxed{\text{討 論}}$$

E14.1 0.01M 標準 EDTA 溶液之配製:

Na$_2$H$_2$Y·2H$_2$O 的克式量爲 372.25,所以 0.01M 溶液 1 公升需 3.7225g EDTA,溶解稀釋後可用 0.01M 標準 ZnSO$_4$ 溶液標定之。

E14.2 BT 金屬指示劑之配製:

0.2g BT 溶於 15mL 三乙醇胺(triethanolamine)與 3mL 無水酒精或甲醇的混合溶液。

E14.3 pH 9 緩衝溶液之配製:

conc.NH$_3$ 61.5mL 中加入 NH$_4$Cl 80.5g 後稀釋至 250mL。

E14.4 0.4M NiCl$_2$ 溶液之配製:

於 1L 量瓶內的 250mL 純水中溶解 95.088g NiCl$_2$·6H$_2$O,並稀釋至刻度。

E14.5 0.4M ZnCl$_2$ 溶液之配製:

於 1L 量瓶內的 250mL 純水中溶解 54.512g ZnCl$_2$ 與 50mL 2M HCl,並稀釋至刻度。

E14.6 0.1M Zn－EDTA 溶液之配製:

製配 ZnY^{2-},或 Na$_2$ZnY 溶液時,將氯化鋅或硝酸鋅溶液與 EDTA 溶液(Na$_2$H$_2$Y$_4$·2H$_2$O)以 1:1 莫耳比混合後加入 NaOH 溶液調整 pH 在 7～8 之間並稀釋至濃度約 0.1M,最後依下述方法檢驗莫耳比率是否精確無誤。取 1mL 的 0.1M 溶液稀釋至約 100mL,加入銨鹽緩衝溶液調整 pH 至 10,再加入 2～3 滴 BT 指示劑。加 1 滴 0.01M EDTA 後溶液應呈現藍色，再加 1 滴 0.01M $ZnCl_2$ 溶液則應變成紅紫色。若非如此，可添加不足的成分，再檢驗顏色變化。

E14.7   層析管之製作：

25cm 長，1.25cm I.D. 玻璃管下方墊以玻璃綿，自上方經由漏斗以純水流洗裝填 15mL 陰離子交換樹脂，應避免氣泡殘留管柱內，最好的方法就是隨時保持液位在樹脂位之上方。

E14.8   鋅，鎳混合溶液之製備：

(1)取 $15\sim25$mL 0.4M $ZnCl_2$ 和 0.4M $NiCl_2$ 於乾淨的 250mL 量瓶中。

(2)加 32mL 12M HCl，以純水稀釋至刻度，混合均勻。

E14.9   各實驗步驟估計所需時間如下：

(1)充填樹脂　‥‥‥‥‥‥‥‥‥‥‥‥‥‥‥ 20 分鐘

(2)再生樹脂　50mL 6N NH_3　‥‥‥‥‥‥　5 分鐘

　　　　　　100mL 純水　‥‥‥‥‥　10 分鐘

　　　　　　100mL 2M HCl　‥‥‥‥‥　10 分鐘

(3)吸附 10mL 鋅，鎳混合溶液　‥‥‥‥‥　10 分鐘

(4)沖流 $NiCl_4^{2-}$ 需 50mL 2M HCl　‥‥‥‥　5 分鐘

(5)蒸發濃縮 $NiCl_4^{2-}$ 溶液 至 5mL　‥‥‥‥　20 分鐘

(6)沖流 $ZnCl_4^{2-}$ 需 100mL 純水　‥‥‥‥‥　10 分鐘

(7)滴定 Zn　‥‥‥‥‥‥‥‥‥‥‥‥‥‥‥ 10 分鐘

(8)滴定 Ni　‥‥‥‥‥‥‥‥‥‥‥‥‥‥‥ 10 分鐘

E14.10 分析 Ni^{2+} 時，因 Ni^{2+} 與 BT 之結合太強，且 Ni^{2+} 與 EDTA 之鉗合反應太慢，若採直接滴定法不易辨識滴定當量點，所以最好採置換滴定法，預先加入適量 Zn-EDTA 再行滴定。

E14.11 分析 Zn^{2+} 時可用 BT 為指示劑，最佳滴定 pH 為 9。雖然 BT 金屬指示劑之適用 pH 範圍為 9 ± 2，但 pH<8 時部分游離 BT 呈紅色，滴定終點不易判定；pH>10 時，因為 $Zn(OH)_2$

的 $K_{sp} = 1.2 \times 10^{-17}$，易生沈澱，又雖緩衝劑中含有 NH_3 可做爲輔助錯合劑，但緩衝劑之添加也有一定限度，若〔NH_3〕＞ 0.1M，則 BT 指示劑提早變色造成負的誤差。在〔NH_3〕＝ 0.1M 時，pH 需小於 9.5 才不致造成 $Zn(OH)_2$ 沈澱。

$$\boxed{習\quad 題}$$

12.1 以 EDTA 滴定海水中的 Ca 及 Mg 含量時，如使用 BT 爲指示劑所得結果爲 Ca + Mg 的總量；如使用 MX 爲指示劑則得 Ca 的含量。今取 10.00g 海水，以 BT 爲指示劑需 64.00mL 0.01010N EDTA 溶液；另取 10.00g 海水，以 MX 爲指示劑則需 10.00mL 同一 EDTA 溶液。求此海水中 Ca 與 Mg 之 ppm 含量各若干？

12.2 在銀之式量濃度爲 1.00×10^{-4}M 的溶液中若氨的平衡濃度爲：

(1) 0.100M

(2) 0.0100M

(3) 0.00100M

試求每一個含銀物種的平衡濃度。

12.3 由 3.842g $Na_2H_2Y \cdot 2H_2O$ 溶於水而稀釋至 1.000 L 的 EDTA 溶液，最初的固體含有 0.3% 過量的 H_2O。試求此溶液的：

(1) 莫耳濃度

(2) $CaCO_3$ 的滴定濃度

(3) $Mg_2P_2O_7$ 的滴定濃度

12.4 24 小時的尿樣品稀釋至 2.00 L，緩衝至 pH 10.0 後，取 50.00mL 滴定共消耗 0.04481M EDTA 22.19mL。另取 50.00mL 與草酸作用得 CaC_2O_4 沈澱，過濾洗滌後再溶於酸中，加入 25.00mL 同一 EDTA 溶液和緩衝溶液至 pH 10.0，過量的 EDTA 以 8.31mL 之 0.05053M $MgCl_2$ 反滴定。試求初樣品中含 Ca^{2+} 及 Mg^{2+} 的毫克數。

12.5 溶解 0.6472g 含有鎳，鐵和鉻的鉻若減合金（chromel）並稀釋至 250.0 mL。當 50.00mL 0.05182M EDTA 溶液與等體積的稀釋液混合不但可鉗合所有離子且過剩 EDTA 尚需 0.06241 M Cu^{2+} 溶液逆滴定。另取 50.00mL 稀釋液加六甲撑四胺(hexamethylenetetramine) 遮蔽鉻離子後，剩餘的鎳和鐵離子滴定需 36.28mL 0.05182M EDTA 溶液。另取 50.00mL 稀釋液加焦磷酸鹽（pyrophosphate）遮蔽鉻和鐵離子後，剩餘的鎳離子滴定需 25.91mL EDTA 溶液。試求合金中鎳，鐵和鉻的％含量。

第七部

重量分析

測量一定化學組成的化合物重量以定量某一成分物質的方法稱為重量分析法（gravimetric analysis）。重量分析法可分為下列三種：

　　1.氣體發生法，又稱蒸發法（volatilization method）。

　　2.沈澱法（precipitation method）。

　　3.電解重量法（electrogravimetric method）。

　　氣體發生法是加熱被測物質，或以強酸或強鹼處理被測物質，分離揮發物質與殘留物質，依據揮發物質或殘留物質之重量以定量分析某一成分物質的方法。沈澱法是採用沈澱劑以沈澱被分析物種，過濾乾燥沈澱物並稱量此一確知化學組成的沈澱物之重量以定量該被分析物種的方法。電解重量法則是利用電解法以析出金屬，稱量此析出金屬的重量即可定量分析該金屬在樣品中之比率。

第十三章　氣體發生法

氣體發生法是以物理方法或化學方法分離揮發物質與殘留物質，依據揮發物質或殘留物質之重量以定量分析某一成分物質的一種重量分析法。其可測定的成分包括水分，結晶水，碳酸鹽中之碳，有機物中之碳或氫，硼酸，矽氟鹽，硫化物或亞硫酸鹽等。茲分述如下：

13.1 水　分

將含有水分之物質在 100°C 以上的烘箱中，加熱至恆重，由物質失去之重量可知該物質所含之水分。或利用固體乾燥劑吸收水分，由乾燥劑所增加的重量即可得知水分含量。

13.2 結晶水

將含有結晶水之物質置於烘箱或火焰中加熱，容易失去結晶水，如無其他揮發性物質存在，又無任何其他化學反應發生時，則加熱後所減少的重量即為所含結晶水的重量。或利用固體乾燥劑吸收所揮發的水分，由乾燥劑所增加的重量即可得知結晶水的含量。

1.硫酸銅結晶水的定量

藍色的五水硫酸銅 $CuSO_4 \cdot 5H_2O$ 加熱時隨溫度的升高漸次失去結晶水。

$$CuSO_4 \cdot 5H_2O \xrightarrow{43°C} CuSO_4 \cdot 3H_2O \xrightarrow{68°C} CuSO_4 \cdot H_2O \xrightarrow{218°C}$$

$$CuSO_4 \xrightarrow{575^\circ C} CuO \cdot CuSO_4 \xrightarrow{618^\circ C} CuO \xrightarrow{1050^\circ C} Cu_2O \xrightarrow{1200^\circ C} 熔融$$

普通加熱至 $100 \sim 115^\circ C$ 時失去四分子結晶水，加熱至 $200 \sim 240^\circ C$ 時失去第五個結晶水而變成白色的 $CuSO_4$。

定量實驗之操作如下：硫酸銅在瓷製研缽磨成細粉，精確稱取約 2g 硫酸銅細粉於乾淨之已知重量的稱量瓶中，鬆開瓶蓋在 $105 \sim 115^\circ C$ 的恆溫烘箱中加熱 1 小時，稱量瓶移至乾燥器內冷卻靜置約 $20 \sim 30$ 分鐘，蓋緊瓶蓋後精稱。重複上述加熱、冷卻與稱重的操作，直至恆重為止。計算四分子結晶水的含量如下式：

$$4H_2O\% = \frac{W_1 - W_2}{W_0} \times 100\%$$

其中　　W_0：硫酸銅細粉之試樣重

　　　　W_1：稱量瓶重 + 試樣重

　　　　W_2：稱量瓶重 + $CuSO_4 \cdot H_2O$ 重

以上結果為測定值，可與理論值 28.85% 比較，並檢討誤差來源。

五分子結晶水的定量操作亦如同上述，但須在 $215 \sim 220^\circ C$ 的恆溫烘箱中加熱，其理論值為 36.07%。

2. 氯化鋇結晶水的定量

二結晶水氯化鋇 $BaCl_2 \cdot 2H_2O$ 在 $113^\circ C$ 消失結晶水，由減少的重量可知其結晶水含量。

$$BaCl_2 \cdot 2H_2O \Longleftrightarrow BaCl_2 + 2H_2O \uparrow \qquad (13.1)$$

定量實驗之操作如下：二結晶水氯化鋇在瓷製研缽磨成細粉，精確稱取約 2g 氯化鋇細粉於乾淨之已知重量的稱量瓶中，鬆開瓶蓋在 $120 \sim 130^\circ C$ 的恆溫烘箱中加熱 1 小時，稱量瓶移至乾燥器內冷卻靜置約 $20 \sim 30$ 分鐘，蓋緊瓶蓋後精稱。重複上述加熱、冷卻與稱重的操作，直至恆重為止。計算結晶水的含量如下式：

$$4H_2O\% = \frac{W_1 - W_2}{W_0} \times 100\%$$

其中　W_0：二結晶水氯化鋇細粉之試樣重

　　　　W_1：稱量瓶重＋試樣重

　　　　W_2：稱量瓶重＋$BaCl_2$重

二結晶水氯化鋇之結晶水含量理論值爲 14.75%。

【實驗例】 稱量瓶＋試樣重　　　　　　　17.9548

　　　　　稱量瓶重　　　　　　　　　16.4334

　　　　　試樣重　　　　　　　　　　1.5214

　　　　　稱量瓶＋試樣重（第一次加熱）17.7390

　　　　　稱量瓶＋試樣重（第二次加熱）17.7313

　　　　　稱量瓶＋試樣重（第三次加熱）17.7313

　　　　　失去結晶水 $17.9548 - 17.7313 = 0.2235$

　　　　　結晶水百分率 $\dfrac{0.2235}{1.5214} \times 100\% = 14.69\%$

　　　　　所以測量之相對誤差爲 4.1ppt。

13.3　二氧化碳

　　碳酸鹽中如無其他揮發性成分存在時，其二氧化碳之含量可由灼熱減量測定。或利用固體吸收劑吸收二氧化碳，由吸收劑所增加的重量即可得知二氧化碳的含量。阿斯卡萊特二號（Ascarita II）是一含有 NaOH 的非纖維狀矽酸鹽，其吸收二氧化碳的反應如下：

$$2NaOH + CO_2 \Longleftrightarrow Na_2CO_3 + H_2O \qquad \text{(13.2)}$$

因爲此反應產物含水，所以吸收管末端也須含一段乾燥劑，以防水分蒸發所造成的重量損失，一般吸收管前端佔管長三分之二的部分裝塡阿斯卡萊特二號吸收劑，其後的三分之一管長部分則裝填過氯酸鎂（magnesium perchlorate，$Mg(ClO_4)_2$）之無水鹽或三水鹽為乾燥劑。但是吸收管也不可吸收非經式（13.2）產生之水分，所以吸收管之前須經一乾燥劑管。為避免吸收管出口端可能吸入氣體而干擾分析，其主吸收管末端應加掛一支混有阿斯卡萊特與乾燥劑的保護管。

13.4 硼 酸

甲基或乙基硼酸鹽之揮發性可應用於硼酸鹽之定量。

13.5 矽氟鹽

氧化矽沈澱物灼燒後可能尚含其他雜質，主要為 TiO_2，Al_2O_3，Fe_2O_3 等氧化物。加氟化氫使氧化矽沈澱物生成揮發性之 SiF_4，可分析灼熱氧化矽之主要成分，其反應如下：

$$SiO_2 + 4HF \Longleftrightarrow SiF_4\uparrow + H_2O \qquad (13.3)$$

但是氟化氫也會與 TiO_2，Al_2O_3，Fe_2O_3 等氧化物反應，使反應後且灼燒之殘留物成為氟化物，而非氧化物，且其中不存留 TiF_4，因為它也會揮發，這些都造成 SiO_2 成分分析的誤差。為避免此誤差，可一起添加硫酸與氟化氫，加熱揮發硫酸、氟化氫與 SiF_4 之後，雜質都變成無揮發性的硫酸鹽，灼燒此殘留物就可分解為鈦、鋁和鐵的氧化物，例如：

$$Fe_2(SO_4)_3 \Longleftrightarrow Fe_2O_3 + 3SO_3 \qquad (13.4)$$

這些硫酸鹽的分解溫度都小於 1000℃。

13.6 硫化氫或二氧化硫

硫化物及亞硫酸鹽以酸處理後可放出硫化氫或二氧化硫，它們可用適當的吸收劑來收集。

$$MS + 2HCl \rightleftharpoons H_2S + MCl_2 \qquad (13.5)$$

$$MSO_3 \rightleftharpoons SO_2 + H_2O \qquad (13.6)$$

習 題

13.1 $CaC_2O_4 \cdot H_2O$ 2.166g 加熱至 250℃ 除去結晶水後稱得重量爲 1.899g ，求：

(1)加熱至 650℃ 後所得的 $CaCO_3$ 的重量

(2)加熱至 1050℃ 所得的 CaO 的重量

各爲若干克？

第十四章　沈澱法

利用沈澱劑以沈澱分離被分析物種，過濾乾燥沈澱物並稱量此一確知化學組成的沈澱物之重量，以定量該被分析物種的方法稱爲沈澱重量分析法。若沈澱物之化學組成不穩定，需乾燥或灼燒成一穩定組成的化合物才可稱量分析。

14.1　金屬化合物之穩定稱量狀態

1. 氧化物：Fe, Al, Cr, Ti, Sn, Sb, Pb, Bi, Si, Mo, Ca, W, Mn, U。
2. 硫化物：Mn, Mo, Cu, Zn, Hg, As, Sb, Bi。
3. 氯化物：Ag, Hg, Na, K。
4. 磷酸鹽：Mg, Mn, Zn, Cd, U, Bi, Al。
5. 過氯酸鹽：K。

14.2　沈澱粒子的形態與分類

1. 膠態懸浮（colloid suspension）

膠態粒子直徑爲 $10^{-7} \sim 10^{-4}$cm，靜置時亦處於懸浮狀態，因爲粒徑太小，人眼無法辨視，過濾操作困難。

2.晶態懸浮（crystalline suspension）

晶態粒子直徑為 $10^{-2} \sim 10^{-1}$ cm，粒徑較大，沈澱及過濾操作容易。

定量分析之沈澱粒子的形態一般介於上述兩種極端形態之間。例如，硫與氫氧化鐵之膠態沈澱，氯化銀之凝膠狀（gel）沈澱，硫酸鋇之細結晶粒狀沈澱，氯化鉛之粗結晶粒狀沈澱等。為使沈澱易於過濾，及避免雜質共沈澱，須瞭解沈澱機制，並控制沈澱操作於最佳條件。

14.3 沈澱機制（precipitation mechanism）

若以 S 表示某沈澱物之溶解度或飽和濃度，以 Q 表示該沈澱物於迅速加入沈澱劑時之瞬間所成過飽和溶液之濃度，$\dfrac{Q-S}{S}$ 之比值稱為過飽和度。過飽和度對兩種沈澱機制，即新晶核產生速度與既存晶體成長速度之影響方式不一樣。一般而言，過飽和度愈大，兩種沈澱機制的速度都會愈快。但是仔細比較兩種沈澱機制時發現過飽和度較小時，晶體成長速度大於新晶核產生速度，過飽和度較大時則相反。可見 $\dfrac{Q-S}{S}$ 比值之大小對沈澱的性質有很大的影響。比值愈大時，沈澱顆粒愈微細，例如混合同體積之 3.5M $Ba(SCN)_2$ 及 3.5M $MnSO_4$ 時，$\dfrac{Q-S}{S} = \dfrac{1.75 - 1 \times 10^{-5}}{1 \times 10^{-5}} = 175000$，可迅速產生 $BaSO_4$ 之濃厚膠狀沈澱。若使用較稀的硫酸鹽及鋇離子溶液，使 $\dfrac{Q-S}{S} = 25000$ 時，則產生凝膠狀（gel）沈澱，此沈澱之物理性質介於膠體與結晶體之間。若使用更稀的硫酸鹽及鋇離子溶液，使 $\dfrac{Q-S}{S} = 1300$ 時，則緩慢生成微

細羽狀的 $BaSO_4$ 結晶，合乎重量分析之沈澱要件。若使用極稀的硫酸鹽及鋇離子溶液，使 $\dfrac{Q-S}{S} = 125$，則緩慢生成堅細的 $BaSO_4$ 結晶。於 $\dfrac{Q-S}{S} = 25$ 時，靜置 2～3 小時可得較粗大之結晶。

在分析操作中，粗大的沈澱較不易吸附雜質，且較易過濾及洗滌。除降低 $\dfrac{Q-S}{S}$ 比值外，有時於微酸性溶液中或較高溫度下亦可得較粗大之沈澱。

若沈澱物的溶解度 S 很小，在沈澱劑加入的瞬間，$\dfrac{Q-S}{S}$ 比值非常大，因此膠態懸浮的產生通常是無法避免的。例如，Fe^{3+}、Al^{3+} 和 Cr^{3+} 的水合氧化物，銀離子的鹵化物及許多重金屬離子的硫化物等僅生成膠體，就是這個緣故。因為膠體粒子太小，無法以一般的過濾方法分離固體。又因為膠態懸浮有布朗運動不生沈澱，所以也無法用傾倒上澄液的方法分離固體。而且迅速產生的膠態懸浮常吸附與共沈 (co-precipitate) 多量雜質。避免膠態懸浮的方法有均勻沈澱技術與膠體的凝聚等方法，茲分述如下。

14.4　均勻沈澱技術

在重量分析的應用上，欲自溶液中有效的分離出固體，通常須緩慢地自稀薄溶液中沈澱出固體。但是有些化合物，例如上述的 Fe^{3+}、Al^{3+} 和 Cr^{3+} 的水合氧化物，若欲得堅硬粒子需極端的稀釋與極長久的沈澱時間。利用均勻沈澱技術，則可在較短的時間內得到粗的顆粒。

簡單的說，均勻沈澱技術就是利用化學反應自溶液中均勻地產生沈澱劑的一種方法。如此可避免局部過濃現象，產生較粗的沈澱顆粒，且能減少共沈現象 (co-precipitation)。例如，氫氧離子可均勻地自尿素溶液中產生，其反應如下：

$$(NH_2)_2CO + 3H_2O \rightleftharpoons CO_2 + 2NH_4^+ + 2OH^- \qquad (14.1)$$

此一反應在 100°C 以下進行很慢，完成沈澱約需 1～2 小時的加熱時間。表 14.1 列舉各種自均勻溶液中沈澱的方法。

表 14.1　均勻溶液中沈澱的方法

沈澱劑	試　藥	反　應　式	可沈澱元素
OH^-	尿素	$(NH_2)_2CO + 3H_2O$ $\rightleftharpoons CO_2 + 2NH_4^+ + 2OH^-$	Al, Ga, Th, Bi, Fe, Sn
PO_4^{3-}	磷酸三甲酯	$(CH_3O)_3PO + 3H_2O$ $\rightleftharpoons 3CH_3OH + H_3PO_4$	Zr, Hg
$C_2O_4^{2-}$	草酸二乙酯	$(C_2H_5)_2C_2O_4 + 2H_2O$ $\rightleftharpoons 2C_2H_5OH + H_2C_2O_4$	Mg, Zn, Ca
SO_4^{2-}	硫酸二甲酯	$(CH_3O)_2SO_2 + 4H_2O$ $\rightleftharpoons 2CH_3OH + SO_4^{2-} + 2H_3O^+$	Ba, Ca, Sr, Pb
CO_3^{2-}	三氯乙酸	$Cl_3CCOOH + 2OH^-$ $\rightleftharpoons CHCl_3 + CO_3^{2-} + H_2O$	La, Ba, Ra
S^{2-}	硫代乙醯胺	$CH_3CSNH_2 + 2H_2O$ $\rightleftharpoons CH_3CONH_2 + S^{2-} + 2H^+$	Sb, Mo, Cu, Cd
DMG	雙乙醯 + 羥胺	$CH_3COCOCH_3 + 2H_2NOH$ $\rightleftharpoons DMG + 2H_2O$	Ni
HOQ	8-乙醯氧基喹啉	$CH_3COOQ + H_2O$ $\rightleftharpoons CH_3COOH + HOQ$	Al, U, Mg, Zn

DMG：雙乙酮（dimethylglyoxime）$CH_3(CNOH)_2CH_3$
HOQ：8-羥基喹啉（8-hydroxyquinoline）

14.5　膠體的凝聚(coagulation of colloids)

大多數的膠體可凝聚成容易過濾的非晶態固體，即膠態沈澱物(colloidal precipitates)，而沈溶液底部。但是若膠體懸浮穩定性愈大，則膠體凝聚所需時間愈長。膠體懸浮的穩定性來自固體表面吸附離子的一級吸附層（primary adsorption layer）和包圍此荷電粒子的所謂對離子層（counter-ion layer）的溶液區。此二層形成所謂的電雙層(delectrical double layer)。一膠體的電雙層與另一膠體的電雙層之間的互斥力可避免膠體的凝聚。而膠體的凝聚力則來自固體的內聚力。當內聚力大於互斥力時，或膠體的能量大到足以越過互斥力所造成的能量障礙時，才會產生有效的膠體凝聚。

電雙層對膠體穩定性的影響，可由氯離子溶液中滴加銀離子的沈澱作用看出。在滴定當量點前，氯化銀膠體粒子表面吸附大量氯離子，包圍此粒子的對離子層必須相當大，尤其是離子強度很弱時為然，才可能含足夠的正電荷離子以中和一級吸附層所帶的負電。此時因為電雙層的厚度關係，氯化銀粒子間的距離較遠，不易發生凝聚。加入更多的銀離子時，因為氯離子濃度減少與氯化銀膠體粒子數增加，所以每一粒子所吸附的負電荷減少，電雙層的互斥效應於是變小。接近當量點時，可清楚觀察到膠體的凝聚。此時每顆粒子表面所吸附的氯離子量較少，電雙層縮小至一薄層使粒子間容易靠近而產生凝聚。加入過量銀離子則粒子表面帶正電荷，電雙層厚度擴大，粒子間排斥的結果使凝聚物又分散開來，是為解膠（peptization）。

加速膠體凝聚的方法為加熱、攪拌及加入電解質。藉著短暫的加熱，尤其是伴以緩和攪拌，常可產生凝聚。升高溫度可減少吸附離子的數量，相對降低粒子表面淨電荷，且可使粒子獲得足夠的動能，以克服粒子接近時的互斥障礙。

　　加入適當的離子化合物，以增加電解質濃度是產生凝聚的更有效方法。因爲它可提供中和粒子表面帶正電荷所需的電荷離子，縮小電雙層厚度，粒子彼此可更接近，凝聚於是較易發生。

14.6　凝聚膠體的解膠（peptization of colloids）

　　解膠是使膠體由凝聚狀態轉變成原來分散狀態的現象。使用純水洗滌凝聚膠體沈澱物時常會發生解膠現象，當解膠的分散粒子通過濾器時，可見流出的濾液呈混濁狀。這是因爲水洗會除去凝聚膠體內粒間溶液中所含有助凝聚的電解質，使電雙層的厚度增加，恢復原膠體狀態的排斥力，粒子於是由凝聚的物質中分離而成分散狀態。

14.7　共沈澱（coprecipitation）

　　沈澱物的共沈澱有吸附（adsorption），混合結晶（mixed-crystal formation）與包入（occlusion）等三種類型。吸附現象主要發生凝聚膠體中的共沈澱（coprecipitation in coagulated colloids）。晶態沈澱物的比表面積，即單位重量固體暴露在外的表面積 cm^2/g，較小；因此由於直接吸附所造成的共沈澱少而可忽略。其他二種共沈澱形式，混合結晶與包入形態的共沈澱，會將雜質包含在晶體內部，則可能造成嚴重的誤差。此二種共沈澱形式的相異處在於污染物分佈於固體內部的方式不同。混合結晶是指外來離子或分子均勻分佈在整個晶體內。包入是指污染物的離子或分子只分佈在結晶格子的缺陷處的不均勻共沈澱。

1.吸 附

即使溶液中只含一種成分,沈澱物亦常混雜少許沈澱試劑。例如加 $BaCl_2$ 溶液於硫酸之稀薄溶液所生成的硫酸鋇沈澱常混雜有氯化物。其混雜之量因稀釋度、沈澱劑及溫度而異。吸附最易發生在比表面積很大的凝聚膠體。在膠體凝聚之前,吸附在晶格表面的離子和包圍此粒子的對離子層中的對離子有許多是異種離子,膠體凝聚之後,凝聚體內部仍有許多與溶液接觸的表面積,異種離子有許多吸附到表面積的機會,這些都是造成共沈澱污染的主因。例如重量分析氯離子時,凝聚的氯化銀含有多餘的一級吸附銀離子以及對離子層中的硝酸離子或其他異於氯離子的陰離子。所以本來易溶的硝酸銀化合物卻與氯化銀共沈澱,造成定量氯離子的誤差。

2.混合結晶

混合結晶是指結晶格子的離子被其他污染離子所取代,通常發生在污染離子與被取代離子帶相同電荷,能與相同的對離子產生沈澱,且離子大小的差別不超過 5%,在晶體結構內不致造成晶格太大的扭曲者。例如加氯化鋇於含有硫酸離子,鉛離子與醋酸離子的溶液以產生硫酸鋇結晶時,雖然醋酸離子可與鉛生成錯離子並防止硫酸鉛沈澱,但硫酸鋇結晶仍無法避免硫酸鉛的嚴重污染。這是因為鉛離子在硫酸鋇結晶格子中取代鋇離子的緣故。又例如加過量之 NH_4OH 於鐵離子溶液中,則鐵離子完全生成 $Fe(OH)_3$ 沈澱;如果加過量之 NH_4OH 於鋅離子溶液中,則鋅離子變成 $Zn(NH_3)_4^{2+}$ 錯離子溶液,並無沈澱;但是加過量之 NH_4OH 於鐵離子及鋅離子之混合液中所生成之 $Fe(OH)_3$ 沈澱中經常發現少量之鋅。混合結晶之雜質含量因兩金屬之相對量、溶液之濃度、溫度及所加 NH_4OH 之量而異。其他會造成混合結晶的例子有 $MgNH_4PO_4$ 中的 $MgKPO_4$,$BaSO_4$ 中的 $SrSO_4$,

和 CdS 中的 MnS。混合結晶可發生在晶態沈澱物或膠體懸浮液。

　　當混合結晶發生時，由於污染物位在晶體內部，因此水洗並不能減少污染物之含量，較低的沈澱速率亦無法減少混合結晶的程度。最好的對策是在最後一個結晶步驟之前分離干擾離子。另一方法則是採用不與干擾離子產生沈澱的沈澱劑。

3. 包　入（occlusion）

　　當含有不純物的對離子層液體陷入快速成長的晶體所包圍成的密閉空間時就會發生包入（occlusion）。此時由於污染物位在晶體內部，因此水洗並不能減少污染物之含量。唯有採取較低的沈澱速率使污染物有充分的時間在被成長的晶體包圍前即行逃逸，才可大大地減少包入的程度。另外，只要將沈澱物浸煮若干小時，即可更有效地排除已包入的污染物。包入主要發生在晶態沈澱物。

　　形成晶態沈澱物後，不加攪拌地加熱一段時間，往往可得到較純且更易過濾的產物。這種在浸煮過程中純度的增加是由於高溫時溶解及再結晶的速率增加之故。在此過程中，許多小的缺陷會暴露於溶液中，使污染物可以從固體中逃離，因此得到更完美的晶體。

4. 共沈澱所造成的誤差

　　共沈澱不純物在分析上可能造成正或負的誤差。若不純化合物所含離子不是我們要測定的，往往造成正的誤差。例如在氯的分析過程中，當氯化銀膠體吸附硝酸銀時，就可看到正誤差。反之，當不純物含有要測定的離子時，則可能得到正或負誤差。例如，利用硫酸鋇的沈澱來分析鋇離子時會吸入其他的鋇鹽。若所吸入的不純物是硝酸鋇，因為此化合物的式量較不含共沈澱物的硫酸鋇為大，故得到正誤差。若不純物為氯化鋇，則因為其式量較硫酸鋇為小，所以可得負誤差。

14.8 影響重量分析誤差的沈澱分離因素及 其改善辦法

1.膠態沈澱物的處理法

處理凝聚膠體的雙重困難是一方面為了減少污染需要水洗，但另一方面卻會因解膠作用而損失一部分沈澱。解決此問題，通常可用含有揮發性電解質的溶液來洗滌凝聚的膠體。此揮發性電解質又可藉加熱而從固體中除去。例如，氯化銀沈澱物常以稀硝酸溶液洗滌，其產物雖有酸的污染，但因硝酸可揮發，所以將固體沈澱物加熱至 110°C 就可除去酸污染。

膠體通常在加熱，攪拌，並加入足量電解質的溶液中沈澱，以確保發生凝聚作用。凝聚膠體與形成沈澱物的熱溶液接觸一段時間，約一小時或更長時間後，往往可增加其可濾性。在此過程中，微弱結合的水會離開沈澱物，此過程稱為浸煮（digestion）。結果可得到密度較大且較易過濾的粒子。

揮發性電解質的稀溶液，常用來洗滌已過濾的沈澱物。由於第一級吸附離子與固體之引力太強，以致水洗對這些離子並沒有太大影響。但對於對離子層而言，則此層離子與洗滌中的離子也許會有一些互換的情形存在。在任何情況下，不論如何的沖洗，沈澱物仍會有某種程度的污染，其所造成的分析誤差視沈澱系統而定。例如硝酸銀在氯化銀上的共沈澱情形只會產生 1～2ppt 的分析誤差；重金屬氫氧化物在三價鐵或鋁的水合氧化物上的共沈澱情形所造成的分析誤差則大到不能接受的程度。

一個減少吸附效應的徹底而有效的方法是再沈澱（reprecipitation）。即將已過濾的固體再溶解，然後再沈澱。由於第一次的沈澱過濾物一般只帶有少量原先溶劑中的污染物，故沈澱過濾物再溶解時，其污染在溶液中的濃度比原先的量減少很多。當沈澱再發生時，所吸附的污染物就更少了。再沈澱雖然會增加分析所需之時間，但是對鐵(III)及鋁(III)的水合氧化物的沈澱而言，由於極易吸附重金屬，所以是必需的步驟。

2.晶態沈澱物（crystalline precipitates）的處理法

通常晶態沈澱物比凝聚膠體更易處理。晶態粒子的大小有一定的變化範圍，因此化學家可藉實驗變數來控制沈澱固體的物理性質及純度。

(1)改進粒子大小及可濾性的方法：

沈澱物形成時若將溶液保持在低的過飽和度，則可改進晶態固體粒子的大小。由 14.3 節的討論可知，減少 Q 值，增大 S 值，或二者同時改變，都可降低過飽和度，以達到改進粒子大小的目的。若使用稀釋溶液並緩慢加入沈澱劑使其充分混合，則可減少溶液的瞬間局部飽和度；且由熱溶液中沈澱，往往可增加 S 值。利用上述簡單的方法，可有效改進粒子的大小，從而改進其可濾性。

(2)晶態沈澱物的純度：

當含有不純物的對離子層液體陷入快速成長的晶體所包圍成的密閉空間時就會發生包入（occlusion）。此時由於污染物位在晶體內部，因此水洗並不能減少污染物之含量。唯有採取較低的沈澱速率使污染物有充分的時間在被成長的晶體包圍前即行逃逸，才可大大地減少包入的程度。另外，只要將沈澱物浸煮若干小時，可以更有效地排除已包入的污染物。

(3)晶態沈澱物的浸煮：

形成晶態沈澱物後，不加攪拌地加熱一段時間，往往可得到較純且更易過濾的產物。這種在浸煮過程中純度的增加是由於高溫時溶解及再結晶的速率增加之故。在此過程中，許多小的缺陷會暴露於溶液中，使污染物可以從固體中逃離，因此得到更完美的晶體。在浸煮過程中的溶解及再結晶也會造成鄰近粒子間的架橋作用（bridging），產生較大的晶體粒子，從而增進沈澱物的可濾性。若浸煮時攪拌混合物，則其過濾的特性只有少許的改進，此事實可用以支持上述架橋作用的觀點，因為攪拌會阻礙架橋反應。

14.9 減少誤差的沈澱方法

1. 在溫液中生成沈澱。但如果溶解度較大之沈澱，例如 $MgNH_4PO_4$，應於冷卻後才過濾。

2. 共沈澱現象較為顯著者應先予以分離。例如生成 $BaSO_4$ 沈澱前應先分離鐵離子。

3. 溶液於沈澱操作前應在可能的範圍內儘量稀釋以減低不純物的濃度。但過度的稀釋將使過濾費時，並使沈澱的溶解達到不可忽視的程度。

4. 緩慢地加入沈澱試劑，並不停地攪拌溶液，或採用均勻溶液沈澱試藥，以避免產生局部的高沈澱試劑濃度，以及減少 $\dfrac{Q-S}{S}$ 比值中之 Q 值，使產生較粗的沈澱顆粒。

5. 加入沈澱劑後，應使溶液靜置一段時間，俾使沈澱顆粒有生長的機會，或使膠態懸浮有凝聚的機會。

6. 形成晶態沈澱後，可不加攪拌地浸煮，以助架橋作用。形成膠態沈澱後，可浸煮並伴以攪拌，以助膠體之凝聚。

7. 除非是溶解度較大的沈澱，一般應以溫水充分洗滌。若沈澱有膠狀且有解膠傾向時，則需以揮發性電解質溶液洗滌。

8. 有些沈澱，特別是膠態沈澱，應行二次沈澱之操作。

14.10　沈澱物的乾燥和灼燒

　　過濾後，重量分析的沈澱物需要加熱，直到其重量不變爲止。加熱可用以除去沈澱物上附著的溶劑及揮發性電解質；此外，此種加熱處理也可產生化學的分解反應，以得到已知組成的產物。

　　欲得到適當的產物，其所需的溫度，隨沈澱物而異。圖 14.1 描述一些分析上常用的沈澱物的重量減少隨溫度變化的關係。

圖 14.1　溫度對沈澱物重量的效應

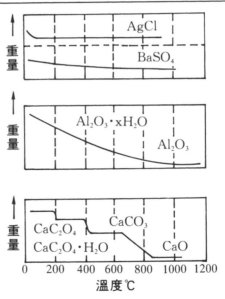

　　這些數據是由自動熱天平測量出來的，這是一種在等速增溫爐中，連續測量物質重量的儀器。圖 14.1 中氯化銀、硫酸鋇及氧化鋁三種沈澱物的加熱目的僅是除去水分及沈澱過程中可能帶來的揮發性電解質。

　　一般而言，要產生一個重量不變的無水沈澱物所需之溫度並無一定的範圍。例如，溫度高於 110 至 120°C 時，氯化銀上的所有水分均可被除去。一般的氧化鋁在此溫度範圍的脫水並不完全，除非溫度高於 1000°C。但由尿素均勻產生氫氧離子所沈澱的氧化鋁，在大約 650°C 時就可完全脫水。

草酸鈣的加熱曲線，比圖 14.1 所示的其他物質更複雜。溫度低於 135°C 時，未結合的水被除去而得到單水合物 $CaC_2O_4 \cdot H_2O$；在約 225°C 時，此化合物分解成無水草酸鹽；在約 450°C 時，其重量突然減少，代表草酸鈣分解成碳酸鈣及一氧化碳。曲線上所描述的最後步驟是碳酸鈣分解成氧化鈣及二氧化碳。由此例，可以顯見草酸鈣沈澱物稱重時的形式隨灼燒條件而異。

14.11　化學計算

一般重量分析法係使待測定的成分成為已知組成的沈澱，將此沈澱之重量乘以一因數就得待測定成分的重量，此因數稱為重量因數或化學因數。因此化學因數即是每克已知組成的物質所相當的待測定物質的克數。例如換算 $BaSO_4$ 的重量為所相當硫的重量時，因一分子 $BaSO_4$（分子量 = 233.4）中含有一原子之 S（原子量 = 32.06），所以其化學因數為 $\dfrac{FW_S}{FW_{BaSO_4}} = \dfrac{32.06}{233.4} = 0.1374$。

同理，欲換算 Fe_2O_3 之重量為所相當的 FeO 重量時其因數為：

$$\frac{2FW_{FeO}}{FW_{Fe_2O_3}} = \frac{143.7}{159.7} = 0.900$$

欲換算 Mn_3O_4 之重量為所相當的 Mn 重量時其因數為：

$$\frac{3FW_{Mn}}{FW_{Mn_3O_4}} = \frac{164.7}{228.8} = 0.720$$

因此重量分析可用下式計算待測定成分之百分率：

$$\frac{灼熱物之重量（g）}{試料之重量（g）} \times 化學因數 \times 100\%$$

$$= 待測定成分\%$$ (14.2)

　　求純沈澱物之重量時，亦可先稱取共沈澱混合物之總重量再分析其中不純物之含量而扣除之。例如，發生硫酸鋇沈澱時混有氯化物之共沈澱，稱取此沈澱物之重量後，加碳酸鈉熔融，將熔融物以水溶解並酸化之，再加 $AgNO_3$ 使氯化物變成 $AgCl$ 沈澱而稱其重量，從原共沈澱物中扣除此重量即為純 $BaSO_4$ 之重量。

【例 14.1】 稱取 $0.5000g$ 之磁鐵礦（不純之 Fe_3O_4）試料，以氧化性熔融劑熔融後，使成 $Fe(OH)_3$ 沈澱，而灼熱成 Fe_2O_3 並稱得其重為 $0.4980g$ ，試問此礦石中之鐵含量為若干？ 分別以 $\%Fe$ 及 $\%Fe_3O_4$ 表示之。

【解】

$$\%Fe = \frac{0.4980 \times \dfrac{2FW_{Fe}}{FW_{Fe_2O_3}}}{0.5000} \times 100\% = 69.66\%$$

$$\%Fe_2O_3 = \frac{0.4980 \times \dfrac{2FW_{Fe_3O_4}}{3FW_{Fe_2O_3}}}{0.5000} \times 100\% = 96.27\%$$

【例 14.2】 今有一含 $NaCl$，$NaBr$ 及其他雜質之混合試料 $1.000g$，加過量 $AgNO_3$ 得 $AgCl$ 及 $AgBr$ 之混合沈澱 $0.5260g$，將此沈澱加熱並通入氯氣使 $AgBr$ 變成 $AgCl$ 後，稱得其重為 $0.4260g$。試計算原試料中之 $NaCl$ 及 $NaBr$ 含量百分率。

【解】 設 $NaCl$ 重為 xg，$NaBr$ 重為 yg。則 $AgCl$ 及 $AgBr$ 混合物之重應為：

$$\left(x \times \frac{FW_{AgCl}}{FW_{NaCl}}\right) + \left(y \times \frac{FW_{AgBr}}{FW_{NaBr}}\right) = 0.5260g$$

以 Cl_2 處理後，所得之 AgCl 重爲：

$$\left(x \times \frac{FW_{AgCl}}{FW_{NaCl}}\right) + \left(y \times \frac{FW_{AgCl}}{FW_{NaBr}}\right) = 0.4260g$$

所以

$$2.452x + 1.824y = 0.5260$$

$$2.452x + 1.393y = 0.4260$$

解上述聯立方程式可得

$$x = 0.0425 = 4.25\% \, NaCl$$

$$y = 0.232 = 23.2\% \, NaBr$$

　　求鈉及鉀之矽酸鹽礦物或類似試料中鈉、鉀含量，可將試料加 $CaCO_3$ 及 NH_4Cl 混合物加熱，並以水處理，過濾除去所生成的矽酸鈣後，將溶液烘乾而殘留 NaCl 及 KCl 混合物，稱取此混合物之重量後再溶於水中，加入 $AgNO_3$ 即生 AgCl 沈澱，稱此 AgCl 之重量即可間接算出 Na_2O 及 K_2O 之含量。

【例 14.3】0.5000g 鈉、鉀矽酸鹽分解，經水處理蒸發等步驟，得 Na-Cl、KCl 混合物 0.1180g，使之變成 AgCl 沈澱後得 0.2451g，問此試料中鈉、鉀之含量各多少？以 $\%Na_2O$ 及 $\%K_2O$ 表示之。

【解】設 KCl 重爲 xg，則 NaCl 重爲 (0.1180 - x)g

$$\left(x \times \frac{FW_{AgCl}}{FW_{KCl}}\right) + \left[(0.1180 - x) \times \frac{FW_{AgCl}}{FW_{NaCl}}\right] = 0.2451$$

解得　　KCl 重量 = x = 0.0837g，

　　　　NaCl 重量 = 0.1180 - x = 0.0343g

$$\%K_2O = \frac{0.0837 \times \frac{FW_{K_2O}}{2FW_{KCl}}}{0.5000} \times 100\% = 10.6\%$$

$$\% Na_2O = \frac{0.0343 \times \dfrac{FW_{Na_2O}}{2FW_{NaCl}}}{0.5000} \times 100\% = 3.64\%$$

【例 14.4】 中和比重 1.100 含 HCl 20% 之鹽酸溶液 50.0mL 需用比重 0.950 含 NH₃ 12.72% 之氨水若干 mL？ 如將含 0.800g 純 FeSO₄·(NH₄)₂SO₄·6H₂O 之亞鐵溶液氧化成三價鐵離子後，需要若干 mL NH₄OH 溶液才能使鐵離子完全沈澱爲 Fe(OH)₃？

【解】 (1)50mL 之酸液中含有 HCl 爲 $50.0 \times 1.100 \times 0.200g$，中和所需之 NH₃ 重量應爲：

$$50.0 \times 1.100 \times 0.200 \times \frac{FW_{NH_3}}{FW_{HCl}} = 5.12g$$

每毫升 NH₄OH 中含有 NH₃ 爲 $1 \times 0.950 \times 0.1272g$

故中和所需 NH₄OH 之體積應爲 $\dfrac{5.12}{1 \times 0.950 \times 0.1272} = 42.4mL$

(2)硫酸亞鐵銨每分子中含一原子之二價鐵，經氧化後可得一原子之三價鐵，而每一鐵原子可與三分子之 NH₄OH 作用：

$$Fe^{3+} + 3NH_4OH \rightleftharpoons Fe(OH)_3 + 3NH_4^+ \qquad (14.3)$$

又三分子之 NH₄OH 相當於三分子之 NH₃：

$$NH_4OH \rightleftharpoons NH_3 + H_2O \qquad (14.4)$$

故 0.800g 硫酸亞鐵銨所相當的 NH₃ 重量爲：

$$0.800 \times \frac{3FW_{NH_3}}{FW_{FeSO_4 \cdot (NH_4)_2SO_4 \cdot 6H_2O}} = 0.1042$$

因每毫升 NH₄OH 中有 $1 \times 0.950 \times 0.1272g$ 之 NH₃，則生成 Fe(OH)₃ 所需之 NH₄OH 體積爲： $\dfrac{0.1042}{1 \times 0.950 \times 0.1272} = 0.862mL$

實驗 15　溶性氯化物之氯含量分析

E15.1　目　的

利用沈澱重量分析法分析溶性氯化物之氯含量。

E15.2　原　理

　　可溶性氯化物之硝酸酸性液中，加入 $AgNO_3$ 溶液，即得 AgCl 沈澱：$Cl^- + Ag^+ \rightleftharpoons AgCl \downarrow$，AgCl 過濾後，乾燥稱量之。經浸煮熟成（aging）後之 AgCl 係顆粒狀沈澱，不純物之共沈傾向極微，無需做再沈澱之步驟。AgCl 易受光分解成金屬銀及氯，但小心操作，避免強光直射則無顯著之影響，可予忽視。所得 AgCl 沈澱用 Gooch 濾堝過濾，並於 105℃ 乾燥後稱量之。

　　溴化物、碘化物、氰化物及硫氰化物亦可應用同樣原理分析其含量。相反地，銀或亞汞可用氯離子使成沈澱而測定之。

E15.3　藥品及儀器

6N HNO_3，0.01N 稀 HNO_3，0.05N $AgNO_3$ 溶液，0.1N HCl

Gooch 濾堝，烘箱，400mL 燒杯，抽眞空設備，錶玻璃，加熱盤

E15.4 操作說明

　　Gooch 濾堝在烘箱內於 100～105℃ 溫度下加熱測定其恆量。精確稱取約 0.2g 的試料，移入 400mL 燒杯內，加入 150mL 蒸餾水及 1ml 6N HNO_3 使試料溶解且溶液酸化後，一邊攪拌一邊滴加$AgNO_3$溶液，待沈澱沈降後，於上澄液中滴入 $AgNO_3$ 溶液，確定沈澱完成後再加 10% 過量之 $AgNO_3$ 溶液。蓋上錶玻璃，加熱至近沸點，保持溫度直到攪拌停止後沈澱立刻下降而上澄液成透明為止。將上澄液傾入 Gooch 濾堝中抽氣過濾之，並用 0.01N 稀 HNO_3 以傾析法洗滌沈澱物三次，最後將沈澱完全移入 Gooch 濾堝中，再用 0.01N 稀 HNO_3 洗滌沈澱直到加 1 滴 0.1N HCl 於洗滌液中亦不致混濁為止。在烘箱內於 105～110℃ 溫度下乾燥，並求其恆量。計算試料中含氯百分率。

$$\boxed{\text{討　論}}$$

E15.1　在 AgCl 沈澱以前須先加 HNO_3 使溶液酸化。因為在中性液中，其他不純物亦與 $AgNO_3$ 作用而生銀鹽之沈澱。

E15.2　若氯化物溶液中所加 $AgNO_3$ 之量不足就加熱溶液，則 HNO_3 可能氧化氯離子生成 Cl_2，導致氯離子之損失。

E15.3　計算試料中含氯百分率如下式：

$$\% Cl = \frac{W_{AgCl} \times \dfrac{FW_{Cl}}{FW_{AgCl}}}{W_s} \times 100\%$$

其中　W_{AgCl}：所得 AgCl 重

　　　　W_s：試料重

E15.4　其他鹵素亦可沿用氯化物之定量法測定其含量，並可間接計算鹵素混合物之含量百分率。

實驗 16　鉀明礬中硫酸根的定量

E16.1　目　的

利用沈澱重量分析法定量鉀明礬中硫酸根。

E16.2　原　理

鉀明礬（$KAl(SO_4)_2 \cdot 12H_2O$）在鹽酸酸性溶液中加氯化鋇即生硫酸鋇白色沈澱，其反應如下：

$$Ba^{2+} + SO_4^{2-} \Longleftrightarrow BaSO_4 \downarrow \tag{14.5}$$

故可求得硫酸根含量。

E16.3　藥品及儀器

6N HCl，鉀明礬，5 ％$BaCl_2$ 溶液，濃 HCl，濃 H_2SO_4，0.05N $AgNO_3$
Gooch 濾堝，烘箱，600mL 燒杯，11cm 無灰濾紙

E16.4　操作說明

精確稱取約 0.5g 鉀明礬試料置於 600mL 燒杯中。加 50mL 蒸餾水及 5mL 6N HCl 使試料溶解後以純水稀釋至約 500mL。將溶液加熱至 70～80℃後，滴加 20mL 5％$BaCl_2$ 溶液。繼續加熱，勿使沸騰，至

沈澱完全沈降，於上澄液中滴入 $BaCl_2$，以確定沈澱是否完成。保持溫度，勿使沸騰，3～4 小時後以 11cm 無灰濾紙過濾之，並以熱水充分洗滌至洗滌液不含氯離子爲止。將濾紙燒化後，灼熱沈澱物至恆量，並計算硫酸根之含量百分率。

討 論

E16.1 於 100℃ 時, $BaSO_4$ 之溶解度積爲 $[Ba^{2+}][SO_4^{2-}] = 1.7 \times 10^{-10}$, 可算得 500mL 溶液中, $BaSO_4$ 之溶解度約爲 1.5mg, 加過量之 $BaCl_2$ 溶液, 使其溶解度減少至 0.005mg 以下, 則可忽略此微小之量。

E16.2 雖然 $BaSO_4$ 在酸性溶液中溶解度更大, 但 $BaSO_4$ 之沈澱操作中除將溶液加熱外, 仍應加入稀鹽酸使溶液呈酸性, 其目的爲:

(1)防止 $BaCO_3$, $Ba_2(PO_4)_3$ 等鋇鹽沈澱發生。

(2)避免吸附 $Ba(OH)_2$, 與 $BaSO_4$ 造成共沈。

(3)促進大顆粒沈澱之生長, 以利過濾。

E16.3 陰離子, 如 NO_3^-, ClO_3^- 等, 及陽離子, 如 Fe^{2+}, Ca^{2+}, Mg^{2+}, Zn^{2+}, Na^+, K^+, NH_4^+ 等, 易被吸附而共沈, 應事先分離之。

E16.4 $BaSO_4$ 灼熱時, 一部分被還原爲 BaS, 如式 (14.6), 可依次加入濃 HCl 及濃 H_2SO_4 各一滴, 徐熱之, 俟過剩的酸蒸發後, 在 300℃ 左右加熱, 求得恆量,

$$BaSO_4 + 2C \Longleftrightarrow 2CO_2 + BaS \tag{14.6}$$

$$BaS + HCl \Longleftrightarrow H_2S + BaCl_2 \tag{14.7}$$

$$BaCl_2 + H_2SO_4 \Longleftrightarrow 2HCl + BaSO_4 \tag{14.8}$$

灼熱時溫度不宜過高, 在 1400℃ 以上 $BaSO_4$ 將燒成 BaO 而侵蝕坩堝。

E16.5 欲得粗大結晶沈澱, 請參考 14.3 節之討論。

E16.6　計算硫酸根之含量百分率：

$$\% \, SO_4 = \frac{W_{BaSO_4} \times 0.4115}{W_s} \times 100\%$$

其中　W_{BaSO_4}：所得 $BaSO_4$ 重

W_s：試料重

0.4115：SO_4 對 $BaSO_4$ 之重量因數

實驗 17　硫酸亞鐵銨的鐵含量分析

E17.1　目　的

利用沈澱重量分析法定量硫酸亞鐵銨之鐵。

E17.2　原　理

硫酸亞鐵銨（$FeSO_4 \cdot (NH_4)_2SO_4 \cdot 6H_2O$）以溴水氧化成三價的鐵離子的溶液中加入氨水即生成 $Fe(OH)_3$ 沈澱，此沈澱經過濾、灼熱成 Fe_2O_3 而稱重，即可算出試料中之鐵含量。

鐵分析時不能混雜鋁、三價鉻、鈦等金屬，因這些金屬離子亦與氨水作用生成氫氧化物沈澱。二價錳雖在銨鹽存在時不生沈澱，但溶液靜置時慢慢受空氣氧化而生 $MnO(OH)_2$ 沈澱。故這些金屬離子應於事先除去。

溶液中如有磷酸根，砷酸根及釩酸根存在時，可與鐵作用而生沈澱。如有酒石酸及檸檬酸根存在時，則與鐵離子作用生成錯鹽，此錯鹽溶液中加入氨水時不生 $Fe(OH)_3$ 沈澱。故鐵離子溶液中不能含有這些離子。

$Fe(OH)_3$ 係膠狀沈澱，有吸附雜質而發生共沈之傾向，欲得精確之結果應作二次沈澱操作。若採用銅鐵靈（cupferron）的鉗合沈澱劑則不須二次沈澱操作。兩種方法皆於弱酸性溶液中生成易於過濾的沈澱，此沈澱經灼熱成 Fe_2O_3 而稱量之。

E17.3　藥品及儀器

6N HCl，飽和溴水，0.05N AgNO$_3$，氨水，5％銅鐵靈
Gooch 濾堝，烘箱，400mL 燒杯，11cm 無灰濾紙，500mL 量瓶
25mL 移液管，加熱盤

E17.4　操作說明

　　精確稱試料約 1.5g 於 400mL 燒杯內，加 100mL 蒸餾水及 10mL 6N HCl 微熱溶解之。移入 500mL 量瓶中，原燒杯宜用蒸餾水洗滌三次，將洗滌液注入量瓶中，加蒸餾水至標線處。用移液管精確量取 50mL 上述溶液於 400mL 燒杯中。加熱至 80℃ 後，加入稍過量，約 50mL 之飽和溴水至溶液顯出溴的顏色並發出溴的氣味，然後加蒸餾水稀釋至約 300mL。加熱至近沸點後，一面攪拌一面緩慢滴加氨水至溶液出現氨的氣味爲止，此時 pH 約爲 6。俟紅棕色氫氧化鐵凝結沈降後，將此熱溶液以傾析法，經 11cm 無灰濾紙過濾。留於原燒杯中大部分之沈澱以 50mL 熱水洗滌二次，復以傾析法過濾，將洗液及濾液一併棄置。以少量 6N HCl 溶解濾紙上之沈澱，使溶解液通過濾紙流入原燒杯中，再以熱水洗滌二次，洗滌液須併入溶液中。此時可取 3mL 洗滌液在燒杯外滴入 AgNO$_3$，試驗洗滌是否完全。此溶液可依上述加熱、加氨水等步驟做第二次沈澱，最後將燒杯內的沈澱以熱水完全洗入原濾紙上。燒化濾紙後再將沈澱灼燒成 Fe$_2$O$_3$ 至恆量。計算試料中鐵含量的百分率。

$$\boxed{\text{討　論}}$$

E17.1　溴水能使亞鐵離子氧化爲鐵離子：

$$2Fe^{2+} + Br_2 \Longleftrightarrow 2Fe^{3+} + 2Br^- \qquad\qquad (14.9)$$

過量之溴水需加熱揮發除去之，否則將與 NH_4OH 作用：

$$8NH_4OH + 3Br_2 \Longleftrightarrow N_2 + 6Br^- + 6NH_4^+ + 8H_2O \qquad (14.10)$$

滴入濃 HNO_3 亦能使亞鐵離子氧化：

$$3Fe^{2+} + NO_3^- + 4H^+ \Longleftrightarrow 3Fe^{3+} + NO + 2H_2O \qquad (14.11)$$

E17.2　所使用之 NH_4OH 溶液應爲新配製者，因 NH_4OH 久存於玻璃瓶中能與玻璃作用而溶出矽酸鹽，將導致實驗的誤差。

E17.3　以 $AgNO_3$ 試驗洗滌液時，洗滌液應先以 HNO_3 酸化之，否則洗滌液中之 NH_4OH 會溶解 $AgCl$ 而影響正確的判斷。

E17.4　計算試料中鐵含量的百分率如下：

$$\% Fe = \frac{W_{Fe_2O_3} \times 0.6994}{W_s} \times 100\%$$

其中　$W_{Fe_2O_3}$：所得 Fe_2O_3 重

$\quad\quad\;\; W_S$：試料重

$\quad\quad\;\; 0.6994$：Fe 對 Fe_2O_3 之重量因數

E17.5　5％銅鐵靈之配製：

5g cupferron（$C_6H_9N_3O_2$）與 1g 碳酸銨以純水溶解稀釋成 100g 水溶液，置於密閉容器中保存使用。銅鐵靈與 Fe^{2+}、Fe^{3+}、Cu^{2+}、Ti、Zr、V^{5+}、U^{4+}、Sn^{4+}、Nb、Ga、Ta 等均能形成穩定鉗合物，並完全沈澱，故可與 U^{6+}、Cr、Mn、Ni、Co、Zn、Mg 等分離。在本實驗中之用量爲 1.5mL。

實驗 18　鉀明礬中鋁的定量

E18.1　目　的

利用沈澱重量分析法定量鉀明礬中的鋁。

E18.2　原　理

Al^{3+} 在 NH_4Cl 之共存下與 NH_4OH 作用生成 $Al(OH)_3$ 沈澱，此沈澱經灼熱而成 Al_2O_3，即可求出鋁含量。

E18.3　藥品及儀器

6N NH_4OH，0.1%酚紅指示劑，NH_4Cl，2% NH_4Cl
Gooch 濾堝，烘箱，500mL 燒杯，11cm 無灰濾紙，加熱盤，抽眞空設備，高溫爐

E18.4　操作說明

　　精稱 0.5g 之試料粉末於已知重量之稱量瓶中，然後移入 500mL 燒杯內。用洗滌瓶洗滌盛有試料之稱量瓶，使洗滌液流入燒杯中，並加蒸餾水稀釋至 200mL 後加熱溶解之。加入純 NH_4Cl 固體 4～5g 及 0.1%酚紅指示劑 0.5mL，蓋上錶玻璃，加熱至近沸點。滴入 6N

NH_4OH 至溶液由黃色變橙色，使 $Al(OH)_3$ 完全沈澱。繼續加熱，煮沸 2～3 分鐘。將溶液過濾，以 2% NH_4Cl 溫液洗滌沈澱 3～4 次。將濾紙連沈澱乾燥後，燒化濾紙並將沈澱灼燒 1100°C 至恆量使成為 Al_2O_3。計算試料中鋁含量之百分率。

討 論

E18.1 Al(OH)₃ 之沈澱，從 pH＝3 開始至 pH＝7 完成，在 pH＝9 時又復溶解，這是因為 Al(OH)₃ 係兩性化合物之故，故適當之指示劑為酚紅，pH＝6.4 時為黃色，pH＝8 時為紅色，或甲基紅，pH＝4.2 時為紅色，pH＝6.2 時為黃色。

E18.2 NH₄Cl 係做為緩衝劑之用，又能促進 Al(OH)₃ 之凝集，並防止 Ca、Mg 等氫氧化物沈澱。

E18.3 如於冷液中加 NH₄OH 時，即得 Al(OH)₃ 膠狀沈澱，不易過濾，故須在溫液中進行，並煮沸以驅除氨氣。

E18.4 沈澱用水洗滌時將成膠狀而使洗滌困難，又恐部分沈澱溶解而損失，故應以 NH₄Cl 或 NH₄NO₃ 之稀溶液洗滌之。

E18.5 計算試料中鋁含量之百分率如下：

$$\% Al = \frac{W_{Al_2O_3} \times \dfrac{2FW_{Al}}{FW_{Al_2O_3}}}{W_s} \times 100\%$$

其中　$W_{Al_2O_3}$：所得 Al_2O_3 重
　　　W_s：試料重

實驗 19 碳酸鈣中鈣含量的分析

E19.1 目 的

利用沈澱重量分析法定量碳酸鈣中的鈣。

E19.2 原 理

鈣鹽在鹽酸酸性溫液中，加草酸銨並以 NH_4OH 中和之，即得 CaC_2O_4 沈澱。

$$CaCO_3 + 2H^+ \rightleftharpoons Ca^{2+} + CO_2 + H_2O \qquad (14.12)$$

$$Ca^{2+} + C_2O_4^{2-} \rightleftharpoons CaC_2O_4 \downarrow \qquad (14.13)$$

將此沈澱以 $(NH_4)_2C_2O_4$ 稀溶液洗滌後灼燒而成 CaO，即可求得鈣之含量。

E19.3 藥品及儀器

石灰石粉末，3N HCl，6N NH_4OH，0.05 N $AgNO_3$，甲基橙，0.1% $(NH_4)_2C_2O_4$

Gooch 濾堝，高溫爐，500mL 燒杯，11cm 無灰濾紙，加熱盤，瓷製坩堝

E19.4　操作說明

　　精稱石灰石粉末 0.5g 於 500mL 燒杯中。加 10mL 蒸餾水及 20mL 3N HCl 加熱溶解之。加蒸餾水稀釋至 100mL 後加熱驅除 CO_2。以甲基橙為指示劑，用 6N NH_4OH 中和之。加熱沸騰後，加稍過量之 0.1% $(NH_4)_2C_2O_4$ 溶液使沈澱完全。繼續加熱煮沸 30 分鐘。過濾後以少量 0.1% $(NH_4)_2C_2O_4$ 溫液洗滌，以 $AgNO_3$ 試驗濾液，至洗液中不含氯離子為止。將濾紙燒化，並使沈澱於 1100°C 下灼燒成 CaO 而稱量之。計算鈣含量之百分率。

$$\boxed{\text{討 論}}$$

E19.1 草酸鈣結晶有 $CaC_2O_4 \cdot H_2O$，$CaC_2O_4 \cdot 2H_2O$，$CaC_2O_4 \cdot 3H_2O$ 等三種，其中以一水合物最安定，在溫液中所生成者即為 $CaC_2O_4 \cdot 3H_2O$。

E19.2 $CaC_2O_4 \cdot H_2O$ 於 25°C 時每升水可溶解 8mg，95°C 時可溶解 14mg，故需以 $(NH_4)_2C_2O_4$ 稀薄溶液洗滌之。

E19.3 乾燥沈澱物可得 $CaC_2O_4 \cdot H_2O$，再繼續加熱時其變化如下：

$$CaC_2O_4 \cdot H_2O \xrightarrow{200°C} CaC_2O_4 \xrightarrow{600°C} CaCO_3 \xrightarrow{1000°C \text{ 以上}} CaO$$

E19.4 CaO 能吸收 H_2O 及 CO_2，故稱量時需迅速。

E19.5 計算鈣含量之百分率如下：

$$\%\,Ca = \frac{W_{CaO} \times 0.7145}{W_s} \times 100\%$$

其中　W_{CaO}：所得 CaO 重

　　　W_s：試料重

　　　0.7145：Ca 對 CaO 之重量因數

習 題

14.1　一製造家庭用清潔劑的廣告，宣稱其產品含0.9%磷，試求其 Na_3PO_4 之百分率。

14.2　欲產生 1.67g 的碘酸鉛，需若干 g 的碘酸鉀？

14.3　由 1.68g 含有 82.5% $K_4Fe(CN)_6$ 的樣品，可生成若干 $gAg_4Fe(CN)_6$？

14.4　當 $3164gCaC_2O_4$ 灼熱時，可生成若干 g 的氧化鈣？其分解反應如下：

$$CaC_2O_{4(s)} \Longleftrightarrow CaO_{(s)} + CO_{(g)} + CO_{2(g)}$$

14.5　0.764g 樣品中的鋁，以過量氨水處理可生成 $Al_2O_3 \cdot xH_2O$ 沈澱，然後灼燒成 Al_2O_3。若可回收 $0.127gAl_2O_3$，求樣品中含 Al_2O_3 之百分率。

14.6　0.5881 克樣品以過量的 $AgNO_3$ 處理，可生成 0.641g 的 $AgCl$。以百分率表示此分析結果：

(1)KCl

(2)$BaCl_2 \cdot 2H_2O$

(3)Au_2Cl_6

(4)$ZnCl_2 \cdot 2NH_4Cl$

(5)$FeCl_3$

第十五章　電解重量法

　　電解重量法乃是利用電解作用，持續電解至分析物幾乎完全氧化或還原成一沈積在電極上的產物，稱量此電解沈積的產物以定量分析的一種方法。雖然電解重量法只具有中度的靈敏度及速度，但在許多應用上卻有極高的精密度與準確度。其不準度只有數 ppt，而且不需對標準物作校正。

　　此種利用電解沈積測定金屬重量的分析已有一個世紀了。在大多數的應用中，金屬沈積在已稱重的鉑陰極上，由所增加的重量來定量。有時候被稱重的沈積物是在陽極，鉛以二氧化鉛的形式沈積在鉑陽極上，和氯化物以氯化銀形式沈積在銀陽極上都是重要的例子。

　　理論上，電解重量法可提供選擇合理的方法以分離測定一些離子。電解的理論條件，可由標準還原電位計算導出。

【例 15.1】利用電解沈積法定量分離 Cu^{2+} 及 Pb^{2+} 在理論上是否可行？如果可行的話，需要什麼電解條件？假定樣品溶液中各離子的最初濃度均為 0.02000M，電解使其中一離子只剩初濃度的萬分之一，其餘均完全沈積除去。

【解】由附錄之標準還原電位表可查出：

$$Cu^{2+} + 2e^- \Longleftrightarrow Cu_{(s)} \text{；} E° = 0.337V$$

$$Pb^{2+} + 2e^- \Longleftrightarrow Pb_{(s)} \text{；} E° = -0.126V$$

顯然地，銅將比鉛先沈積。首先計算將 Cu^{2+} 濃度減少至其最初濃度的 10^{-4} 時，即 $2.0000 \times 10^{-6}M$，所需的電位。代入能士特（Nernst）方程式可得 Cu^{2+} 的還原電位為：

$$E_{Cu^{2+}} = 0.337 - \frac{0.0592}{2} \log \frac{1}{2.0000 \times 10^{-6}} = 0.168V$$

同理，可導出開始析出 Pb^{2+} 的還原電位爲：

$$E_{Pb^{2+}} = -0.126 - \frac{0.0592}{2} \log \frac{1}{0.02000} = -0.176V$$

因此，若陰極電位維持在 0.168 及 -0.176V 之間，理論上應可定量分離此二種離子。

　如例 15.1 所示的方法可計算使一金屬沈積而不干擾另一金屬在理論上所需的最小標準電極電位差；此最小標準電極電位差對三價離子而言爲 0.08V，對單價離子爲 0.24V。

　這種理論的分離極限通常只有當金屬離子所沈積的陰極，即工作電極，精確控制在理論所需電位才可達到。此電極電位的控制只能由施加到電解槽的電壓來調整。但是調整施加電壓，$E_{施加}$，不只影響陰極電位，尚且會影響陽極電位、IR 電位降以及任何和電極程序有關的過電壓。所有這些電位均隨著電解的進行繼續變化著。因此欲分離標準還原電位只差十分之幾伏特的物種，唯一的實際方法就是連續監測工作電極的電位，並調整施加電壓使此工作電極的電位維持在期望範圍之內。此種分析方法，若工作電極是陰極，稱爲控制陰極電位電解法（controlled cathode potential electrolysis）；若工作電極是陽極，則稱爲控制陽極電位電解法（controlled anode potential electrolysis）。

　無控制或控制電極電位法均可用於電解重量分析。在無控制電極電位法中，施加電壓通常維持在一可行的最大固定值，以提供足夠的電流在合理的期間內完成電解。在控制電極電位法中，施加電壓則需隨電解的進行漸續地減少，以維持工作電極在期望的電位範圍內。

15.1　電解沈積的物理性質

　　電解沈積應產生密著良好、緻密、平滑且光亮的金屬膜，容易洗滌、乾燥與稱重，又無機械磨損或與空氣反應。若成海綿狀、粉狀或片狀沈積則純度不佳且密著不良。影響電解沈積的物理性質之主要因素爲電流密度、溫度和錯合劑的含量。

　　最好的電解沈積一般是在小於 $0.1A/cm^2$ 的電流密度下生成的；攪拌可改良沈積性質；溫度的效應較難預測，應由實驗決定。許多金屬若沈積自其金屬錯離子的溶液，常可得較平滑且密著良好的金屬膜。氰酸和氨錯離子常提供最佳的沈積就是最佳的例子。

15.2　無控制電極電位法

　　在整個沈積過程保持固定施加電壓的優點是所需設備簡單、便宜，如圖 15.1 所示。

圖 15.1　無控制電極電位法之電解沈積設備，直流電源約 $6\sim12V$，
　　　　滑動電阻約爲 10Ω

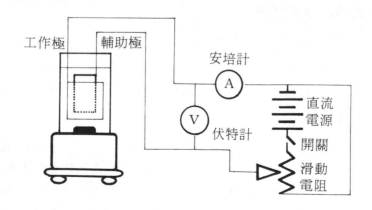

圖 15.2　施加電壓為 1.5V 電解析出 Cu 的電流，陰極電位與 IR 電位
降隨時間的變化

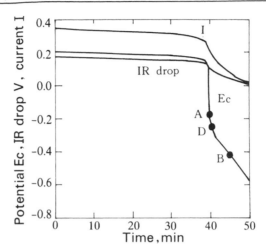

但此法僅限用於易還原的陽離子與較氫離子和/或硝酸離子不易
還原的陽離子的分離。其理由可參考圖 15.2 所示之電流、IR 電位降
與陰極電位隨時間的變化。

為了說明固定施加電壓的電解期間，電流與電壓的關係，今考慮
由 0.021M 銅(II)離子及 0.4M 酒石酸鈉和 0.1M 酒石酸氫鈉之溶液中
沈積銅的情形。此時 pH = 3.86，未與酒石酸鉗合的游離銅離子濃度
為 3.15×10^{-5}M，且電極反應為：

陰極之 Cu^{2+} 還原反應

$$Cu^{2+}_{(aq)} + 2e^- \rightleftharpoons Cu_{(s)} ; \quad E° = 0.337V$$

陽極之 O_2 還原反應

$$O_{2(g)} + 4H^+_{(aq)} + 4e^- \rightleftharpoons 2H_2O_{(\ell)} ; \quad E° = 1.229V$$

若陽極冒出氧氣的壓力為 1atm，

$$E_{O_2} - E_{Cu^{2+}} = 1.229 - 0.337 - \frac{0.0592}{2} \log \frac{3.15 \times 10^{-5}}{1.0^{0.5} \times (1.4 \times 10^{-4})^2}$$

$$= 0.797V \tag{15.1}$$

此時兩極間的電位差爲 0.797V，若外加一等值但反向的電壓，只會使系統保持在一平衡狀態，而無電流流通。今若調整滑動電阻器使施加電解槽的電壓，$E_{施加}$，爲 1.5V，且陰極與陽極白金網之電極面積分別爲 $100cm^2$ 與 $20cm^2$，極間距離爲 1.4cm，則電解槽的電阻爲 0.5Ω，結果初電流爲 0.35A，計算得 IR 電位降的初值爲 0.175V，如圖 15.2 所示。在固定施加電壓下，IR 電位降會一路減少，這主要是因爲陰極的濃度極化限制銅離子供應至極表的速度，也因此限制了電流之故。

　　更確切的說，爲了得到電流與時間的關係，需考慮在二電極的動過電壓（kinetic overvoltage）及濃度過電壓（concentration overvoltage）。在陽極附近由於存在大量的反應物 H_2O，所以電解過程之濃度極化（concentration polarization）微小可忽略，但是陽極因有氣體形成常造成電子在電極與反應物間傳遞速度受限制，這就是動極化（kinetic polarization）現象。H_2 與 O_2 在各種電極的動過電壓如表 15.1 所示。在陰極這一方面，銅還原沈積期間因無氣體發生，所以動極化可以忽略，但濃度極化卻相當顯著。因此施加電壓可表示如下：

$$E_{施加} = E_{陽極} - E_{陰極} + IR$$
$$= (E_{O_2} + \pi_{O_2}) - (E_{Cu^{2+}} - \pi_{Cu^{2+}}) + IR \qquad (15.2)$$

其中 π_{O_2} 及 $\pi_{Cu^{2+}}$ 爲陽極氧氣的動過電壓與陰極銅離子的濃度過電壓。

　　電解開始時，陰極表面的銅離子濃度足夠大，所以濃度極化可暫時忽略。若依上述產生 0.35A 初電流的施加電位爲 1.51V，則陽極因析出氧所造成的動過電壓 π_a 推定必爲 0.54V，如下式：

$$E_{施加} = 0.797 + \underline{0.54} + 0.0 + 0.35 \times 0.5 = 1.51V$$

表 15.1 氫氣與氧氣在惰性電極的動過電壓（V）與其電流密度之關係

電流密度 (A/cm²)	Ag		C(石墨)		白金(光亮)		白金(電度)	
	H_2	O_2	H_2	O_2	H_2	O_2	H_2	O_2
1.00×10^{-3}	.475	.580	.600	—	.024	.72	.015	.398
1.00×10^{-2}	.762	.729	.779	—	.068	.85	.030	.521
1.00×10^{-1}	.875	.984	.977	—	.288	1.28	.041	.638
1.00×10^{0}	1.09	1.13	1.22	—	.676	1.49	.048	.766

在這些條件下，電解槽中電流的變化與時間的關係，如圖 15.2 所示。在施加電壓後，由於陰極幾乎立即發生濃度極化，使電流成指數地減少。即 0.35A 的電流太大，銅離子抵達電極表面的速度不足以維持此電流，因此電流受銅離子遷移速率限制而下降。又當銅離子濃度因沈積而減少時，其遷移速率將更減少。

圖 15.2 顯示由於濃度極化所造成電流的減少使 IR 電位降及動過電位 π_{O_2} 產生的負偏移（negative shift）。因緩衝溶液的氫離子濃度幾乎保持在最初的 $1.4 \times 10^{-4}M$，所以 O_2 還原電位也幾乎是定值，若溶液上的氫化分壓為 1.0atm，則 O_2 還原電位可計算如下：

$$E_{O_2} = 1.229 - \frac{0.0592}{2} \log \frac{1}{1.0^{0.5} \times (1.4 \times 10^{-2})^2}$$

$$= 1.119V \tag{15.3}$$

由於式（15.2）中的 $E_{施加}$ 與 E_{O_2} 皆為定值，所以 $E_{陰極} = (E_{Cu^{2+}} - \pi_{Cu^{2+}})$ 應有相當量的負偏移以抵消 IR 電位降及動過電位 π_{O_2} 的負偏移。

陰極電位隨著濃度極化而變化，若此系統中除銅離子外無其他較氫離子易還原的陽離子存在時，在圖 15.2 的 B 點將開始放出氫氣。此時 $E_{陰極}$ 為

$$E_{陰極} = E_{H^+} - \pi_{H^+} = E_{Cu^{2+}} - \pi_{Cu^{2+}} \tag{15.4}$$

此時銅與氫氣共同析出直至銅完全析出。

　　但若此系統中除銅離子外尚有其他較氫離子易還原的陽離子存在，則易導致其他物種的共沈積（codeposition）而使選擇性減少。例如，若鉛與銅的初濃度相等，則在圖 15.2 的 A 點鉛開始共沈積。此時 $\pi_{Pb^{2+}} = 0$，所以 $E_{陰極}$ 為

$$E_{陰極} = E_{Pb^{2+}} = E_{Cu^{2+}} - \pi_{Cu^{2+}} \tag{15.5}$$

此時若繼續施加電壓會析出鉛，而干擾銅的分析。

　　若減少最初的施加電壓十分之幾伏特以提高一些陰極電位，則雖可避免上述共沈積的干擾，但也將減少初電流，所以定量析出銅的時間會較長。

　　如前所述，無控制電極電位法僅限用於易還原的陽離子與較氫離子和/或硝酸離子不易還原的陽離子的分離。事實上，此種電解接近完成時也可能放出氫，使沈積不易密著在電極上。其對策為加入陰極去極劑（cathod depolarizer），即可在高於氫離子還原電位還原的物質，以避免產生氫氣。硝酸離子有此功用，可在圖 15.2 的 D 點之陰極電位還原成銨離子，其半反應如下：

$$NO_3^- + 10H^+ + 8e^- \rightleftharpoons NH_4^+ + 3H_2O \tag{15.6}$$

此時之電流大部分由此反應提供，Cu^{2+} 之還原反應只提供一小部分電流，所以可緩和其濃度極化之程度。NO_3^- 去極劑在某些較酸的溶液中尚且可提高溶液 pH，使 H_2 不易在陰極冒出。

　　雖然無控制電極電位法之選擇性較少，卻有一些實際重要的應用。表 15.2 列出一些常見元素行電解重量分析時可不必控制陰極電位的例子。

　　任何加速極表液膜與溶液中液體的混合，以減少兩處離子濃度差的方法皆可降低濃度極化。最佳方法顯然是機械攪拌，但提高電解溫度對於混合也有幫助，因為可增加擴散速率。同理，加入惰性電解質可減少活電性離子與電極間的靜電力，故亦可防止濃度梯度之產生。

表 15.2　不需控制陰極電位的電解重量分析應用例

待分析離子	稱重化合物	陰極	陽極	條件
Ag^+	Ag	Pt	Pt	鹼性氰酸溶液
Br^-	AgBr(在陽極)	Pt	Ag	
Cd^{2+}	Cd	Pt 上鍍 Cu	Pt	鹼性氰酸溶液
Cu^{2+}	Cu	Pt	Pt	H_2SO_4/HNO_3 溶液
Mn^{2+}	MnO_2(在陽極)	Pt	Pt 盤	HCOOH/HCOONa 溶液
Ni^{2+}	Ni	Pt 上鍍 Cu	Pt	氨水溶液
Pb^{2+}	PbO_2(在陽極)	Pt	Pt	強 HNO_3 溶液
Zn^{2+}	Zn	Pt 上鍍 Cu	Pt	酸性檸檬酸溶液

15.3　定工作電極電位之電解

　　欲分離標準還原電位只差十分之幾伏特的陽離子則需要採用一個比上述方法更複雜的技術。由於工作電極有濃度極化，如果不仔細檢查的話，將使此極的電位過度下降，以至分析離子尚未定量析出就有雜離子共沈，如圖 15.2 所示，分離效果較粗劣。為避免工作電極電位過度負偏移，可使用如圖 15.3 的三個電極的系統。

圖 15.3　控制陰極電位之電解裝置。直流電源約 6～12V，滑動電阻約
　　　　　10Ω，電解時調整接觸點 C 至所要電位在(相對 SCE)－0.2V

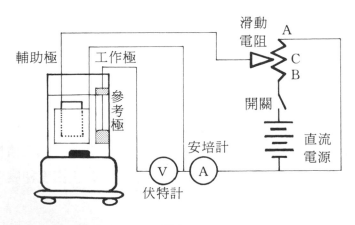

15.4　定工作電極電位之儀器裝置

1.電解槽（cells）

與圖15.1中的典型電解槽一樣。通常使用的是高型的燒杯，可在固體電極上沈積金屬，並用攪拌磁子攪拌以減少濃度極化。

2.電　極（electrodes）

電極通常由鉑所製成，雖然有時也可使用銅、黃銅，及其他金屬所製成。鉑電極的優點是化學性相當不活潑；且可被灼熱以除去任何油脂、有機物，或氣體，這些物質對於沈積物的物理性質有不良效應。有些金屬，尤其是鉍、鋅，及鎵，不可直接在鉑電極上沈積，否則易造成鉑電極永久的損害；電解這些金屬前，常在鉑電極表面沈積一銅膜保護層。

3.電源（power supplies）與電路

圖15.3所示的裝置是使用於大多數電解分析的典型裝置。其中的直流電源可為蓄電池、或具有良好濾波的發電機或交流電整流器之直流輸出。滑動電阻器（rheostat）可控制施加電壓；安培計及伏特計用來指示電流及相對於參考電極的工作電極電位。工作電極電位須用約 $10^{12}\Omega$ 的高阻抗電位計或電子伏特計，連接飽和甘汞參考電極或銀/氯化銀等參考電極來量測；普通的移動線圈伏特計會引出過量電流，造成電壓測定的誤差，因此不適用。

電壓之調整除了使用滑動電阻器外，也可使用變壓速率高至 5～20V/min 之定電位器（potentiostats）的自動儀器，以直接控制工作電極的電位。

在定工作電極電位的電解法中，加入第三個電極於溶液中以連續量測工作電極電位。此第三電極稱為參考電極，其與工作電極的電位差可用以量測工作電極的電位。利用滑動電阻器（voltage divider）控制施加電壓，可使工作電極電位維持在適合分離的電位。定工作電極電位沈積法可在相當高的最初施加電壓下操作，以得到高電流。電解進行後，圖 15.3 之 AC 間的施加電壓須降低，以維持工作電極在一定的電位。此施加電壓的減少使得電流減少。完成電解時，電流將接近於零。在典型定陰極電位的電解過程中所發生的變化，如圖 15.4 所述。控制工作電極電位法通常利用自動控制設備來控制施加電壓，否則以人手控制時，徒然耗費操作者的工時。

圖 15.4　控制陰極電位在(相對 SCE)－0.2V 之施加電位(A)或電流
　　　　　(B)與時間之關係（電解槽之條件與圖 15.2 相同）

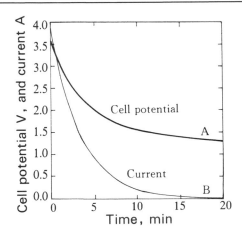

15.5　控制電極電位電解之應用

控制電極電位法對於直接分析含有金屬元素混合物的溶液而言，是一種有效的工具。此種控制電位法可以使標準電位僅相差十分之幾伏特的元素，完全分離出來。下例說明一種可以分別沈積以測定銅、鉍、鉛、鎘、鋅及錫在混合溶液中組成的方法。前三種元素可以從接近中性的酒石酸溶液中析出。維持陰極對於飽和甘汞電極的電位為$-0.2V$時，銅首先完全被還原析出。在稱重後，鍍銅陰極再放回溶液中，而鉍在$-0.4V$電位時被沈積而除去。然後鉛在陰極電位降至$-0.6V$時完全被析出。在整個沈積過程中，錫以形成十分穩定的酒石酸錯合物而保留在溶液中。在沈積出鉛後，增加溶液之氨濃度，鎘和鋅可依序分別在$-1.2V$和$-1.5V$沈積出。最後，溶液被酸化產生未解離的酒石酸以分解錫/酒石酸錯合物；則錫在$-0.65V$的陰極電位沈積析出。像此種的分析步驟若使用定電位計則更吸引人，因為所需工時很少。

　　表 15.3 列出一些常見元素行電解重量分析時控制陰極電位的例子。

表 15.3　控制陰極電位的電解重量分析應用例

待測定金屬離子	可自含下列元素的溶液中定量析出	200mL 電解液之組成	工作陰極	定電位 V（相對 SCE）
Ag^+ $0.06\sim0.6g$	Cu, Bi, Sb, Pb, Sn, Cd, Zn, Ni	NH_4OH（1.2M）+ NH_4Cl(0.2M)	Pt	-0.24
Cu^{2+} $0.1\sim0.4g$	Bi, Sb, Pb, Sn, Cd, Zn, Ni	0.4M 酒石酸鈉 + 0.1M 酒石酸氫鈉	Pt	-0.30
Bi^{3+} $0.1\sim0.4g$	Sb, Pb, Sn, Cd, Zn	pH5.9(酒石酸鈉緩衝液)	Pt	-0.40
Sb^{3+} $0.4g$	Pb, Sn	0.4M 酒石酸鈉 + 0.1M 酒石酸氫鈉	Cu/pt	-0.75
Sn^{2+} $0.2g$	Cd, Zn, Mn, Fe	HCl(0.6M) + $N_2H_4 \cdot 2HCl$	Cu/Pt	-0.65

待測定金屬 離　子	可自含下列元素的 溶液中定量析出	200mL 電解液 之　組　成	工作 陰極	定電位 V （相對 SCE）
Pb^{2+} $0.1\sim0.3g$	Sn，Ni，Cd，Zn， Mn，Al，Fe	0.4M 酒石酸鈉 + 0.1M 酒石酸氫鈉	Cu/Pt	-0.60
Cd^{2+} $0.2\sim0.4g$	Zn	pH4.5 ~ 5.0（酒石 酸鈉緩衝液）	Cu/Pt	$-1.00\sim$ -1.15
Ni^{2+} $0.15g$	Zn，Al，Fe	NH_4OH（1.2M）+ $(NH_4)_2SO_4$ （0.2M）	Cu/Pt	-0.95

（註）Cu/Pt 表示陰極於沉積待測金屬之前先於 pH5.9 酒石酸鈉緩衝液中加入
　　　含 Cu 5~10mg 的 $CuSO_4$ 標準溶液中，將陰極以 $-0.40V$（相對 SCE）
　　　的定電位鍍銅 15 分鐘，如此可提高氫過電壓。

15.6　汞陰極（the mercury cathode）

　　汞陰極在分析的預備步驟中，欲除去容易被還原的元素時特別有
用。例如，銅、鎳、鈷、銀及鎘可從鋁、鈦、鹼金屬、硫酸鹽、及磷
酸鹽等的離子中輕易地被分離出來。析出的金屬元素一般溶於汞中，
由於氫在汞電極的過電壓很高，金屬析出時即使施加電壓很高也只有
少量氫氣冒出。通常在汞陰極沈積的金屬元素並非分析之用，其目的
只是從溶液中將這些金屬除去，所以電解處理時可採用定電流方式，
監控陰極電位勿使下降至待分析物亦會析出的電位。此種用途的電解
裝置如圖 15.5 所示。

圖 15.5　用以從溶液中電解除去金屬離子的汞陰極

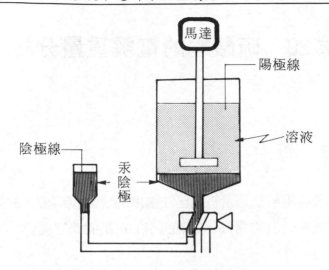

15.7 電量與沈積金屬重量之關係

安培 A（ampere）為電流 I 之單位，庫倫 C（coulomb）則為電量 Q 之單位。一安培電流持續一秒鐘所輸送的電荷量等於一庫倫。一法拉第 F（faraday）的電量相當於 6.022×10^{23} 個電子，或一莫耳的電子，它可使電極產生一克當量的化學變化。一法拉第又等於 96485C。若電量和電流效率為已知，則可計算沉積電極的化合物重量。在電解重量法中雖不一定需 100％電流效率，但良好的電解程序之電流效率通常接近 100％。

沈積物的克當量數可計算如下：

$$克當量數 = \frac{Q}{F} = \frac{\int_{0}^{t} I \eta \, dt}{F} \tag{15.7}$$

其中　$F = 96485 \ C/eq$
　　　η 為電流效率
　　　t 則為時間秒

實驗 20 硫酸銅的電解重量分析

E20.1 目 的

以無控制陰極電解法定量析出已知濃度的硫酸銅溶液中的銅, 以熟習電流和電壓與時間的關係, 並確認施加電壓的適宜度。

E20.2 原 理

施加一定電壓的直流電於電解裝置中, 在鉑陰極上析出銅的還原反應如下:

$$Cu^{2+}_{(aq)} + 2e^- \rightleftharpoons Cu_{(s)}; \quad E° = 0.337V$$

若原液中 Cu^{2+} 之分析濃度為 $2 \times 10^{-2}M$, 定量析出 Cu 後, 在酒石酸溶液中 $[Cu^{2+}] = 3.15 \times 10^{-8}M$ 時,

$$E_{Cu^{2+}} = 0.337 - \frac{0.0592}{2} \log \frac{1}{3.15 \times 10^{-8}} = 0.115V$$

因為溶液中除了 Cu^{2+} 外並沒有比 H^+ 更容易還原的離子, 而溶液中之 pH 若為 3.86, 則

$$E_{H^+} = 0.000 - 0.0592 \log \frac{1}{1.4 \times 10^{-4}} = -0.228V$$

所以只要維持陰極電位 $E_{陰極}$ 在 $-0.228V$ 與 $0.115V$ 之間即可定量析出銅。電解完成後, 陰極所增加的重量應與樣品溶液中所含銅的量一致。但是無控制陰極電解法中 $E_{陰極}$ 是無法測得的, 只能測兩極

間的施加電壓 $E_{施加}$，其與陰極電位 $E_{陰極}$ 有如下的關係：

$$E_{施加} = E_{陽極} - E_{陰極} + IR$$

$$= (E_{O_2} + \pi_{O_2}) - (E_{Cu^{2+}} - \pi_{Cu^{2+}}) + IR$$

式中 $E_{O_2} - E_{Cu^{2+}}$ 與 $\pi_{O_2} + \pi_{Cu^{2+}} + IR$ 各約爲 0.797V 與 0.6V，所以 $E_{施加}$ 約爲 1.39V，在此施加電壓附近，調節滑動電阻器使初電流爲 0.35A，記錄此時的施加電壓，並維持此一施加電壓至電流降至幾乎爲零。電解終點可用 $Na_2S_2O_3$ 溶液與硫氰化鐵溶液之二價銅離子鑑定法輔助判定之。

E20.3　藥品及儀器

$CuSO_4 \cdot 5H_2O$，6M 硝酸，酒精，0.1N $Na_2S_2O_3$ 溶液，酒石酸，
氫氧化鈉，硫氰化鐵溶液
直流電源供應器（電壓 4~6V，功率 60~80W），
直流電流計（5A 或 10A），直流電壓計（5V 或 10V），
滑動電阻器（4~5Ω），
100cm² 白金網陰極，20cm² 白金網陽極，300mL 燒杯，
3000mL 熱水浴，攪拌加熱盤，電子天平，有刻痕錶玻璃，白瓷板，
烘箱，玻璃乾燥器

E20.4　操作說明

　　精稱約 1g 精製硫酸銅，15g 酒石酸和 7.5g 氫氧化鈉，放入 300mL 高型燒杯中，加 200mL 水溶解後，加 0.2mL 剛煮沸過且已冷卻的 6M HNO_3。鉑電極浸入熱的 6M HNO_3 中 5 分鐘，用蒸餾水徹底沖洗，並用一小部分的乙醇或丙酮淋洗若干次，放入 110℃ 的烘箱中乾燥 2~3 分鐘。冷卻後稱量陰極的重量，精稱至 0.1mg。插入陽

極及已知重量的白金陰極，陰極與電解裝置的負端連接，陽極與正端連接。提高燒杯使陰極除了保留數毫米外均在溶液中。轉動攪拌磁子後，開始通以電流。調節滑動電阻器，使在 $1.4 \sim 1.5V$ 及約 $0.3A$ 下進行電解。約電解 40 分鐘後，銅離子顏色即完全消失。以水將附著於錶玻璃上的電解液洗入燒杯內，並繼續電解 5 分鐘。取 1 滴電解液，置於白瓷板上，加 1 滴水，1 滴硫氰化鐵溶液及 3 滴 0.1N $Na_2S_2O_3$，以小玻棒攪和。若紅色立即消失，表示電解液中尚殘留銅離子，須繼續電解，直到紅色於 3 分鐘內不消失爲止。電解完成後，繼續通電並徐徐放下燒杯，或提起電極，立即以洗瓶洗滌陰極表面，待陰極完全離開電解液面後關閉電源。將陰極浸漬於水中，然後浸入酒精中並立刻取出。置於 110℃ 烘箱中乾燥。放入玻璃乾燥器冷卻 30 分鐘後，稱量之。陰極所增加的重量即爲析出的金屬銅的重量。計算試料的含銅量，並求實驗誤差。

$$\boxed{\text{討　論}}$$

E20.1　HNO_3 煮沸是要除去氮的氧化物，氮氧化物會延遲 Cu 的沈積，並且會在沈積物上形成銅的氧化物。加入硝酸根離子可作為去極劑，代替氫離子而被還原。氫的生成減少沈積層的附著性。

E20.2　硫氰化鐵溶液之配製：

　　　　1.5g $FeCl_3$ + 2g KSCN 以水溶解成 100mL。

E20.3　轉動攪拌磁子或加熱電解液皆可減少濃度極化。

E20.4　以硫氰化鐵溶液及 0.1N $Na_2S_2O_3$ 檢驗 Cu^{2+} 之反應如下：

$$2Na_2S_2O_3 + 2Cu^{2+} \Longleftrightarrow Na_2S_4O_6 + 2Cu^+ + 2Na^+$$

$$2Na_2S_2O_3 + 2Fe^{3+} \Longleftrightarrow Na_2S_4O_6 + 2Fe^{2+} + 2Na^+$$

$$Fe^{3+} + SCN^- \Longleftrightarrow Fe(SCN)^{2+} \text{（紅色）}$$

E20.5　電解槽之電阻與電極面積，極間距離，攪拌速度，電解液之電導度有關。而後者又與電解質種類，電解質濃度，電解液之溫度有關。本實驗之極間距離應保持在 2cm 以內。

實驗 21　銅礦中的銅含量的測定

E21.1　目　的

以無控制陰極電解法定量析出未知濃度的硫酸銅溶液中的銅，以測定銅礦中的銅含量。

E21.2　原　理

銅礦以硝酸氧化溶解後，在硫酸存在下煮沸蒸發除去氮的氧化物，並過濾除去殘渣，即可依無控制陰極電解法定量析出銅。

E21.3　藥品及儀器

約含 $10\sim30\%$ Cu 的銅礦，濃 HNO_3，9M H_2SO_4，酒精，
0.1N $Na_2S_2O_3$ 溶液，硫酸溶液 （1:1），硫氰化鐵溶液，酒石酸，
氫氧化鈉，
直流電源供應器 （電壓 $4\sim6V$，功率 $60\sim80W$），
直流電流計 （5A 或 10A），直流電壓計 （5V 或 10V），
滑動電阻器 （$4\sim5\Omega$），
$100cm^2$ 白金網陰極，$20cm^2$ 白金網陽極，150mL 燒杯，300mL 燒杯，
3000mL 熱水浴，攪拌加熱盤，電子天平，有刻痕錶玻璃，白瓷板，
烘箱，玻璃乾燥器

E21.4　操作說明

稱量已磨成細粉且已乾燥過的銅礦約 5g，放入 150mL 的燒杯中，並加入 15mL 濃 HNO_3。以有刻痕的錶玻璃覆蓋，並在抽氣室中加熱，直到所有銅溶解。若體積少於 5mL，需再加入 HNO_3。繼續加熱直到殘餘物爲白色或淺灰色的二氧化矽爲止。冷卻溶液後加入 10mL 9M H_2SO_4，加熱直到 SO_3 白色煙霧出現。稀釋溶液至約 80mL，加熱至沸騰，經中度多孔性濾紙過濾，濾液收集在 300mL 的電解燒杯中。用 5mL 的水洗滌濾紙三次。加入 15g 酒石酸、7.5g 氫氧化鈉和 0.2mL 剛煮沸過且已冷卻的 6M HNO_3。以純水稀釋至約 200mL，依實驗 19 的操作方法進行電解。

討 論

E21.1 若銅礦不易分解，再加 5mL 的濃 HCl，並於排煙櫃中加熱，直到只有白色或灰色殘餘物留下為止，不可蒸發至乾。冷卻後加入 10mL 濃 H_2SO_4，並在排煙櫃中蒸發，直到許多 SO_3 白煙冒出為止，此法可去除 Cl^- 離子。冷卻並小心加入 15mL 水及 10mL 飽和溴水。在排煙櫃中煮沸溶液直到所有溴被除去為止，使銅完全氧化成 Cu^{2+}。冷卻後進行過濾步驟，然後再行電解操作。

E21.2 電解液不可含 Cl^-，因為 Cl^- 會浸蝕鉑電極。此浸蝕反應不僅破壞儀器，而且由於溶解的 Pt 會與 Cu 共沈積，造成分析誤差。

E21.3 於電解前加入 0.2mL 剛煮沸過且已冷卻的 6M HNO_3 主要作為去極劑。煮沸 HNO_3 是要除去氮的氧化物，因氮的氧化物會延遲 Cu 的沈積，並且會在沈積物上形成銅的氧化物。加入硝酸根離子作為去極劑，可代替氫離子被還原，因為若有氫的生成會減少沈積層的附著性。

E21.4 電極表面若有油脂或有機物存在，可將電極在火焰中燒成紅熱除去之。手指切勿直接接觸陰極表面，否則手指上的油脂會造成沈積層附著性不良。

E21.5 停止施加電壓後，電極不可浸泡在溶液中太久，從溶液中移開的電極亦需馬上洗去電極表面的酸，否則 Cu 會再溶解。

習 題

15.1　銅由 $0.200M$ 的 Cu^{2+} 及 $pH=3.00$ 的緩衝溶液中沈積。在鉑陽極上生成氧的分壓為 $1.00atm$。電解槽的電阻為 2.80Ω，溫度為 $25°C$。求：

(1)在此電池中開始沈積銅所需的理論電位。

(2)電流為 $0.15A$ 時的 IR 電壓降。

(3)已知氧的過電壓為 $0.85V$，則最初的施加電壓為若干？

(4)假定所有其他的變數保持不變，當 $[Cu^{2+}]$ 為 $0.0010M$ 時施加電壓為若干？

15.2　欲由含 Ni^{2+} $0.200M$ 及 $pH=2.00$ 的緩衝溶液沈積鎳。在鉑陽極上生成氧的分壓為 $1.00atm$。電解槽的電阻為 3.15Ω，溫度為 $25°C$。求：

(1)在此電池中開始沈積鎳所需的理論電位。

(2)電流為 $1.10A$ 時的 IR 電壓降。

(3)已知氧的過電壓為 $0.85V$，則最初的施加電壓為若干？

(4)假定所有其他的變數保持不變，當 $[Ni^{2+}]$ 為 $0.00020M$ 時施加電壓為若干？

15.3　欲由 $BiCl_4^-$ 分析濃度 $0.0800M$ 及 KCl $0.400M$ 的 $pH=1.50$ 緩衝溶液沈積鉍。在鉑陽極上生成氧的分壓為 $765torr$。電解槽的電阻為 1.80Ω，溫度為 $25°C$。求：

(1)在此電池中開始沈積鉍所需的理論電位。

(2)電流為 $0.42A$ 時的 IR 電壓降。

(3)已知氧的過電壓為 $0.72V$，則最初的施加電壓為若干？

(4)假定所有其他的變數保持不變，當 Bi 的分析濃度爲 $1.00 \times 10^{-5}M$ 時施加電壓爲若干?

15.4 在較不易還原的金屬 M_2 濃度爲 0.200M 的溶液中，使 M_1 的濃度減少至 $1.00 \times 10^{-4}M$ 時，所需標準電極電位差的最小值爲若干，其中:

(1)M_2 爲單價而 M_1 爲二價。

(2)M_1 及 M_2 均爲二價。

(3)M_2 爲三價而 M_1 爲單價。

(4)M_2 爲二價而 M_1 爲單價。

(5)M_2 爲二價而 M_1 爲三價。

15.5 溶液中含 Co^{2+} 0.150M，Cd^{2+} 0.0750 M。試求:

(1)Cd 開始沈積時的 Co^{2+} 濃度。

(2)Co^{2+} 濃度降至 $1.00 \times 10^{-5}M$ 的陰極電位。

15.6 含 BiO^+ 分析濃度 0.0500M 及 Co^{2+} 0.0400M 的 pH＝2.50 緩衝溶液:

(1)較不易還原的陽離子開始沈積時的較易還原陽離子的濃度。

(2)較易還原的陽離子濃度降至 $1.00 \times 10^{-6}M$ 的陰極電位。

15.7 在 pH＝4.00 的醋酸鹽緩衝溶液中，含 $5.00 \times 10^{-2}M$ 的 Zn^{2+} 及 $8.00 \times 10^{-3}M$ 的 Cd^{2+}，利用電解沈積來分離陽離子。在鉑陽極產生氧的壓力爲 1.00atm; 氧的過電壓爲 0.80V。電解槽的電阻爲 2.40Ω。試問:

(1)那一個陽離子先沈積?

(2)欲使電解槽在 0.50A 下操作，估計所需施加的最初電壓。

(3)欲定量分離陽離子的殘餘濃度若定爲 $1.00 \times 10^{-6}M$，試求所需維持的陰極電位範圍（相對 SCE）爲若干?

15.8 在 pH＝4.00 的醋酸鹽緩衝溶液中，含 $5.00 \times 10^{-2}M$ 的 Cu^{2+} 及 $8.00 \times 10^{-3}M$ 的 Ag^{2+}，利用電解沈積來分離陽離子。在鉑陽

極子產生氧的壓力爲 0.80atm；氧的過電壓爲 0.80V。電解槽的電阻爲 2.40Ω。試問：

(1)那一個陽離子先沈積？

(2)欲使電解槽在 0.50A 下操作，估計所需施加的最初電壓。

(3)欲定量分離陽離子的殘餘濃度若定爲 1.00×10^{-6}M，試求所需維持的陰極電位範圍（相對 SCE）爲若干？

15.9　在 pH = 1.50 的醋酸鹽緩衝溶液中，Bi^{3+} 和 Sn^{2+} 的含量皆爲 0.200M，欲利用定陰極電位的電解沈積來分離陽離子時，

(1)較易還原的陽離子開始沈積時的理論陰極電位。

(2)較不易還原的陽離子開始沈積時較易還原陽離子的殘餘濃度？

(3)欲定量分離陽離子的殘餘濃度若定爲 1.00×10^{-6}M，試求所需維持的陰極電位範圍（相對 SCE）爲若干？

15.10　鹵素離子可在銀陽極沈積，其反應式如下：

$$Ag_{(s)} + X^- \Longleftrightarrow AgX_{(s)} + e^-$$

(1)欲定量分離陰離子的殘餘濃度若定爲 1.00×10^{-6}M，且鹵素離子之初始分析濃度皆爲 0.250M，試問理論上以定陰極電位電解法分離 Br^- 與 I^- 等離子是否可行？

(2)試問理論上以定陰極電位電解法分離 Cl^- 與 I^- 等離子是否可行？

(3)若(1)或(2)之分離可行，試求所需維持的陰極電位範圍（相對 SCE）爲若干？

15.11　試求所需維持的陰極電位範圍（相對 SCE），以降低汞的分析濃度至 1.00×10^{-6}M 以下？假設反應產物皆爲汞元素，且電解液爲：

(1)Hg^{2+} 的水溶液。

(2)Br^- 之平衡濃度爲 0.250M 的水溶液。

$$HgBr_4{}^{2-} + 2e^- \rightleftharpoons Hg_{(\ell)} + 4Br^- \; ; \; E° = 0.223V$$

15.12 以 0.961A 的定電流沈積 0.500g 的鈷需多少時間？如果：

(1)鈷以元素狀態沈積在陰極。

(2)鈷以 Co_3O_4 狀態沈積在陽極。

附

錄

附錄一　　酸的解離常數

名　　　　　　　稱	化　　學　　式	K_1	K_2	K_3
醋酸（Acetic）	CH_3COOH	1.75×10^{-5}		
砷酸（Arsenic）	H_3AsO_4	6.0×10^{-3}	1.05×10^{-7}	3.0×10^{-12}
亞砷酸（Arsenous）	H_3AsO_3	6.0×10^{-10}	3.0×10^{-14}	
苯甲酸（Benzoic）	C_6H_5COOH	6.14×10^{-5}		
硼酸（Boric）	H_3BO_3	5.83×10^{-10}		
1－丁酸（1－Butanoic）	$CH_3CH_2CH_2COOH$	1.51×10^{-5}		
碳酸（Carbonic）	H_2CO_3	4.45×10^{-7}	4.7×10^{-11}	
氯醋酸（Chloroacetic）	$ClCH_2COOH$	1.36×10^{-3}		
檸檬酸（Citric）	$HOOC(OH)C(CH_2COOH)_2$	7.45×10^{-4}	1.73×10^{-5}	4.02×10^{-7}
乙二胺四醋酸（Ethylene diamine tetraacetic）	H_4Y	1.0×10^{-2}	2.1×10^{-3} $K_4 = 5.5 \times 10^{-11}$	6.9×10^{-7}
甲酸（Formic）	$HCOOH$	1.77×10^{-4}		
反丁烯二酸（Fumaric）	$trans-HOOCCH:CHCOOH$	9.6×10^{-4}	4.1×10^{-5}	
羥苯乙酸（Glycolic）	$HOCH_2COOH$	1.48×10^{-4}		
氫疊氮酸（Hydrazoic）	HN_3	1.9×10^{-5}		
氰化氫（Hydrogen cyanide）	HCN	2.1×10^{-9}		
氫氟酸（Hydrogen fluoride）	HF	7.2×10^{-4}		
過氧化氫（Hydrogen peroxide）	H_2O_2	2.7×10^{-12}		
氫硫酸（Hydrogen sulfide）	H_2S	5.7×10^{-8}	1.2×10^{-15}	
次氯酸（Hypochlorous）	$HOCl$	3.0×10^{-8}		
碘酸（Iodic）	HIO_3	1.7×10^{-1}		
乳酸（Lactic）	$CH_3CHOHCOOH$	1.37×10^{-4}		
順丁烯二酸（Maleic）	$cis-HOOCCH:CHCOOH$	1.20×10^{-2}	5.96×10^{-7}	
氰酸（Cyanic）	$HOCN$	2.0×10^{-4}		
次溴酸（Hypobromous）	$HOBr$	2.0×10^{-9}		
蘋果酸（Malic）	$HOOCCHOHCH_2COOH$	4.0×10^{-4}	8.9×10^{-6}	
丙二酸（Malonic）	$HOOCCH_2COOH$	1.40×10^{-3}	2.01×10^{-6}	
苯乙醇酸（Mandelic）	$C_6H_5CHOHCOOH$	3.88×10^{-4}		
亞硝酸（Nitrous）	HNO_2	5.1×10^{-4}		

名　　　　　　稱	化　　　學　　　式	K_1	K_2	K_3
草酸（Oxalic）	HOOCCOOH	5.36×10^{-2}	5.42×10^{-5}	
過碘酸（Periodic）	H_5IO_6	2.4×10^{-2}	5.0×10^{-9}	
酚（Phenol）	C_6H_5OH	1.00×10^{-10}		
磷酸（Phosphoric）	H_3PO_4	7.11×10^{-3}	6.34×10^{-8}	4.2×10^{-13}
亞磷酸（Phosphorous）	H_3PO_3	1.00×10^{-2}	2.6×10^{-7}	
磷苯二甲酸（o－Phthalic）	$C_6H_4(COOH)_2$	1.12×10^{-3}	3.91×10^{-6}	
苦酸（Picric）	$(NO_2)_3C_6H_2OH$	5.1×10^{-1}		
丙酸（Propanoic）	CH_3CH_2COOH	1.34×10^{-5}		
丙酮酸（Pyruvic）	$CH_3COCOOH$	3.24×10^{-3}		
柳酸（Salicylic）	$C_6H_4(OH)COOH$	1.05×10^{-3}		
磺胺酸（Sulfarmic）	H_2NSO_3H	1.03×10^{-1}		
硫酸（Sulfuric）	H_2SO_4	強解離	1.20×10^{-2}	
亞硫酸（Sulfurous）	H_2SO_3	1.7×10^{-2}	6.43×10^{-8}	
丁二酸（Succinic）	$HOOCCH_2CH_2COOH$	6.21×10^{-5}	2.32×10^{-6}	
酒石酸（Tartaric）	$HOOC(CHOH)_2COOH$	9.20×10^{-4}	4.31×10^{-5}	
三氯醋酸（Trichloroacetic）	Cl_3CCOOH	1.29×10^{-1}		

資料來源：Skoog, D. A., D. M. West and F. J. Holler, "*Fundamental of Analytical Chemistry*", 7th Ed. Saunders College, appendix 3（1996）.

附錄二　鹼的解離常數

名　　　稱	化　　學　　式	解 離 常 數 K, 25°C
氨（Ammonia）	NH_3	1.76×10^{-5}
苯胺（Aniline）	$C_6H_5NH_2$	3.94×10^{-10}
1 - 丁胺（1 - Butylamine）	$CH_3(CH_2)_2CH_2NH_2$	4.0×10^{-4}
二甲胺（Dimethylamine）	$(CH_3)_2NH$	5.9×10^{-4}
乙醇胺（Ethanolamine）	$HOC_2H_4NH_2$	3.18×10^{-5}
乙胺（Ethylamine）	$CH_3CH_2NH_2$	4.28×10^{-4}
乙二胺（Ethylenediamine）	$NH_2C_2H_4NH_2$	$K_1 = 8.5 \times 10^{-5}$
		$K_2 = 7.1 \times 10^{-8}$
聯胺（Hydrazine）	H_2NNH_2	1.3×10^{-6}
羥基胺（Hydroxylamine）	$HONH_2$	1.07×10^{-8}
甲胺（Methylamine）	CH_3NH_2	4.8×10^{-4}
六氫吡啶（Piperidine）	$C_5H_{11}N$	1.3×10^{-3}
吡啶（Pyridine）	C_5H_5N	1.7×10^{-9}
三甲胺（Trimethylamine）	$(CH_3)_3N$	6.25×10^{-5}

資料來源： Skoog, D. A., D. M. West and F. J. Holler, "*Fundamental of Analytical Chemistry*", 6th Ed. Saunders College, appendix 4 (1992).

附錄三　錯合物步驟生成常數

配位子	陽離子	$\log K_1$	$\log K_2$	$\log K_3$	$\log K_4$	$\log K_5$	$\log K_6$
CH_3COO^-	Ag^+	0.4	-0.2				
	Cd^{2+}	1.3	1.0	0.1	-0.4		
	Cu^{2+}	2.2	1.1				
	Hg^{2+}	$\log K_1 K_2 = 8.4$					
	Pb^{2+}	2.7	1.5				
NH_3	Ag^+	3.3	3.8				
	Cd^{2+}	2.6	2.1	1.4	0.9	-0.3	-1.7
	Co^{2+}	2.1	1.6	1.0	0.8	0.2	-0.6
	Cu^{2+}	4.3	3.7	3.0	2.3	-0.5	
	Ni^{2+}	2.8	2.2	1.7	1.2	0.8	0.0
	Zn^{2+}	2.4	2.4	2.5	2.1		
Br^-	Ag^+	$AgBr_{(s)} + Br^- \rightleftharpoons AgBr_2^-$			$\log K_{S2} = -4.7$		
		$AgBr_2^- + Br^- \rightleftharpoons AgBr_3^{2-}$			$\log K_3 = 0.7$		
	Hg^{2+}	9.0	8.3	1.4	1.3		
	Pb^{2+}	1.2					
Cl^-	Ag^+	$AgCl_{(s)} + Cl^- \rightleftharpoons AgCl_2^-$			$\log K_{S2} = -4.7$		
		$AgCl_2^- + Cl^- \rightleftharpoons AgCl_3^{2-}$			$\log K_3 = 0.0$		
	Bi^{3+}	2.4	2.0	1.4	0.4	0.5	
	Cd^{2+}	1.5	0.4	0.4			
	Cu^+	$Cu^+ + 2Cl^- \rightleftharpoons CuCl_2^-$			$\log K_1 K_2 = 4.9$		
	Fe^{2+}	0.4	0.0				
	Fe^{3+}	1.5	0.6	-1.0			
	Hg^{2+}	6.7	6.5	0.9	1.0		
	Pb^{2+}	1.6	$Pb^{2+} + 3Cl^- \rightleftharpoons PbCl_3^-$		$\log K_1 K_2 K_3 = 1.7$		
	Sn^{2+}	1.1	0.6	0.0			
CN^-	Ag^+	$Ag^+ + 2CN^- \rightleftharpoons Ag(CN)_2^-$			$\log K_1 K_2 = 21.1$		
	Cd^{2+}	5.5	5.1	4.6	3.6		
	Hg^{2+}	18.0	16.7	3.8	3.0		
	Ni^{2+}	$Ni^{2+} + 4CN^- \rightleftharpoons Ni(CN)_4^{2-}$			$\log K_1 K_2 K_3 K_4 = 31$		
F^-	Al^{3+}	6.1	5.0	3.8	2.7	1.6	0.5
	Fe^{3+}	5.3	4.0	2.8			
OH^-	Al^{3+}	8.9	$Al(OH)_{3(s)} + OH^- \rightleftharpoons Al(OH)_4^-$		$\log K_{S4} = 1.0$		
	Cd^{2+}	2.3					

配位子	陽離子	$\log K_1$	$\log K_2$	$\log K_3$	$\log K_4$	$\log K_5$	$\log K_6$
	Cu^{2+}	6.5					
	Fe^{2+}	3.9					
	Fe^{3+}	11.1	10.7				
	Hg^{2+}	10.3					
	Ni^{2+}	4.6					
	Pb^{2+}	6.2	$Pb(OH)_{2(s)} + OH^- \rightleftharpoons Pb(OH)_3^-$			$\log K_{S3} = -1.3$	
	Zn^{2+}	4.4	$Zn(OH)_{2(s)} + 2OH^- \rightleftharpoons Zn(OH)_4^{2-}$			$\log K_{S4} = -0.9$	
I^-	Cd^{2+}	2.4	1.6	1.0	1.1		
	Cu^+		$CuI_{(s)} + I^- \rightleftharpoons CuI_2^-$			$\log K_{S2} = -3.1$	
	Hg^{2+}	12.9	11.0	3.8	2.3		
	Pb^{2+}	1.3	$PbI_{2(s)} + I^- \rightleftharpoons PbI_3^-$			$\log K_{S3} = -4.7$	
			$PbI_3^- + I^- \rightleftharpoons PbI_4^{2-}$			$\log K_4 = -3.8$	
$C_2O_4^{2-}$	Al^{3+}	$\log K_1 K_2 = 13$		3.8			
	Fe^{3+}	9.4	6.8	4.0			
	Mg^{2+}	3.4	1.0				
	Mn^{2+}	3.9	1.9				
	Pb^{2+}	$Pb^{2+} + 2C_2O_4^{2-} \rightleftharpoons Pb(C_2O_4)_2^{2-}$			$\log K_1 K_2 = 6.5$		
SO_4^{2-}	Al^{3+}	3.2	1.9				
	Cd^{2+}	2.3					
	Cu^{2+}	2.4					
	Fe^{3+}	3.0	1.0				
SCN^-	Ag^+		$AgSCN_{(s)} + SCN^- \rightleftharpoons Ag(SCN)_2^-$			$\log K_{S2} = -7.2$	
	Cd^{2+}	1.0	0.7	0.6	1.0		
	Co^{2+}	2.3	0.7	-0.7	0.0		
	Cu^{2+}		$CuSCN_{(s)} + SCN^- \rightleftharpoons Cu(SCN)_2^-$			$\log K_{S2} = -3.4$	
	Fe^{3+}	2.1	1.3				
	Hg^{2+}	$\log K_1 K_2 = 17.3$		2.7	1.8		
	Ni^{2+}	1.2	0.5	0.2			
$S_2O_3^{2-}$	Ag^+	7.12	6.10				

配位子	陽離子	$\log K_{MA}$	$\log K_{MHA}$
酒石酸 H_2A	Ba^{2+}	1.5	4.65
	Ca^{2+}	1.7	4.85
	Cd^{2+}	2.8	
	Co^{2+}	2.1	
	Cu^{2+}	3.2	
	Mg^{2+}	1.2	4.65
	Pb^{2+}	3.8	
	Sr^{2+}	1.4	
	Zn^{2+}	2.4	4.5

資料來源：Skoog, D. A., D. M. West and F. J. Holler, "*Fundamental of Analytical Chemistry*", 6th Ed. Saunders College, appendix 5 (1992).

附錄四　標準電極電位與式電位

半　反　應 Half-Reaction	標準還原電位 E°, V	式　電　位 Formal Potential, V
Aluminum		
$Al^{3+} + 3e^- \rightleftharpoons Al_{(s)}$	-1.662	
Antimony		
$Sb_2O_{5(s)} + 6H^+ + 4e^- \rightleftharpoons 2SbO^+ + 3H_2O$	$+0.581$	
Arsenic		
$H_3AsO_4 + 2H^+ + 2e^- \rightleftharpoons H_3AsO_3 + H_2O$	$+0.559$	0.577 in 1M HCl, $HClO_4$
Barium		
$Ba^{2+} + 2e^- \rightleftharpoons Ba_{(s)}$	-2.906	
Bismuth		
$BiO^+ + 2H^+ + 3e^- \rightleftharpoons Bi_{(s)} + H_2O$	$+0.320$	
$BiCl_4^- + 3e^- \rightleftharpoons Bi_{(s)} + 4Cl^-$	$+0.16$	
Bromine		
$Br_{2(\ell)} + 2e^- \rightleftharpoons 2Br^-$	$+1.065$	1.05 in 4M HCl
$Br_{2(aq)} + 2e^- \rightleftharpoons 2Br^-$	$+1.087$	
$BrO_3^- + 6H^+ + 5e^- \rightleftharpoons \frac{1}{2} Br_{2(l)} + 3H_2O$	$+1.52$	
$BrO_3^- + 6H^+ + 6e^- \rightleftharpoons Br^- + 3H_2O$	$+1.44$	
Cadmium		
$Cd^{2+} + 2e^- \rightleftharpoons Cd_{(s)}$	-0.403	
Calcium		
$Ca^{2+} + 2e^- \rightleftharpoons Ca_{(s)}$	-2.866	
Carbon		
$C_6H_4O_2(quinone) + 2H^+ + 2e^- \rightleftharpoons C_6H_4(OH)_2$	$+0.699$	0.696 in 1M HCl, $HClO_4$,
$2CO_{2(g)} + 2H^+ + 2e^- \rightleftharpoons H_2C_2O_4$	-0.49	H_2SO_4

半 反 應 Half-Reaction	標準還原電位 $E°$, V	式 電 位 Formal Potential, V
Cerium		
$Ce^{4+} + e^- \rightleftharpoons Ce^{3+}$		$+1.70$ in 1M $HClO_4$; $+1.61$ in 1M HNO_3; $+1.44$ in 1M H_2SO_4
Chlorine		
$Cl_{2(g)} + 2e^- \rightleftharpoons 2Cl^-$	$+1.359$	
$HClO + H^+ + e^- \rightleftharpoons \frac{1}{2} Cl_{2(g)} + H_2O$	$+1.63$	
$ClO_3^- + 6H^+ + 5e^- \rightleftharpoons \frac{1}{2} Cl_{2(g)} + 3H_2O$	$+1.47$	
Chromium		
$Cr^{3+} + e^- \rightleftharpoons Cr^{2+}$	-0.408	
$Cr^{3+} + 3e^- \rightleftharpoons Cr_{(s)}$	-0.744	
$Cr_2O_7^{2-} + 14H^+ + 6e^- \rightleftharpoons 2Cr^{3+} + 7H_2O$	$+1.33$	
Cobalt		
$Co^{2+} + 2e^- \rightleftharpoons Co_{(s)}$	-0.277	
$Co^{3+} + e^- \rightleftharpoons Co^{2+}$	$+1.808$	
Copper		
$Cu^{2+} + 2e^- \rightleftharpoons Cu_{(s)}$	$+0.337$	
$Cu^{2+} + e^- \rightleftharpoons Cu^+$	$+0.153$	
$Cu^+ + e^- \rightleftharpoons Cu_{(s)}$	$+0.521$	
$Cu^{2+} + I^- + e^- \rightleftharpoons CuI_{(s)}$	$+0.86$	
$CuI_{(s)} + e^- \rightleftharpoons Cu_{(s)} + I^-$	-0.185	
Fluorine		
$F_{2(g)} + 2H^+ + 2e^- \rightleftharpoons 2HF_{(aq)}$	$+3.06$	
Hydrogen		
$2H^+ + 2e^- \rightleftharpoons H_{2(g)}$	0.000	-0.005 in 1M HCl, $HClO_4$
Iodine		
$I_{2(s)} + 2e^- \rightleftharpoons 2I^-$	$+0.5355$	
$I_{2(aq)} + 2e^- \rightleftharpoons 2I^-$	$+0.615$	
$I_3^- + 2e^- \rightleftharpoons 3I^-$	$+0.536$	
$ICl_2^- + e^- \rightleftharpoons \frac{1}{2} I_{2(s)} + 2Cl^-$	$+1.056$	
$IO_3^- + 6H^+ + 5e^- \rightleftharpoons \frac{1}{2} I_{2(s)} + 3H_2O$	$+1.196$	
$IO_3^- + 6H^+ + 5e^- \rightleftharpoons \frac{1}{2} I_{2(aq)} + 3H_2O$	$+1.178$	

半　反　應 Half-Reaction	標準還原電位 E°, V	式　電　位 Formal Potential, V
$IO_3^- + 2Cl^- + 6H^+ + 4e^- \rightleftharpoons ICl_2^- + 3 H_2O$	$+1.24$	
$H_5IO_6 + H^+ + 2e^- \rightleftharpoons IO_3^- + 3H_2O$	$+1.601$	
Iron		
$Fe^{2+} + 2e^- \rightleftharpoons Fe_{(s)}$	-0.440	
$Fe^{3+} + e^- \rightleftharpoons Fe^{2+}$	$+0.771$	0.700 in 1M HCl; 0.732 in 1M $HClO_4$; 0.68 in 1M H_2SO_4
$Fe(CN)_6^{3+} + e^- \rightleftharpoons Fe(CN)_6^{4-}$	$+0.36$	0.71 in 1M HCl; 0.72 in 1M $HClO_4$, H_2SO_4
Lead		
$Pb^{2+} + 2e^- \rightleftharpoons Pb_{(s)}$	-0.126	-0.14 in 1M $HClO_4$; -0.29 in 1M H_2SO_4
$PbO_{2(s)} + 4H^+ + 2e^- \rightleftharpoons Pb^{2+} + 2H_2O$	$+1.455$	
$PbSO_{4(s)} + 2e^- \rightleftharpoons Pb_{(s)} + SO_4^{2-}$	-0.350	
Lithium		
$Li^+ + e^- \rightleftharpoons Li_{(s)}$	-3.045	
Magnesium		
$Mg^{2+} + 2e^- \rightleftharpoons Mg_{(s)}$	-2.363	
Manganese		
$Mn^{2+} + 2e^- \rightleftharpoons Mn_{(s)}$	-1.180	
$Mn^{3+} + e^- \rightleftharpoons Mn^{2+}$	$+1.56$	1.51 in 7.5M H_2SO_4
$MnO_{2(s)} + 4H^+ + 2e^- \rightleftharpoons Mn^{2+} + 2H_2O$	$+1.23$	
$MnO_4^- + 8H^+ + 5e^- \rightleftharpoons Mn^{2+} + 4H_2O$	$+1.51$	
$MnO_4^- + 4 H^+ + 3e^- \rightleftharpoons MnO_{2(s)} + 2H_2O$	$+1.695$	
$MnO_4^- + e^- \rightleftharpoons MnO_4^{2-}$	$+0.564$	
Mercury		
$Hg_2^{2+} + 2e^- \rightleftharpoons 2Hg_{(\ell)}$	$+0.788$	0.274 in 1M HCl; 0.776 in 1M $HClO_4$; 0.674 in 1M H_2SO_4
$2Hg^{2+} + 2e^- \rightleftharpoons Hg_2^{2+}$	$+0.920$	0.907 in 1M $HClO_4$

半　反　應 Half-Reaction	標準還原電位 E°, V	式　電　位 Formal Potential, V
$Hg^{2+} + 2e^- \rightleftharpoons Hg_{(\ell)}$	$+0.854$	
$Hg_2Cl_{2(s)} + 2e^- \rightleftharpoons 2Hg_{(\ell)} + 2Cl^-$	$+0.268$	0.244 in sat'd KCl(S.C. E.); 0.282 in 1M KCl; 0.334 in 0.1M KCl
$Hg_2SO_{4(s)} + 2e^- \rightleftharpoons 2Hg_{(\ell)} + SO_4^{2-}$	$+0.615$	
Nickel		
$Ni^{2+} + 2e^- \rightleftharpoons Ni_{(s)}$	-0.250	
Nitrogen		
$N_{2(g)} + 5H^+ + 4e^- \rightleftharpoons N_2H_5^+$	-0.23	
$HNO_2 + H^+ + e^- \rightleftharpoons NO_{(g)} + H_2O$	$+1.00$	
$NO_3^- + 3H^+ + 2e^- \rightleftharpoons HNO_2 + H_2O$	$+0.94$	0.92 in 1M HNO₃
Oxygen		
$H_2O_2 + 2H^+ + 2e^- \rightleftharpoons 2H_2O$	$+1.776$	
$HO_2^- + H_2O + 2e^- \rightleftharpoons 3OH^-$	$+0.88$	
$O_{2(g)} + 4H^+ + 4e^- \rightleftharpoons 2H_2O$	$+1.229$	
$O_{2(g)} + 2H^+ + 2e^- \rightleftharpoons H_2O_2$	$+0.682$	
$O_{3(g)} + 2H^+ + 2e^- \rightleftharpoons O_{2(g)} + H_2O$	$+2.07$	
Palladium		
$Pd^{2+} + 2e^- \rightleftharpoons Pd_{(s)}$	$+0.987$	
Platinum		
$PtCl_4^{2-} + 2e^- \rightleftharpoons Pt_{(s)} + 4Cl^-$	$+0.73$	
$PtCl_6^{2-} + 2e^- \rightleftharpoons PtCl_4^{2-} + 2Cl^-$	$+0.68$	
Potassium		
$K^+ + e^- \rightleftharpoons K_{(s)}$	-2.925	
Selenium		
$H_2SeO_3 + 4H^+ + 4e^- \rightleftharpoons Se_{(s)} + 3H_2O$	$+0.740$	
$SeO_4^{2-} + 4H^+ + 2e^- \rightleftharpoons H_2SeO_3 + H_2O$	$+1.15$	
Silver		
$Ag^+ + e^- \rightleftharpoons Ag_{(s)}$	$+0.799$	0.228 in 1M HCl; 0.792 in 1M HClO₄; 0.77 in 1M H₂SO₄
$AgBr_{(s)} + e^- \rightleftharpoons Ag_{(s)} + Br^-$	$+0.073$	
$AgCl_{(s)} + e^- \rightleftharpoons Ag_{(s)} + Cl^-$	$+0.222$	0.228 in 1M KCl

半 反 應 Half-Reaction	標準還原電位 $E°$, V	式 電 位 Formal Potential, V
$Ag(CN)_2^- + e^- \rightleftharpoons Ag_{(s)} + 2CN^-$	-0.31	
$Ag_2CrO_{4(s)} + 2e^- \rightleftharpoons 2Ag_{(s)} + CrO_4^{2-}$	$+0.446$	
$AgI_{(s)} + e^- \rightleftharpoons Ag_{(s)} + I^-$	-0.151	
$Ag(S_2O_3)_2^{3-} + e^- \rightleftharpoons Ag_{(s)} + 2S_2O_3^{2-}$	$+0.017$	
Sodium		
$Na^+ + e^- \rightleftharpoons Na_{(s)}$	-2.714	
Sulfur		
$S_{(s)} + 2H^+ + 2e^- \rightleftharpoons H_2S_{(g)}$	$+0.141$	
$H_2SO_3 + 4H^+ + 4e^- \rightleftharpoons S_{(s)} + 3H_2O$	$+0.450$	
$SO_4^{2-} + 4H^+ + 2e^- \rightleftharpoons H_2SO_3 + H_2O$	$+0.172$	
$S_4O_6^{2-} + 2e^- \rightleftharpoons 2S_2O_3^{2-}$	$+0.08$	
$S_2O_8^{2-} + 2e^- \rightleftharpoons 2SO_4^{2-}$	$+2.01$	
Thallium		
$Tl^+ + e^- \rightleftharpoons Tl_{(s)}$	-0.336	-0.551 in 1M HCl; -0.33 in 1M $HClO_4$, H_2SO_4
$Tl^{3+} + 2e^- \rightleftharpoons Tl^+$	$+1.25$	0.77 in 1M HCl
Tin		
$Sn^{2+} + 2e^- \rightleftharpoons Sn_{(s)}$	-0.136	-0.16 in 1M $HClO_4$
$Sn^{4+} + 2e^- \rightleftharpoons Sn^{2+}$	$+0.154$	0.14 in 1M HCl
Titanium		
$Ti^{3+} + e^- \rightleftharpoons Ti^{2+}$	-0.369	
$TiO^{2+} + 2H^+ + e^- \rightleftharpoons Ti^{3+} + H_2O$	$+0.099$	0.04 in 1M H_2SO_4
Uranium		
$UO_2^{2+} + 4H^+ + 2e^- \rightleftharpoons U^{4+} + 2H_2O$	$+0.334$	
Vanadium		
$V^{3+} + e^- \rightleftharpoons V^{2+}$	-0.256	-0.21 in 1M $HClO_4$
$VO^{2+} + 2H^+ + e^- \rightleftharpoons V^{3+} + H_2O$	$+0.359$	
$V(OH)_4^+ + 2H^+ + e^- \rightleftharpoons VO^{2+} + 3H_2O$	$+1.00$	1.02 in 1M HCl, $HClO_4$
Zinc		
$Zn^{2+} + 2e^- \rightleftharpoons Zn_{(s)}$	-0.763	

附錄五　溶解度積常數

Formula	pK_{sp}	K_{sp}	溫度(°C)	離子強度(M)
Azides：$L = N_3^-$				
CuL	8.31	4.9×10^{-9}	25	0
AgL	8.56	2.8×10^{-9}	25	0
Hg_2L_2	9.15	7.1×10^{-10}	25	0
TlL	3.66	2.2×10^{-4}	25	0
PdL_2 （α）	8.57	2.7×10^{-9}	25	0
Bromates：$L = BrO_3^-$				
$BaL \cdot H_2O$	5.11	7.8×10^{-6}	25	0.5
AgL	4.26	5.5×10^{-5}	25	0
TlL	3.78	1.7×10^{-4}	25	0
PbL_2	5.10	7.9×10^{-6}	25	0
Bromides：$L = Br^-$				
CuL	8.3	5×10^{-9}	25	0
AgL	12.30	5.0×10^{-13}	25	0
Hg_2L_2	22.25	5.6×10^{-23}	25	0
TlL	5.44	3.6×10^{-6}	25	0
HgL_2	18.9	1.3×10^{-19}	25	0.5
PbL_2	5.68	2.1×10^{-6}	25	0
Carbonates：$L = CO_3^{2-}$				
MgL	7.46	3.5×10^{-8}	25	0
CaL （calcite）	8.35	4.5×10^{-9}	25	0
CaL （aragonite）	8.22	6.0×10^{-9}	25	0
SrL	9.03	9.3×10^{-10}	25	0
BaL	8.30	5.0×10^{-9}	25	0
Y_2L_3	30.6	2.5×10^{-31}	25	0
La_2L_3	33.4	4.0×10^{-34}	25	0
MnL	9.30	5.0×10^{-10}	25	0

Formula	pK_{sp}	K_{sp}	溫度(°C)	離子強度(M)
FeL	10.68	2.1×10^{-11}	25	0
CoL	9.98	1.0×10^{-10}	25	0
NiL	6.87	1.3×10^{-7}	25	0
CuL	9.63	2.3×10^{-10}	25	0
Ag_2L	11.09	8.1×10^{-12}	25	0
Hg_2L	16.05	8.9×10^{-17}	25	0
ZnL	10.00	1.0×10^{-10}	25	0
CdL	13.74	1.8×10^{-14}	25	0
PbL	13.13	7.4×10^{-14}	25	0
Chlorides： $L = Cl^-$				
CuL	6.73	1.9×10^{-7}	25	0
AgL	9.74	1.8×10^{-10}	25	0
Hg_2L_2	17.91	1.2×10^{-18}	25	0
TlL	3.74	1.8×10^{-4}	25	0
PbL_2	4.78	1.7×10^{-5}	25	0
Chromates： $L = CrO_4^{2-}$				
BaL	9.67	2.1×10^{-10}	25	0
CuL	5.44	3.6×10^{-6}	25	0
Ag_2L	11.92	1.2×10^{-12}	25	0
Hg_2L	8.70	2.0×10^{-9}	25	0
Tl_2L	12.01	9.8×10^{-13}	25	0
Cobalticyanides： $L = Co(CN)_6^{3-}$				
Ag_3L	25.41	3.9×10^{-26}	25	0
$(Hg_2)_3L_2$	36.72	1.9×10^{-37}	25	0
Cyanides： $L = CN^-$				
AgL	15.66	2.2×10^{-16}	25	0
Hg_2L_2	39.3	5×10^{-40}	25	0
ZnL_2	15.5	3×10^{-16}	25	3
Ferrocyanides： $L = Fe(CN)_6^{4-}$				
Ag_4L	44.07	8.5×10^{-45}	25	0
Zn_2L	15.68	2.1×10^{-16}	25	0
Cd_2L	17.38	4.2×10^{-18}	25	0
Pb_2L	18.02	9.5×10^{-19}	25	0

Formula	pK_{sp}	K_{sp}	溫度(°C)	離子強度(M)
Fluorides：$L = F^-$				
LiL	2.77	1.7×10^{-3}	25	0
MgL$_2$	8.18	6.6×10^{-9}	25	0
CaL$_2$	10.41	3.9×10^{-11}	25	0
SrL$_2$	8.54	2.9×10^{-9}	25	0
BaL$_2$	5.76	1.7×10^{-6}	25	0
ThL$_4$	28.3	5×10^{-29}	25	0
PbL$_2$	7.44	3.6×10^{-8}	25	0
Hydroxides：$L = OH^-$				
MgL$_2$	11.15	7.1×10^{-12}	25	0
CaL$_2$	5.19	6.5×10^{-6}	25	0
BaL$_2 \cdot 8H_2O$	3.6	3×10^{-4}	25	0
YL$_3$	23.2	6×10^{-24}	25	0
LaL$_3$	20.7	2×10^{-21}	25	0
CeL$_3$	21.2	6×10^{-22}	25	0
UO$_2$ ($\Longleftrightarrow U^{4+} + 4OH^-$)	56.2	6×10^{-57}	25	0
UO$_2$L$_2$($\Longleftrightarrow UO_2^{2+} + 2OH^-$)	22.4	4×10^{-23}	25	0
MnL$_2$	12.8	1.6×10^{-13}	25	0
FeL$_2$	15.1	7.9×10^{-16}	25	0
CoL$_2$	14.9	1.3×10^{-15}	25	0
NiL$_2$	15.2	6×10^{-16}	25	0
CuL$_2$	19.32	4.8×10^{-20}	25	0
VL$_3$	34.4	4.0×10^{-35}	25	0
CrL$_3$	29.8	1.6×10^{-30}	25	0.1
FeL$_3$	38.8	1.6×10^{-39}	25	0
CoL$_3$	44.5	3×10^{-45}	19	0
VOL$_2$ ($\Longleftrightarrow VO^{2+} + 2OH^-$)	23.5	3×10^{-24}	25	0
PdL$_2$	28.5	3×10^{-29}	25	0
ZnL$_2$ (amorphous)	15.52	3.0×10^{-16}	25	0
CdL$_2$ (β)	14.35	4.5×10^{-15}	25	0
HgO(red)($\Longleftrightarrow Hg^{2+} + 2OH^-$)	25.44	3.6×10^{-26}	25	0
SrL$_2$	3.49	3.2×10^{-4}	25	0
Cu$_2$O ($\Longleftrightarrow 2Cu^+ + 2OH^-$)	29.4	4×10^{-30}	25	0
Ag$_2$O ($\Longleftrightarrow 2Ag^+ + 2OH^-$)	15.42	3.8×10^{-16}	25	0
AuL$_3$	5.5	3×10^{-6}	25	0

Formula	pK_{sp}	K_{sp}	溫度(℃)	離子強度(M)
AlL_3 (α)	33.5	3×10^{-34}	25	0
GaL_3 (amorphous)	37	10^{-37}	25	0
InL_3	36.9	1.3×10^{-37}	25	0
SnO ($\Longrightarrow Sn^{2+} + 2OH^-$)	26.2	6×10^{-27}	25	0
$PbO(yellow)(\Longrightarrow Pb^{2+} + 2OH^-)$	15.1	8×10^{-16}	25	0
PbO (red)($\Longrightarrow Pb^{2+} + 2OH^-$)	15.3	5×10^{-16}	25	0
Iodates: $L = IO_3^-$				
CaL_2	6.15	7.1×10^{-7}	25	0
SrL_2	6.48	3.3×10^{-7}	25	0
BaL_2	8.81	1.5×10^{-9}	25	0
YL_3	10.15	7.1×10^{-11}	25	0
LaL_3	10.99	1.0×10^{-11}	25	0
CeL_3	10.86	1.4×10^{-11}	25	0
ThL_4	14.62	2.4×10^{-15}	25	0.5
UO_2L_2 ($\Longrightarrow UO_2^{2+} + 2IO_3^-$)	7.01	9.8×10^{-8}	25	0.2
CrL_3	5.3	5×10^{-6}	25	0.5
AgL	7.51	3.1×10^{-8}	25	0
Hg_2L_2	17.89	1.3×10^{-18}	25	0
TlL	5.51	3.1×10^{-6}	25	0
ZnL_2	5.41	3.9×10^{-6}	25	0
CdL_2	7.64	2.3×10^{-8}	25	0
PbL_2	12.61	2.5×10^{-13}	25	0
Iodides: $L = I^-$				
CuL	12.0	1×10^{-12}	25	0
AgL	16.08	8.3×10^{-17}	25	0
$CH_3HgL(\Longrightarrow CH_3Hg^+ + I^-)$	11.46	3.5×10^{-12}	20	1
CH_3CH_2HgL	4.11	7.8×10^{-5}	25	1
($\Longrightarrow CH_3CH_2Hg^+ + I^-$)				
TlL	7.23	5.9×10^{-8}	25	0
Hg_2L_2	27.95	1.1×10^{-28}	25	0.5
SnL_2	5.08	8.3×10^{-6}	25	4
PbL_2	8.10	7.9×10^{-9}	25	0
Oxalates: $L = C_2O_4^{2-}$				
CaL	7.9	1.3×10^{-8}	20	0.1
SrL	6.4	4×10^{-7}	20	0.1

Formula	pK$_{sp}$	K$_{sp}$	溫度(°C)	離子強度(M)
BaL	6.0	1×10^{-6}	20	0.1
La$_2$L$_3$	25.0	1×10^{-25}	20	0.1
ThL$_2$	21.38	4.2×10^{-22}	25	1
UO$_2$L $(\rightleftharpoons UO_2^{2+} + C_2O_4^{2-})$	8.66	2.2×10^{-9}	20	0.1
Phosphates： L = PO$_4$$^{3-}$				
MgHL·3H$_2$O$(\rightleftharpoons Mg^{2+} + HL^{2-})$	5.78	1.7×10^{-6}	25	0
CaHL·2H$_2$O$(\rightleftharpoons Ca^{2+} + HL^{2-})$	6.58	2.6×10^{-7}	25	0
SrHL $(\rightleftharpoons Sr^{2+} + HL^{2-})$	6.92	1.2×10^{-7}	20	0
BaHL $(\rightleftharpoons Ba^{2+} + HL^{2-})$	7.40	4.0×10^{-8}	20	0
LaL	22.43	3.7×10^{-23}	25	0.5
Fe$_3$L$_2$·8H$_2$O	36.0	1×10^{-36}	25	0
FeL·2H$_2$O	26.4	4×10^{-27}	25	0
(VO)$_3$L$_2$ $(\rightleftharpoons 3VO^{2+} + 2L^{3-})$	25.1	8×10^{-26}	25	0
Ag$_3$L	17.55	2.8×10^{-18}	25	0
Hg$_2$HL $(\rightleftharpoons Hg_2^{2+} + HL^{2-})$	12.40	4.0×10^{-13}	25	0
Zn$_3$L$_2$·4H$_2$O	35.3	5×10^{-36}	25	0
Pb$_3$L$_2$	43.53	3.0×10^{-44}	38	0
GaL	21.0	1×10^{-21}	25	1
InL	21.63	2.3×10^{-22}	25	1
Sulfates： L = SO$_4$$^{2-}$				
CaL	4.62	2.4×10^{-5}	25	0
SrL	6.50	3.2×10^{-7}	25	0
BaL	9.96	1.1×10^{-10}	25	0
RaL	10.37	4.3×10^{-11}	20	0
Ag$_2$L	4.83	1.5×10^{-5}	25	0
Hg$_2$L	6.13	7.4×10^{-7}	25	0
PbL	6.20	6.3×10^{-7}	25	0
Sulfides： L = S^{2-}				
MnL (pink)	10.5	3×10^{-11}	25	0
MnL (green)	13.5	3×10^{-14}	25	0
FeL	18.1	8×10^{-19}	25	0
CoL (α)	21.3	5×10^{-22}	25	0
CoL (β)	25.6	3×10^{-26}	25	0
NiL (α)	19.4	4×10^{-20}	25	0

Formula	pK_{sp}	K_{sp}	溫度(°C)	離子強度(M)
NiL (β)	24.9	1.3×10^{-25}	25	0
NiL (γ)	26.6	3×10^{-27}	25	0
CuL	36.1	8×10^{-37}	25	0
Cu_2L	48.5	3×10^{-49}	25	0
Ag_2L	50.1	8×10^{-51}	25	0
Tl_2L	21.2	6×10^{-22}	25	0
ZnL (α)	24.7	2×10^{-25}	25	0
ZnL (β)	22.5	3×10^{-23}	25	0
CdL	27.0	1×10^{-27}	25	0
HgL (black)	52.7	2×10^{-53}	25	0
HgL (red)	53.3	5×10^{-54}	25	0
SnL	25.9	1.3×10^{-26}	25	0
PbL	27.5	3×10^{-28}	25	0
In_2L_3	69.4	4×10^{-70}	25	0
Thiocyanates： L = SCN$^-$				
CuL	13.40	4.0×10^{-14}	25	5
AgL	11.97	1.1×10^{-12}	25	0
Hg_2L_2	19.52	3.0×10^{-20}	25	0
TlL	3.79	1.6×10^{-4}	25	0
HgL_2	19.56	2.8×10^{-20}	25	1

資料來源：Harris, D.C. "*Quantitative Chemical Analysis*", 4th Ed.W.H.Freeman, appendix F (1995).

附錄六　溶解度數據

除非特別註明，鹼和鹽類的溶解度皆於 25°C 狀況

	Cl^-	Br^-	I^-	NO_3^-	SO_4^{2-}	CrO_4^{2-}	CO_3^{2-}	$C_2H_3O_2^-$	OH^-	PO_4^{3-}	S^{2-}
Na^+	36.12 6.180	94.59 9.191	184.2 12.35	91~92 10.7~10.8	28.0 1.97	85.4 5.27	29.12 2.747	46.5^{20} 5.67	109^{20*} 27.3	14.0 0.854	hydr.
K^+	35.5 4.76	67.7 5.69	148 8.92	37.3 3.69	12.04 0.6910	62.5 3.22	112.1 8.111	269.4 2.745	118.5 21.12	sl.s.	hydr.
Mg^{2+}	56.7 5.95	103.3 5.610	139.8^{20*} 5.026	72.7 4.90	36.43 3.026	72.3^{18*} 5.15	0.0716^{15*} 0.00849	65.60 4.606	0.0_293 0.0_316	(.4H₂O) 0.0205 (.4H₂O) 0.0_3612	hydr.
Ca^{2+}	74.5^{20*} 6.71	153 7.65	208^{20*} 7.08	138.0 8.410	0.208 0.0153	2.38 0.152	0.00153 0.0_3153	34.2 2.16	0.12 0.016	0.001~ 0.010 0.0_43~ 0.0_33	hydr.
Si^{2+}	55.8 3.52	107 4.32	177.8^{20*} 5.207	82.0 3.8	0.013^{20*} 0.0_371	0.091 0.0045	0.00010^{24*} 0.0_4738	40.19 1.954	(.8H₂O) 1.74^{20} (.8H₂O) 0.143	ins.	hydr.
Ba^{2+}	37 1.8	106 3.57	220.5 5.637	10.2 0.390	0.0_326 0.0_411	0.0_337^{20*} 0.0_415	$0.0024^{24.2*}$ 0.0_312	$78.1^{24.1*}$ 3.06	4.68 0.273	ins.	hydr.
Fe^{2+}	64.5 5.09	116.9^{21*} 5.420		87 4.8	26.69 1.757		0.0067 0.0_358	v.s.	0.0_4732 8.14×10^{-6}		5.4×10^{-9} 6.1×10^{-10}
Fe^{3+}	91.85^{20*} 5.662			87.19 3.605	240 11		hydr.		5.2×10^{-9} 4.9×10^{-10}	ins.	6×10^{-17} 3×10^{-18}
Cu^{2+}	77.3 5.75	126 5.64	1.11 0.0583	151 8.05	22.7 1.42	ins.	ins.	7.28 0.401	0.0_33 3.0×10^{-5}	ins.	1.7×10^{-18} 1.8×10^{-19}
Zn^{2+}	432 31.7	471 20.9	492^{22*} 15.4	128 6.76	57.45 3.559	ins.	0.0206 1.64×10^{-3}	30^{20} 1.6	0.0_626^{18*} 0.0_726	ins.	3.4×10^{-11} 3.5×10^{-12}
Pb^{2+}	1.1 0.04	0.9744 0.02655	0.0764 0.00166	60.6 1.83	0.00425 0.0_3140	0.0_558 0.0_618	0.0_315^{20*} 0.0_556^{20*}	55.2 1.70	0.012 0.0_35	0.0_4135^{20*} 0.0_6166	6.2×10^{-14} 2.6×10^{-15}

	Cl^-	Br^-	I^-	NO_3^-	SO_4^{2-}	CrO_4^{2-}	CO_3^{2-}	$C_2H_3O_2$	OH^-	PO_4^{3-}	S^{2-}
Ag^+	0.0_3179 0.0_4125	0.0_437 0.0_6729	2.8×10^{-7} 1.2×10^{-8}	255.5 15.04	0.841 0.0270	0.0043 0.0_313	0.0032 0.0_312	1.12 0.067	d.	$0.0_3644^{20°}$ 0.0_4154	1×10^{-16} 5×10^{-18}
Hg_2^{2+}	0.0_438 0.0_681	0.0_54 0.0_77	2×10^{-8} 3×10^{-10}	d.	0.058 11.7×10^{-4}	v.sl.s.	0.0_545 0.0_798	$0.102^{21°}$ 0.00196	v. sl. s.	ins.	
Hg^{2+}	7.3 0.27	0.61 0.017	0.00610 0.0_3134	v.s.	d.	sl.s.d.	ins.	$25^{10°}$ 0.78	ins.	ins.	7×10^{-25} 3×10^{-26}
Cd^{2+}	120.5 6.573	112 4.11	86.22 2.354	158 6.68	$76.60^{20°}$ 3.674	ins.	ins.	v.s.	0.0_326 0.0_418	ins.	1.4×10^{-13} 1.0×10^{-14}
Ni^{2+}	65.6 5.06	134 6.13	154 4.94	100 5.47	$37.90^{22.6°}$ 2.449	ins.	0.00925 7.79×10^{-4}	16.6 0.94	$0.0013^{20°}$ 0.0_314	ins.	5×10^{-10} 6×10^{-11}
Co^{2+}	56.3 4.33	119.1 5.444	203 6.49	$98.9^{18°}$ 5.41	$38.9^{24°}$ 2.51	ins.	ins.	s.	0.0_332 0.0_434	ins.	2×10^{-10} 2×10^{-11}
Mn^{2+}	77.18 6.133	152 7.08	s.	165.8 9.267	64.78 4.290		0.0065 5.7×10^{-4}	$(.4H_2O)$ $64.55°$ $(.4H_2O)$ 2.63	$0.002^{20°}$ 2.10×10^{-4}		3.2×10^{-7} 3.7×10^{-8}

每格內，上方的數目代表鹽類溶於 100 毫升水的克數，下方數目代表溶於 1000 克水的莫耳數（重量莫耳濃度），除非特別註明，皆以無水鹽為準。 (s. ＝可溶；v.s ＝非常可溶；v.sl.s. ＝非常微溶；sl.s ＝微溶；ins. ＝不溶；hydr. ＝被水水解；d. ＝分解；空白格表示無可靠數據或化合物不存在。)

資料來源: Garrett, A. B., H. H. Sisler, J. Bonk and R. C. Stoufer, "*Semimicro Qualitative Analysis*", 3rd Ed. Blaisdell, p.276 (1966).

附錄七　定量分析常用化合物之分子量

Ag	107.87	AsO_5	229.84
Ag_3AsO_4	462.53	As_2S_3	246.03
AgCl	143.32		
AgI	234.77	Ba	137.33
$AgNO_3$	169.88	$BaBr_2$	297.22
		$BaCl_2$	208.25
Al	26.98	$BaCl_2 \cdot 2H_2O$	244.28
Al_2O_3	101.96	$BaCO_3$	197.35
$Al(OH)_3$	78.00	BaF_2	175.34
		BaO	153.34
As	74.92	$Ba(OH)_2$	171.36
As_2O_3	197.84	$Ba(OH)_2 \cdot 8H_2O$	315.48
$BaSO_4$	233.40	H_2O	18.02
Br	79.90	H_2O_2	34.02
Br_2	159.82	H_3PO_4	98.00
		H_2SO_3	82.08
C	12.01	$HSO_3 \cdot NH_2$ (sulfamic)	97.09
C_6H_5COOH	122.12	H_2SO_4	98.08
$C_6H_4COOK \cdot COOH$	204.22	Hg	200.59
CO_2	44.01	HgO	216.59
$CO(NH_2)_2$	60.05		
		I	126.90
Ca	40.08	I_2	253.81
$CaCO_3$	100.09		
CaF_2	78.08	K	39.10

CaO	56.08	$KAl(SO_4)_2 \cdot 12H_2O$	474.40
$Ca(OH)_2$	74.10	$KAsO_2$	146.02
$Ca_3(PO_4)_2$	310.18	KBr	119.01
$CaSO_4$	136.14	$KBrO_3$	167.01
		KCl	74.55
Ce	140.12	$KClO_4$	138.55
CeO_2	172.12	KCN	65.12
		KCNS	97.18
Cl	35.45	K_2CO_3	138.21
Cl_2	70.91	K_2CrO_4	194.20
		$K_2Cr_2O_7$	294.20
Cr	52.00	$K_4Fe(CN)_6 \cdot 3H_2O$	422.41
Cr_2O_3	152.00	$KFe(SO_4)_2 \cdot 12H_2O$	503.27
Cu	63.55	$KHC_4H_4O_6$ (tartrate)	188.18
CuO	79.54	$KHC_8H_4O_4$ (phthalate)	204.23
Cu_2O	143.08	$KHCO_3$	100.12
CuS	95.60	$KHC_2O_4 \cdot H_2O$	146.14
$CuSO_4 \cdot 5H_2O$	249.68	$KHC_2O_4 \cdot H_2C_2O_4 \cdot 2H_2O$	254.20
		$KHSO_4$	136.17
Fe	55.85	KI	166.01
$Fe(NO_3)_3 \cdot 9H_2O$	404.02	KIO_3	214.01
FeO	71.85	$KIO_3 \cdot HIO_3$	389.93
Fe_2O_3	159.70	$KMnO_4$	158.04
Fe_3O_4	231.55	$KNaC_4H_4O_6 \cdot 4H_2O$	282.23
$Fe(OH)_3$	106.87	$KNaCO_3$	122.10
FeS_2	119.97	KNO_2	85.11
Fe_2Si	139.79	K_2O	94.20
$FeSO_4 \cdot 7H_2O$	278.02	KOH	56.11
$FeSO_4 \cdot (NH_4)_2SO_4 \cdot 6H_2O$	392.15	K_2PtCl_6	486.02
H	1.008	Li	6.94
H_2	2.016	LiCl	42.39
$HC_2H_3O_2$ (acetic)	60.05	Li_2CO_3	73.89

$HC_7H_5O_2$ （benzoic）	122.12	LiOH	23.95
HCl	36.46		
$H_2C_2O_4 \cdot 2H_2O$ （oxalic）	126.07	Mg	24.31
HNO_3	63.02		
		O	16.00
$MgCl_2$	95.22	O_2	32.00
$MgCO_3$	84.32		
$MgNH_4PO_4$	137.32	P	30.97
MgO	40.31	P_2O_5	141.95
$Mg(OH)_2$	58.33		
$Mg_2P_2O_7$	222.57	Pb	207.19
		$PbCl_2$	278.10
Mn	54.94	$PbCrO_4$	323.19
MnO	70.94	PbO_2	239.19
MnO_2	86.94	Pb_2O_3	462.38
Mn_3O_4	228.82	Pb_3O_4	685.57
		$Pb_3(PO_4)_2$	811.52
Mo	95.94	$PbSO_4$	303.25
MoO_3	143.94		
$Mo_{24}O_{37}$	2894.76	Pd	106.42
		PdI_2	360.20
N	14.01		
N_2^-	28.01	S	32.07
NH_3	17.03	SO_2	64.06
NH_4Cl	53.49	SO_3	80.06
$(NH_4)_2C_2O_4 \cdot H_2O$	142.12		
$(NH_4)_2HPO_4$	132.06	Sb	121.75
NH_4OH	35.05	Sb_2O_4	307.50
$NH_2OH \cdot HCl$	69.49	Sb_2S_3	339.68
$(NH_4)_3PO_4 \cdot 12MoO_3$	1876.50		
$(NH_4)_2SO_4$	132.14	Si	28.09
		SiF_4	104.09

Na	22.99	SiO_2	60.09
Na_3AsO_3	191.89		
NaBr	102.90	Sn	118.71
$NaCHO_2$	68.01	$SnCl_2$	189.61
NaCl	58.44	SnO_2	150.69
NaCN	49.01		
Na_2CO_3	105.99	Sr	87.62
$Na_2C_2O_4$	134.00	$SrCO_3$	147.63
$NaHCO_3$	84.01		
$Na_2HPO_4 \cdot 12H_2O$	358.15	Ti	47.88
$NaKCO_3$	122.10	TiO_2	79.90
$NaNO_2$	69.00		
Na_2O	61.98	W	183.85
Na_2O_2	77.98	WO_3	231.85
NaOH	40.00		
$Na_2S_2O_3$	158.11	Zn	65.39
$Na_2S_2O_3 \cdot 5H_2O$	248.19	$ZnNH_4PO_4$	178.38
		ZnO	81.37
		Zn_2P_2O	304.69

附錄八　原子量表

　　大部分元素的原子量並非一成不變，而與物質之起源或處理方法有關。本表所記載原子量質，Ar(E)，只適用於地球上自然存在的元素及一些人工元素。表中數值之信賴範圍一般是最後一位數值 ±1，除非另有註明。至於附加（＊）的數字，則是一些因缺乏起源資料，所以無法表示正確值的放射性元素。因無正確值，表中所列數值僅爲該元素既知之最長半衰期同位素的質量數。

　　加注 ＊ 之元素原子量乃是依據地球該物質的正常同位素組成計算，而無法分離得到更精確的分子量者。

資料來源： *J . Phys . Chem . Ref . Data* , 22，1571（1993）

元　素　名　稱	符　號	原子序	原　子　量
錒 ㄚ Actinium	Ac	89	(227)
鋁 ㄌㄩ Aluminium	Al	13	26.981 539 ± 5
鋂 ㄇㄟ Americium	Am	95	(243)
銻 ㄊㄧ Antimony	Sb	51	121.757 ± 3
氬 ㄧㄚ Argon	Ar	18	39.948　＊
砷 ㄕㄣ Arsenic	As	33	74.921 59 ± 2
砈 ㄜ Astatine	At	85	(∼210)
鋇 ㄅㄟ Barium	Ba	56	137.327 ± 7
鉳 ㄅㄟ Berkelium	Bk	97	(247)
鈹 ㄆㄧ Beryllium	Be	4	9.012 182 ± 3
鉍 ㄅㄧ Bismuth	Bi	83	208.980 37 ± 3
硼 ㄆㄥ Boron	B	5	10.811 ± 5　＊
溴 ㄒㄧㄡ Bromine	Br	35	79.904
鎘 ㄍㄜ Cadmium	Cd	48	112.411 ± 8
鈣 ㄍㄞ Calcium	Ca	20	40.078 ± 4
鉲 ㄍㄚ Californium	Cf	98	(251)
碳 ㄊㄢ Carbon	C	6	12.011　＊
鈰 ㄕ Cerium	Ce	58	140.115 ± 4
銫 ㄙㄜ Cesium	Cs	55	132.905 43 ± 5
氯 ㄌㄩ Chlorine	Cl	17	35.452 7 ± 9
鉻 ㄍㄜ Chromium	Cr	24	51.996 1 ± 6
鈷 ㄍㄨ Cobalt	Co	27	58.933 20 ± 1
銅 ㄊㄨㄥ Copper	Cu	29	63.546 ± 3　＊
鋦 ㄐㄩ Curium	Cm	96	(247)
鏑 ㄉㄧ Dysprosium	Dy	66	162.50 ± 3
鑀 ㄞ Einsteinium	Es	99	(254)
鉺 ㄦ Erbium	Er	68	167.26 ± 3

元　素　名　稱	符　號	原子序	原　子　量
銪 丨ㄡˇ Europium	Eu	63	151.965 ± 9
鑽 ㄈㄟˊ Fermium	Fm	100	(257)　　*
氟 ㄈㄨˊ Fluorine	F	9	18.998 403 2 ± 9
鍅 ㄈㄚˇ Francium	Fr	87	(223)
釓 ㄍㄚˊ Gadolinium	Gd	64	157.25 ± 3
鎵 ㄐㄧㄚ Gallium	Ga	31	69.723
鍺 ㄓㄜˇ Germanium	Ge	32	72.61 ± 2
金 ㄐㄧㄣ Gold	Au	79	196.966 54 ± 3
鉿 ㄏㄚ Hafnium	Hf	72	178.49 ± 2
鉲 ㄨˇ Hahnium	Ha	105	(262)
釟 ㄅㄚ Hassium	Hs	108	265
氦 ㄏㄞˋ Helium	He	2	4.002 602 ± 2
鈥 ㄏㄨㄛˇ Holmium	Ho	67	164.930 32 ± 3
氫 ㄑㄧㄥ Hydrogen	H	1	1.007 94 ± 7　　*
銦 丨ㄣ Indium	In	49	114.818 ± 3
碘 ㄉㄧㄢˇ Iodine	I	53	126.904 47 ± 3
銥 丨 Iridium	Ir	77	192.22 ± 3
鐵 ㄊㄧㄝˇ Iron	Fe	26	55.847 ± 3
氪 ㄎㄜˋ Krypton	Kr	36	83.80
鑭 ㄌㄢˊ Lanthanum	La	57	138.905 5 ± 2
鐒 ㄌㄠˊ Lawrencium	Lr	103	(262)
鉛 ㄑㄧㄢ Lead	Pb	82	207.2　　*
鋰 ㄌㄧˇ Lithium	Li	3	6.941 ± 2　　*
鎦 ㄌㄧㄡˊ Lutetium	Lu	71	174.967
鎂 ㄇㄟˇ Magnesium	Mg	12	24.305 0 ± 6
錳 ㄇㄥˇ Manganese	Mn	25	54.938 05 ± 1
䥑 ㄐㄧㄡˇ Meitnerium	Mt	109	(266)

元　素　名　稱	符　號	原子序	原　子　量
鍆 ㄇㄣˊ Mendelevium	Md	101	(260)
汞 ㄍㄨㄥˇ Mercury	Hg	80	200.59 ± 2
鉬 ㄇㄨˋ Molybdenum	Mo	42	95.94
釹 ㄋㄩˇ Neodymium	Nd	60	144.24 ± 3
氖 ㄋㄞˇ Neon	Ne	10	20.179 7 ± 6
錼 ㄋㄞˋ Neptunium	Np	93	237.048 2
鎳 ㄋㄧㄝˋ Nickel	Ni	28	58.693 4 ± 2　　*
鈦 ㄑㄧ Nielsbohrim	Ns	107	(262)
鈮 ㄋㄧˊ Niobium	Nb	41	92.906 38 ± 2
氮 ㄉㄢˋ Nitrogen	N	7	14.006 74 ± 7
鍩 ㄋㄨㄛˋ Nobelium	No	102	(259)
鋨 ㄜˊ Osmium	Os	76	190.23 ± 3　　*
氧 ㄧㄤˇ Oxygen	O	8	15.999 4 ± 3　　*
鈀 ㄅㄚˇ Palladium	Pd	46	106.42
磷 ㄌㄧㄣˊ Phosphorus	P	15	30.973 762 ± 4
鉑 ㄅㄛˊ Platinum	Pt	78	195.08 ± 3
鈽 ㄅㄨˋ Plutonium	Pu	94	(244)
釙 ㄆㄨ Polonium	Po	84	(~210)
鉀 ㄐㄧㄚˇ Potassium	K	19	39.098 3
鐠 ㄆㄨˇ Praseodymium	Pr	59	140.907 65 ± 3
鉕 ㄆㄛˇ Promethium	Pm	61	(145)
鏷 ㄆㄨˊ Protactinium	Pa	91	231.035 88 ± 2
鐳 ㄌㄟˊ Radium	Ra	88	(226)
氡 ㄉㄨㄥ Radon	Rn	86	(~222)
錸 ㄌㄞˊ Rhenium	Re	75	186.207
銠 ㄌㄠˇ Rhodium	Rh	45	102.905 50 ± 3
銣 ㄖㄨˊ Rubidium	Rb	37	85.467 8 ± 3

元　素　名　稱	符　號	原子序	原　子　量
鑪 ㄌㄨˊ　Rutherfordium	Rf	104	(261)
釕 ㄌㄧㄠˇ　Ruthenium	Ru	44	101.07 ± 2
釤 ㄕㄢ　Samarium	Sm	62	150.36 ± 3
鈧 ㄎㄤˋ　Scandium	Sc	21	44.955 910 ± 9
𨭎 ㄌㄧㄡˇ　Seaborgium	Sg	106	(266)
硒 ㄒㄧ　Selenium	Se	34	78.96 ± 3
矽 ㄒㄧˋ　Silicon	Si	14	28.085 5 ± 3
銀 ㄧㄣˊ　Silver	Ag	47	107.868 2 ± 2
鈉 ㄋㄚˋ　Sodium	Na	11	22.989 768 ± 6
鍶 ㄙ　Strontium	Sr	38	87.62
硫 ㄌㄧㄡˊ　Sulfur	S	16	32.066 ± 6　　*
鉭 ㄊㄢˇ　Tantalum	Ta	73	180.947 9
鎝 ㄊㄚˋ　Technetium	Tc	43	(99)
碲 ㄉㄧˋ　Tellurium	Te	52	127.60 ± 3
鋱 ㄊㄜˋ　Terbium	Tb	65	158.925 34 ± 3
鉈 ㄊㄚ　Thallium	Tl	81	204.383 3 ± 2
釷 ㄊㄨˇ　Thorium	Th	90	232.038 1
銩 ㄉㄧㄡ　Thulium	Tm	69	168.934 21 ± 3
錫 ㄒㄧˊ　Tin	Sn	50	118.710 ± 7
鈦 ㄊㄞˋ　Titanium	Ti	22	47.88 ± 3
鎢 ㄨ　Tungsten	W	74	183.84
鈾 ㄧㄡˋ　Uranium	U	92	238.028 9
釩 ㄈㄢˊ　Vanadium	V	23	50.941 5
氙 ㄒㄧㄢ　Xenon	Xe	54	131.29 ± 2
鐿 ㄧˋ　Ytterbium	Yb	70	173.04 ± 3
釔 ㄧˇ　Yttrium	Y	39	88.905 85 ± 2
鋅 ㄒㄧㄣ　Zinc	Zn	30	65.39 ± 2

元　素　名　稱	符　號	原子序	原　子　量
鋯　《ㄠˋ　Zirconium	Zr	40	91.224±2

附錄九　元素週期表 （Periodic Table Of The Elements）

1　　　　　　　　　　　　　　　　　　　　　　　　　　　　　　　　　　　　　**18**

Legend (example — Cobalt):

Atomic number	27
Oxidation states (Bold is most stable state)	+2,3
Boiling point (K)	3201
Melting point (K)	1768
Density at 300 K (g/cm³) (Densities marked with * are at 273 K and 1 atm and the units are g/L)	8.90
Symbol	Co
Name	Cobalt
Atomic Weight (Accurate to ±1 in last digit unless otherwise indicated)	58.933 20

From J. phys. Chem. Ref. Data 1993,22,1571

Group headers: 1 2 | 3 4 5 6 7 8 9 10 11 12 | 13 14 15 16 17 18

Period 1

1 +1 20.268 14.025 0.0899 * H Hydrogen 1.007 94±7		2 4.215 0.95 0.179 * He Helium 4.002 602±2

Period 2

3 +1 1615 454 0.53 Li Lithium 6.941±2	4 +2 2745 1560 1.85 Be Beryllium 9.012 182±3	5 +3 4275 2300 2.34 B Boron 10.811±5	6 ±4,2 4470 4100 2.62 C Carbon 12.011	7 ±3,5,4,2 77.35 63.14 1.251 * N Nitrogen 14.006 74±7	8 −2 90.18 50.35 1.429 * O Oxygen 15.999 4±3	9 −1 84.95 53.48 1.696 * F Fluorine 18.998 403 2±9	10 27.10 24.55 0.901 * Ne Neon 20.179 7±6

Period 3

11 +1 1156 371 0.97 Na Sodium 22.989 768±6	12 +2 1363 922 1.74 Mg Magnesium 24.305 0±6	13 +3 2793 933.25 2.7 Al Aluminum 26.981 539±5	14 +4 3540 1685 2.33 Si Silicon 28.085 5±3	15 ±3,5,4 550 317.3 1.82 P Phosphorus 30.973 762±4	16 ±2,4,6 717.8 388.4 2.07 S Sulfur 32.066±6	17 ±1,3,5,7 239.1 172.2 3.17 * Cl Chlorine 35.452 7±9	18 87.3 83.81 1.784 * Ar Argon 39.948

Period 4

19 +1 1032 336 0.86 K Potassium 39.098 3	20 +2 1757 1112 1.55 Ca Calcium 40.078±4	21 +3 3104 1812 3.0 Sc Scandium 44.955 910±9	22 +4,3 3562 1943 4.5 Ti Titanium 47.88±3	23 +5,4,3,2 3682 2175 5.8 V Vanadium 50.941 5	24 +6,3,2 2945 2130 7.19 Cr Chromium 51.996 1±6	25 +7,6,4,2,3 2335 1517 7.43 Mn Manganese 54.938 05	26 +2,3 3135 1809 7.86 Fe Iron 55.847±3	27 +2,3 3201 1768 8.90 Co Cobalt 58.933 20	28 +2,3 3187 1726 8.90 Ni Nickel 58.693 4±2	29 +2,1 2836 1358 8.96 Cu Copper 63.546±3	30 +2 1180 693 7.14 Zn Zinc 65.39±2	31 +3 2478 303 5.91 Ga Gallium 69.723	32 +4 3107 1210 5.32 Ge Germanium 72.61±2	33 ±3,5 876 5.72 As Arsenic 74.921 59±2	34 −2,4,6 958 494 4.80 Se Selenium 78.96±3	35 ±1,5 332.25 265.90 3.12 Br Bromine 79.904	36 119.80 115.78 3.74 * Kr Krypton 83.80

Period 5

37 +1 961 313 1.53 Rb Rubidium 85.467 8±3	38 +2 1650 1041 2.6 Sr Strontium 87.62	39 +3 3611 1799 4.5 Y Yttrium 88.905 85±2	40 +4 4682 2125 6.49 Zr Zirconium 91.224±2	41 +5,3 5017 2740 8.55 Nb Niobium 92.906 38±2	42 +6,5,4,3,2 4912 2890 10.2 Mo Molybdenum 95.94	43 +7 4538 2473 11.5 Tc Technetium (99)	44 +2,3,4,6,8 4423 2523 12.2 Ru Ruthenium 101.07±2	45 +2,3,4 3970 2236 12.4 Rh Rhodium 102.905 50±3	46 +2,3,4 3237 1825 12.0 Pd Palladium 106.42	47 +1 2436 1234 10.5 Ag Silver 107.868 2±2	48 +2 1040 594 8.65 Cd Cadmium 112.411±8	49 +3 2346 430 7.31 In Inidum 114.818±3	50 +4,2 2876 505 7.30 Sn Tin 118.710±7	51 ±3,5 1860 904 6.68 Sb Antimony 121.757±3	52 −2,4,6 1261 723 6.24 Te Tellurium 127.60±3	53 ±1,5,7 458 387 4.92 I Iodine 126.904 47±3	54 165 161 5.89 * Xe Xenon 131.29±2

Period 6

55 +1 944 302 1.87 Cs Cesium 132.905 43±5	56 +2 2171 1002 3.5 Ba Barium 137.327±7	57 +4 3730 1193 6.7 La Lanthanum 138.905 5±2	72 +4 4876 2500 13.1 Hf Hafnium 178.49±2	73 +5 5731 3287 16.6 Ta Tantalum 180.947 9	74 +6,5,4,3,2 5828 3680 19.3 W Tungsten 183.84	75 +7,6,4,2,−1 5869 3453 21.0 Re Rhenium 186.207	76 +2,3,4,6,8 5285 3300 22.4 Os Osmium 190.23±3	77 +2,3,4,6 4701 2716 22.5 Ir Iridium 192.22±3	78 +2,4 4100 2045 21.4 Pt Platinum 195.08±3	79 +3,1 3130 1338 19.3 Au Gold 196.966 54±3	80 +2,1 630 234 13.5 Hg Mercury 200.59±2	81 +3,1 1746 577 11.85 Tl Thallium 204.383 3±2	82 +4,2 2023 601 11.4 Pb Lead 207.2	83 +3,5 1837 545 9.8 Bi Bismuth 208.980 37±3	84 +4,2 1235 527 9.4 Po Polonium (−210)	85 ±1,3,5,7 610 575 9.91 * At Astatine (−210)	86 211 202 9.91 * Rn Radon (−222)

Period 7

87 +1 950 300 Fr Francium (223)	88 +2 1809 973 5 Ra Radium (226)	89 +3 3473 1323 10.07 Ac Actinium (227)	104 Rf Rutherfordium (261)	105 Ha Hahnium (262)	106 (Sg) Seaborgium (266)	107 Ns Nielsbohrium (262)	108 Hs Hassium (265)	109 Mt Meitnerium (266)

Lanthanides

58 +3,4 3699 1071 6.78 Ce Cerium 140.115±4	59 +3,4 3785 1204 6.77 Pr Praseodymium 140.907 65±3	60 +3 3341 1289 7.00 Nd Neodymium 144.24±3	61 +3 3785 1204 6.48 Pm Promethium (145)	62 +3,2 2064 1345 7.54 Sm Samarium 150.36±3	63 +3,2 1870 1090 5.26 Eu Europium 151.965±9	64 +3 3539 1585 7.89 Gd Gadolinium 157.25±3	65 +3 3496 1630 8.27 Tb Terbium 158.925 34±3	66 +3 2835 1682 8.54 Dy Dysprosium 162.50±3	67 +3 2968 1743 8.80 Ho Holmium 164.930 32±3	68 +3 3136 1795 9.05 Er Erbium 167.26±3	69 +3,2 2220 1818 9.33 Tm Thulium 168.934 21±3	70 +3,2 1467 1097 6.98 Yb Ytterbium 173.04±3	71 +3 3668 1936 9.84 Lu Lutetium 174.967

Actinides

90 +4 5061 2028 11.7 Th Thorium 232.038 1	91 +5,4 1405 15.4 Pa Protactinium 231.035 88±2	92 +6,5,4,3 4407 910 18.90 U Uranium 238.028 9	93 +6,5,4,3 913 20.4 Np Neptunium 237.048 2	94 +6,5,4,3 3503 913 19.8 Pu Plutonium (244)	95 +6,5,4,3 1340 13.6 Am Americium (243)	96 +3 1268 13.51 Cm Curium (247)	97 +4,3 Bk Berkelium (247)	98 +3 900 Cf Californium (251)	99 Es Einsteinium (254)	100 Fm Fermium (257)	101 Md Mendelevium (260)	102 No Nobelium (259)	103 Lr Lawrencium (262)

參考書目

1.Harris,D.C.,"*Quantitative Chemical Analysis*",4th Ed.,W.H.Free-man and Company,N.Y.(1995).

2.Day,R.A. and A.L.Underwood,"*Quantitative Analysis*",5th Ed.,Prentice-Hall,N.J.(1995).

3.Skoog,D.A.,D.M.West and F.J.Holler,"*Fundamentals of Analytical Chemistry*",7th Ed.,Saunders Colledge Publishing(1996).

4.Hamilton,L.F.and S.G.Simpson,"*Quantitative Chemical Analysis*",12th Ed.,The Macmillan Company,N.Y.(1982).

5.淺田誠一，内出　茂，小林基宏，《定性分析》，技報堂，東京(1982)。

6.Garrett,A.B.,H.H.Sisler,J.Bonk and R.C.Stoufer,"*Semimicro Qualitative Analysis*",3rd Ed.,Blaisdell Publishing Company,Mass.(1970).

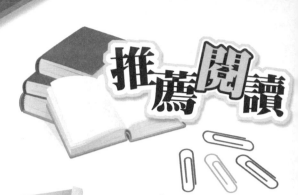

微積分的歷史步道　蔡聰明　著

　　微積分如何誕生？微積分是什麼？

　　微積分研究兩類問題：求切線與求面積，分別發展出微分學與積分學。

　　微積分最迷人的特色是涉及無窮步驟，落實於無窮小的演算與極限操作，所以極具深度、難度與美。從古希臘開始，數學家經過兩千年的奮鬥，累積許多人的成果，到了十七世紀，終於由牛頓與萊布尼茲發展出微分法並且看出微分與積分的互逆性，從而揭開求切、求積、求極、變化與運動現象之謎，於是微積分誕生。

　　講述這段驚心動魄的思想探險之旅，就構成了本書的主題。

數學的發現趣談　蔡聰明　著

　　如果你不知道一個定理（或公式）是怎樣發現的，那麼你對它並沒有真正的了解，因為真正的了解必須從邏輯因果掌握到創造的心理因果。一個定理的誕生，基本上跟一粒種子在適當的土壤、風雨、陽光、氣候…之下，發芽長成一棵樹，再開花結果，並沒有兩樣。

　　雖然莎士比亞說得妙：「如果你能洞穿時間的種子，知道哪一粒會發芽，哪一粒不會，那麼請你告訴我吧！」但是，本書仍然嘗試儘可能呈現這整個的生長過程。最後，請不要忘記欣賞和品味花果的美麗！

從算術到代數之路　蔡聰明　著

　　算術方法是：由已知的數據，透過四則運算，逐步計算，以求得答案。但是，每一步都要知道為何而算，以及算出的數所代表的意義。

　　代數方法是：由目標切入，假設答案已經得到，就是x與y，然後根據線索用方程式把它們捕捉住（這是分析法），再根據數系的運算律，做計算與推理，逐步抽絲剝繭，把x與y求出來（這是綜合法）。因此，代數是分析法與綜合法的展現，也是一種結構性、系統性的抽象解題方法，甚具威力，並且擁有向上發展的無窮潛力。今日代數學的語言已經成為現代數學與科學的基石。

人生的另一種可能

台灣技職人的奮鬥故事

本書由前教育部部長吳京主持，採訪了十九位由技職院校畢業的優秀人士。這十九位技職人，憑藉著他們在學校中所習得的知識，和其不屈不撓的奮鬥精神，在工作崗位、人生歷練、創業過程中，都獲得了令人敬佩的成就。誰說只能大學生才有出頭天，誰說只有名校畢業生才會有出息，從這些努力打拚的技職人身上，或許能讓你改變名校迷思，從而發現另一種台灣英雄的傳奇故事。

吳　京 主持
紀麗君 採訪
尤能傑 攝影

- 電玩大亨**王俊博**——穿梭在真實與夢幻之間
- 紅面番鴨王**田正德**——挖掘失傳古配方　名揚四海
- 快樂黑手**陳朝旭**——為人打造金雞母
- 永遠的學徒**林水木**——愛上速限十公里的曼波
- 傳統產業小巨人**游祥鎮**——用創意智取日本
- 自學高手**廖文添**——以實作代替空想
- 完美先生**張建成**——靠努力贏得廠長寶座
- 木雕藝師**楊永在**——為藝術當逐日夸父
- 拚命三郎**梁志忠**——致力搶救古文物
- 發明大王**鄧鴻吉**——立志挑戰愛迪生
- 回頭浪子**劉正裕**——從「極冷」追逐夢想
- 現代書生**曹國策**——執著當眾人圭臬
- 小醫院大總管**鄭琨昌**——重拾書本再創新天地
- 微笑慈善家**黃志宜**——人生以助人為樂
- 生活哲學家**林木春**——奉行兩分耕耘，一分收穫
- 折翼天使**李志強**——用單腳追尋桃花源
- 堅毅女傑**林文英**——用眼淚編織美麗人生
- 打火豪傑**陳明德**——不愛橫財愛寶劍
- 殯葬改革急先鋒**李萬德**——讓生命回歸自然

當數學遇見文化
是誰影響了誰?

洪萬生　英家銘　蘇意雯　蘇惠玉　楊瓊茹　劉柏宏／著

　　本書作者群長期致力於數學教育,他們以極富啟發性的文字,結合歷史敘述的手法,以時間軸貫穿數學與數學家的故事。當中特別擷取幾篇具有代表性的專欄文章,希望藉此呈現數學vs.文化的所有面向。內文除了觸及歷史文化脈絡與數學知識活動的相互影響之外,甚至提供一些至今仍有意義的數學知識,譬如「畢氏定理」的內容,它的古典證明具有永恆不朽的學習價值。透過一些具體實例的呈現,娓娓道出數學在不同的歷史文化中所呈現的多元面貌,為「數學是世界的語言」這句話做了最佳的詮釋,讓你看到數學不僅是加減乘除,更與你的生活息息相關。